中 国 艺 术 学 大 系 A Series of Chinese Arts 总主编 韩子勇

The History of Chinese Architecture

中国建筑艺术史

刘托 著

生活·讀書·新知 三联书店

图书在版编目（CIP）数据

中国建筑艺术史／刘托著．—北京：生活·读书·新知三联书店，
2021.3
（中国艺术学大系）
ISBN 978－7－108－04391－7

Ⅰ．①中…　Ⅱ．①刘…　Ⅲ．①建筑艺术史－中国
Ⅳ．①TU-092

中国版本图书馆 CIP 数据核字（2013）第 000364 号

特邀编辑　贾宝兰
责任编辑　唐明星
装帧设计　罗　洪　刘　洋
责任印制　宋　家
出版发行　生活·讀書·新知 三联书店
　　　　　（北京市东城区美术馆东街 22 号　100010）
网　　址　www.sdxjpc.com
经　　销　新华书店
印　　刷　北京隆昌伟业印刷有限公司
版　　次　2021 年 3 月北京第 1 版
　　　　　2021 年 3 月北京第 1 次印刷
开　　本　720 毫米 × 1020 毫米　1/16　印张 39
字　　数　370 千字　图 470 幅
印　　数　0,001－3,000 册
定　　价　128.00 元
（印装查询：01064002715；邮购查询：01084010542）

目　录

中国艺术学的当代建构
（总　序）

作为中国现代意义上的艺术学，经过近三十年的探索，已经基本确立自己的专有研究对象领域，开始勾画出比较清晰的理论框架体系，并且逐渐形成自身知识体系追求和学科建设追求的学术自觉。这样一种发展趋向，对于我们从艺术学学科的角度去对艺术现象做整体性和系统性的把握，从而深入研究作为一种社会历史现象和文化现象客观存在的人类艺术活动，具有前所未有的意义。这种意义首先是推动了研究视野的开拓与方法的创新，同时更重要的是顺应了新的时代艺术实践对理论变革和理论创新的内在要求。新的时代对艺术的研究，要揭示以精神领域的创造活动为主体的人类艺术活动这种社会实践的呈现形态，以及它与人类其他社会实践的联系，阐明其特殊的内部规律与外部规律。无疑，艺术学知识体系的完善，将会使当代艺术理论的研究呈现新的天地；同时，艺术学学科体系的确立，也会为我国当代艺术教育进入更高境界奠定坚实的基础。

一

今天我国现代意义上的艺术学的建构，发轫于广义的艺术学渐进积累的过程。一般认为，德国美术史家、艺术理论家康拉德·费德勒（Konrad Fiedler，1841—1895）首先从理论上对美和艺术作出划分，虽然他没有提出艺术学一词，却被人尊为"艺术学之祖"。[1] 德国艺术史家、社会学家格罗塞（Ernst Grosse，1862—1927）较早将艺术学一词作为学科名称使用。他在《艺术的起源》（1894）和《艺术学研究》（1900）中以不同于美学研究的对象和方法的研究（如指出原始艺术的功利目的），显示艺

---

[1] 见 [日] 竹内敏雄：《美学百科辞典》，池学镇译，黑龙江人民出版社 1987 年版，第 68 页。

术研究与传统哲学美学的分离。德国学者玛克斯·德索（Max Dessoir，1867—1947）于1906年出版的《美学与一般艺术学》和创办的《美学与一般艺术学评论》杂志，倡导了艺术研究与对美和美的知觉的研究的学科区分，主张艺术研究要以"艺术的本质研究"作为根本，但要着眼于艺术的一般事实发生的全部领域，对艺术的各个方面做综合的研究，并强调一般艺术学要作为与美学并列的一门学问来研究。在德索的倡导下，不少学者也指出艺术是一种文化现象，要在广阔的文化史背景中考察艺术的发展。以此为标志，脱胎于美学的艺术学应运而生，它开始成为一门拥有专门名称和专有研究对象领域的独立学科。但是，此后在艺术学研究领域，标志其学科体系整体特征的研究成果并不多，尽管它的方法论被广泛采用，而形成其完整体系的研究却一直处于探索之中。因此，我仍将它称为广义艺术学。

中国广义的艺术学的酝酿，始于19世纪末20世纪初西风东渐背景下现代意义上的艺术概念和艺术体系形成的过程。据现有资料，"艺术学"的学科名称，在我国初始出现于1922年商务印书馆出版的俞寄凡译日本黑田鹏信的《艺术学纲要》一书，此后中国一些学者相继在文章著述中使用"艺术学"这一学科称谓。如宗白华从德国留学回国任教，即曾以"艺术学"为题在大学讲课，并留下讲稿[1]。此后，张泽厚于1933年在光华书局出版了《艺术学大纲》，陈中凡1943年9月在《大学月刊》发表《艺术科学的起源、发展及其派别》的论文，阐述作为学科的艺术学和艺术科学。尽管他们对艺术学研究的方法论等提出了一些有价值的意见，但他们主要是以国外艺术学的基本话语体系做演绎，没有对中国艺术学本身的体系建构、研究对象领域提出多少创见。其间应当提到的是蔡仪1942年出版的《新艺术论》，他以现实主义艺术理论体系的建构，显示了我国艺术学基础理论研究的一个重要成果。可以说，从20世纪20年代起的三十多年内，从广义的艺术学角度讲，有不少学者从这一学科的视角对艺术这一

---

[1]《宗白华全集》第1卷共收录两篇《艺术学》讲稿。一为《艺术学》（第495—541页）；二为《艺术学（讲稿）》（第542—582页），两篇不尽相同。详请参见《宗白华全集》第1卷，安徽教育出版社1994年版。

人类独特的社会实践活动进行研究并取得了些许成果。

今天，当我们以国际的视野来看艺术学研究的当代进展时，不能不注意到一个问题，那就是诞生一百多年的作为一个独立学科的艺术学的研究，与艺术自身多样化形态的迅猛发展相比，无论是从具有创新性的艺术学研究成果、代表性的理论大师还是从推动这一学科递进发展的理论等方面来看，都相对逊色得多，尚没有形成具有整体性的比较完整的研究体系。近一百多年来，在艺术的学术领域与艺术学相伴而起有时甚至是并用的一个词是"艺术科学"。黑格尔1817—1829年在德国海德堡大学讲演"美学"，第一讲就提出"艺术的科学在今日比往日更加需要，往日单是艺术本身就完全可以使人满足。今日艺术却邀请我们对它进行思考，目的不在把它再现出来，而在用科学的方式去认识它究竟是什么"[1]。格罗塞在他的《艺术的起源》中，详细阐述了"艺术科学的目的"与"艺术科学的方法"，并将"艺术史和艺术哲学合起来，定义为现在的所谓艺术科学"[2]。从19世纪的德语国家建立起的"艺术科学"（kunstwissenschaft），旨在将艺术研究变成对客观事物的本质及其规律做出反映的像自然科学那样有规律可循的系统科学。"艺术科学"这一概念，也被引入了中国的艺术研究领域，像前面谈到的陈中凡《艺术科学的起源、发展及其派别》即指出："艺术科学（science of art），或简称艺术学，是对于艺术作科学的研究"。几十年来，"艺术科学"一词一直被我国的一些学者在艺术研究领域中使用。但是在世界范围内，从第二次世界大战以后，尤其是20世纪60年代以来，作为构成"艺术科学"的最重要的分支"艺术史"基本上取代了"艺术科学"的内容，各大学研究艺术的系科大都名为"艺术史系"（Department of Art History）。同时，由于艺术史首先在德国，其后在西方一些国家逐步学科化，许多学者不断创造性地扩展艺术史的研究视野和探索跨学科的研究方法，西方艺术史研究带来的一系列重要成果的影响，基本上冲淡了

---

[1]　[德]黑格尔：《美学》第1卷，朱光潜译，商务印书馆1979年版，第15页。

[2]　[德]格罗塞：《艺术的起源》，蔡慕晖译，商务印书馆1984年版，第1页。

"艺术科学"一词。与此相联系，也使得艺术学作为一门独立学科的整体认知显得无足轻重。

而在我国，由于艺术学及其学科体系本来就是从西方引进，诸多探索也还没有与中国传统的具有独特审美理想和评价标准的艺术理论交融和对接，所以它尚不具本土生命力且自身理论基础薄弱。到20世纪40年代末，我国艺术学作为独立学科的自身知识体系的建构陷入沉寂。及至中华人民共和国成立，虽然以一批重要的艺术理论家、美学家为代表的学者，在艺术理论研究、艺术评论和美学研究领域收获了不少优异的成果，但由于政治上"左"的影响，特别是"文化大革命"中"文艺为政治服务"的极端化，反映艺术规律和体现科学方法的整体性的艺术学研究根本无从谈起。中国进入改革开放新时期后的20世纪80年代以来，不少学者才开始致力于中国艺术学的研究并呼吁确立艺术学的学科地位。

二

新时期以来，中国艺术学学科地位的确立，首先从教育体制中的学科体系设置架构的变化上反映出来。1990年和1997年，国务院学位委员会、国家教委颁布和修订重新颁布《授予博士、硕士学位和培养研究生的学科、专业目录》，两次颁布的"目录"中，都将"艺术学"作为一级学科隶属于文学这一大的学科门类之下。对于这一归属，国务院学位委员会艺术学学科评议组的成员和艺术学界的专家学者，从新世纪之初就比较集中地提出意见，要求将艺术学科从文学隶属下独立出来列为单独的学科门类，文化艺术界的不少政协委员也提出了相同的观点。2011年2月13日，国务院学位委员会接受这一意见，正式决定将艺术学从文学门类中独立出来成为具有独立学科门类的艺术学学科。

此前的2004年，国务院学位委员会批准中国艺术研究院为我国第一个隶属于"文学"这一大的学科门类之下的"艺术学一级学科"单位，使得中国艺术研究院拥有艺术学全部八个二级学科的博士学位授予权，并全面开始包括二级学科的艺术学在内的八个二级学科的博士研究生培养。此后，北京大学、清华大学、中国传媒大学、北京师范大学和南京艺术学院陆续被确定为艺术学一级学科单位，拥有艺术学博士学位授予权。中国艺术研究院在 1978 年经国家批准获得戏曲、音乐、美术三个专业的硕士学位授予权，1981 年又获得三个专业的博士学位授予权，并分别在当时开始正式招收戏曲、音乐、美术三个专业的硕士、博士研究生。之后，中央音乐学院、中央美术学院等专业艺术院校也开始招收本专业的硕士、博士研究生。1994 年 6 月，东南大学成立了我国综合性大学中第一个艺术学系，并获得二级学科艺术学的博士学位授予权，之后开始艺术学博士研究生的培养。此后，从北京大学、浙江大学、武汉大学、河北大学等开始，各大学艺术学系（院）如雨后春笋般发展起来。从艺术教育体制开始的对艺术学学科体系的逐步确立，以及我国艺术教育的快速发展，进一步推动了对艺术学知识体系的学理探讨。在这样的背景下，新时期艺术学学术研究受到空前重视并取得明显进展，这从 1990 年之后涌现的艺术学学术研究的一批成果和艺术学自身理论框架体系探索（元艺术学研究）的成果上体现了出来。而且重要的是，这些研究大都是建立在现代意义上的艺术学自觉基础上的研究，同以往广义艺术学的研究有了根本性的区分。

在看到新时期以来我国艺术学学科地位确立和学术研究取得重要进展的同时，也必须看到，艺术学学科框架体系的建构尚待展开，体现其知识体系建设的成果还不多。在《授予博士、硕士学位和培养研究生的学科、专业目录》（1997）中，在艺术学下的八个二级学科分别为艺术学、音乐学、美术学、设计艺术学、戏剧戏曲学、电影学、广播电视艺术学、舞蹈学。这样的架构，应是从我国艺术教育机构设置实际情况出发的一种艺术学学科体系的设计，而并非是从艺术学学科研究出发的知识体系的建构。目前，对艺术学自身学科框架体系建构的研究中，学者们已经注意到这一点，开始努力从艺术学本体知识体系的要求去讨论学科体系的建构问题。

中华文明源远流长，艺术门类众多，异彩纷呈。同时，艺术在发展的过程中，积累了丰富的艺术理论成果。在艺术创作论、作品赏评及艺术发展演变等方面都有庞杂的艺术思想和艺术理论的积累，其中不乏精辟、深刻的理论见解。宗白华先生指出："中国各门传统艺术（诗文、绘画、戏剧、音乐、书法、建筑）不但都有自己独特的体系，而且各门传统艺术之间，往往互相影响，在审美观方面，往往可以找到许多相同之处或相通之处。"[1] 在这样艺术品种和艺术形态万千差别而又有着内在普遍规律的中国传统艺术的基础上，进行中国艺术学学科体系的科学建构，自然是一件复杂的事情。关于艺术学学科体系的建构，不少著名学者都有独特的见解。从知识体系着眼的艺术学学科体系的建构，以艺术形态、艺术功能及艺术本体与外部世界的关系等不同角度切入，显然会有不同方向的设计。一般认为，以艺术理论研究的历史路径为基础做扩展性的设计，兼及现行教育体制下的艺术学学科体系实际需要，艺术学的研究可以分为艺术原理、艺术史和艺术批评三个部分。艺术原理主要是研究艺术活动的一般规律和基本理论及其各门类的本质、特征、形态、功能，即对艺术本体的研究和阐释。中国艺术学大系以"论"称谓的各分卷，即指艺术原理，它不等同于包括对艺术本体研究和艺术同其他意识形态（如宗教）及经济等关系研究的狭义的艺术理论。所以以"论"称谓，是基于艺术原理虽然相对稳定，但在当代情境下，它发展变化的动态性已成为突出的特征。因此，期望艺术原理各分卷以更具开放性、动态性和当代性的揭示，更贴近艺术原理的本质。艺术史是历史地、具体地对艺术及其各门类的发生发展的演变过程及规律的考察、叙述和阐释。艺术批评是对一定社会历史时期的艺术作品、艺术家和艺术现象包括艺术流派、艺术思潮的分析和评价。这三个组成部分作为艺术学中各自独立的分支学科，又可细分为不同艺术门类的具体范畴。这样的构成，基本上可以把我们面对的艺术世界概括为一个有内在统一性的既显示各艺术门类个性特征，又可把握其共同规律的作为艺术学研究对象的系统整体。

但是，从艺术与人类其他社会实践的联系来看，这样一个系统整体尚缺少与外部的统一性。它在研究指向上，主要是"内部研究"。其"外部研究"，如艺术的时代背景、时代环境、发展的外因，特别是它与构成其发展有不可分隔重要作用的艺术经济、艺术管理、艺术市场等非本体因素的关系，都应该是在今天的艺术学研究中不可或缺的内容。艺术是一个具有活态流变性的范畴，从历时性与共时性因素来看，尤其如此。因此，除

---

[1] 宗白华：《美学与意境》，人民出版社 1987 年版，第 378 页。

了艺术学学科体系中的艺术原理、艺术史和艺术批评三个组成部分之外，另一个重要组成部分应是"艺术经营"的内容。这四个组成部分，共同构成从知识体系着眼的现代意义上的艺术学学科体系的基本内涵。

同时，我们还要看到，由于以多元化为主要特征的艺术的形态演变，及由此带来的其本体特质的某些变化，使得艺术本体也由此而与其外部产生更多向度的联系，即它与人类其他社会实践的联系出现更多交叉。比如除了艺术经济、艺术管理、艺术市场外，再如艺术教育、艺术传播、艺术考古及艺术心理学、艺术人类学、艺术社会学等，这些都显示着艺术本体研究之外，今天的艺术研究视域做更大扩展的必然性。艺术形态及其本体特质的变化，必然带来理论研究的创新性揭示。我们或许可以从上述艺术现象与艺术的本质联系的揭示中，找出它们的同一性，而将其归入艺术基本原理或艺术史、艺术批评的范畴，从而与明确属于"艺术经营"范畴的内容一起，构成上述艺术学学科知识体系。理论的科学概括，必须以社会实践和客观事实为依据，艺术学的研究尽可能以令人信服的概括去说明艺术现象，并以规律性的揭示指导新的社会实践，但不必为了建立所谓完整的框架体系而做硬性的归纳。因此，我的看法是，一些学者从艺术形态、艺术功能以及艺术本体与外部世界的关系等不同角度切入而提出的艺术学学科体系的不同设计，只要言之成理，就有一定的合理性。我认为，除了以艺术原理、艺术史、艺术批评与艺术经营构成艺术学学科框架体系之外，基于传统的思路，从对艺术本体的研究与它同相关领域关系研究比较清晰地区分的角度考虑，从学理上，我们也可以将艺术学的研究分为艺术原理、艺术外延理论、艺术史、艺术批评四个部分。另外，作为完整系统的艺术学学科建构，特别是在初始的建构阶段，把对于艺术学自身的观念、方法、体系的研究与阐释的内容，也纳入艺术学学科体系或许更有必要，这一部分可称作元艺术学。元艺术学作为艺术学领域的"科学学"研究，是对于艺术学自身的认识和阐释，是艺术学中距离艺术实践最远的部分，它包括了诸如艺术研究方法论、艺术史学史、艺术批评史等。

中国艺术学大系的分卷，是立足于从艺术原理、艺术史、艺术批评和艺术经营四个组成部分的学理规范，并以此构成整个艺术学学科体系的整体研究成果。同时，本大系也可以看作从艺术原理、艺术外延理论、艺术史、艺术批评、元艺术学着眼构成的艺术学整体内涵。本大系各分卷的撰写，对于在艺术学学科体系框架下相对独立而又相互联系的各分支学科之间的边界，力求做出比较清晰的区分，如艺术原理的阐发，不能与艺术史等的阐述重叠，但对于可视作艺术外延理论的下一层次分支，不做严格的归类，可视作艺术经营的内容，也可视作其他分支下的内容。这样的考虑，不影响本大系的写作和艺术学学科体系框架的整体构成。就像艺术实践不会停滞一样，艺术学各分支学科内涵的科学归纳也是开放性的，可待不断的研究逐步明晰，逐步完善。

三

中国民族艺术以独特的创造法则和审美取向在世界艺术之林独树一帜。艺术创造的多样性和精粹性，艺术认知的深刻性和审美思想闪耀的光辉，都可与世界上任何国家、民族媲美。但不能否认的是，以现代学术眼光来看，我们缺乏对自己艺术具有严密逻辑论证和系统理论体系建构的系统性、体系性的研究和把握，从历史的纵向上来看尤其如此。比方讲以梅兰芳大师为代表的中国戏曲艺术表演体系的研究，至今没有显示出重要的成果，这不能不说是很大的遗憾。当代中国艺术的研究，要改变传统的非学理性的感性体悟式研究方式，不能再停留在无须确定学科边界的"广谱研究"。艺术学学科体系的建构无疑为我们改变这一艺术研究的状况提供了一种可能性。

艺术学在中国作为独立学科虽然已经确立，但仍处在学科建设的初始探索发展阶段。首先要明确我们建立的是中国的艺术学，它已不完全等同于西方学者提出这一概念时的内涵。建构和发展艺术学"本土化"的学科体系，核心是"中国艺术"。它包含了两个主要内容，一是"民族性"，二是"当代性"。建构中国的艺术学，要在对中国艺术本体及其呈现形态（不同样式、种类、体裁及风格）内部规律的揭示中，表达独特的中华民族文化艺术特性，同时，要注意概括社会发展进程中呈现的艺术的时代特征。在艺术的分析中，要尽可能运用传统艺术概念和语言方式，运用中国人喜闻乐见的艺术形态去阐释艺术现象及论证艺术观念。另一方面，今天艺术的多元化形态及构成，已远远扩展了多少年来我们固守的艺术认识论的价值标准。这些也都需要我们在艺术学学科体系建构中表达民族性的同时，又要以理论创新的眼光为中国艺术学学科体系赋予鲜明的当代性。这种当代性既蕴含着对外来优秀艺术理论成果的吸纳，也体现着对新的艺术实践进行理论概括的时代要求，同时，在我们的理论叙述中，也要真实地表达社会主义核心价值观对当代的艺术发展已经和正在产生的重要影响。

建构中国艺术学知识体系，要观照它与哲学、美学等知识体系的内在联系，同时还要以具有国际学术视野的坐标来审视中国艺术学学科体系的建构，比如不因改变多少年来持有偏见的"西方艺术中心论"而偏移为"东方艺术中心论"。有了正确的坐标，才会有"美美与共"的学术眼光。在这样的基础上，我们首先需要面对的是中国传统艺术理论资源的转化与发展。如果不能做到在这样一个深厚的"中国特色"的基础上对中国学术传统的继承与发扬，我们就很难建立起"中国的艺术学"。同时也必须认识到，今天努力建构具有中国特色的艺术学学科体系，开掘其蕴含的人文历史价值，弘扬中华民族优秀传统文化，既有着历史的必然性，也是中华民族文化复兴和在新的时代文化崛起的必然要求。在中国艺术学学科体系框架下梳理中国传统艺术理论资源，首先要正确认识和评价整体的中国艺术理论这样一个博大精深的独特的知识范畴。它集中地体现了中华民族的审美观念和审美理想，其中折射出了中国哲学思想、文化精神、中华民族气质、生活方式乃至风俗习惯；它体现了中国历代艺术家相近的艺术理念和创作方式，诠释了灿烂的中华艺术的民族品格和共同的艺术特征。它是中国文化中最瑰丽、最生动、最活跃又最普遍的一部分。

早在先秦时代，中国古代先贤就开始了对艺术的思考并有所论述。或许由于夏商周三代提倡"礼乐"而乐舞兴盛的缘故，先秦诸子几乎都阐发过自己的音乐思想，荀子写出了《乐论》这样专门论述音乐的著作。它们可谓最早的中国艺术理论著述。当时的诸子百家各持其说，对于各门类艺术提出不同的看法，不过，其中影响较大的观点则是以儒家学说为代表的强调艺术风化道德的理论。例如"乐以安德""致乐以治心"的音乐理论，

"善恶之状，以垂兴废之戒焉"的绘画理论等。中国艺术理论在这一时期尚处于滥觞和发展阶段。汉末魏晋南北朝时期，在多元文化兴起的背景下，人们的思想空前活跃。这一时期，又产生了《非草书》《笔论》《笔阵图》《书论》等一批论书专著，产生了《画山水序》《魏晋胜流画赞》《古画品录》等画论、画史以及绘画品评的专门著述，产生了《声无哀乐论》等一批重要的音乐论著。几个主要艺术门类都出现了专门的史论著述，并提出一些命题，为某些门类艺术创作及批评确立了一些基本的法度和原则。如果说，在此以前的中国艺术理论尚有重善轻美的倾向，还较多关注于艺术同政教及日用的外在联系的话，而在这一时期则转向了对艺术自身的性质和特征的重视，艺术理论研究指向了艺术本体。这些著述也大体上确立了中国艺术理论偏重于感悟，善用类比，史、论与品评互融，重视技艺表现，不追求严整的理论体系等思维方式和表述方式。可以说，这一时期中国艺术理论达到了某种意义上的成熟和自觉。

在此基础上，中国的艺术经过盛唐时代的全面发展，尤其对多民族艺术的广泛吸收，有些艺术门类已经达到成熟的水平。中国艺术在与文学的交融发展中渐入佳境。以唐诗、宋词、元曲，唐、宋以来的文学，宋元杂剧，中国文人画，明清传奇，清代地方戏曲等为标志的文学艺术蔚然大观。中国艺术在与文学交融的发展环境中，逐渐形成了自己独特的审美原则与评判标准。对中国传统艺术特质、理想与精神的阐发、概括和总结，一直是中国美学和艺术理论研究的核心问题。近代以来，王国维的"境界说"，宗白华的"错彩镂金"与"芙蓉出水"说等，都可看作一种艺术本体论的描述。中国传统艺术兼容并包，具有整体的艺术精神。中国艺术理论的知识范畴是一个如阔大的海洋一样的宝库，它代表了中国古代艺术理论的最高成就，丰富地阐释了中国艺术的特征、价值和标准。

20世纪以来，中国艺术理论的发展进入新的阶段。20世纪是中国社会性质发生根本变化的百年，也是中国艺术形态演变最剧烈的百年，从而艺术史论研究也发生了重大的转变。随着艺术形态的转型，随着西学东渐，近代以来的艺术史论研究逐渐从概念向体系靠近，从拓展范围到专门划分，从史到论再到批评，无论是思维方式还是表述方式，都发生了重大变化。如前所述，自 20 世纪初开始，出现了参照西方艺术研究知识体系不同于以往古典研究形态的艺术学著作和艺术史论著述。它们以白话文代替文言文，重逻辑，重理性，并以史、论和批评的不同形式，取代了原来三者一体的模式。中华人民共和国成立后，马克思主义唯物史观和辩证法给艺术研究者提供了科学的观点和方法，20 世纪 50 年代中期到 60 年代初期，艺术理论研究一度有了长足发展。但由于"左"的思潮的影响，艺术史论研究和艺术批评长期受到困扰，不能正常进行。进入改革开放新时期以后，艺术研究出现了蓬勃发展的局面。改革开放为学术的发展开创了良好条件，艺术创作的繁荣和多元化格局提供了研究的现实基础。艺术批评的活跃，在更新艺术观念、促进创作健康发展及活跃艺术思想方面都发挥了积极的作用。这一时期艺术理论研究在广泛的艺术领域里展开，各种艺术史、论及批评的著作一部部相继问世。

中国艺术理论从先秦诸子开端，逐步形成了它的一些基本原则和著述的基本形态，从唐代以后一千多年的时间里，不断深化和完备。20 世纪以来，中国艺术研究开始从传统的古典形态向现代形态转型。这一转型虽然没有完成，但方兴未艾。

从以上的简要分析可以看出，我国极为丰富的传统艺术理论资源，为建构中国当代艺术学奠定了全面而坚实的历史基础。当然不可能把它照搬入当代艺术学体系，而要以创建性的消化、吸收与转换，探索传统经验型研究与西方体系型研究的有机融合，并进而形成创新的理论研究的观念视角、方式与途径。实际上，我们只要作一些深入的分析，也可以清楚地看到，近五十多年来，特别是改革开放三十多年来，我国艺术研究的一大批著作及有影响的论文，已经比较明显地疏离传统的古典艺术理论研究方式，试图以理性分析的方法解析艺术本体及艺术现象，甚至不少学者将外来的新的综合性研究方法作为自己艺术研究的方法论基础。但是，照搬和演绎都不会出现学术创见。中国艺术学的建设应该从中国艺术实际出发，在中国与西方两类学术传统的基础上，探索创造新的知识体系和研究方法，而且还需要我们一方面加强学科基础建设，一方面不断拓展边缘学科，实现整个学科体系的开放与活跃，并在这种开放性、活跃性中实现艺术学学科建设的跨越式发展。

四

丰富多彩、生动活泼的艺术实践是艺术学兴起和发展的源头活水和现实依据。20世纪初以来，随着中国社会性质的转变，中国艺术也开始了从古代形态向现代形态的转型。20世纪50年代至60年代前期，出现了一大批优秀的现实主义艺术作品，成为新中国红色艺术的经典。近三十多年以来，中国艺术有了越来越良好的创作环境，从艺术观念到艺术表现形式，出现不断突破和开拓的趋势，百花齐放，百家争鸣，艺术形态呈现多元化的发展局面。现代艺术为越来越多的人所接受。高雅艺术、民族民间艺术繁荣发展，大众通俗艺术也更加普及。从某种意义上说，艺术同生活更加接近与融合。近十多年来，数字艺术快速发展。在网络化、信息化时代，大众参与艺术的方式丰富多样。虽然人们对公共艺术的定义和范围仍存争议，但公共艺术的广泛参与性已是不争的事实。近六十年来特别是改革开放新时期以来，我国艺术创造的重大成就，以及近二三十年来我国艺术形态、艺术个性、艺术境界令人耳目一新的变化和与之相关联的艺术观念变革和审美趋向的演变，都为艺术理论研究创新提供了现实的依据。同时，近五六十年来随着大量文物出土，特别是像秦始皇兵马俑、曾侯乙编钟、三星堆等重要文物与大遗址的发现，不断充实、丰富了中国艺术史原有的内容，乃至修正甚至颠覆了其中某些成说定论。考古学的成果，将把艺术学特别是艺术史的研究提升到一个新的发展阶段。此外，全球化的信息时代，可以使我们借助现代科技手段，迅速获得国际视野内艺术学研究包括文字、图片、声音和影像在内的最前沿信息。借他山之石，可以使我们在参考、借鉴外来研究成果和方法的基础上进行自己的创新研究。在这样的情况下，建构当代中国艺术学，编撰一部体现今天中国艺术学研究整体面貌的书系，已是艺术学学科发展的必然。

正是因为当代艺术现象、艺术观念已经和正在发生着的重大变化以及新的史料包括地下文物的发现，都使许多学者形成了以上这样一种共识。2001年年初，著名美学家、原中国艺术研究院副院长王朝闻先生向我提出，在这

样一个新的时期，希望由我来牵头主编中国艺术学大系，集中国艺术研究院
内外学者的共同努力，以新的学术观念和方法论，拿出实实在在的创新研究
的成果，为建构中国艺术学学科体系奠定基础。我深知这一学术工程理论探
索的难度和复杂性，我尊重先生，但不能从命，提出希望由他主持，开始这
一实际上是由新的时代提出的学术任务。但先生坚决不同意，坚持由我担任
主编，并决意推动开始此工作。他亲自邀请了欧阳中石先生等若干位著名
学者包括中青年专家来讨论策划编撰问题。到了 2003 年，先生又郑重提出
要由我主编完成此事，并说这是一种责任。他还吟诵白居易的诗："千里始
足下，高山起微尘。吾道亦如此，行之贵日新。"意在要我们以渐进的积累，
去努力建构当代学术大厦。我请先生把诗句写下来，他写下诗句并题："应
文章同志嘱画符，借唐人见识表我对既有趣又艰苦之艺术研究之期待。"他
还说自己要抓紧修改及重写《审美谈》《审美心态》两书纳入大系之中。中
国艺术学大系的编撰筹备工作从 2001 年 10 月启动，2005 年至 2006 年开始
确定各卷作者。令人惋惜的是，王朝闻先生 2004 年 11 月 11 日逝世，他在
去世的当月仍在修改着列入"大系"的《审美基础》。他的书桌上没有合上
的是这本书的修改稿。先生最后一次住院期间，我去看他，仍然与我讨论中
国艺术学大系的编撰问题。先生念兹在兹，令人感动。我真切体会到前辈学
者对后来者承担学术使命的深切期望，再没有理由不承担起这一责任。写作
大系总序，忆及此情此景，心中难过，但也更坚定倾力用心完成大系的信
念。此间，欧阳中石先生除承担中国书法史、论的撰写，也一直关心大系的
编撰，多次给予指导性意见。中国艺术研究院内外的学者非常热心地参与这
一学术工程，以严谨的学风和继承、创新的学术态度完成着各自承担的编撰
任务。像青年学者张谦，朴实，学识、才气俱佳，他以坚韧的毅力抱病写
作，真是与生命赛跑，去世前为自己最后的专著画上了句号。

五

中国艺术学大系试图以新的学术理念和方法重新叙述中国传统艺术及
其当代新的演变形态，并阐发和概括新的艺术形态和艺术现象，包括已经
民族化的外来的艺术门类，如电影、电视、摄影等。大系既不是对艺术门

类和整体艺术古老历史的过程回顾，也不是简单采用西方艺术学理念来解构中国艺术的文化整合，而是在深入研究、准确把握中国传统艺术法则、规律、审美原则，汲取、融合西方艺术学本质精髓，总结当今时代新的艺术形态特征的基础上，以适用于中国特色艺术学本质特点的科学的方法论，在中国艺术学学科体系建设的整体框架内，对中国艺术学学科在新起点上的系统总结与概括。

把握和运用科学的方法论，是中国艺术学研究的基础。在艺术学的研究中，方法论的探索与它的本体研究一样，也属于核心问题之一。马克思曾经说过："不仅探讨的结果应当是合乎真理的，而且得出结果的途径也应当是合乎真理的。对真理的探讨本身应当是真实的，真实的探讨就是扩展了的真理，这种真理的各个分散环节在结果中是相互结合的。"[1] 正确把握本质规律的学术自觉表现在正确的方法论上。艺术本身和艺术学研究的许多变化，产生了这一领域新的形态并出现了新的观念及概念。这就需要在运用人文科学等传统的艺术学研究方法的同时，融合吸收那些能够有助于更好地掌握艺术活动的现实过程、有助于理论分析和艺术解释的技术性方法，以丰富和扩展艺术学研究的理论工具。

文化学者陈寅恪先生在《王静安先生遗书序》中，曾总结王国维学术研究的方法特点："一曰取地下之实物与纸上之异文互相释证，凡属于考古学及上古史之作，如《殷卜辞中所见先公先王考》及《鬼方昆夷猃狁考》等是也。二曰取异族之故书与吾国之旧籍互相补正，凡属于辽金元史事及边疆地理之作，如《萌古考》及《元朝秘史之主因亦儿坚考》等是也。三曰取外来之观念与固有之材料互相参证，凡属于文艺批评及小说戏曲之作，如《红楼梦评论》及《宋元戏曲考》《唐宋大曲考》等是也。"[2] 这一总结，实际上以王国维著述作案例，概括了 20 世纪以来各个学科的学术中坚人物共同具有的治学方法和特点。今天的艺术研究方法当然已是

---

[1] 马克思：《评普鲁士最近的书报检查令》，《马克思恩格斯全集》第 1 卷，人民出版社 1995 年版，第 112—113 页。

[2] 陈寅恪：《王静安先生遗书序》，《金明馆丛稿二编》，生活·读书·新知三联书店 2001 年版，第 247 页。

更加丰富，特别是在精密科学的方法引进及跨学科与更多元视野的研究方法普遍采用之后，今天我们的研究，已与前人只能凭借古籍文献和有限的传世遗存进行研究的局限不可同日而语。我们今天来看，前人这种研究方法的单薄明显可见，但前人这种基本的治学方法的精神和原则，特别是它体现的学术严谨性依然不过时。艺术学学科体系的研究，更有其相应的方法论要求，可是前人这种治学方法的精神和原则，仍然可以学习。另一方面，我们还应看到，在艺术学学术研究中，就像前后时序中的艺术，不能以"落后""先进"区分一样，"新""旧"艺术理论之间，也不存在绝对的界限。"新"对"旧"的梳理过程，是一个学术对话过程，在这种对话中完成的整合，特别是在此整合基础上对现实艺术活动的观照，往往是具有原创性研究成果的孕育过程。当今中国艺术学研究领域中，有意识自觉地如此治学并且具备这种知识结构能够如此治学的学者越来越多。只有具备了当代学术理念，秉承严谨治学精神，在梳理传统艺术理论资源、考察艺术史新的考古发现及审视当代艺术现象和深入研究艺术本体时，才有可能从中阐发出独特的学术见解、具有深度的学术观点。

近代以来，中国向西方学习，一些人包括不少著名学者以中国艺术去对应和攀比西方艺术，用西方的价值、范式、标准衡量中国艺术，甚至根本否定像中国戏曲、中国画等中国主体传统艺术，由此很大程度上影响了对中国艺术的价值判断，也影响到它的传承发展。中华人民共和国成立特别是改革开放以来综合国力的迅速提升，今天中国人开始以国际性的眼光重新审视世界，也重新认识自我。在自觉学习国外优秀文化的同时，当代学人以一种文化自信和文化自觉，开始以个人的认知去创新性地表达民族和国家的文化意识，已经逐步地脱开了那种以中国实例解释西方理念的路径，觉得西方有个什么中国就非要也有个什么才是先进的学术观念已经被抛弃。这种学术研究理念的解放，预示着当代中国在世界平台上建构自身艺术评判标准和艺术价值体系的开始。

今天的艺术理论研究越来越反对宏大叙述，试图以一种理论解释全部艺术世界各种复杂现象的努力，被无数个例外击碎了。学界已经认识到世界上存在各种文化现实性以及不同解说的可能性。在这样的时代背景下还有没有整体性地总结中国艺术特征的必要？我们并不要求作者的宏大叙述，只要在基本理念上总结本学科的基本规律，全面反映所属领域的最新研究成果，并在某些方面提出独特见解，让大家在母题叙述中找到共感，就是我们的理想。从某种意义上说，总结与叙述、阐发新理念的过程，就是展示民族文化自省的过程，也是唤起民族文化自信和勇于创新以达到民族文化自强的过程，同时，也是通过与外来文化理念交融，在一系列概念叙述中展现文化自我创新的过程。著名人类学家费孝通先生曾经说过："各美其美，美人之美，美美与共，天下大同。"[1] 在继承自身传统和学习外来文化的基础上，立足当下，总结阐发中华民族艺术的独特理论体系，为中外艺术的对话、交流与融合，为保持世界文化的多样性，努力作出我们探索性的努力。这就是我和所有参与大系编撰同人的共同信念。

我们希望中国艺术学大系能够聚起一片新的绿丛。

2011 年 6 月 6 日

---

[1] 费孝通：《东方文明和二十一世纪和平》，《费孝通文集》第 14 卷，群言出版社 1999 年版，第 6 页。

前　言

在世界建筑艺术体系中，中国传统建筑自成一体，独立发展，绵延数千年，直到 20 世纪初还保持着自己的造型特征和布局原则，并传播影响到东亚等邻近国家。与西方古代建筑艺术发展过程中的变异性不同，中国传统建筑更似一个生命体的生长发育过程，虽也受到异域文化的一些影响，但始终保持着自身的文化传统和艺术风格，这是中国传统建筑所特有的文化现象，也是和中国传统社会的演进相一致的，因为它的发展与成熟依存社会整体的发展与成熟及人类对自然的认识和领悟，依赖社会财富的积累和生产工具的进步，依靠建造技术的提高，依存建筑理念的发展等，这是一个不断积累、淳化、提炼和完善的过程，与中国社会的总体发展脉络同步，与中国传统社会的结构和制度互为表里。

中国传统建筑生长在一个相对独立的环境中，其发展大约经历了孕育、萌芽、形成、成熟、发展和转型六个阶段，清晰地记录了中国古代建筑真实而特有的生命历程和发展脉络。距今 4 万年至 7000 年前，随着以采集与游猎为标志的攫取经济逐渐为原始农业所取代，为方便人类的生产和生活，人们开始在临近农业耕作的地方建造相对固定的居所，这就促生了真正意义上的建筑，这时在中国北方黄河流域出现了穴居建筑，而后发展为木骨泥墙的房屋；在南方长江流域出现了巢居建筑，而后发展为干栏式建筑。为了保障生产和生活安全，并共同抵御自然灾害和野兽的侵袭，人们对聚居地进行了最初的规划，并结合社会组织内部要求进行建筑布局，据此产生了由多种不同类型的建筑物和构筑物组合而成的聚落。随着社会的发展，聚落逐渐演化成早期的城市，由此揭开了人类城市文明的序幕。

夏商周时期是中国古代建筑观念萌芽和孕育的时期，虽然建筑艺术还处于幼稚阶段，但城市规划思想、建筑的礼制功能与建筑空间的秩序观念已然作为中国古代建筑的核心思想和制度渗透到了建筑实践中。这一进程与当时社会财富的剩余与积累、社会贫富的分化、阶级与国家的出现成为必然的因果关系。与这一进程相适应，王城、宫殿、坛庙、陵墓、苑囿等高级建筑类型应运而生，成为这一时期王权和社会文明的象征。

秦汉时期是中国建筑体系形成时期，这一方面有赖于政治上的统一，另一方面也有赖于经济上的繁荣与强大，使商周以来的建筑思想得以付诸实践。秦代的咸阳城、阿房宫、骊山陵等，都是恢宏一时的巨构。由于汉王朝处于社会上升时期，加之建筑技术的显著进步，更是促发了建筑的空前繁荣，如在长安修筑汉长安城，在洛阳建造东都洛阳城，并修建了大量的宫殿和苑囿。建筑群的规模越发庞大而恢宏，布局与空间构图也趋于完善，中国传统木结构建筑体系也是在这一时期完成了构筑自身框架和勾勒轮廓的任务。

唐宋时期是中国传统建筑的成熟期，不但出现了历史上规模最宏大和最繁华的城市，而且建筑形制也趋于稳定，建筑类型趋于完备，建筑风格既沉稳又绚丽，建筑技术与艺术经验亦进入到总结时期，并奠定了后世建筑艺术与技术持续发展的基础。比较而言，唐代建筑的总体风格表现为城市格局严整有序，群体布局气势宏伟，建筑形象舒展浑厚，色调简洁明快。宋代建筑则更多地倾向于体认庶族文人的现实理想，其所蕴含的人文精神已经不同于前代侧重于宗教神权和政教王权的观念形态。城市的景观环境日趋艺术化，宫殿、陵墓、寺观、园林也都注重文化的表达和艺术的体验。在营造技术方面，建筑的模数制度、建筑构件的制作加工与安装，以及各种装修装饰手法的处理与运用，都趋向合理化、系统化，北宋时期《营造法式》的刊印，详尽地记述了该时期建筑艺术与技术诸方面的成就。

明清两朝，是中国历史上在社会经济与文化诸方面持续发展的时期，城市文化异常繁盛，成为城市发展的时代特征，明清北京城在规划思想、布局方式和城市景观艺术上，继承和发展了中国历代都城规划的传统，是中国古代城市艺术的总结。这一时期营建的北京故宫、明十三陵、天坛等大型皇家建筑是中国古代建筑的精华，也是现存中国古代建筑群体艺术的典型代表。明清时期，园林艺术更趋绚丽，并向精致化和程式化方向发展，许多留存的园林佳作都成了中国园林艺术的范本。此外，丰富多彩的民居建筑也是明清时期建筑艺术的重要组成部分。中国地域广袤，不同地区、不同民族的民居建筑呈现出不同的特色，为文化多样性提供了丰富的见证。传统的生活方式、人与自然的依存关系、特殊的历史环境、巧妙的生存技巧、原始的生态理念、朴素的审美追求，都在民居建筑中或大胆或曲折地表现出来，其原创的艺术手法至今仍是我们进行艺术创作的重要源泉。

清末民初时期是中国传统建筑体系变异和转型的时期，中华文明受到西方资本主义的冲击，开始向现代民族、现代国家和现代文明转型。随着两千多年的封建体制开始向现代国家体制转变，传统的中华文明、中华文化出现了数千年未有之巨变，中国的建筑文化也随着城市功能、生活观念和方式、建筑材料和施工方法等诸方面的改变而出现了根本性的转变。审美观念和价值评判标准也在这种转变中孕育着新生，特别是中国传统建筑思想、设计理念和审美方式在新的建筑艺术创作中得到了延续和重生。当然，无论在时间还是在空间范围内，这种转换与再生的实现都是一个漫长的过程。

审视我国传统建筑艺术的发展历程，我们可以发现，人类建筑思想的进步及建筑艺术的核心价值并不主要在于建筑体量的雄伟和建筑技术的精湛，而在于人类如何在特有的自然环境和社会环境中选择最适当的建筑方式和艺术风格，巧妙地应对自然与社会的需求。探求建筑的历史发展，在某种程度上也是探求人类应对这种需求和解决问题的经验。中国传统建筑这一渐进且完整的发展进程，向人们展示了建筑艺术史本身同时也是一部社会史、文化史和生活史。如以园林建筑为代表，反映了中国的先民在与自然和谐相处中如何选择自己的生存方式；以宫殿建筑为代表，折射了在社会制度安排中，人们如何通过有序的建筑设计来梳理人际关系；以民居建筑为代表，记录了人们如何在生产生活中通过空间形式来组织生活。建筑与社会的联系如此紧密，以致每一角落都隐藏着人类社会基因的遗传密码，发掘它的隐秘与细微之处，可以揭示社会发展的秘密。

从建筑历史的发展演变不难发现，较之其他艺术门类，建筑与自然生态环境、社会结构、生产技术水平、审美心理的演变都存在着紧密的关联，比如人类对地貌地形的利用，对土木等自然材料的使用，为城市和建筑选址等，都反映了人类对自然环境的认识水平和相互依存的关系。城市功能与布局的变化，反映了国家制度的设计与社会文明程度；陵墓与园林的形制，反映了人类的生死观念和自然观念；石窟寺的开掘与雕凿，展示了人类信仰观念的变化；建筑群的秩序化、组织化设计，反映了社会制度不断细密化的走向；地域建筑的多样化，反映了文化多样化的趋势等。也正因为如此，建筑成为了人类的纪念碑和社会的晴雨表。我们还可以通过建筑类型的增减、建筑功能的完善、建筑布局的差异看到人类思想观念的跃升、生活方式的演进、审美情趣的演变。这其中无疑积淀了人类丰富的智慧，并孕育着未来发展的基因和源泉。

中国传统建筑艺术是一部用土木写就的史书，记录着中国社会历史演进的脉络，是古代中国各个时期和中华各族人民聪明睿智和艺术创造的丰碑。在几千年的文明史中，那些经中国先人双手所创造的雄伟、瑰丽、令人叹为观止的建筑艺术作品至今还矗立在祖国的土地上，成为人类文化的标记和璀璨无比的瑰宝。本书的写作旨在以建筑的艺术特征为线索，力图将建筑艺术置于产生它的文化背景和文化环境中进行剖析，以期读者对中国建筑艺术的总体轮廓和发展历程有一个完整的认识，并对建筑艺术的本质有所体悟。

第一章　孕育时期

（7000 年前—公元前 21 世纪）

在漫长的原始社会时期，人类经历了原始人群和氏族社会两个进化阶段，其中的氏族社会又细分为母系氏族社会和父系氏族社会两个发展阶段，由于氏族社会阶段人们普遍使用石器作为生产工具，因之被称为石器时代。随着石制工具的进步，至氏族社会晚期，早期的采集与渔猎经济逐渐向农耕与游牧经济转型，这种生产方式的转变影响了生活方式及居住方式的变化，人类由居无定所发展为穴居、巢居和聚族而居，并由此孕育了原始建筑的萌芽。7000 年前至公元前 21 世纪，进入了父系氏族社会，在今日中国版图内，血缘性原始氏族、部落逐步组合成了较大的族群，即古史传说中的华夏族群、东夷族群、西戎族群、三苗族群、南蛮族群等，并逐渐形成了具有政治管理性质的酋邦。与这一时期社会组织形式相应，人类早期的居住方式演化为聚落形式，经过不断的调适，孕育出了中国早期城市的雏形。居住与聚落文明丰富了人类的原始建筑文化，也同时孕育了中华古代城市文明。

第一节　概述

距今约 4 万年以前，人类还处于蒙昧的原始社会早期，游猎、采集是人类的主要生产方式，人们使用的工具为手工打制的石器，这一时期被称为旧石器时代。此时人们居无定所，居住方式完全依赖于大自然的赐予。为躲避猛兽的威胁和风雨的侵害，人们或藏身于天然岩洞之中，或栖身于大树之上，如此构成了洞居和树居这两种最早的原始居住方式。就人类的进化而言，此时的人类还处于从动物向人过渡的阶段，跋涉在将自己从动物区分开来的漫漫旅途之中。

迄今，在中国发现的旧石器时期用于居住的岩洞计有 20 余处，较著名的有陕西蓝田县"蓝田人"遗址（距今约 80 万—60 万年），云南元谋县猿人文化遗址，吉林安图县布尔哈通河畔"安图人"洞穴遗址，北京周口店龙骨山山顶洞人遗址等。

距今 4 万年至 7000 年前，人类使用的生产工具逐渐由打制的石器过渡到磨制的石器，这种生产工具的变革带来了衣食住行方面的一系列变化，原始社会形态也由旧石器时代跨入了新石器时代，旧石器时代的以采集与游猎为标志的攫取经济逐渐为原始农业所取代。由于加工方式的改变，生产工具不断进步，耜耕逐渐取代了火耕，土地的使用周期也被延长了，与之相应，人们开始需要在临近农业耕作的地方建造相对固定的居所，以方便人类的生产和生活，这就促生了真正意义上的居住建筑，例如，在中国北方黄河流域出现了穴居建筑，而后发展为木骨泥墙的房屋；在南方长江流域出现了巢居建筑，而后发展为干栏式建筑。

在社会组织形式上，与旧石器时代的生产方式相适应，产生了以群婚制为特征的母系氏族社会，人们只知有其母，不知有其父，女性既是劳动者，也是生产和生活的组织者，因而受到社会普遍的尊重，血缘关系成为逐代延续的母系亲缘，其发展结果是以母性始祖为纽带，维系着所有由她衍生的后代，生成一个关系密切的族群，即氏族公社。在距今六七千年前，中国的黄河、长江两流域的母系氏族已经发展到全盛时期，裴李岗文化、仰韶文化早中期、红山文化、大汶口文化早期、河姆渡文化和马家浜文化早期都属于这一历史时期。母系氏族社会制度的形成与发展大大推进了农业、畜牧业和手工业的进步，特别是定居与聚族而居开始成为人类居住的主要方式，并创造了与定居相适应的多种类型的建筑。

生产工具的改善和生产方式的变革不断推进着社会组织形式的演变，在距今 5000 年前后，出现了犁耕及陶车等新型生产工具，女子已难以承担耕作和制陶等劳动强度较大的工作，男子逐渐取代女子成为农耕和手工业生产的主要承担者，男性开始在氏族社会中扮演着越来越重要的角色。原始的走婚开始演变成较为固定的对偶婚，并逐渐向一夫一妻制过渡，这些因素都加速了社会中心由母系制向父系制的转化，母系氏族随之解体，父系社会逐渐形成。父权制的发展，导致男性在政治、经济乃至社会生活中的绝对统治地位，建筑作为文化的载体，其布局、形制、装饰等都对其所承载的制度设计、礼制规范、价值取向等做出了自身的反映。

由于农业的发展和定居方式的出现，同时为适应自然环境条件和满足社会组织化的需要，人们建造出多种居住形式（横穴、竖穴、半穴居与地面建筑）和多种类型的建筑（居住房屋、公共建筑、作坊、窖藏、畜圈等），由此导致了居住房屋的多样性发展。在聚居方式上，共同的生产生活方式、共同的祖先和习俗将一个族群的原始人类联系成一个氏族组织，聚族而居是这个组织的必然选择。同时，为了生产和生活安全，共同抵御自然灾害和野兽的侵袭，人们对聚居地进行了最初的规划，由此产生了由各种不同类型的建筑物和构筑物组合而成的聚落。在这些聚落中，人们对居住、生产与墓葬等建筑已有了较为明确的功能区分，反映了人类聚居观念的进步。随着社会的发展，聚落逐渐演化出人类城市的雏形，由此揭开了人类城市文明的序幕。

第二节　原始聚落与聚居文明

原始人群选择山林茂密、水源充足的地方聚族而居，营造住所，形成了早期的人类原始聚落。北京的周口店一带，青山环绕，溪流纵横，自然生长的野果为人们提供了充裕的植物食物，草地上栖息的野羊、野马、肿骨鹿、梅花鹿以及溪流中的游鱼也为原始人类提供了肉类食物，故而被北京猿人选为理想的栖息地。与之相似的太行山脉以西的汾河流域，在远古时代气候温暖湿润，山林、平原及河谷中有大量的野生动物出没，汾河及其支流中有丰富的鱼类可供人类食用，因而被远古的"丁村人"选择为繁衍生息之地。

人们在聚居地建造遮身避雨的居所，并按照原始聚落的群体生活方式和组织方式进行建筑布局，由此构成了与原始人类生存相适应的居住方式，这种居住方式与原始人类的狩猎、加工工具、制陶等生产活动存在着相互依附的密切联系。在聚落中，除了供居住用的一般穴居和房舍，还有存储粮食、陶器等物品的窖藏，圈养牲畜的畜栏，举行氏族公共活动的"大房子"。此外，还有用于公共活动的广场、祭坛，供防御的壕沟、吊桥，烧制陶器的陶窑，埋葬年长氏族亡人的墓地等，形成了一个有机组合的建筑群组，孕育了聚落文明的初始形态，这种聚落形态正是后来古代城市的萌芽。聚落的一些规划原则，如选址、分区、布局方式、交通组织、防御设施的安排，以及工程技术方面的夯筑、修路、排水等都为后来的城市规划与建设积累了宝贵经验。

在原始聚落中，以血缘为连接纽带的氏族成员保持着一种天然的团结、互助、平等的关系，他们在与外界的抗争中形成了合作精神，他们共同劳动，共享成果，共同遵守氏族习俗和制度，死后被埋葬在同一墓地，聚落是他们一生守望的家园。在早期氏族社会中，人们按照性别和年龄的区别进行原始分工，青壮年男子主要从事渔猎生产和保卫工作，妇女从事采集工作，儿童参加一些辅助劳动，老年人及病残成员担负着留守驻地和照看婴幼儿的任务。原始聚落的群体生活方式和社会活动的特征规定了原始聚落的空间形态，并对建筑的布局与特征产生了重要影响。

位于陕西省西安市浐河东岸的半坡聚落遗址，是一处由半穴居和地面建筑组成的新石器时代居住遗址，也是黄河流域规模最大、保存最完整的原始社会母系氏族聚落遗址，属于距今约6000年的仰韶文化类型。根据出土的大量水鹿、竹鼠骨骼推断，当年此地多为沼泽，水源丰富，十分适合人类聚居。该聚落遗址的平面为不规则的长方形，南北最长处约 300 米，东西最宽处约 190 米，总面积约 5 万平方米，已发掘约 3500 平方米。遗址区呈现出典型的聚落特征，明确地被划分为居住区、制陶作坊区、氏族公共墓地三个部分，区内共有房址 46 处，围栏旧址 2 处，窖穴 200 多处，窑址 6 处，墓葬 250 处，生产及生活用具约 1 万件，文化堆积非常丰富。

半坡遗址反映出这一时期中国先民已进入农业社会，并开始了定居的聚落生活。遗址中部的居住区面积约 3 万平方米，包括各种住房、窖穴、畜栏、儿童瓮棺葬等。在居住区的外围设有壕堑，壕沟上口宽约 8 米，深约 6 米，兼作防护和泄洪之用，在沟底发现有烧焦的圆木为沟上联通内外的木桥构件。居住区的中心坐落有一座 12.5×14 米的大房子，正方位布置，平面近方形，面积约 160 平方米。在大房子的周围分布着 40 余座大小不等的方形或圆形建筑房址，多为半地穴式的家庭住房和公共仓库。据考古和人类学研究，大房子为氏族首领及老弱病残的住房，同时也是举行氏族会议、庆祝及祭祀活动的场所。小房子则是母系氏族社会对偶生活的住房。

半坡聚落的制陶区布置在壕沟的东侧，共发现 6 处窑址。由墓中随葬品可知，当时的生活用具多为尖底瓶和陶罐等，其中彩陶居多，以红地黑花为主，图案有几何形和动植物形象。这些出土文物说明，半坡先民已经掌握了实用陶器的制作技术，并在生产中融入了自身的艺术创造力。在陶器上发现有至今不可识读的标志符号，可能为早期文字的雏形。在聚落北面的壕沟之外布置有墓葬区，墓葬做较为集中的布局，排列有序，是遵照血缘关系按一定序列进行安葬的。墓葬的形式以土穴单人葬居多，葬式为屈肢葬和仰身直肢葬两种。

半坡遗址所呈现的居住、生产、墓葬功能分区实际上是氏族社会发展进程中生产和生活实践的生动反映，根据劳动分工，将制陶作业集中布置在居住区之外并接近水源的地方，不但方便生产，而且避免了制坯的泥水和烧窑的烟灰污染生活环境。将墓葬区集中布置在居住区外，便于举行哀悼活动和纪念活动，同时也有益于环境卫生。集中的公墓是氏族社会秩序化的表现，原始先民相信人死之后灵魂有知，所以他们按照死者生前聚居

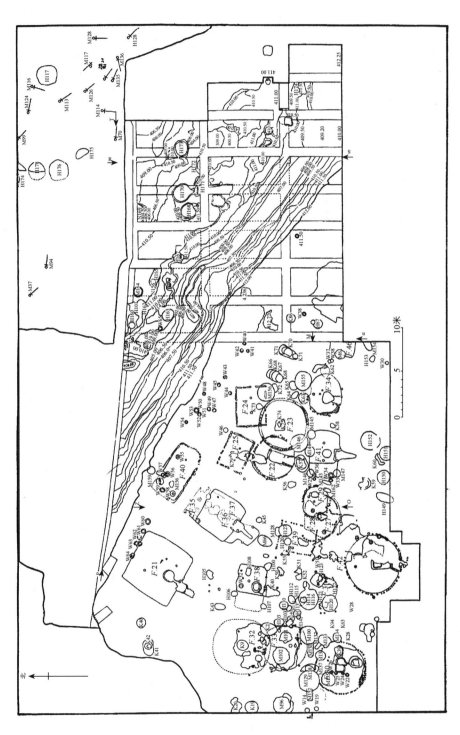

半坡聚落遗址
平面图

的情况进行集中掩埋，以保证人们在未知世界中仍能享受互助、安全、有序的生活。

陕西省西安市临潼区姜寨聚落遗址是另一处规模较大的新石器时代中期聚落遗址，该聚落文化层叠压十分丰富，大体分为五期遗存，其中位于最底层的第一期文化与半坡遗址早期相近，年代为距今6600—6400年，遗存相对保存最完整，文化内涵也最丰富，原始聚落所呈现的一些基本构成要素如住房、窑穴、围沟、畜栏、作坊、陶窑等，一应俱全。此外，还出土了几千件生产工具和生活用具。据探测，姜寨遗址总面积约5万平方米，已发掘面积约1万平方米，是迄今发掘面积最大的一处新石器时代遗址，为研究原始聚落布局与建筑形态，以及当时的社会结构、生产技术、婚姻制度、文化艺术、墓葬习俗和意识形态等诸方面，提供了宝贵的实物资料。

姜寨聚落遗址南依骊山，北望渭水，西靠临河，东接平原，自然条件十分优越。第一期文化遗址为椭圆形，东西长210米，南北宽160米，总面积3.36万平方米。在遗址周围环绕着一条防卫性的壕沟，沟内侧围有一圈栅栏，类似防御性的围墙。聚落区内大体分为居住、墓地和窑场三个区域，居住区位于聚落中部。与半坡聚落不同的是，居住区的中心不是一座大房子，而是一个约4000平方米的广场，广场四周分布有120余座穴居建筑单元，建筑类型包括住房、窑穴、围沟、畜栏、作坊、陶窑及儿童瓮棺葬等。房子的规模分为大、中、小三种，结构形式分为地穴、半地穴和地面建筑三种，大部分是半地穴式，少数为地面建筑。小房子的面积约为10平方米，平面方形或圆形，可容3—4人居住，一般供氏族成员过对偶婚生活；中型房子24—40平方米，方形平面，均为半地穴式，可容7—8人居住，一般供家族使用；大型房子有5座，分属5个氏族，面积一般在53—87平方米左右，可容20—30人，供氏族集体使用，其中最大的一座达到128平方米，应为氏族首领及集体活动用房。氏族的墓地被布置在壕沟东面，共有土圹葬174座。聚落的窑场有四处，布置在居住区外侧的临河旁，寨门设在西南，目的是便于取水和出入窑场。

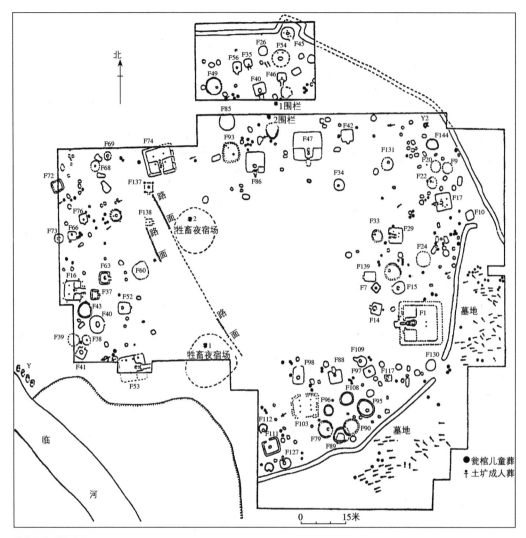

北

墓地

墓地

●瓮棺儿童葬
　土圹成人葬

临

河

0　　15米

姜寨聚落遗址平面图

据考古与人类学研究，姜寨遗址是由五个氏族组成的村落，呈现为一种复合型的聚落形态，遗址内的建筑分为五个组团，每一个组团由13—22个居住单元组成，环绕着居中的一个方形"大房子"进行布置。结合陶窑、畜栏、窖穴、墓地的分布情况，可知原始社会土地耕作、家畜饲养、制陶等生产活动是由氏族掌握的，产品分配也由氏族决定，粮食的贮存储藏则由家族负责，成员死后葬在集中的墓地。聚落设置有中心广场，环绕广场布置居住性房屋，房屋本身成团组布置，所有房子均朝向中心广场开门，如此形成了整个聚落的向心式布局，这种形态在半坡晚期的陕西宝鸡市北首岭聚落遗址中也有同样的反映，其中心同样为公共活动场所的广场，广场周围布置有三组住房，这种布局方式应是当时原始公社氏族内部组织方式的反映。在欧洲、北美的原始聚落遗址及至今仍保留着氏族血缘关系的现代原始部落中，我们仍能看到这种向心式的聚落布局方式，例如巴西印第安人部落和云南西双版纳哈尼族的大公有制家庭。

湖南洪江市安江镇岔头乡岩里村的高庙遗址是距今约 7000 年的一处大型祭祀场所，面积约 3 万平方米，呈南北中轴线布置，反映了早期祭坛的布局方式，对追溯中国宗教祭仪活动的起源和发展具有重要意义。在遗址中部偏北部位发现高庙文化时期的房址 20 余座，均为挖洞立柱的排架式木构地面建筑，面积在 18—40 余平方米，二或三开间结构，门道多朝南。

整个祭祀遗址由司仪（主祭）场所、祭祀坑和与祭祀相关的附属建筑（议事或休息用房及其附设的窖穴）三部分组成。高庙祭祀场所生动地反映了当时居民宗教礼仪的真实状况，其规模之大，附设的司仪、牲祭、人祭、窖藏与议事会客场所之完备，在中国南方同时期遗址中是极为罕见的，表明其在当时很可能是一个区域性的宗教中心。

在高庙遗址中出土了堆积如山的淡水螺、贝壳和鹿、猪、麂、牛、熊、象、貘、犀牛等各种水、陆生物、动物骨骸数十种，非常直观地显示了当时人类获得食物的主要手段和来源，是以渔猎与采集为主的攫取式经济方式。遗址中还出土了中国迄今所见年代最早的装饰有凤鸟、兽面和八角星象等神像图案的陶器（距今约 7800 年），以及中国目前所见年代最早的白陶制品。

从对聚落的地形地貌考古勘察得知，原始人群大多选择河流两岸的台地，或在河流交汇处且地势较高的平坦地段营建聚落，如分布于黄河流域的人类聚落遗址主要集中在黄土高原上，少部分分布于秦岭山地和华北平原一带，其中以关中渭河流域最多，大多分布在阶地上，特别是河流交汇处，离河道远的则聚结在泉水旁。例如，在西安附近沣河中游，长约 20

里的两岸，已发现有十多处聚落遗址；靠近西安半坡的浐河及灞河流域，聚落遗址的分布也非常密集。这种靠近河流的选址做法与利用河流灌溉的农业生产和依靠天然水源以方便日常生活的需求密切相关。对聚落环境和基址的选择也反映出人们对自然界的地形地貌、水文地质、气候条件等已有所了解，并初步掌握了运输和加工材料的方法。遗址的布局显示史前的聚落已经就居住区的分区、主从、边界、方位等问题有所考虑和构思，这与当时人们关于"天下"具有分区、中心、主从、边界方位的观念相一致。这些聚落的选址和布局在一定程度上折射出人类对自身与宇宙、自身与自然之间关系的理解，原始人类所认同的宇宙图式和宇宙运行规则已成为他们营建聚落和住所的一种参考依据。

从早期聚落遗址可以看到，人们已经认识到建筑的布局方式和建筑形态的塑造是实现聚落社会功能的一种长期而有效的手段，即聚落在满足聚居功能本身的需要外，发挥了社会组织、族群内部划分和标识的作用，比如活人与死人的区别、休息与劳作的区别，以及身份的标识、族类的标识等，实际上这些已成为人类营造聚落时需要同时考虑的问题。这种区别的形成，最初是靠加大空间上远近、疏密等处理方法，或直接采用物质元素加以区划来完成，随着经验的积累，人们逐渐地开始利用空间形态的对比、建筑方位的变化、建筑形式的差别，甚至建筑材料和建造方式的不同来达到区分的目的，这不啻强化了人们对领域感的认同和环境与人之间互动关系的理解，这些认同与理解的成果，潜移默化地渗透到建筑营造活动的核心思想中。

第三节　居住方式与建筑样式

随着狩猎经济向农耕社会的演化，人类逐渐离开自然岩洞，选择临近他们从事农业生产的地方搭建住所，其中在北方最普遍的方式是掘地为穴，立木为棚，建造人们称之为穴居的栖身之所。墨子云："古者人之始生，未有宫室之时，因陵丘堀穴而处焉。"[1] 又说："古之民，未知为宫室时，就陵阜而居，穴而处"。[2]《周易·系辞下传》中亦称："上古穴居而野处。"[3] 在北方的原始人类栖居自然岩洞的同时，南方湿度较高的沼泽地带，人们则依靠树木作为居住的处所，因为人类的祖先原本就是居住在树上的类人猿，栖身树上是人类本能的居住方式之一。为了使栖身之所更牢固和舒适，原始人像鸟雀一样构筑棚架，搭接树枝，遮盖树叶，作为避风遮雨之所。古人对此屡有描述，《韩非子·五蠹》中说："上古之世，人民少而禽兽众，人民不胜禽兽虫蛇。有圣人作，构木为巢，以避群害。而民悦之，使王天下，号之曰有巢氏。"[4]《礼记·礼运》也说："昔者先王未有宫室，冬则居营窟，夏则居橧巢。"[5]《孟子·滕文公》中说："下者为巢，上者为营窟。"[6] 晋代张华《博物志》中说："南越巢居，北朔穴居。"[7] 这些说的都是中国远古时期分布于北方和南方的两种不同居住方式。经过漫长的孕育，最终孵化出中国古代原始建筑的雏形，即穴居建筑与干栏建筑。巢穴二字也定格在中国文化中，成为中国人称谓藏身之所的代名词。

　　长期积累的生活经验使得人类慢慢懂得，虽然他们赖以居住的树木和岩洞都是自然物，但他们完全可以根据自然条件和自身的需要，对这些自然物及其环境进行适当的加工和修整，从而改善自身的生存环境和生活质量。例如将栖居的树木去掉一些枝杈干茎以及用茎叶填补空当而形成居住面，清除岩洞有碍栖息的石头以及填补低洼的地面等，所有这些实践在不同程度上都逐渐萌发了原始人类的营造观念。

---

[1]《墨子》卷六，《节用中第二十一》。

[2]《墨子》卷一，《辞过第六》。

[3]《周易》卷四，《系辞下传》第二章。

[4]《韩非子》第四十九卷，《五蠹》。

[5]《礼记》卷九，《礼运》。

[6]《孟子》卷六，《滕文公下》。

[7] [西晋] 张华：《博物志》卷三。

一、黄河流域的穴居

在中国黄河流域中游有广阔而丰厚的黄土地层。黄土地层土质均匀细密，含有石灰质，土壤结构呈垂直节理，不易塌落，便于挖掘洞穴，这为原始先民采用穴居方式建造住所提供了条件。由于营造穴居简便易行，在距今约六七千年，中国黄河流域的原始住民普遍采用了穴居方式。实际上不仅黄河流域，长江、珠江流域以及西南、东北等地区，只要具备类似地质条件，原始人类多会在地势高敞的地方，采用穴居的方式营建居所，例如湖北大溪文化遗址、江苏青莲岗文化遗址、福建南山遗址等。在母系氏族社会，自农耕经济开始占据主导地位，居住方式逐渐趋向定居之后，穴居这一形式在中国的广大地区得到了迅速的发展。

从距今约 7000—5000 年的仰韶文化至距今 4000 多年的龙山文化，已发现的原始穴居遗址遍及西北与中原大地，如陕西的西安半坡、临潼区姜寨、华县泉护村、华阴横阵村遗址，河南的郑州大河村、淮阳平粮台、密县莪沟穴居遗址，河北武安磁山文化遗址，甘肃的秦安大地湾二期、马家窑、半山、马厂遗址，内蒙古海拉尔西沙岗、乌尔吉木伦河流域的富河沟门遗址等。仅在山西一地，已经查明的与穴居相关的新石器文化遗址就多达 300 多个 [1]，这些遗址均有穴居文化遗存出土，大多为穴居和半穴居类型。

原始穴居建筑的产生和发展呈现出一个渐进的进程，先是模仿远古人类的洞居和崖居方式，例如在黄土断崖上掏挖横穴，即所谓原始窑洞。横穴建筑的构建不是增筑而是减法，即对黄土地层进行削减而形成居住空间。这种横穴是一种只重空间经营的居所，除穴口外没有更多外观体形的建造形式。横穴的结构形式为生土拱，无须任何构筑，只要具有足够的拱背厚度就比较牢固安全，即可满足遮阴、蔽雨、防风、御寒等基本要求。原始横穴遗址多见于中国西北一带，如距今 5000 多年的仰韶晚期的甘肃宁县古窑洞遗址，洞室圆形，直径 4.6 米，穹隆顶；距今约 4500 年的新石器时代

---

[1]   文物编辑委员会编：《文物考古工作三十年（1949—1979）》，文物出版社 1981 年版。

宁夏海原县菜园村林子梁遗址，平面略呈椭圆形，直径约 5 米，上为穹顶，并有木柱进行支撑；陕西武功赵家来村窑洞遗址属于客省庄文化二期，其窑洞前有夯土墙围合成院落和畜舍，洞室前壁用草泥墙或夯土墙封护。此外，在内蒙古凉城县岱海周围及山西石楼岔沟、襄汾陶寺，甘肃镇原常山等地也发现了距今约五六千年的横穴遗迹。由于横穴的结构方式极为简易、经济，因而自其出现以后，虽然逐步向竖穴、半穴居方向进化，但横穴原型并未消失，而被保留下来继续予以采用，且得到不断改进。

横穴的基本条件是依赖断崖地貌，但有些地方缺少这种地貌条件，于是人们尝试在陡坡上掏挖横穴，但由于穴口土拱过浅，很容易塌落，人们不得不又尝试新的挖掘方法。他们先是在坡地上铲出一个垂直的壁面，然后再在壁面上向内掏挖水平方向的洞穴。这种坡地上的洞穴，常因土拱厚度不够而发生坍塌，为此人们常用木柱支撑洞口，或在坍塌的横穴入口补建一个顶盖。这样便启示了横穴制作的新工艺，即先在坡地上开小口垂直下挖，并扩大内部空间，到预定深度，再于穴的底部横向掏出一条通向穴外的走道，然后在穴内立柱封顶，其顶部则用树枝茅草覆盖，这样就出现了一种袋状的竖穴。这种平地上的袋穴，可以由穴底向斜上方掏挖出一条出入的隧道，不太深的袋穴则可以省掉出入隧道，而由顶部穴口进出，这样便形成了纯粹的袋形竖穴。原始横穴的缺点是完全依存于黄土地貌条件，缺少广泛的适用性，也不易形成氏族社会集合而居的格局，相比之下，袋形竖穴则可以在缓坡及平地上建造，扩大了选址的自由度，因而得到了迅速的推广和广泛的应用。

袋穴底大口小，其纵剖面为拱形，空间形式单纯而实用。起初人们用树木枝干、草本茎叶临时遮掩穴口，但遇有暴风骤雨，常毁于一旦。为加强其整体性和牢固性，人们用扎结方法制造出形状类似斗笠的活动顶盖，平时搁置穴口近旁，夜晚或遇雨雪时用其掩盖洞口。这种活动顶盖要随着昼夜、晴雨、出入而移动，还是很不方便，经过进一步改进和完善，最终形成了搭建在穴口上的固定顶盖。穴居发展到此时，开始具备了固定的外观体形，即在地面上可以看到一个个小的窝棚。随着棚架制作技术的熟练和提高，可以制作更大、更为稳定的顶盖时，竖穴深度开始逐渐变小，以有利于防潮和通风，且便于出入，如此发展的结果遂出现了更便于居住和出入的半穴居形式。半穴居的下半部是挖掘出来的，上部则是构筑起来的，既有减法又有加法，二者共同构成穴居的内部空间。建筑因之从地下变为半地下，并开始了向地上的过渡，也开始展示其形象。地面建筑较穴居和半穴居要求更坚固的墙体和更完善的屋面，这就要求解决和改进许多结构和构造上的问题。考古发掘实例证明，中国的先民在当时条件下很好地解决了这些问题，例如采用绑扎方式结合的木梁、屋面支撑结构体系，木骨泥墙的围护垣墙，夯土和室外防水等，这些都为日后中国传统建筑的土木结构形制，提供了宝贵的经验，并奠定了最初的基础。

根据专家的复原设计，西安半坡遗址中的房子主要分为小房子和大房子两种单元形式，小房子是母系社会对偶生活的住房，有方形和圆形两种样式。方形的住房常在穴坑的一侧设有斜向门道深入穴内，在穴坑前和内部形成一个小小的门厅，作为门道至住所的前导空间。有的在门厅左右设

半坡 F37 复原图
半坡 F21 复原图

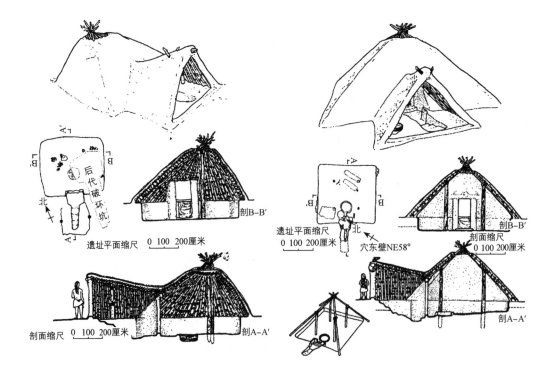

遗址平面缩尺　0 100 200厘米　剖B-B′

剖面缩尺　0 100 200厘米　剖A-A′

遗址平面缩尺　0 100 200厘米　穴东壁NE58°　剖B-B′　剖面缩尺　0 100 200厘米　剖A-A′

有两道矮墙，用以区分门道与主空间，稍晚的穴坑则多将门道布置在坑外。在门道前方，常设置有低矮的土坎作为门限，用来防止雨水倒灌。在穴坑的中央位置一般布置有灶坑，居中布置的目的在于方便人们围绕火塘取暖、煮烤食物，也易于防止灶火燎燃草顶。面对入口方向，门厅右侧矮墙后面是就寝的地方，左侧矮墙后面则是贮藏食物和工具的地方。稍大一点的穴坑中部靠后立有中心木柱，也有的是在火塘两侧对称布置一组木柱，用以支撑覆盖穴坑的屋顶。早期的屋顶与墙壁尚未分离，通常是在坑边直接排立斜椽与中心柱相交，构成四坡式的屋顶，柱、椽交接以及椽木与横向联系的杆件的交接都是用藤葛类或由植物纤维加工而成的绳索扎结固定的。椽木上置有横向枝干并扎结固定，构成为一个近似方锥休框架，在椽间空当铺盖兽皮、树叶、干草，和以黄土胶泥，做成防水的屋面。出于防火需要，在椽木的内表面涂以草筋泥，有的遗址中在接近火塘的中柱根部还残留有"泥圈"，证明原始时期人们已经掌握了在木构件上涂泥防火的方法。在屋顶的顶端或屋面的前坡常开有一个窗洞，即露天的天窗，用来排烟、通风、采光。

随着人们要求改善生活条件的愿望日益增强，同时对建筑结构、材料和构造知识的更多了解，半穴居建筑在结构与构造方面也日趋完善，其中地坑深度逐渐变浅是其最根本的变化。最迟在母系氏族社会的中晚期，人类建筑逐渐由地下转至地面，这不但扩大了建筑内部的生活空间，提高了使用者的舒适度，更重要的是使人们在创造过程中进一步认识和利用了自然，标志着人类在很大程度上已经逐步摆脱了对自然的模仿和依赖。位于半坡居住区中心的大房子（F1）是母系氏族公社中氏族首领及老弱病残住所，兼做氏族会议、庆祝及祭祀活动的场所，也是最早出现的具有聚落管理、聚会和集体福利性质的公共建筑。除半坡外，在陕西西安市临潼区姜寨、华县泉护村、西乡县李家村，河南洛阳市王湾，甘肃秦安县大地湾，宁夏海原县菜园村等处，都发现有功能类似的大房子，只是形制上有所不同。在中国尚存母系氏族制度的纳西族住宅，至今仍保留有类似的例证。半坡遗址中的大房子平面方形，面积约 160 平方米，出入口位于东墙中间，宽约 1 米，面向广场。室内外地平大致相等，在中心灶坑周围对称布

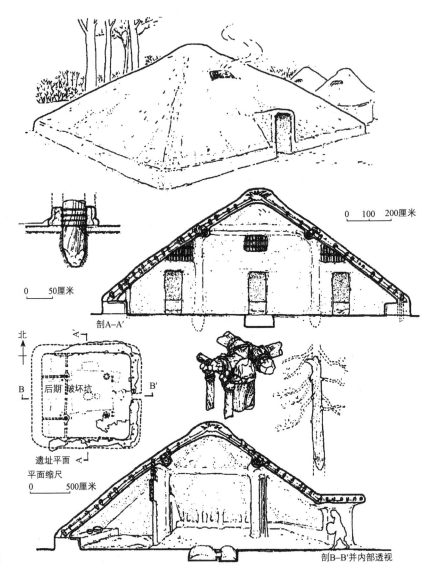

0   100   200厘米

0   50厘米

剖A—A'

北

后期破坏坑

B   B'

遗址平面   A

平面缩尺

0   500厘米

半坡F1复原图

剖B—B'并内部透视

置有四根立柱，前面是宽敞的大空间，应是氏族聚会和举行仪式的场所，后排柱子之间筑有隔墙，将空间分隔为三个小室，应为居住用房，构成了前堂后室的格局。据专家复原，大房子的外形为四坡式屋顶，一侧正中开有门道，在正对灶坑的位置开有天窗。通过对大房子的位置、形式及空间形态的分析，可以推断半坡遗址中的大房子构成了原始聚落建筑群的核

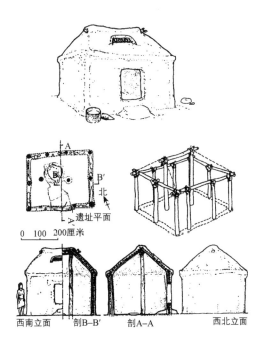

西南立面　剖B-B'　剖A-A　　西北立面　　　半坡 F24 复原图

心，体现了团结向心的氏族原则。有学者分析认为，大房子的结构形态反映了史前人类对宇宙结构的理解，四根立柱所支撑的四边水平横梁构成了人们概念中的宇宙四极，象征着宇宙的边界，极字同栋字，上栋下宇，四个方向的栋梁支撑象征天篷的屋顶。[1]

　　在半坡遗址上层发现的 F24 和 F25 用房是半坡晚期的地面建筑，这两处建筑遗址的平面均为长方形，在其内部的灶坑左右立有两根木柱，在前后左右墙内与中心柱成对位关系设有十根承重的立柱，合计 12 根，构成整个房屋的支撑体系，并将房屋的平面划分为一堂二内、中轴对称的空间格局。据复原研究，建筑的墙面与屋顶已经完全分离，房屋的长向一侧正中开有大门，形成主立面和外立面的中轴，上部采用纵横绑扎的梁架体

[1]　[西汉]《淮南子》卷六，《览冥训》："往古之时，四极废，九州裂，天不兼覆，地不周载……女娲炼五色石以补苍天，断鳌足以立四极。"

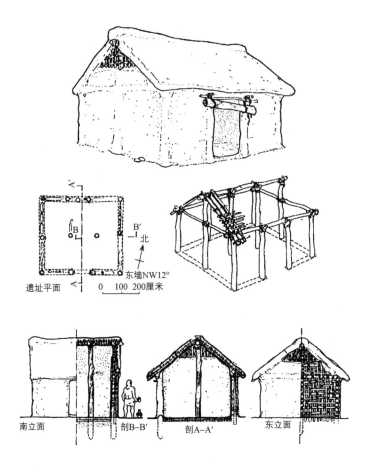

遗址平面

0　100　200厘米

东墙NW12°

南立面　剖B-B′　剖A-A′　东立面

半坡 F25 复原图

系，屋面为四坡或两坡顶。墙内立柱之间支有密排的细柱，墙体不承重，纯为围护结构，这正是中国木构架建筑体系的雏形。这一时期的建筑室内地面逐渐接近室外地平，木骨泥墙逐渐增高，屋顶开始出檐并逐渐加大，以便保护墙体免遭雨淋和防止墙基受潮，陕西武功县赵家来村出土的陶制圆屋模型印证了这一现象。随着屋檐加大，也促进了承檐结构的发展，檐下立柱支撑悬挑的屋椽，即是一种原始的承檐方式。墙体增高以后，有了在墙上开洞进行通风采光的可能，于是出现了牖。建筑的基本元素如门、窗、屋顶、台阶等元素在原始建筑中逐渐浮现和强化。

在原始穴居的室内，由于下部空间多为挖掘而成，受穴底和四壁毛细现象的作用，内部地面十分潮湿，为此人们采取了堇涂（涂抹加草的

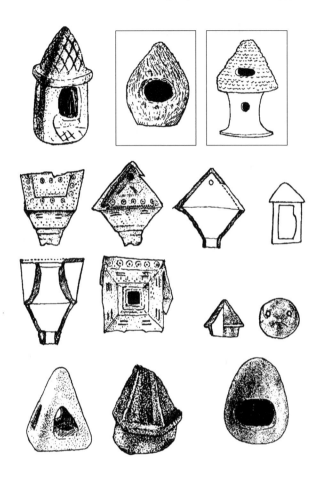

新石器时代陶屋

细泥）和烧烤的方式，即所谓堇涂陶化以防潮湿，《诗经》中的"陶复陶穴"，说的正是对早期穴居进行堇涂烧烤的防潮处理方法。此后又出现了被称之为"垩"的石灰抹面技术和粉刷技术，如河南安阳鲍家堂遗址穴居 H22 的居住面即进行了这种处理，其做法不仅卫生、美观，也兼有一定的防潮作用，而且还增强了室内的光线亮度。这一做法在龙山文化时期得到推广，并沿用到商周时代。

　　通过对原始穴居建筑的发展演变进行梳理，可以发现穴居建筑的发展遵循着如下历程：横穴（黄土阶地和断崖地段）—半横穴（麓坡地段）—袋形竖穴（平地掏挖，口部以枝干茎叶作临时性遮掩，进而发展为编制的活动顶盖）—袋形半穴居（浅竖穴，口部架设固定顶盖）—直壁半穴居（直壁竖穴，顶盖加大）—原始地面建筑（半穴居，矮墙体加屋盖，门开在屋盖上）—地面建筑（高墙体，门开在墙上）。在这一发展过程中，人类穴居的方式经历了一个从地上到地下，再到地上的一个过程，其中生产生活方式、建筑技术与工具的掌握、建筑材料的获取和应用等都对这一过程产生了影响。居住面上升到了地面以后，维护结构即围墙加屋盖全是构筑而成，其中墙与屋顶连为一体的做法，保留着对原始穹庐式窝棚的记忆；也有将墙与屋顶相互分离的做法，预示着人们对建筑形体已经有了初步的区划。地面建筑的进一步发展是出现了分室建筑，即对大空间进行分隔、组织。由半坡 F22 等遗址已经可以发现原始社会时期人们已利用木骨泥墙将内部空间分隔为几部分，郑州大河村遗址的长方形分室建筑便典型地表现出建筑内部空间的组织化。据考古发掘报告，人河村遗址中有 F1—F4 四座连体建筑，其中 F1、F2 构成一座相对完整的长方形建筑，内有隔墙，把内部空间分隔为三部分，F4 与 F3 则依附于 F1 一侧。F1—F4 实际上是组合在一起的

半坡仰韶文化建筑
发展序列图表

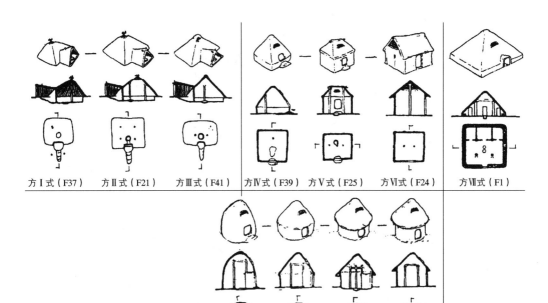

方Ⅰ式（F37）　方Ⅱ式（F21）　方Ⅲ式（F41）　方Ⅳ式（F39）　方Ⅴ式（F25）　方Ⅵ式（F24）　方Ⅶ式（F1）

圆Ⅰ式（F6）　圆Ⅱ式（F22）圆Ⅲ式（F3）圆Ⅳ式（F29）

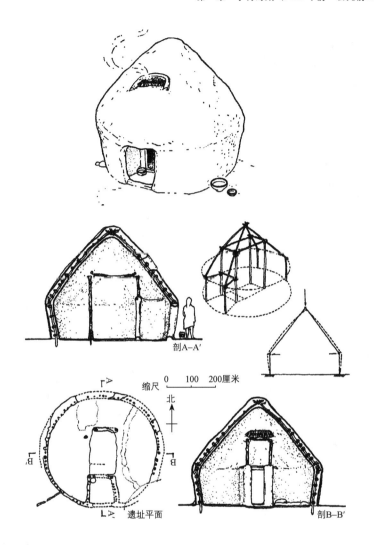

剖A-A'

缩尺　0　100　200厘米

北

遗址平面　　　剖B-B'　　　半坡 F22 复原图

复合式建筑，其复杂而横长的体形已经完全消除了穴居的痕迹。就工程技术方面来说，一栋多室的建筑较一栋一室的建筑更节省外围结构，从而能节省材料和加快施工进度；由于减少了外墙面积，也提高了室内的隔热保温效果。这种一栋多室的建筑形式首先源于实际功能的需求（公共活动增多，家庭成员增加等），反映了使用成员之间关系的新变化，标志着建筑空间组织的新阶段，同时也预示建筑空间将赋予建筑形式新的变量。

根据考古学和人类学资料研究推测，在原始人类普遍采用穴居方式之前

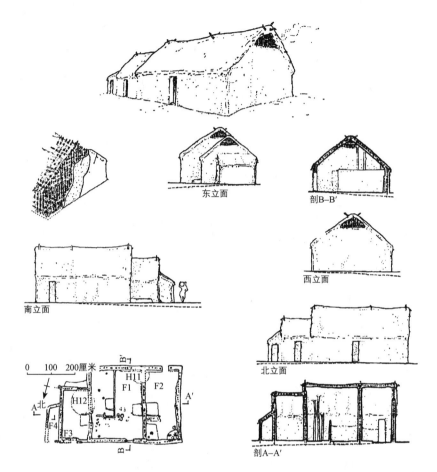

东立面

剖B—B′

西立面

南立面

北立面

郑州大河村 F1—
F4 遗址

0 100 200厘米

H11 F1 F2
H12
F4
F3

剖A—A′

或同时，地球上已有地面窝棚这种居住方式，它同样是人类通过对自然岩洞
的模仿并加以创造所形成的。在我国虽然尚未发现原始窝棚遗址，但在法国发
现有旧石器时代中期尼安德特人建造的窝棚。此外，在俄罗斯、捷克和欧洲
其他地区也都发现有旧石器时代晚期的窝棚遗址，这些窝棚一般采用圆形或
椭圆形的平面，直径4—6米不等，中间有的用猛犸象的长牙或骨头做柱或支
架，表面蒙以兽皮或树叶作为围护。由于窝棚没有墙壁，围护性能差，活动
空间小且不便，后大多被穴居所取代。在现代的北美印第安人原始部落、非
洲现代原始部落以及中国东北鄂伦春人居住地仍可见到窝棚这种古老的居住
方式。

二、长江流域的巢居

在中国南方地区，原始人类常选择水源和动植物丰富，便于渔猎和采集的地区居住。这些地区多为地势低洼的水网沼泽地带，一般缺少可供栖居的天然洞穴，人们为了营造自己赖以栖身的居所，于是利用自然的树木架设棚屋，他们选择分叉较为开阔的大树，在其间铺设枝干茎叶，再在其上搭建遮阳避雨的顶棚，做成一个类似鸟巢一样可以栖息的窝。在太平洋岛国巴布亚新几内亚东南部，至今仍有土著民族将住所建于一棵大树上，用长梯上下。为了将居住面铺设得平坦而舒适，人们进而尝试利用相邻的几株大树架设更宽大平展的巢居，如利用四棵大树为主干，在其间架设居住面，其上再搭建屋盖。中国四川出土的青铜錞于，其上的象形文字"𥝌"，就表现了这种依树构屋的形象。随着生活方式的演进和生产工具的进步，同时也为了便于生产和聚居生活的需要，人们在没有自然树木可依借的地方，仿照树居的方式，用采伐的木头作为桩，在地面上做成架空的居住面，从而将巢居转移到地上。由此，人们开始摆脱单纯依赖自然条件的局限，逐步发展出后世称为干栏式建筑的新的建筑类型和居住方式。

古代文献中记载的"干栏"，是指"结栅以居，上施茅屋，下豢牛豕"的竹木建筑，象形文字中的"舍"似为这种建筑的写照。直至今日，在中国西南、东南少数民族地区，仍然使用着这种建筑方式；东北地区的朝鲜族所使用的架空地面的房屋也属于这种类型。在母系氏族社会的鼎盛时期，这种干栏式建筑已经被广泛地使用于中国南方的湖泽地区，遗存的实例有浙江余姚河姆渡、湖州钱山漾，江苏常州圩墩、丹阳香草河、吴江梅堰、云南剑川海门口和湖北蕲春毛家嘴遗址等，其中最重要的干栏建筑遗址为浙江余姚河姆渡遗址，该遗址表明当时长江下游一带的木结构技术水平已高于黄河流域，延续中国数千年的木结构建筑体系由此可见端倪。

河姆渡遗址是一处新石器时代的遗址，遗址总面积约 4 万平方米，堆

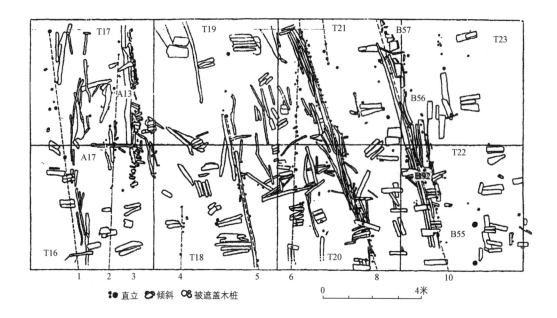

∷⃝ 直立　⧉ 倾斜　∞ 被遮盖木桩

0　　　　　4米

浙江余姚河姆渡
遗址

积厚度约 4 米，叠压着四个文化层，其中第四层的年代距今约六七千年。遗址中很有规律地排列着一组组木柱和木桩，并沿着山坡等高线呈扇形分布，可以确认为一组干栏式建筑。发掘区中最大的一座建筑长约 23 米，进深约 7 米，由高出地面约 1 米的四列平行柱桩支撑，柱桩的间距由前至后为 1.3 米（应为前廊）、3.2 米和 3.2 米。柱桩顶部用长条的木方相连，木方之间搭接横梁，上铺木板，构成架空的地面，其上再立柱架梁，构建成一栋房屋。环绕房屋外侧设有木栏杆，并有木梯用来上下。这种以木桩为支架，上面设大梁、小梁以承托地板，构成架空的基座，再在上面立柱、架横梁及叉手长椽等构件而构成的干栏建筑，是原始巢居的继承和发展。

河姆渡的这种几十米长的长屋建筑，是适应母系氏族社会生活的需要及地理条件的结果，氏族社会要求众多的成员住房既分隔又相互联系，在泥泞、多雨的沼泽边缘要满足这一要求，最佳的选择自然是建造这种相互毗连并有防雨走廊相通的长屋。17 世纪居住在美国纽约州的处于母系氏族公社阶段的易洛魁人也采用了相近的长屋方式。河姆渡人能够使用简单的

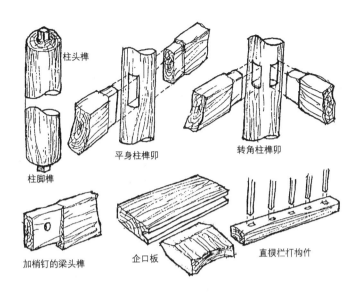

柱头榫

平身柱榫卯

转角柱榫卯

柱脚榫

加梢钉的梁头榫

企口板

直棂栏杆构件

浙江余姚河姆渡
遗址木构件榫卯

木材构件建造起几十米的长屋，说明当时的木结构技术已经达到了相当高的水平，并已被足够久远的时间和实践所检验。人们在这些倒塌木构件上发现了使用石斧、石凿、石楔、骨凿等原始工具加工而成的榫头和卯口，这也是中国现已发现的古代木构建筑中最早的榫卯实例，开创了中国传统建筑榫卯技术的先河。

在河姆渡遗址中还发现了中国最早的水井和井干结构技术，遗址为直径6 米的圆土坑，土坑深约 1 米，底部呈锅底状，其中央部位有一个 2 米 × 2 米的方坑，即水井（井底距地面约 1.35 米），方坑四周采用井干式的结构方式，用圆木层层叠放加固构成井壁（井字一词即由此而来），而井干结构技术作为木构建筑的一种结构形式也初见端倪。遗构外围的圆坑为高水位时的水潭，在圆坑与方坑之间铺设了类似汀步石的石块，在枯水季节，人们需要踏经这些石块至方井中取水。

在云南晋宁石寨山出土的滇人建筑模型等文物资料，也间接地反映了早期干栏建筑的形象。模型显示，原始时期的干栏建筑采用两坡顶，出檐较大，屋脊向两端伸出很多，并向上翘起，形成长脊短檐的倒梯形屋顶。今天我们仍能在我国西南少数民族地区和东南亚国家以

T35   88   北   T37

202

233

石

217

浙江余姚河姆渡
聚落水井遗构

T34   0   1米   T36

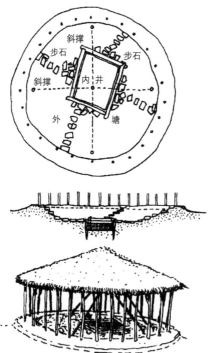

斜撑

步石   步石

斜撑   内井

外   塘

浙江余姚河姆渡
聚落水井复原

及日本的传统神社建筑中见到这种倒梯字形的屋顶形式。由图像资料可以看到，当时屋面一般采用草、树皮或木片进行覆盖，再用密集排列、交叉出头的木棍压住，类似日本古代建筑屋顶上的千木。在这些出土的铜制建筑模型上还能看到一些细致的处理，如在悬山山花部位设置博风板；有的为了保护山面开窗，在山面加设披檐，从而形成类似歇山式屋顶外形；有的屋顶中间高两侧低，形成跌落式的构图，这些都预示了屋顶作为重要的建筑构成

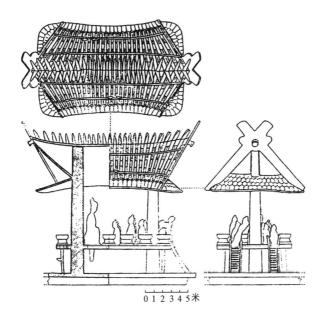

0 1 2 3 4 5 米

云南晋宁石寨山
滇人建筑模型

要素将登上建筑艺术的舞台。

三、原始建筑的特征与文化暗示

建筑布局和建筑类型的细分，以及建筑形式的变化都在不同程度上反映着社会生活的演变与进步，对应着社会生产生活中的居住、议事、祭祀、防御、丧葬等诸多内容，也产生了多种不同类型的建筑，如供生活起居的有一般住房（方或圆）、供公众活动的大房子、窑穴和灰坑；供生产使用的有陶窑、手工作坊、水井和畜栏；供交通使用的有广场、道路、桥梁、码头；供防御需要的有寨垣、壕沟和栅栏；供祭祀需要的有祭坛、祭坑、祭室；供丧葬需要的有公墓和各种墓葬等。后期社会中所必需的建筑类型，在原始社会时期已然都有了雏形。

原始建筑的内部空间虽然简陋，功能简单，但也已经有所划分，预示人类对建筑空间功能的认知有了质的飞跃，例如在一般穴居建筑的门前设防雨门道，同时可以兼作相对独立的门厅，空间上有了先导和序列观念。在穴居的中央一般有较为开敞的空间，是居住者起居、烤火取暖、加工食物的场所。在穴居建筑内的门厅两侧背后，常会形成隐奥空间，用以满足居寝隐蔽的实用要求。这种空间功能的划分，标志着原始建筑空间组织观念的启蒙，也是后世传统空间——"堂"的前身和雏形，是后世普遍流行的"一明两暗"和"前堂后室"格局的滥觞。与内部空间使用的功能相应，空间的性格也有了明暗、开阖的属性。

聚落中的大房子是"前堂后室"布局的典型诠释，其分室空间是早期穴居门前缓冲空间（门内两侧隔墙）的进一步发展，这说明原始居住建筑的隐奥概念已经形成。《考工记》所记载的"夏后氏世室"，就是寓于一栋建筑之中的"前朝后寝"布局，在空间观念上也正是脱胎于原始社会的这种"大房子"。

在建筑形式方面，原始建筑也孕育了中国古代建筑形式美的许多萌芽，是我们追溯中国传统建筑形式美滥觞的源头。例如南方干栏建筑的屋顶形式的发生和缘起，有理由被联系到原始社会时期的鸟图腾，正如一些原始图案所示，原始建筑屋脊上有用鸟做装饰的例证，云南沧源岩画和云南铜鼓所示干栏建筑屋顶上就都有鸟饰，佐证了传说中干栏式建筑起源于对鸟巢模仿的集体记忆。《诗经》中将建筑的屋顶比喻为"如翚斯飞"，也说明其象征性与远古鸟图腾不无关系。在仰韶文化庙底沟类型凤鸟图案中，太阳与踆乌合纹，是早期人类鸟图腾的一个例证，《淮南子·精神训》说："日中有踆乌。"[1] 踆乌，即三足的雄鸟，三足踆乌与太阳合纹，应是原始社会进入父系社会后生殖崇拜的反映。该凤鸟图形就似一个大屋顶的断面，也有专家据此认为，图像中的鸟头与大屋顶的屋脊相对应，鸟翼与屋顶断面中的屋檐相对应，鸟的脚爪则象征建筑的柱子。

---

[1]　[西汉]《淮南子》卷七，《精神训》。

第二章　萌生时期

（夏商周至战国，公元前 2070—前 221 年）

公元前 21 世纪始，夏族、商族、周族相继崛起，同西戎、北狄、东夷、南蛮各族联系逐渐扩大，使中华族群趋同性、内聚力增强。各部族相互之间广泛的碰撞、互补与融合，孕育了中华文化的核心观念，其中也包括传统建筑的核心理念，初步建构了中华古代文明的基本框架。

在这一阶段，农耕经济的范围不断扩大，北方的游牧经济、西南的山林农业经济也都有了一定发展。继石器时代之后，青铜器的发明与制作，使农耕与器物加工有了长足的进步，财富的剩余与积累使社会的贫富分化成为必然，出现了阶级和维护阶级秩序的国家。与这一时期社会进化和发展相对应，先是出现了一大批区域性的初期国家，它们在相互交往、冲突、兼并、同化过程中，逐步形成领土相当广大的邦国，构筑了众多的邦国城堡。这些邦国继而又相互兼并或联合，建成各类不同的政治联盟，并开始趋向建立统一国家，集中体现中国传统文化价值观的王城制度随之出现。由夏王朝建立始，经商、周王朝，至春秋战国，共计 1800 余年，中国的社会形态在这一时期经历了奴隶社会向封建社会过渡的进程。

与这一社会发展进程相应，伴随着城市的出现，宫殿、坛庙、陵墓、苑囿等高级建筑类型亦应运而生，成为王权和社会文明的象征。在这个时期的后期，即春秋战国时代，国家由统一走向分裂，但萌生了新的生产关系，生产工具也由青铜器过渡到铁器。生产工具的改善与进步促进了中国古代木结构建筑体系的生成与发展，并不断地迈向更高的阶段。

第一节　军事城堡与早期的城市

大约在 5500—4000 年前，中国开始由母系氏族社会步入父系氏族社会，由于对剩余生产资料和生活资料的占有，使一部分人可以占有另一部分人的剩余劳动，社会因之出现了私有制的萌芽，并随之出现了阶级的分化与对立，使得原始聚落防御与空间的区分要求凸显。反映在建筑上，出现了带有父系氏族社会性质的城堡，如在河南登封王城岗、安阳后岗、郾城郝家台，山东寿光边线王及山西夏县等地都有古城堡遗址被发现；在山东章丘城子崖及阳谷、东阿、聊城、邹平、临淄、滕县等地，发现了十余座属于龙山及大汶口文化的古城遗址；在四川新津、都江堰、温江等地及内蒙古凉城老虎山、包头阿善发现了相当于龙山文化和红山文化时期的史前古城遗址；在湖北天门、石首、荆门和湖南澧县等地也发现了属于屈家岭文化的古城遗址。这些城市或城堡遗址的发现，说明我国原始社会后期建筑活动已经十分活跃。

由已发掘的古城遗址可知，中国北方地势平坦，早期城市以方形居多；南方河网与丘陵地区因地形复杂，则出现有矩形、圆形、椭圆、梯形等多种平面形式。由于各区域的政治、人口和地理等条件不同，城市的规模大小也随之不等，如湖北天门市石家河古城规模中等，城垣总长 5000米，面积达 120 万平方米；河南登封王城岗古城规模较小，面积约 30 万平方米。较大的城址如距今 5300—4000 年的浙江良渚古城，其年代不晚于良渚文化晚期，面积 290 万平方米，是中国目前所发现的同时代最大的城址之一。遗址东西长 1500—1700 米，南北长 1800—1900 米，略呈圆角长方形，正南北方向。城墙底部宽度达 40—60 米，部分地段残高 4 米多，其做法为底部先垫上石块，上面堆筑夯实黄土。古城的选址显然经过了精细的勘察和周密的规划，城市的南面和北面都是天目山脉的支脉，南北城墙与山体的距离大致相等，东苕溪和良渚港分别由城的南北两侧自西向东流过，凤山和雉山两个自然的小山分别被利用作为城西南角和东北角的防护屏障，表现了古人巧借自然的智慧。

　　澧县城头山古城是中国现在已知年代最早的古城。遗址位于湖南澧县西北约 10 公里的城头山村，西依台地徐家岗，南临澹水，是屈家岭文化的一处早期遗存。古城平面呈圆形，直径 310—325 米。城外绕有护城河，西面及西北侧的一段保存较为完整，宽 35—50 米，深 4 米，岸壁陡峭，宽度整齐，明显是由人工开掘而成。位于东南侧的护城河由澹水支流构成，宽 14—30 米不等。古城城墙为灰色和黄色的胶泥夯筑而成，有的中间塞以河卵石。现残垣高度 3.6—5 米，底宽 20 米，城垣外壁坡度约 50 度，内壁为缓坡，15—25 度，这种外陡内缓的城垣便于防御守备。城的四面各有一道缺口，应为城门，北侧缺口宽 32 米，门内有圆形大堰，推测北门为水门，有河道通达城内外。东侧缺口宽 19 米，有宽约 5 米的道路，由城外通至城内。路面铺有河卵石，石下垫有红烧土和灰土。城中地面高于四门，故城内积水可经四门排泄至城外。在城内中央偏南处，残留着坐西面东夯土台，是当时城内主要建筑的基址。

　　龙山文化中晚期的平粮台商部落遗址则是这类城堡的典型代表，遗址位于现河南周口市淮阳区，相传三皇之首伏羲氏太昊帝曾在此建都立国，春秋战国时期此地又是陈国和楚国的都城。1979 年在淮阳县城东南 4 公里大朱村的西南角发现了这座距今约 4300 年的前商城堡，为商朝以前父系社会时期的商部落所建，约处于龙山文化中期，是目前考古发现的中国最早的古城址之一，对研究中国早期奴隶制国家的形成具有重要的价值。

　　古城占地面积 5 万多平方米，建立在高 5 米、俗称"平粮台"的台地上。遗址平面呈正南北向的正方形，长宽各 185 米，围筑夯土城墙，外绕护城河。城墙采用小版堆筑而成，其方法为先以小版夯筑宽约 0.8 米、高 1.2 米的内墙，然后在内墙外侧堆土，并夯成斜坡状，至超过内墙高度后，再夯筑城墙的上部，如此反复堆筑，直到所需高度为止。古城南北各辟有一门，北门在北墙正中偏西，南门在南墙正中，紧贴缺口的东西壁建有门屋，门屋朝门道一侧相对开门，在南门洞口路面以下发现埋设有陶质的排水管道。在城内还有十几座房屋遗址，房屋平面呈长方形，分为数间，有的房子采取南北向布置，房子之间相互垂直，似乎形成院落关系。房子下有土坯台基，房子的外墙均为土坯砌筑，墙的外表涂以草泥，四周还有灰坑、陶窑等遗迹。从该城堡遗址所呈现出的院落、围墙、大门、朝南布置方式来看，映现出防御、封闭、内向、秩序、等级等早期私有制观念，同时中国传统建筑的一些布局要素也初步显现。

随着社会的发展，特别是奴隶制国家的诞生，这些早期带有军事防御性质的城堡逐渐演变为具有居住、生产、交易等多种功能的城市，并出现了许多历史上著名的王城。夏、商、周原均为活动于中原一带的氏族部落，后经不断地扩张、兼并和征服而相继建立了中国历史上早期的奴隶制国家。与这些国家的性质相应，一批初具规模的古代防御性的大型军事城市也应运而生。《吴越春秋》中载："鲧筑城以卫君，造郭以守民，此城郭之始也。"[1]《管子·轻重戊》则谓："夏人之王，外凿二十虻，韝十七湛，疏三江，凿五湖，道四泾之水……民乃知城郭、门闾、室屋之筑……"[2]，此为中国最早的有关王城建造的记录。相传夏后氏部落首领大禹的儿子启建立了夏王朝，曾建都于阳城（今河南登封东）、斟鄩（今河南登封西北）、安邑（今山西夏县）等地。由夏代故城遗址所知，当时筑城已采取正南北向布局，同时有东西双城并联的做法，并出现了由两道城墙组成的回形平面布置。

公元前 1600 年，商灭夏，开创了王城新纪元，在西亳（一说为今河南偃师城西尸乡沟城址）、隞（一说为今郑州中商城址）、殷（今河南安阳殷墟遗址）等地分别建造了规模庞大、规划完整的王城，此三处古城遗址分别为商代早、中、晚时期最具代表性的古城实例。

尸乡沟商城遗址位于今河南省偃师市尸乡沟村一带。据文献记载，商汤建都于西亳，西亳的地理位置在河南省偃师，故该遗址很可能是商汤都城西亳。城址平面呈长方形，面积约 190 万平方米。整个城址淤埋在地下，除南城墙被洛河冲毁外，其余部分保存较为完好。现存部分西、北、东段城墙均由夯土筑成。

---

[1]　[北宋]《太平御览》卷一九三引《吴越春秋》。

[2]　《管子》第八十四，《轻重戊》，华夏出版社 2000 年版。

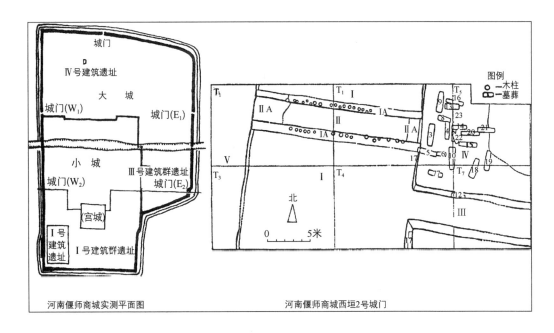

河南偃师商城实测平面图　　　　　　　　　　河南偃师商城西垣2号城门

城址有外垣、内垣、宫垣三重，开创了中国古代王城所推崇的外城、内城、宫城三环相套格局的先河。外城南北向呈刀把形，城墙开有 7 座城门，在东西城墙的相对位置上各开有三座城门，其中第一、三两门有东西向贯通的大道。北墙居中位置发现了一道城门，城内的道路纵横交错，四通八达。在外城垣的外围环绕有宽 20 米、深 6 米的护城河。内城的建造时间早于外城，平面大致为南北向长方形，其西垣、南垣、东垣的南段与外城垣重合。城内有三处建筑群基址，均有围墙环绕，基址上建有众多殿堂房舍，其中位于中部的基址为宫城，平面方形，南北 230 米，东西 216 米。在宫城内的中、南部发现有宫殿建筑十余座，呈左右对称、形制规整的布局，其中 2 号宫殿的主殿长度达 90 米，是已知商代早期宫殿建筑中最大的单体建筑。

宫城东西两侧分布着与宫城形式相似的建筑群，现遗存排列有序的建筑基址。建筑布局形式也较为独特，推测为营房、库房等用房遗址。宫城前后近邻东西大道，南面开门，有南北向大道直通城中的南部。整座城市布局规整，中心突出，已体现出传统王城规划的一些构成元素。

郑州商城遗址位于河南省郑州市内及其郊区，属中商二里岗文化。

河南省偃师商城遗址

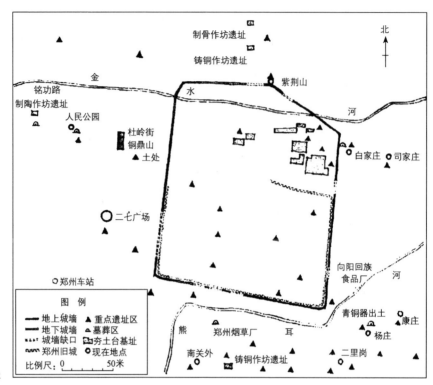

河南郑州商城遗址

遗址面积广大，占地达 25 平方公里，遗存丰富，特别是城垣和宫殿的发现，证明了这里曾是商代的重要都邑，一说为商代早期商王成汤所建的"亳都"，一说为商代中期商王仲丁所建的"隞都"，无论如何，这一城址的发现都为研究中国古代城市的形成与发展提供了重要的实物资料。遗址的中部为规模宏大的都城，城址的平面近似长方形，正南北方向，四周是高筑的城墙，周长约 7 公里。地面残留的墙垣最高处达 10 米，墙基平均宽 11 米。在城内东北角的高敞地带，发现有大小不等的建筑台基，大者面积达 2000 平方米，小者有 100 平方米，台基多呈长方形，表面排列有整齐的柱穴，有的还保存着柱础石，台基附近曾出土有青铜管、玉管、玉片等装饰品，据此推测这里原来应是宫殿群和宗庙遗址。

在宫殿区内有一条南北向的壕沟，在已发掘的壕沟内发现了大量的人头骨。此外在宫殿区东北角的高地上还发现有 8 个祭狗坑，有的坑内人和狗共葬一处，表明这里曾是举行祭祀活动的场所。手工业作坊区、居住区、墓葬区都分布在城外，手工业作坊包括冶铜、烧陶、制骨、酿酒等作坊。另外，在西墙外和东南角各发现一处青铜器窖藏，出土了大量的王室青铜礼器，均为商代青铜器中的精品。在遗址的居住区留存有大量半穴居窝棚遗迹，应为奴隶的住所。

殷墟为商王朝后期的都城遗址，分布在河南省安阳市西北郊的洹河西岸。商王朝自公元前 14 世纪末年盘庚迁都至此，到纣王亡国为止，共经八代十二王，历时 273 年。周朝灭商以后，都城荒废毁弃，因城原名"殷"，故而后人称之为"殷墟"。

考古发掘证明，殷墟原为一座布局规整严谨的都城，是高度发达的奴隶制社会的缩影。整个殷墟遗址东西长 6 公里，南北宽 4 公里，总面积 24 平方公里。目前尚未见城墙、城壕遗址，但后人在洹河南岸发现有规模宏伟的宫殿和宗庙，在其周围环列有铸铜、制骨、制陶等手工业作坊，还有居民区和平民墓地；洹河北岸分布有大面积的王陵区，都城外围则是简陋的贫民居住区。

有周一代，分别建都于岐邑（今陕西岐山、扶风）、丰镐（今陕西西安）、洛邑（今河南洛阳）。周代的历史较为复杂，其中公元前 1046—前 771 年建都陕西期间称西周，后迁都河南，又历时 500 余年，史称东周。东周前近 300 年史称春秋，后 250 余年称战国。这一时期是中国古代思想异常活跃的时期，也是中国典章礼仪制度初创的时期，同时也是社会动荡、筑城活动频仍的时期，中国古代营造思想和制度在这一时期开始萌芽和生成。周代初年，随着封建制度的推行和发展，分封到全国各地的诸侯领主纷纷在自己的领地上建立许多大大小小的城邑，或将旧有的城镇予以扩展，作为他们在政治、经济和军事上统治的据点。这种活动到了春秋、战国时期进行得更加频繁，如《左传》中所载，自庄公二十八年筑郿城至哀公六年筑城邾瑕，其间 250 余年，大规模筑城有 30 次之多，如此频繁的筑城活动大多基于战争的需要。据《春秋大事表·列国都邑表》记载，周王有城邑四十、晋七十一、鲁四十、齐三十八、郑三十一、宋二十一、卫十八、莒十三、越十一、徐十、曹九、邾九、秦七、吴七、许六、陈四、蔡四、纪四、庸三、虞二、虢二、廪

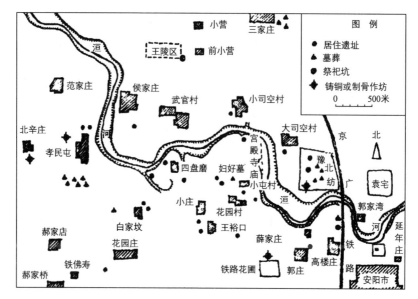

河南安阳市殷墟文化遗址分布示意图

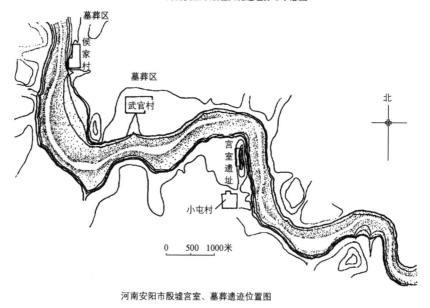

安阳殷墟

河南安阳市殷墟宫室、墓葬遗迹位置图

一[1]……以上不完全之统计，城邑总数已达351座。至战国时，列国诸

---

[1] ［清］顾栋高：《春秋大事表》卷七，《列国都邑表》。

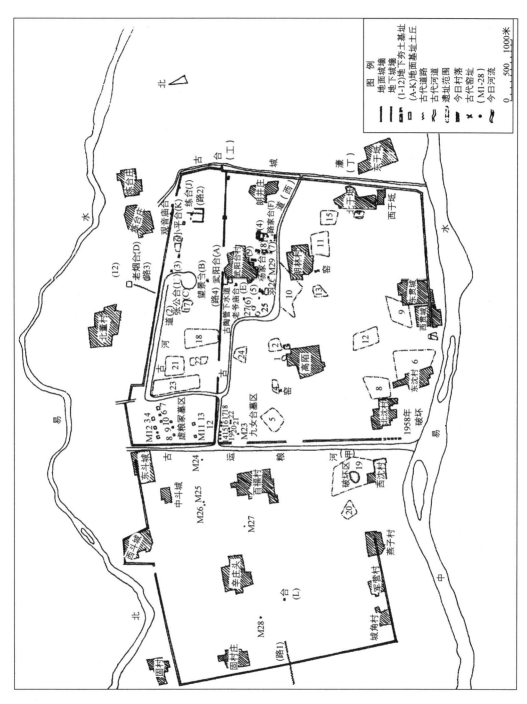

易县燕下都遗址

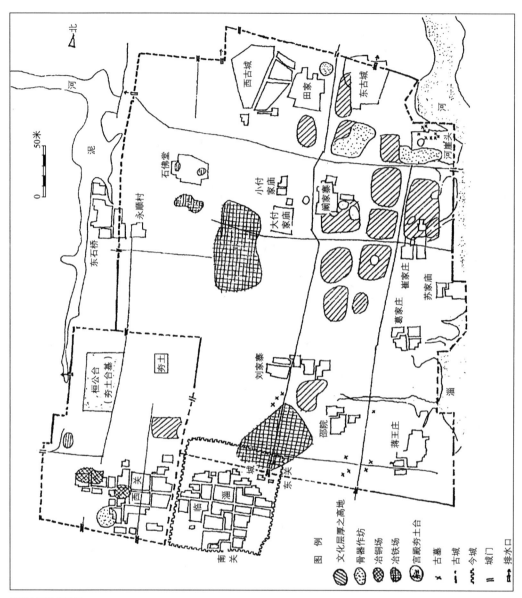

临淄齐国故城遗址

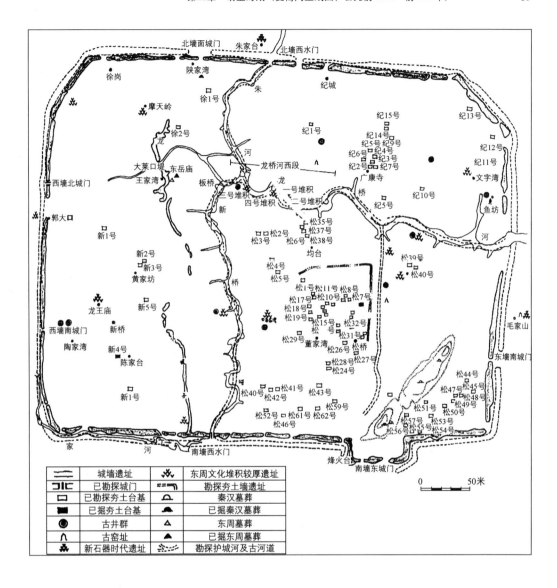

湖北江陵郢城（纪南城）遗址

侯城邑总数又大大超过于此，城市建设也进入了一个划时代的繁荣时期，出现了一大批著名的都城和名城，如周成周、燕下都、赵邯郸、魏大梁、鲁曲阜、吴淹城、齐临淄、楚鄂郢、郑新郑、韩宜阳等。

　　周成王在公元前 1042 年登基，即在洛邑（今洛阳市王城公园）建造陪都（西周的都城为镐京），建成后将伐殷所获作为政权象征的九鼎移于此城中，寓意江山永固。周平王即位后迁都洛邑，自此洛邑成为东周的都城。

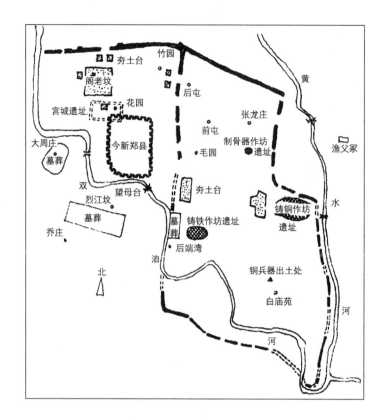

郑韩故城

据《尚书》记载，营建洛邑由周武王的弟弟周公旦及召公奭主持，并绘制了规划图。据考古发掘得知，城近似为方形，东西2890米，南北3320米，折合西周尺度，大致为"方九里"之制。城中后有汉代所筑河南县城，将城中周代遗址覆盖，已难再得知周代原有形制。然而据成书于春秋时期的齐国官书《考工记》所载的王城制度，可知王城"方九里，旁三门。国中九经九纬，经涂九轨；左祖右社，面朝后市；市朝一夫"[1]。其大意为：王城平面方形，每边长九里，每面开三门。城中设纵横各九条大街，每条大街宽度可容九辆马车并行；（城中心设宫城）左设宗庙，右设社稷坛，前布外朝，后接宫市；外朝与宫市的面积均为一百步见方。这种把外朝置于前，

---

[1]　《周礼》卷六，《冬官考工记·磬氏/车人》。

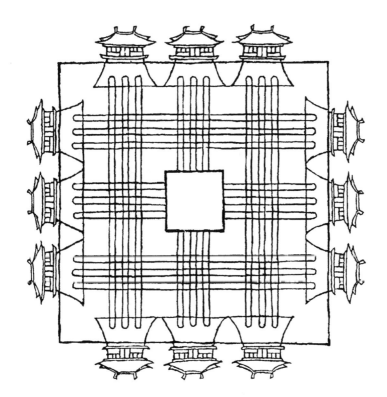

《考工记》中的
王城平面

市集置于后的规划布局，某种程度上反映了古代氏族经济管理方式的特点，即古代帝王主管外朝政务，后妃主持内廷家务，正是原始社会男性主持生产活动、女性主持分配交易这一习俗的延续。不难想见，理想中的王城是一座布局方正、中轴对称、严谨均衡的城市，宫城、广场、宗庙、社稷坛、市场构成了城市的核心，垂直交错的道路组成了棋盘式的区划格局。

　　洛邑的规划思想是当时周朝政治文化的产物，西周是中央集权制国家，国王为"天子"，掌握着绝对的权力，同时实行分封制的政治制度，将全国划分为属国，将王族姬姓亲属封为各属国诸侯进行统治。为了彰显天子的绝对权威和对诸侯的威慑，以及整个国家的向心力和凝聚力，最高统治核心必须强化王道尊严以及等级秩序。反映在城市规划上，即强调宫城居中的核心地位、尊祖敬天的礼制布局、严谨整饬的条块区划，用以体现王朝的威严和气度。洛邑王城的创立集中体现了早期封建国家的社会制度建设与社会美学思想，对其后的中国历代王城建设产生了重要的影响，成为中国古代帝王建造都城的模本。周代在建立理想化王城规制的同时，对诸侯国都和卿大夫采邑城进行严格规范，明令规模等第有差，不得僭越，如《考工记》载：诸侯的城市大者不得过王城三分之一，中者五分之一，小者只九分之一；王城城角高九雉（一丈），城墙高七雉，诸侯城的城角只能高七雉，城墙高五雉。这种限制措施使许多诸侯不得不采用另建城郭的方式，以满足不断发展的需要，由此形成春秋时期诸侯国常有城、郭并置的现象。

山东曲阜的鲁国故城是这一时期诸侯国都城的代表，也是周王朝各诸侯国中延续时间最长的都城。在西周初年，周武王封周公旦于鲁，是为"鲁公"。成王时周公之子伯禽代父就封，在这里建立了都城，自此至鲁顷

曲阜鲁国故城遗址

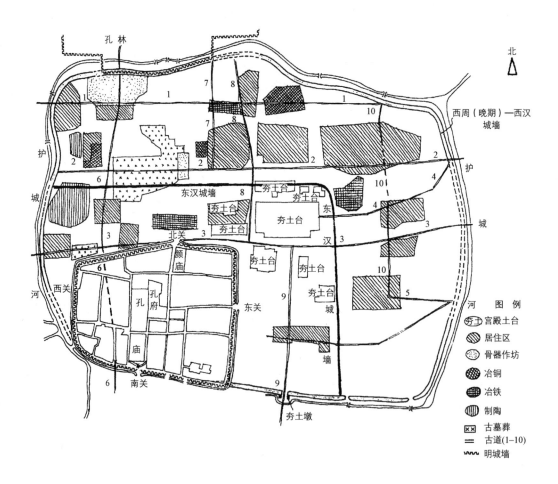

公亡国止，共历三十四代，建都时间达 873 年。西汉的 200 余年间，这里继续是鲁国的封地。从西周到汉代故城共经过八次大规模的兴建修葺，后为县治。宋代迁县治于寿丘，故城才逐渐毁废。

曲阜故城城垣东西长 3.7 公里，南北宽 2.7 公里，城的四周围有城壕；东、西、北三面各辟城门 3 座，南面辟城门 2 座。今日的曲阜市位于鲁国故城的西南角，面积仅占故城面积的七分之一。依照文献与考古发掘得知，周代帝王诸侯的城市大都有两道或更多的城墙，并将全城分为内城与外郭两大部分，郭城大于内城，二者的职能为"城以卫君，郭以守民"。城垣之外，必有护城河（称为"池"），有的在外城内侧或内城之外再挖有护城河。曲阜故城有内、外两重城垣，各有护城河环绕。内城在故城的西南角，约占外城的四分之一。内城的中心有一片高地，是宫殿区和太庙的所在地，宋代在高地建立的周公庙，保存至今。高地的四周分布着衙署、商业区和住宅区。城内发现十余条大道，主要有东西向和南北向大道各三条，其中最主要的干道是由宫室区南侧通向南墙东门的大道，一直南延至城外 1700 米处的舞雩台，二者之间形成了一条明显的城市轴线，是我国已知城市建设中较早使用中轴线布局的实例，类似于《周礼·考工记》中所记述的周王城的形制。

故城的北部和西部是冶铜、冶铁、制骨、烧陶等手工业作坊遗址，排列十分密集。西部还有墓葬区，现已发掘了 100 余座周代的墓葬，出土了许多青铜、陶、骨、蚌等器物，这些随葬品带有商文化和周文化的共同特征，这也证明了周代鲁文化是综合了商文化和周文化等因素而形成的。

吴淹城是一座富有特色的春秋战国时期古城址，位于今江苏省常州市武进区湖塘桥西，城址的水陆总面积约 65 万平方米，有外城、内城、子城，为三城相套的方式，应是商王城形制的继承和发展。外城围于自然地形的条件略呈椭圆形，周长 2580 米，城墙残高 10 米左右。内城大体为方形，处于外城内部的东北面，城墙周长达 1252 米，高 10.5 米，宽 20 米左右，高于外城。子城即王城，又称为"紫罗城"，在内城中部偏北，亦近方形，城墙周长 457 米，高约 11 米，宽 7—10 米。三重城墙之外均有护城河

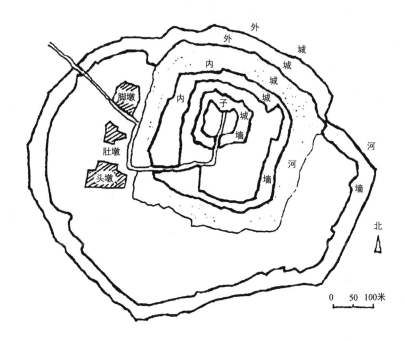

吴淹城

环绕，河深3米多，宽30—50米。每道城垣只开一道城门，外城城门设在西北，俗称"城门口"；内城出入口在西部偏南处，俗称"摇铃城"；子城出入口在南部。内城西边与外城之间，由南向北有高约10米的三个并列的土墩，推测为楼台或用于瞭望的建筑物。

吴淹城建于春秋晚期，相传为晚商时期的封国奄国国君所建，奄君在周成王时期与商代后裔武康联合叛乱，后从老家山东曲阜败走江南淹城，筑城建国，仍名为奄。从其三城相套的布局来看，其构思应是来源于《周礼·考工记》所推崇的城市规划原则，以其子城为宫城，内城为王城（皇城），外城为郭城，符合所谓"内谓之城，外谓之郭"的说法，也符合"三里之城，七里之郭"的有关王城与郭城规模的规定。以规模和设施来看，此城显然不像当时帝王都城，而更像屯兵的军事堡垒。由于淹城位于吴中平原的中央地区，依山傍湖而近海，奄君可据此为险而对抗周室，因而具有重要的战略地位。现城址保存较好，是已知最早的内城外郭的例证，是研究西周至春秋战国时期城市的重要史料。

由以上城市布局不难发现，奴隶社会与封建社会早期的皇权思想和等级制度对城市规划有着重要的影响，其中王城的布局更集中地反映了中国古代皇权至上的规划思想以及中轴对称、严谨整饬的规划原则。以周代城市为例，城市按等级划分为周王都城（即"王城"或"国"）、诸侯封国都城、宗室或卿大夫封地都邑三个级别。除了城市功能有所不同之外，在城市的面积及其他附属设施方面（如城墙高度、道路宽度等）也有着明显的区别。按照中国古代传统的数字观念，九是单位数中最高的数值，因此将它定为帝王专用。由此以下，依"二"的级数递减，形成了九、七、五、三、一的数字关系，所谓"名位不同，礼亦异数"[1]。如诸侯之城分为三等："大都"（公）之城是天子之"国"的 1/3，"中都"（侯、伯）为 1/5，"子都"（子、男）为 1/9。规定：天子之城方九里，诸侯（公）城方七里，侯伯方五里，子男方三里，卿大夫方一里。城墙高度亦有规定，"天子之城高七雉，隅高九雉"[2]。一雉高一丈，则王城城垣高七丈，诸侯城则等而下之。城市中的道路，同样也因封建等级的高低而定其宽窄。依《周礼·考工记》载，周王城中的主要干道"经涂九轨，环涂七轨，野涂五轨"。"（国之）环涂以为诸侯经涂，野涂以为都经涂。"[3] 这里表明了王城的环城道路"环涂"与郊外道路"野涂"的具体尺度，并阐明了它们和大小诸侯城中干道的关系。依此推测，诸侯城的"环涂"应宽五轨，"野涂"应宽三轨；而"都"的"环涂"宽三轨，"野涂"宽一轨。所有这些都表示了周代各级城邑的严格等级次第关系。

　　当然，这种严格的等级制度只是萌芽时期奴隶制国家及封建王朝希望政权永固、社会稳定的理想化的制度安排，在现实中多难以实现和执行，特别是到了春秋时期，由于群雄争霸、朝纲废弛而渐次瓦解。其实早在春秋初期，由于诸侯国君逾制赐封或臣属自行僭越，已出现一个或多个与国都相若的大城邑，这就是当时所谓的"耦国"现象。例如共叔段封于京邑，其筑城超过"百雉"，尔后他又在邻邑建造规模相似的大城，致

---

[1]　［春秋］左丘明：《左传》卷三，《庄公十八年》。

[2]　［东汉］许慎：《五经异义》。

[3]　《周礼》卷六，《冬官考工记·磬氏／车人》。

使公子吕发出"国不堪贰，君将若之何"[1]的警告。至春秋后期，各地诸侯多有"耦国"，如郑之京邑、栎城，卫之蒲、戚，宋之萧、蒙，鲁之弁、费，齐之梁丘，晋之曲沃，秦之徵、衙。大约在春秋中期至战国，周王室逐渐衰微而诸侯国日益强盛，周王朝已无力对各地诸侯的城邑建设加以控制和规范，加之诸侯国之间的战争日见频繁，筑城自固已成为当时各国生死存亡的必要条件，地方上的城市建设遂突破旧规而得以迅速扩张，西周以来制定的城郭等级制度遭到彻底破坏。与此同时，各国城市人口的膨胀，城市经济及手工业的发展使城市的规模、功能和形制都发生了巨大变化。过去因为受到历史成因和初选城址地形的限制，诸侯的都城不能像王城那样进行整齐有序的规划，按照《周礼·考工记》中记载的城建制度，这些都城的规模最初都较小，随着人口的激增和城市经济的扩张使它们不可能再固守旧有形制。春秋中期以前这些诸侯的都城还不过是"大邑千户，大都三千家"，至战国时，齐临淄已有居民七万户，韩宜阳则有"材士十万"[2]。此时全国的大、中城市人口已达四百余万，约占全国总人口的1/5。与此同时，由于当时社会商业和手工业的发展，促生了一批经济十分繁荣的城市，如战国时期齐之临淄，楚之宛丘，燕之涿、蓟，赵之邯郸，魏之温、轵，韩之荥阳，郑之阳翟等。城市中的市已成为工商业集中地，且在许多城中不止一处。原有大城市的面积不断扩大，城市规模不断膨胀，当时小城占地1—5平方公里，大城则达10—30平方公里，面积已大大超过西周时的礼制规定。如楚原封子爵，依制都城"方三里"，约合1.15平方公里，而春秋时楚都郢（湖北江陵纪南城）的实测面积是16平方公里，为规定的14倍。已知周王城面积10平方公里，而燕下都却已达32平方公里，齐临淄、赵邯郸、韩新郑的面积均约20平方公里，小些的如韩国宜阳故城面积达"方八里"，秦雍城与鲁曲阜也约10平方公里，都大大超过封建城制的规定。与此同时，不依礼制而建的中、小城市亦大量涌现，如春秋时鲁国已建城19座。战国时中原一带更是"千丈之城，万

---

[1]　[春秋]左丘明：《左传》卷一，《隐公元年》。

[2]　《战国策》卷一，《东周策》，《秦攻宜阳》。

家之邑相望"，仅齐国即有城 120 座。可以想见，战国时城市已由春秋的
百余座增加到近千座之多。

由于春秋时期的各诸侯国纷纷按照自身的需求扩建城池，城市面貌随
之呈现出繁华昌盛的局面，城市形态及平面布局也更加多样化。当时旧城
扩建多依照经济、居住、军事等要求，并结合当地地形条件进行，中等以
上城市大多有城有郭，二者之间，或相套叠，或相毗连，很少再按《周
礼·考工记》中周王城制度进行规划建设了。

通过对城址遗存实例和文献记载的研究，不难发现处于萌芽和生成
时期的中国营国制度，其规划布局理念深深地印刻着中国先民希冀与天
地自然和合相印、天人一体的思想，《周礼》开篇中说："惟王建国，辨
方正位，体国经野，设官分职，以为民极。"[1] 即是说只有将城市的社会
组织系统与空间布局形式相互有机结合，才能实现人与天同体、天人合一
的理想。同样，空间安排的依据不仅是自然秩序的要求，同时也是经济活
动、军事活动、政治活动、社会管理的要求。《冬官考工记·磬氏/车人》
说：匠人建国，"识日出之景与日入之景，昼参诸日中之景，夜考之极星，
以正朝夕。"[2]《吴越春秋·阖闾内传》中记载阖闾委任伍子胥建造都城，相
土尝水，象天法地，造筑大城，周回四十七里。陆门八，以象天八风。水
门八，以法地八聪 [3]。《勾践归国外传》中也有相似的记载，越王委托范蠡
营造都城，范蠡乃观天文，拟法于紫宫，筑小城。西北立龙飞翼之楼，以
象天门；东南伏漏石窦，以象地户 [4]。这些布局手法都反映了有关天人关
系的朴素而神秘的思想。

自三代始，易理和阴阳风水术蔚然兴起，作为对人类环境一种朦胧的
认识，其思想和行为对当时和以后各代的聚落、城市、建筑的选址布局产
生了重要的影响。例如，古代中国人非常重视宗庙建筑与祭祀建筑，王城
中心及左祖右社的布局即反映了它们的重要性，而这种布局与早期的阴阳

---

[1] 《周礼》卷一，《天官冢宰·叙官》。

[2] 《周礼》卷六，《冬官考工记·磬氏/车人》。

[3] [东汉] 赵晔：《吴越春秋》卷四，《阖闾内传》。

[4] [东汉] 赵晔：《吴越春秋》卷八，《勾践归国外传》。

观念不无关系。父系社会的奴隶制国家以及宗族集团，视祖先为男性属阳，东方亦属阳；社稷为祭祀土地之神，地如母属阴，而西方亦属阴。受这种观念的影响，中国古代城市中将宗庙布置在东侧，将社稷坛布置在西侧，从而实现宗庙建筑"敬天法祖"的功能。若探究其布局渊源，还可追溯到早期人类的原始聚落规划，如与原始社会氏族部落祭祀区、墓葬区位置的选择，以及穴居寝位的选择就有某种联系。远古人类通过对天象的观察得知，东方是日出的地方，意味着时间的过去，祖先即来自东方；西方是日落的地方，代表着时间的未来，是自己将要去的地方。所以先人们将祭祖场所设置在东位，将墓区设置在西位。北京周口店山顶洞人就将洞内的西侧偏低的区域作为墓葬区，其他原始氏族聚落的墓葬区也多选在生活区的西侧或西北侧，如半坡遗址。原始穴居中入口南向的穴坑西侧多被作为寝位，而墓葬作为人长眠的寝位也多选址在聚落和城市的西面或西北，二者显然有观念上的联系。从环境科学的角度而言，中国古代聚落选址，大多背山面水，由于中国大陆地处北半球，一般选择主向朝南，以便采光、取暖、通风，而西北方地貌多为山丘，植被茂盛，为安置墓葬的最佳区域，这与传统阴阳观念可谓不谋而合。

探究建筑文化萌生时期的城市遗传基因，我们还可以在殷周时期实行的井田制中窥到其思想基础和沿承关系。早在商殷时期，为了便于土地的分配、管理和税收，将田地作井字划分（甲骨文中已有"井"字）。周代已推行一种称为"九夫为井"的井田制（"夫"原为农夫，后指百步见方的面积计量单位[1]），九夫为一井（中为公田）。王城制度的几何式方格划分即可以看作早期井田制在城市布局中的反映，这种与方位紧密相关的平面关系也衍生出早期尊九崇五的数字崇拜。《周礼·考工记》中说王城的规模须"方九里"，城中分为九份，九卿治之[2]。推而广之，遂有大禹治水分天下为九州并分铸九鼎的说法（所谓禹贡九州、禹铸九鼎）。西汉桓宽《盐铁论·论邹》中将天下分为九大州，每大州又分为九小州，共计

---

[1]   周制一农夫授田一百亩，占地方百步。

[2]   《周礼》卷六，《冬官考工记·磬氏/车人》。

81 州，即将天下看作一个大大的井田，中国是居于中央的一块小型的井田 [1]。再究其渊源，这种数字和方位观念最初都来源于古人对东西南北中（五方位）及四偏位（共九方位）的认识和思考。

第二节　建筑布局与外部空间艺术

处于中国传统建筑体系萌芽和生长期的夏商周建筑，在群体组合与呈现方式上都有了较大的发展和突破。由于建筑规模的扩大，建筑功能的日趋复杂，建筑的组合关系和外部建筑空间的塑造逐渐成为建筑设计的重要对象，"夏作璇室"，"商纣作倾宫"，已是在建造体量宏伟、造型讲究、空间丰富的宫殿建筑。自夏商时代起，宫殿已然作为建筑艺术的最高代表，出现在建造活动和文化活动的舞台。中国古代建筑的群体布局在很大程度上承载着社会功能，特别是礼制功能，而这在宫殿建筑的群体安排和空间布局上表现得最为充分。

位于河南省偃师市的二里头晚夏宫殿遗址是早期宫殿遗址中最具代表性的一处，遗址占地面积达 3 平方公里，文化堆积厚达 3—4 米，分为四个时期。现已发掘出宫殿遗址、居民区遗址、制陶作坊、窖穴、墓葬等遗迹。在遗址南部发现了大面积的晚夏宫殿建筑基址，共有大小宫殿基址十处，平面分为方形与矩形，面积自 400—10 000 平方米不等，现已发掘出 1 号宫殿和 2 号宫殿两处遗址，为布局相似的庭院建筑。

1 号宫殿基址平面呈正方形，东西长 108 米，南北宽 101 米，整个庭院占地面积约 1.1 万平方米，坐落在残高 40—80 厘米的夯土台上，整个建筑群的南北主轴线为北偏西 8°。庭院正中偏北有一座宫殿遗址，面向正南，殿基为高 80 厘米的夯土台，其上殿堂面阔八间，30.4 米；进深三

---

[1]　[西汉] 桓宽：《盐铁论·论邹》第五十三。

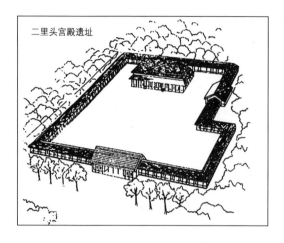

二里头宫殿遗址

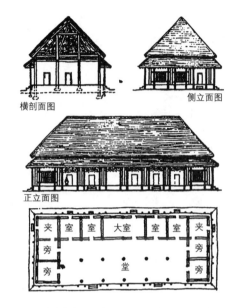

横剖面图　　　　　　　　　　　　侧立面图

正立面图

夹室	室	大室	室	室	夹室

河南偃师二里头1号宫殿殿堂复原平面图

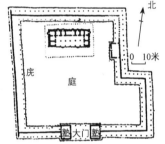

北

0　10米

庑　　庭

塾　大门　塾

河南偃师二里头晚夏1号宫殿遗址平面及复原鸟瞰

偃师夏晚期1号宫殿平面与鸟瞰

间，11.4 米。台基上有一圈排列整齐的柱穴，每个柱穴前侧还有两个小柱穴，可能是支撑殿堂四周外檐的檐柱，其形象应为一座高大轩敞的四阿重屋式殿堂。殿前的庭院面积达 5000 平方米，可举行大型集会。院落的四周环绕有一面坡或两面坡式的廊庑建筑，西廊为内廊外墙，柱间距 3.7—3.8 米，廊宽达 6 米，其他各面为双面廊的形式（有可能此三面比邻其他庭院）。院南回廊正中有八开间的门屋一座，另在院子东北折角回廊的中部设有小型门屋一座。

　　2 号宫殿是另一组大型建筑，位于距 1 号宫殿东北 150 米处，总体平面呈廊院布局形式，南北长 72.8 米，东西广 58 米，所属建筑包括门屋、复廊、单廊、院墙、殿堂、短廊和大墓。2 号宫殿的庭院是由东、南、西三面廊和北墙围合而成的，其纵轴方位为北偏西 6°。大门门屋在南廊中部

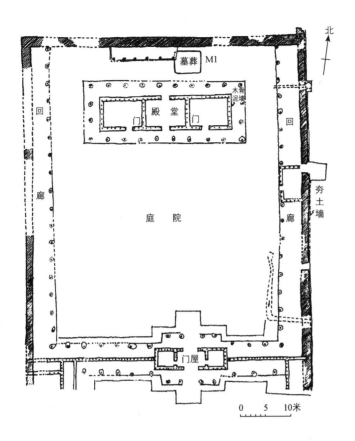

偃师夏晚期 2 号宫
殿遗址平面

偏东，平面为长方形，面阔 14.4 米，进深 4.35 米。门屋划分为三间，门
屋左右各接复廊，门屋及复廊隔墙皆为木骨泥墙，庭院的东、北、西墙
都由夯土筑成，厚度约 1.9 米。沿东、西墙之内侧，各有长廊直达南、北
墙下，北墙无廊，仅于中部偏西处建五开间短廊建筑。院北中部有夯土
台，东西宽约 32 米，南北深约 12.5 米，高出庭院地面约 20 厘米，台上列
外檐柱廊一圈，东西九间约 30 米，南北三间约 11 米。廊内有面阔三间的
殿堂，当心间面阔 8.1 米，两次间各 7.7 米。各室皆环绕木骨泥墙，南壁
辟门通檐廊，东、西室有门通达中室。在中央殿堂之北偏东，发现一大型
墓葬，此墓平面矩形，东西朝向，未置墓道。以其位于院落正中的位置判
断，此宫室建筑应有祭祀功能。

上述两座回廊院的出现，反映了中国早期庭院布局的面貌，是中国最

早的规模较大的木构架夯土建筑和庭院的实例，从形制到结构都体现了早期宫殿的特点。据《考工记》《韩非子》等文献中有关"茅茨土阶""四阿重屋"的记载，结合考古遗址，可以推测院落中的主体建筑为四坡重屋形式，檐柱外围一圈擎檐柱承托下层披檐，屋面草葺（夏代尚未使用瓦件，遗址处也未发现瓦当），造型简洁而庄重。殿内布置参照《考工记》所载"夏后氏世室"中所谓"一堂""五室""四旁""两夹"的布局[1]，1号宫殿的功能可作如下划分：前部六开间进深两间为开敞的堂，用于处理朝政、会见属臣、举行仪式；堂后为五室，是寝居之所；堂的左右为四旁，后部夹角两室为夹屋，均系附属用房。这种呈现为前堂后室、朝寝合一的布局形式，是中国古代早期宫殿的典型形态，并为以后的历代宫殿建筑所沿用。从这个意义上说，河南偃师二里头晚夏宫殿开创了中国宫殿建筑的先河。

　　这一时期最能反映宫殿形制的空间组织的实例是周王朝的宫室，据古代文献中记载，周天子处理政务的宫室依功能的不同而被分为外、内、燕"三朝"。按《周礼》记述：外朝主要功能为举行重要的大典，如册命、献俘、公布法令、断理狱讼，以及举行"三询"（与民询讨国危、国迁及立君三项维系国家的大事）等；内朝又称"治朝"，是周天子处理日常政务之地，又是举行宾射的场所，因位于宫城之内，遂称之为内朝；燕朝亦属内朝，其功能是接见群臣、与宗族内亲议事、燕饮及燕射等。至于诸侯施政之处，则只能设朝堂一处。天子与诸侯起居之地称为"寝"，寝宫的布局与安排同样有严格的要求，"天子诸侯皆有三寝：一曰高寝，二曰路寝，三曰小寝。父居高寝，子居路寝，孙从王父母，妻从夫寝，夫人居小寝"[2]，"父居高寝者，盖以寝中最尊。"[3] 朝殿和寝宫中相应的附属用房和设施也须按相应的制度要求进行设计，比如作为标识空间序列的影壁或屏就要和礼制的要求相一致，"天子外屏，诸侯内屏，礼也。外屏，不欲见外

[1] 《周礼》卷六，《冬官考工记·磬氏 / 车人》："夏后氏世室，堂修二七，广四修一。五室，三四步，四三尺。九阶。四旁两夹，窗，白盛。"

[2] ［东汉］何休注，［唐］徐彦疏：《春秋公羊传注疏》卷九。

[3] ［东汉］何休注，［唐］徐彦疏：《春秋公羊传注疏》卷九。

也；内屏，不欲见内也”[1]。

周代洛邑王城内的宫殿虽早已荡然无存，但后人根据《考工记》及其他文献（包括西周金文等材料）对其宫殿的形制和形象进行了推定，得知其最大的特点是五门制度，即周代宫室的特点是由诸多的“门”和诸多称为“朝”的广场及其殿堂沿中轴依次布置组成的，形成所谓“五门三朝”的形制与布局。从南而北，洛邑王城宫殿的五门为皋门、库门、雉门、应门和路门（一说为皋门、雉门、库门、应门、路门[2]）。三朝即外朝、治朝和燕朝，依次布置在王城中轴线上。门、朝之外还有“寝”，朝、寝的顺序为“前朝后寝”，《考工记》载：“内有九室，九嫔居之；外有九室，九卿朝焉”[3]。

皋门是王室最外的一座大门，也是王城大门。“皋”可译为“远”与“高”，这大体表明了此门在宫室中的位置和形象。皋门后为库门，是包括宫城和祖、社在内的整个宫殿、祭祀建筑群的大门。第三道是雉门，上有城楼，是宫城的正门，据《周礼注疏》记载，雉门为中门，设两观，与宫门同。[4]《朝庙宫室考并图》中说：“天子之雉（门），阙门两观；诸侯之雉（门），台门一观”。又说“天子雉门，两旁筑土，建屋其上，悬国典以示人而虚其中，望之阙然，故谓之‘阙’。以其巍然而高，谓之‘魏（同巍）阙’；以悬法象，谓之‘象魏’；以其示人，又谓之‘观’”。[5] 这里叙述了门阙的形式和功能，但使用仅限于周王，而诸侯只能用城台上建城楼的方式。库门、雉门之间的广场即为外朝，东通祖庙，西接社坛。外朝的地位十分重要，凡在祖、社举行祭祀大典前的聚会，举行有关国危、国迁、立君的所谓“三询”大事，以及公布重要法令的典礼等事宜都在此举行（《考工记》的“前朝后市”所指亦为外朝）。为烘托外朝的气势，通常在雉门外两侧建造“象魏”，即双阙，阙形如台，台上有屋，峙立于宫门左

---

[1]　《荀子·大略第二十七》。

[2]　马端临：《文献通考》卷一百六，《王礼考一》。

[3]　《周礼》卷六，《冬官考工记·磬氏／车人》。

[4]　[东汉]郑玄注，[唐]贾公彦疏：《周礼注疏》卷三十五。

[5]　[清]任启运：《朝庙宫室考并图》。

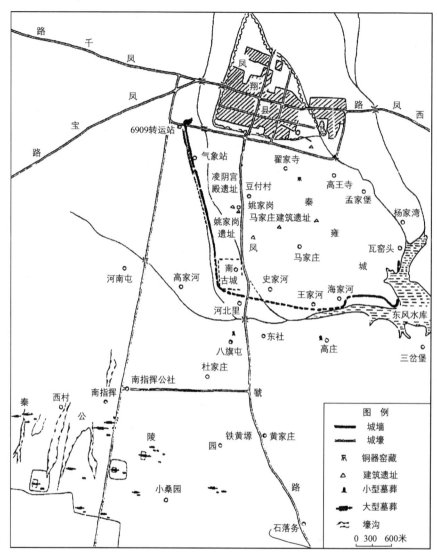

雍城遗址

右，"巍巍然高大"，其上悬挂"法象"（法令）[1]，气势非常壮观。阙的形制最初脱胎于建在院墙内用以观望院外动静的"观"，所以阙也被称为观。宫城内有门曰应门，紧接应门的广场即治朝，治朝应设有大殿，为周王接见大臣治事之所。殿后或左右则为"九卿朝焉"的"九室"。"五门"制度

---

[1] [唐]孔颖达：《春秋左传注疏》。

的最后一座门名为路门，或称寝门，它是通向宫廷寝居区中的内门，门内是王及后妃居住的寝宫区，即后寝。后寝又分前后二部，路门为前部的大门，前区内分东、中、西三宫。中宫前殿称路寝，路门、路寝之间的广场称燕朝。"君日出而视之，退适路寝，以清听政"[1]，意即王于每日日出时先到治朝大殿，然后回到路寝与近臣贵族再行议事。所以，路寝实际是前朝与纯粹居住区之间的过渡。治朝、燕朝又合称内朝，与雉门外的外朝互为呼应。中宫后殿和东、西宫各殿均称燕寝。后寝的后部才是纯粹居住区，大约包括"九嫔居之"的"九室"在内的多座建筑。五门三朝布局方式经周代创立后，其核心观念和空间模式为历代所延续，直至明清北京宫殿，仍可清晰地感受到其一脉相承的建筑理念和艺术手法。

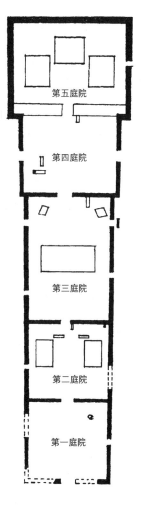

秦雍城 3 号建筑
宫殿遗址

　　1981 年，在陕西省凤翔县城南发现了春秋至战国中期的秦雍城遗址，城址位置东依周原，南临渭水，西有千河，北靠千山，为古代通往西北的交通要道。从公元前 677 年秦德公初居雍城大郑宫起，曾有 19 位秦公在此经营、发展达 300 年之久，使秦由一个"西戎"小国成为西部的霸主，奠定了秦统一中国的基础。据考古发现，城址占地面积 11 平方公里。城内道路纵横，布局严整，已发现有大郑宫（今姚家岗）、蕲年宫（今马家庄）、蕲泉宫（今孙家南头村）等重要宫殿遗址及宗庙建筑遗址（陕西凤翔马家庄春秋 1 号建筑遗址）。

　　雍城中发现的 3 号建筑遗址是迄今发现的先秦时代最完整的朝寝建

[1]　《礼记》卷二十九，《玉藻第十三》。

筑，也是周代以来诸侯宫室的重要代表。建筑遗址总面积达 21 849 平方米，方向北偏东 28°，由五座庭院沿南北向轴线纵向排列。第一庭院位于遗址南端，面积 3094 平方米，门南有似屏墙的夯筑土垣。第二庭院紧接第一庭院北端，面积 2970 平方米，南墙正中有门通向第一庭院。本院中有两个东西相对大小相等的矩形平面夯土台基，面积各 200 平方米。第三庭院又接第二庭院之北，南墙正中辟门通第二庭院。庭院中部有一大型夯土台基，周围有散水石及陶质筒瓦及板瓦残片，就平面规模及建筑构件来看，应是此组宫室中的主体建筑。第四庭院南邻第三庭院，南墙中央辟门与之相通。第五庭院位于整个宫室最北端，院南中央有门与第四庭院相接，庭院的面积为 5590 平方米，在诸庭院中最大，院中有三座矩形夯土台基，面积皆为 374 平方米，呈品字形排列，围合成三合院式内庭。此组五重庭院依南北向中轴对称布置方式，与周代王城的五门制度十分相近，应是秦国仿照周王城布局的做法，这也印证了当时这种制度的存在和形制。遗址中发现的陶瓦残片及散水石，以及第五重庭院内庭中埋有兽骨的夯土坑，都表明它属于诸侯宫室。秦雍城宫殿建筑沿用的时期大致为春秋到战国，正是诸侯称霸与周王室衰微时期，因而秦国诸侯敢于无视周室而僭越"天子之制"。

除宫殿建筑之外，宗庙建筑（包括墓葬建筑）也是当时重要的建筑类型，"昔者虞、夏、商、周三代之圣王，其始建国营都之日，必择国之正坛，置以为宗庙"[1]。三代时期，随着奴隶制度的建立与发展，以及维护这一制度的宗法礼仪被不断地加强，使得祭祀逐渐成为一项十分重要的社会活动，人们在祈年、祭祖、营建、出征、大丧等活动时，都要举行隆重的祭祀仪式。祭祀地点或择于宫室、宗庙内与陵墓前，或选在城郊野外。在举行仪式时，除占卜甲骨外，还奉献牛、羊、马、狗、猪等动物以及活人作为牺牲。

1976 年，在陕西岐山县东北的凤雏村，发现了一座建于西周早期的大型建筑遗址，被认为是一组祭祀建筑。这组建筑建造在东西宽 32.5

---

[1] 《墨子·明鬼篇·下》。

米、南北长 43.5 米、残高约 1.3 米的夯土台基上，平面呈矩形，总面积约 1415 平方米。建筑基址坐北朝南，具有明显的南北向中轴线（北偏西 10°）。在最南端中央，有一夯土屏墙，类似照壁。墙北为大门，门道为可通行车马的"断砌造"，左右各建有被称为"塾"的门屋一间。据残留的柱穴及夯土判断，其墙体采用夯土包木柱形式。门内有庭院，正面居中建厅堂，两侧为附属廊屋。厅堂面阔六间约 18 米，进深三间约 6 米，室内柱网作"满堂柱"式，两侧建山墙，墙外设有檐廊。南阶有三处踏步通至前庭。厅堂后又有庭院，被中央的连廊分为东、西两小院，连廊北端接后室的檐廊。后室东、西端各开一门。此建筑的东、西两侧均为南北贯通的廊屋，各八间，均对内院开门窗。东、西廊南端直达门塾的南墙，并于此各设侧门。廊屋向南延出约 5 米，在门屋前形成扁宽形的

凤雏村西周建筑 1

陕西岐山县凤雏村西周建筑基址平面图　　　　　陕西岐山县凤雏村西周建筑平面复原设想图

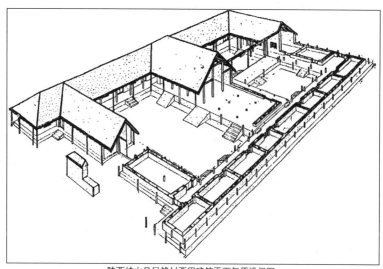

凤雏村西周建筑 2

陕西岐山县凤雏村西周建筑平面复原设想图

外院。此建筑外垣采用夯土墙内植木柱的方式，有的部位（如西外垣）柱间距离仅 1 米左右，显示出源自构造的需要。内墙则用草泥堆砌。房屋基址已经设有排水陶管和卵石叠筑的暗沟，在前院东南隅发现陶制排水管，经由东塾地基下导向外部的排水沟。此外，建筑屋顶已使用瓦和半瓦当。

凤雏村的这处遗址是一座相当严整的两进四合院建筑，依照中轴线依次为照壁（屏）、门道（两侧是称为塾的门房）、前堂、后室（前堂和后室有廊连通），左右为通长的厢房（称庑或旁），并有檐廊环绕；前凸于门道的厢房与门前的照壁相互呼应，形成门前的广场。建筑采用的是内向封闭式的院落格局，中轴对称，布局紧凑，空间关系明确，建筑之间比例和谐、尺度均衡，功能安排和交通组织也甚为合理，规整中又不失变化，是中国已知最早、最为典型的四合院建筑实例。

据文献记载，出于对大自然的崇拜和对祖宗的尊敬，周人的祭祀活动相当频繁，"天子祭天地，诸侯祭社稷，大夫祭五祀。天子祭天下名山大川：五岳视三公，四渎视诸侯"[1]。祭祀的对象除天地、社稷、五祀

[1] 《礼记》卷五，《王制》。

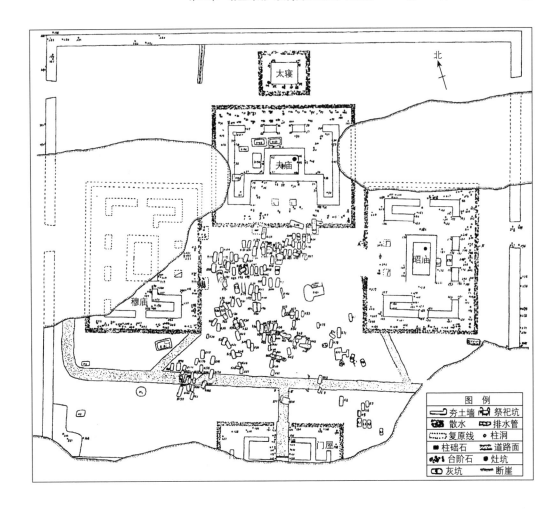

太寝

北

太庙

昭庙

穆庙

A

门屋

图 例

	夯土墙		祭祀坑
	散水		排水管
	复原线		柱洞
	柱础石		道路面
	台阶石		灶坑
	灰坑		断崖

秦雍城秦国 1 号建筑群遗址

（门、户、井、灶、中霤）、名山、大川外，还有古代曾经造益于世人的贤君与圣者。为此专设宗伯一职治其事，即《周书·周官》中所谓："掌邦礼，治神人，和上下"[1]。与之相应，祭祀的建筑有的筑土为坛，有的不筑，如祭天地采用郊祀的方式，即"至敬不坛，扫地而祭"[2]。又如天子建明堂，诸侯建泮宫，前者平面为圆形，后者平面为半圆形，有等级之分。至于宗庙，其内部平面，也是按照不同的封建等级而做有次序的

---

[1]　《尚书》，《周书·周官》。
[2]　《礼记》卷十，《礼器》。

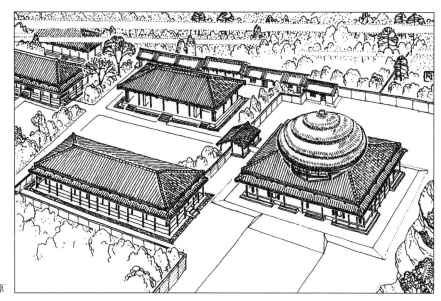

西周宗庙遗址复原

排列组合，《礼记》中规定："天子七庙，三昭三穆，与太祖之庙而七；诸侯五庙，二昭二穆，与太祖之庙而五；大夫三庙，一昭一穆，与太祖之庙而三"[1]。所谓昭、穆，依《周礼·春官宗伯·小宗伯》的注释："父曰昭，子曰穆。"其作用则如《礼记·祭统》所载：祭有昭、穆。昭、穆者，所以别父子、远近、长幼、亲疏之序而无乱也。在周代宗庙的平面布局中，以太祖庙居中，昭庙与穆庙分列于左右，雍城中发现的秦公宗庙1号建筑群遗址较典型地反映了这种布局制度，也是迄今所见规模最大、保存最好的先秦宗庙建筑群遗址。遗址位于城中部偏南，在雍城3号建筑遗址东侧约500米，颇符合《周礼·冬官考工记》中述及的王官居中，祖庙在东的情况。遗址平面呈矩形院落式布局，东西87.6米，南北82米，周以围垣，沿南北轴线（正北偏东20°）作对称式布局，院内建筑有位于南面的门屋、位于北面的太庙、太寝以及东面的昭庙和西面的穆庙。门屋位于遗址南墙之中央，平面矩形，由大门门道，东、西内外塾，东、西内外夹，以及回廊、散水等组成，为"断砌造"式样。

[1] 《礼记》卷五，《王制》。

其中门道两侧有圆形柱洞各一列，东侧七柱，西侧六柱，位置基本对称。用河卵石铺成的散水，向外略呈坡度。大门门屋以北，太庙以南，昭庙以西，穆庙以东为中心庭院，东西宽 30 米，南北进深 34.5 米。庭中有埋人畜等祭祀坑 181 处之多，主要分布于庭院之北、中、西部，表明此处为重要的祭祀场所。太庙位于庭院北侧，台基作矩形，坐北朝南。建筑平面呈门字形，其内部划分为前室、后室、东西夹室、东西房、东北西堂、回廊、东西阶及散水。昭庙位于中庭东侧，坐东面西，平面亦做门形，内部的空间划分基本与太庙相似。穆庙位于中庭西侧，坐西面东，平面已大部被毁，仅余东南一隅。这种制度在周代不仅施于宗庙，而且还扩大到墓葬。《周礼 春官宗伯·冢人》记载有：先王之葬居中，以昭、穆为左、右。这种制度在以后的墓葬规划中被继承下来，清代的东、西陵即可视为这种制度的变体。

在雍城城址的西南部发现了秦公的陵区，占地 21 平方公里，在此勘探发掘出了大型的墓葬和车马坑共 43 座，布局很有规律，陵区按其布局分为 13 座陵园，发掘证明，秦人在春秋前期已初步形成了一套陵园规划体系和陵园设计指导思想。中字形墓是最高等级的墓葬，其余贵族墓则为甲字形、刀把形。这些陵墓中最大的为秦公 1 号大墓，是我国迄今发掘最早最高级的椁具装置——"黄肠题凑"。墓室东西长约 60 米，南北宽约 40 米，深 24 米，墓道长约 240 米，面积达 5334 平方米。墓内棺椁完整，墓室的中央是主椁室，椁室的顶部有三层椁木，四壁和底部各有两层椁木，如同一个长方体的木屋。主椁室的中央有方木叠砌的南北向隔墙，分成前后椁室，前椁室象征秦公生前的宫殿，是议事的场所；后椁室象征寝殿，是饮食起居的场所。后椁室的西南部有一个放置陪葬器物的侧室。秦公大墓的墓室布置是商周以来王侯大墓的典型代表，同时也是秦汉陵寝制度的先行。

从河南偃师二里头宫殿、湖北陂县盘龙城商代宫殿及陕西秦都雍城等遗址来看，宫殿、陵寝、宗庙等建筑集中体现了一个时期的建筑思想和艺术成就，人们已经能够通过合理的建筑分区、院落组织、轴线布置，以及不同的建筑体量来营造所需要的建筑形象和空间氛围，建筑群体不同程度地强化着中轴线布局的空间组织形式，这种形式得到了在不同方位和空间举行不同活动的理念支持。在长期的营造活动中，人们逐渐认识到中轴线在仪式和行为组织上的特殊作用。人类活动的细分促使人们更加注重沿着中轴线分层布置建筑空间，以满足和适应不同的行为要求和活动要求。周代的"三朝五门"制度及陕西岐山凤雏周代宫殿等建筑遗址均清晰地表现出这种布局思想和设计理念。这些思想和理念通过以后历代的不断强化，成为中国建筑规划与设计的基本准则。

第三节　建筑形式与风格

处于萌芽时期的夏商周建筑，从建筑总体形象到细部装饰都尚处于中国建筑艺术发展的初创和探索阶段，其中有的正在发芽，有的正在孕育，有的已见雏形。以宫殿为代表，该时期的单体建筑已有明确的上中下三段式划分。台基采用夯土或土坯筑成，称为"土阶"，又称"堂"，所谓"殷人重屋……堂崇三尺"；"周人明堂，度九尺之筵……堂崇一筵"[1]，周时台基的高矮已是建筑等级的象征，"天子之堂九尺，诸侯七尺，大夫五尺，士三尺"[2]。在同一组建筑中，台基的高低也是根据建筑的主次位置和等级地位来加以考虑，如陕西岐山凤雏村西周遗址中，位于中部的主体建筑的台基就明显高出四周从属建筑的台基。建筑的主体结构采用了木构架体系，维护结构采用夯土墙，这由考古遗址中夯土台基上排列的柱础、柱洞和残留的墙基不难做出判断。至于屋顶样式，这时已经普遍采用坡屋顶形式，周以前多为草葺，所谓"茅茨土阶"，"四阿重屋"[3]。虽然遗址中已难辨屋顶的

---

[1] 《周礼》卷六，《冬官考工记·磬氏／车人》。

[2] 《礼记》卷十，《礼器》。

[3] 《后汉书·班固传》："客居杜陵，茅室土阶。"《周礼·考工记》郑玄注云："殷人重屋，堂修七寻，堂崇三尺，四阿重屋。"

  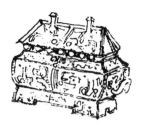

商代铜器

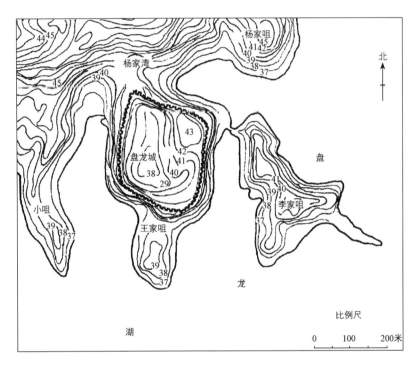

湖北盘龙城

样式，但是在商代遗留下来的甲骨文中，可以发现不少与建筑有关的文字，这些文字本身有一个共同的特征，就是都采用了象征屋顶的宝盖头。可以想象，在殷人的眼中坡屋面已经成为建筑形象的有机组成部分，成为建筑形象构成的基本要素，如果考虑到中国以后的文字与甲骨文一脉相承的关系，那么殷人这种建筑意象对于中国古代建筑形式的传承有着深远的影响。

河南偃师二里头 1 号宫殿是较为典型的夏代晚期宫殿建筑，坐落在高大的夯土台基上，屋顶为四坡重屋形式，屋面草葺，造型简洁而庄重，是

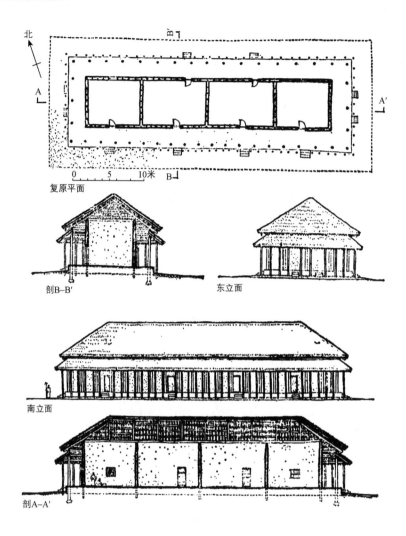

北

B

A   A'

0   5   10米   B
复原平面

剖B–B'   东立面

南立面

剖A–A'

湖北盘龙城商
宫殿 F1 遗址复原

中国最早的规模较大的木架夯土建筑实例。湖北陂县盘龙城商代早期宫殿
遗址年代略晚于前者，距今也有 3500 多年。经考古发掘，在盘龙城城内
的东北角，由南向北发现了三座布置在同一中轴线上、坐北朝南的大型宫
殿基址，保存有较完整的墙基、柱础、柱洞和阶前的散水。前面的一座宫
殿是不分室的通体大厅堂，后面一座编号为 F1 的宫殿是一座寝殿，殿址
平面为长方形，长 39.8 米，宽 12.3 米，周绕围廊，内分四室，规模也非
常宏大。这两座宫殿的布局与文献记载的"前朝后寝"制度极为相符，其

建筑样式也同为"茅茨土阶"的四坡重屋形式。

在夏商周时期，中国人已经对建筑的功能在理念上进行了细致的区分，这在文字上有很真切的反映，如已有宫、室、堂、宅、亭、榭、楼、台、阁等字，用来记述和标识不同的建筑样式或类型。这些不同的建筑类型不仅反映在建筑形式上，而且更多地表现在它们的寓意上，或者说人们赋予建筑的内涵已大于建筑本身的形式，其中包括建筑与自然环境的关系、建筑相互间的关系以及建筑方位的区别等，这些都成为界定建筑属性与功能的要素。从古代文献中也可以发现，商周时代人们对建筑形象有了初始的审美体察和感受。从图像资料来看，中国古代建筑的屋顶虽然至汉代仍是直线条，但反映该时期文化活动的文献资料中已经将屋顶的造型与展翅的俊鸟相比，如"如跂斯翼、如矢斯棘、如鸟斯革、如翚斯飞"[1]，飞腾飘逸的意蕴在此时已成为中国传统建筑形象和品格的追求。这种如鸟展翼的屋顶造型与原始社会的鸟图腾有着某种联系。凤鸟也曾是周王族的族徽，周人很自然地会把建筑与族类特征联系起来，视建筑为与家族长久命运相关的东西。周人将建筑形象与凤鸟图形联系起来，不仅仅是一种造型手段，还是一种具有象征意义甚至是巫术意义的做法。正是建筑与人的这种内在对应关系，使得人们可以在感情、理智甚至是巫术的层面上更好地发挥建筑的功用，反之，建筑也能更加完整地体现其自身的多重价值。

至迟在西周时期的木构建筑上已经开始使用斗，在西周青铜器"令簋"的四足上，可以看到硕大的栌斗形象。"令簋"的制作年代，上距武王灭商仅二十多年，由此可以推测商朝末期某些建筑的柱头上已有栌斗。此外，战国漆器上描绘的宫室建筑也已经使用了这类构件，河北平山县中山国王墓中出土的龙凤座铜案有 45 度斜置的一斗二升斗拱，将栌斗、小斗、令拱和斗下短柱等各种建筑构件的形象，体现得非常细致与完整。早期的斗，既是一种构造方式（用于组合连接纵横向的构件），同时也是北斗的象征，寓意与上天的沟通。在古人看来，"斗为帝车，运于中央，临

---

[1]　《诗·小雅·斯干》。

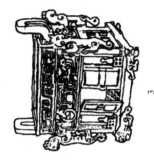

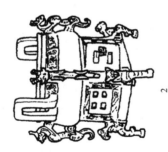

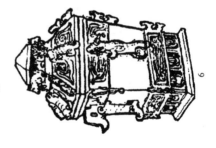

周代铜器

1. 陕西扶风县白庄出土刖刑奴隶守门鬲

2. 蹲兽方鬲

3. 兽足方鬲（正面）

4. 兽足方鬲（背面）

5. 刖刑奴隶无耳无足方鬲（西周后期）

6. 山西天马曲村遗址北赵晋侯墓M93出土铜方鬲

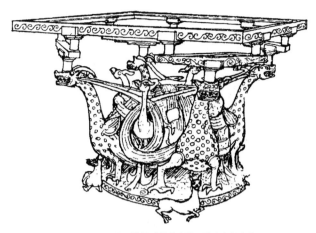

河北平山县战国时期中山国王陵出土铜方案

制四方"[1]。殷商时代，人们已经开始专祀北斗，认为祀斗可以使"王受佑"，在建筑中将这种居于交接点起联系作用的构件称为斗，似乎在赋予建筑一种特殊的含义，并使之成为社会身份和地位的象征。夏商周三代，斗拱的出现和推广在某种程度上显示了古代中国人希望利用建筑的标识功能梳理社会秩序的独特观念。

由于建筑材料的限制和施工技术尚不发达，夏商周三代的建筑规模与尺度都相对较小。战国以降，随着生产关系的变革和社会生产力的发展，诸侯列国竞相大兴土木，致使建筑技术也达到了一个新的阶段。一种被称为高台建筑的建筑形式盛行起来，所谓"高台榭、美宫室"。高台建筑的通常做法是先以夯土筑成数层下大上小的平台，如《老子》中所说的："九层之台，起于累土。"[2] 继而以土台为内核，在各层台面上分层建造围屋，屋面多为一面坡，最后在台顶耸出造型完整的中心建筑。因为台顶木构建筑常称为"榭"，故又常称台为台榭，或单称为榭。在外部形象上，整座高台建筑呈金字塔式布局，仿佛多层宝塔，蔚为壮观。然而，相对丰富伟岸的外部造型而言，其内部结构和内部空间则相对简单，并不发达。

[1]　[西汉] 司马迁：《史记》卷二十七，《天官书第五》。

[2]　李耳：《老子》第六十四章："合抱之木，生于毫末；九层之台，起于累土；千里之行，始于足下。"

至今在全国各地还留有多处战国时代高台建筑的夯土遗址，著名者如齐临
淄桓公台，残高 14 米。燕下都武阳台遗址东西长 140 米，南北宽 110 米，
残高 11 米。武阳台以北沿中轴线排列有望景、张公、老姆三台，在中轴
线两侧还有附属建筑的夯土台，共同组成了一组宏伟的高台建筑群。在邯
郸故城也残存有多座高台建筑遗址，其中位于西城轴线最南端的方形"龙
台"规模最大，边长约 300 米，残高达 19 米。至于古代文献中记载的高
台建筑就更多了，著名的如楚国的章华台、千溪台，齐国的遄台，吴国的
姑苏台，赵国的丛台，韩国的鸿台等，都是华美高大的建筑。据说章华台

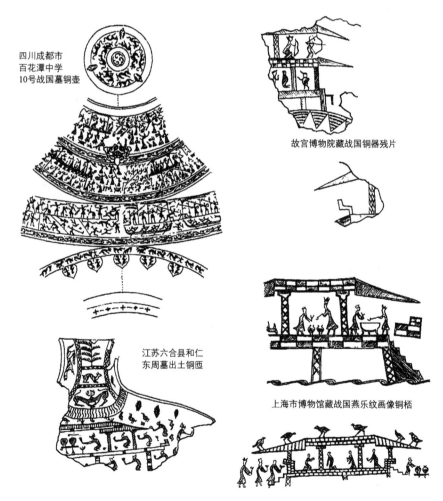

四川成都市
百花潭中学
10 号战国墓铜壶

故宫博物院藏战国铜器残片

江苏六合县和仁
东周墓出土铜匜

上海市博物馆藏战国燕乐纹画像铜栖

战国青铜器上
表现的高台建筑

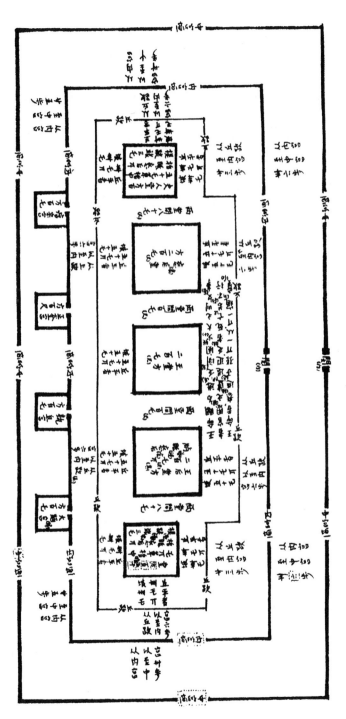

平山县战国中山王陵

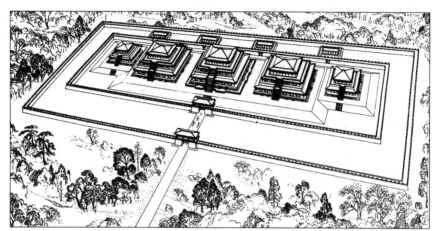

平山县战国中山
王陵复原

甚高，攀登此台需要休息三次才能登临台顶，故又称三休台。此外，文献
中记载的齐国"路寝台"也极高，以致齐景公"不能终，而息乎陛"[1]。高
台建筑之所以在战国时期流行，一方面，在于东周时期各诸侯强国在社会
组织、人力物力的调配方面已经具备了一定的条件，统治阶级为了巩固和
强化自身的统治地位，需要建造高大宏伟的建筑以彰显其权力与威严。另
一方面，由于建筑技术尚未达到建造庞大而完整的单体或组合式建筑的水
平，因而在建筑艺术和建筑技术的双向作用下，产生了以夯土台为内核，
外环木结构建筑的高台建筑形式。

　　位于河北省平山县的中山王陵，实际上就是战国中期一组典型的高台
建筑。从墓中出土的一方金银错《兆域图》铜版（即该陵的陵区规划图），
可以推演出该陵墓建筑的宏伟形象：陵区外围环绕着两道横向的长方形墙
垣，内为凸字形的封土台，台面东西长约 310 米，高约 5 米；台上并列五
座方形享堂，中间三座为祭祀中山王和两位王后的享堂，平面各为 52×52
米，左右两侧为两位夫人的享堂，面积为 41×41 米。享堂为典型的高台
式建筑，内部是三层高的夯土台心，中央中山王的享堂台心底部又垫起
一个约 1 米高的台基，规模更为宏伟，从地面起计，总高约 30 米，两侧

[1]　[春秋]《晏子春秋》第二卷，《内篇谏下第二》："景公登路寝之台，不能终，而息乎陛，忿然而作
色，不说，曰：'孰为高台，病人之甚也？'"

平山县战国中山
王陵复原效果图
（引自杨鸿勋《建
筑考古论文集》）

王后及夫人的陵台依次降低，呈现出主次分明、中心突出的宏伟气象。中山王陵的平面并未采用院落式的布局形式，而是采用了集中式的构图手法，外侧虽有围墙环布，然院中的陵台高高地耸出于墙垣之上，形象突出，具有十分强烈的纪念性。

第四节　建筑色彩与装饰

早在新石器时代，人们已经开始以草泥涂墁墙面，以保证夯土或土坯墙的平整美观，"若作室家，既勤垣墉，惟其涂塈茨"[1]，古时称涂墁为"圬"[2]，三代时期，人们又在已经涂墁的墙壁上刷饰白灰，称为"垩"，使墙面更为明亮整洁[3]。凤雏村西周遗址中人们就发现了类似这种做法的白色墙皮。宫殿、宗庙等高级建筑的墙壁不但涂墁刷白，有的还描绘壁画，

---

[1]　《尚书·周书·梓材》："若作室家，既勤垣墉，惟其涂塈茨。若作梓材，既勤朴斫，惟其涂丹雘。"

[2]　《尔雅》："镘谓之杇"；《说文》："圬，所以涂也。"

[3]　《尔雅》："墙谓之垩"；《释名》："垩，亚也；亚，次也。先泥之，次以白灰饰之也。"

用以渲染室内外的环境气氛，或执行其特殊的功能。如考古学家在殷墟发现了一块脱落的壁画残片，在白灰墙面上绘有红色花纹和黑色圆点，线条粗犷，纹饰大体对称；陕西扶风西周墓中也有白色菱形图案组成的壁画。早期壁画并非是为了美化建筑空间和获得视觉享受，主要是其祭祀和避灾功能，即所谓，"凡人民疾，六畜疫，五谷灾者，生于天；天道不顺，生于明堂不饰，故有天灾，即饰明堂也"[1]。《孔子家语》中提到明堂装饰壁画时说："孔子观乎明堂，睹四门墉，有尧舜之容，桀纣之象，而各有善恶之状，兴废之诫焉。又有周公相成王，抱之负斧扆（屏风）南面以朝诸侯之图焉。"[2] 除墙壁作白垩处理或绘制壁画外，室内或台基的地面也可根据需要做颜色上的处理，如《礼》中记述："天子赤墀。"此时也已经开始在木构件上涂饰颜色其至彩画，所谓"山节藻棁"，即指在"节"（斗拱，古时称为"枅"）和"棁"（梁上短柱）上面绘制山字形藻文。

除彩画、壁画外，建筑装饰雕刻此时亦见端倪，不仅石制的柱础已有带有人、动物图案的雕刻，而且从考古发掘的商周墓室中，可以看到木构件上也已经有雕刻的痕迹。如在殷墟侯家庄的墓葬中就发现了刻有饕餮、夔龙、蛇、虎、云龙等纹样图案的木制构件，阴刻的线条已很精美，并施有红、青等颜色。此外，在春秋时期的秦雍城宫殿遗址中出土了一批称为"金钉"的铜制建筑构件，呈管状，套在立柱与横枋及横向"壁带"的连接处，并根据具体交接位置的不同，分为中段、尽端、外转角、内转角等各种类型，起加固的作用。金钉向外的一面两端呈三尖齿状，表面铸有装饰性的夔纹。后来随着木构造技术的进步，金钉的作用逐步淡化直至消失，但其构图形式和图案则转化为装饰性的彩画承传了下来。

瓦饰也是商周时期建筑装饰的重要手段，考古发现的资料也相对丰富。实物的瓦饰最早见于西周凤雏宫室，当时多被用于建筑屋面的脊部和檐部，类似以后的"剪边"做法。西周早中期的召陈宫殿遗址中出土有大小多种规格的板瓦和筒瓦，并出现了三种半圆瓦当，表明该组殿堂

---

[1] ［西汉］戴德：《大戴礼记·盛德第六十六》。

[2] 《孔子家语》卷三，《观周第十一》。

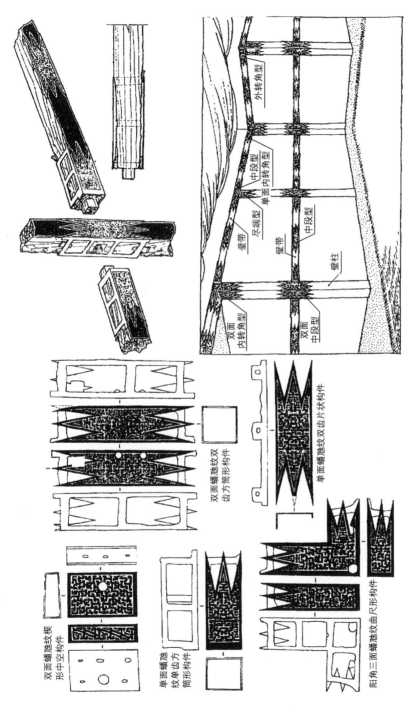

"金釭"在建筑中的安装部位及与木构件结合设想图

陕西凤翔县秦故都雍城出土之"金釭"

凤翔县秦雍城金釭

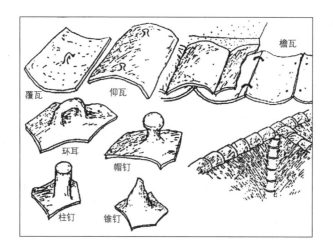

凤雏村西周屋瓦

已全部用瓦盖顶。战国后期瓦屋面逐渐普及。瓦当是早期瓦饰的重点，装饰在屋檐最下端的筒瓦处，使檐部产生乐符一般的韵律。瓦当的形式有半圆当（简称半当）和圆当两种，直径多在15—18厘米。战国以前盛行半当，当面既有素面，也有浮塑各种纹样的，各国风格不同，如周王城主要是各式对称的云纹半当；齐临淄流行树木、双兽或卷云半当；韩、楚、赵主要是素面半当。燕下都的半当多为动物纹，如饕餮、双兽、双鸟、独兽等，除独兽纹外，大都做对称布局，少数为自然纹，如云山的下部是折线组成的山纹，上部饰曲线云纹，也有极少的几何纹，如窗棂纹等。这时期的圆当较少，以秦国为多，早期当面多装饰动物纹样，如鹿、獾、羊、鸟、狗等。秦咸阳出土的战国中晚期瓦当的纹样颇多，主要是动物纹和植物纹。动物纹圆当由早期的单体动物图案发展成对称图案和双圆图案，即中心内圆与外圆间用四组双线分为四个扇形，每扇中有两个动物，如鹿、鸟、昆虫等。植物纹圆当多在内圆塑花蒂，蒂外布置多个同向卷曲纹，有菊花纹（或称莲瓣纹）和各种葵纹。赵国也发现有少量的三鹿纹和变形云纹圆当，三鹿不对称，围绕中心内圆奔驰，鹿角被夸张得很长，画面生动流畅。

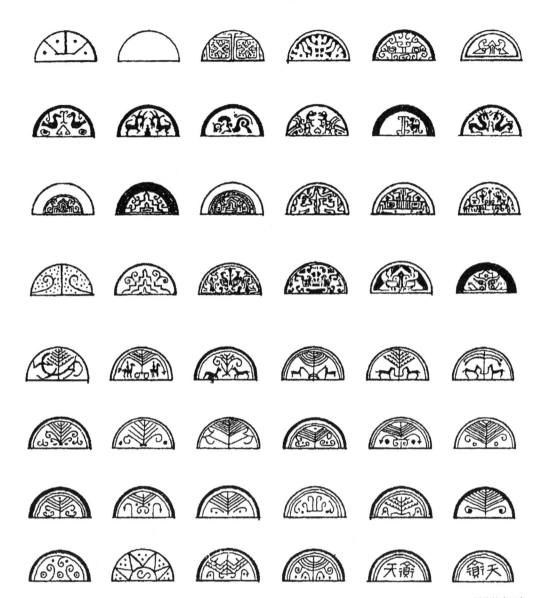

周代的半瓦当

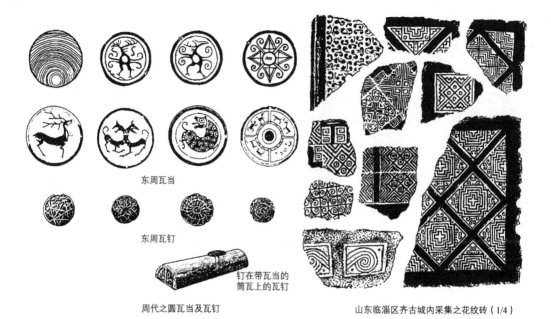

东周瓦当

东周瓦钉

钉在带瓦当的
筒瓦上的瓦钉

周代之圆瓦当及瓦钉

山东临淄区齐古城内采集之花纹砖（1/4）

周代的瓦当及齐
临淄花砖

第五节　园林艺术

　　中国古典园林是一种既摹绘自然又超越自然的园林艺术，其景观特征是将千岩竞秀、百鸟争鸣的大自然浓缩于一园，即通过概括与提炼，将大自然的风景再现于园林之中，并在园林中创造出各种理想的意境，从而形成了中国园林所独有的意韵。这一艺术形式的源头可以追溯到商周时代的"囿"，当时的囿在很大程度上更近于天然山水园，是商周时代的君王用于种植刍秣、放养禽兽以供畋猎游乐的场所，但也兼有生产、渔猎、农作、游赏和休养等多种功能，如文献中记载周穆王的苑囿在春山之泽，水清出泉，温和无风，成为飞鸟百兽栖息之所。[1] 这时的园囿以面积广大著称，像《诗经》中所记载的周文王园囿，广七十里。园中有高大壮观的土台称

---

[1]　《四库全书·子部》，荀勖校订，《穆天子传》卷二。

灵台，有蓄养着各种鱼类的大水池，称灵沼，放养着鹿鸟等动物的山林称灵囿。人们可以在灵台上眺望周围的景色，在灵沼旁俯观水中游鱼嬉戏，在灵囿里与鹿、鸟为伴自由悠闲地游逛。虽说这种初创的园囿规模很大，但还尚未上升为一种艺术创作活动，原因是人们还没有从对自然的依附中完全脱离出来。虽然这时也初现园林艺术的一些要素，且已露人工造园的端倪，如周文王"经始灵台，经之营之。庶民攻之，不日成之"[1]。但从严格意义上讲，这个时期的园林主要还是利用自然界固有的山泽、水泉、林木以及鸟兽聚集之地略加人工添缀而形成的天然山水园。

早期皇家园囿中的人造景观多为高大的台观，目的是与天对话，这是早期古代人在野外举行宗教祭祀活动的一种转化形式，同时也表明刚刚从自然走出的人类还需要与自然保持着多方面的联系，需要从大自然获取多方面的信息。许慎《五经异义》中说："天子有三台：灵台以观天文，时台以观四时施化，囿台观鸟兽鱼鳖。诸侯当有时台、囿台。诸侯卑，不得观天文，无灵台。"[2] 对古人来说，园林是了解自然、观察万物、体会天意的最佳场所，这种观察活动自然会对进行观察的场所提出景观与景物上的要求，比如园林所在地段应能够综合地反映人们所理解的自然界的地形地貌，山水是其最主要的景观要素；还应该有尽可能多的可供观察的对象，比如各种走兽、飞禽、虫鱼、树木、花草等。在中国古代文化中这种对自然的观察往往和社会的治理、观察者自身人格的塑造以及相应的仪式联系在一起，正因如此，观察山水成了古代文人士大夫的必修功课。子贡就曾问孔子："君子之所以见大水必观焉者，是何？"孔子回答说："夫水，偏与诸生而无为也，似德；其流也埤下，裾拘必循其理，似义；其洸洸乎不淈尽，似道；若有决行之，其应佚若声响，其赴百仞之谷不惧，似勇；主量必平，似法；盈不求概，似正；淖约微达，似察；以出以入以就鲜洁，似善化；其万折也必东，似志。是故君子见大水必观焉。"[3] 到了春秋战国时期，天然山水园逐渐向人工造园转变，

---

[1]　《诗经·大雅·灵台》。

[2]　[东汉] 许慎：《五经异义》引《公羊传》。

[3]　《荀子·宥坐第二十八》。

园事尤盛，园林的艺术形式也从早期"原始"状态中脱胎出来，园林逐渐从生产生活走向艺术创造。

公元前494年，吴王夫差在苏州西南的姑苏山上为西施修筑了称作"姑苏台"的大型园林，据文献记载，姑苏台主台广84丈，高300丈，周回盘曲的廊院横跨五里之长，崇饰土木之作耗费国库五年的收入。这种用土石堆筑的高台既可以独立使用，也可以作为宫殿建筑的基座，即当时盛行的所谓"高台榭，美宫室"。这种高台建筑在使用上也有防御、安全及通风防潮作用。在园林艺术上，则可远眺风景，同时创造出天人相通的感觉。此外，在姑苏台内还建有春宵宫、天池、海灵馆、馆娃宫、采香径等景观，其中天池是人工开掘的湖，池中有青龙舟，以为水嬉；海灵馆是蓄养鱼鳖的人工池塘，池上设有馆阁；采香径路转九曲，铺以大理石，莳以香花，采花径上，其香自生。由此可见，当时不仅园林的规模很大，而且艺术构思和工程技术方面也已达到了很高的水平。据文献所载得知，诸如楚灵王章华台、韩王酸枣离宫、秦王盖苑、赵国云阁及丛台、越国淮阳宫、郑国原圃、吴国会景园及梧桐园等一些大型皇家园囿，也大都是人工营建的自然山水园。由此可见，这时园林的游赏目的已趋突出，人们以人工手段对自然加以改造，使之成为审美对象，萌发并孕育了园林艺术的新气象。

第六节　建筑思想

夏商周是中国古代建筑体系的萌芽时期和建筑形制的初创时期，也是建筑思想的奠基时期。中国古代思想特别是先秦诸子百家的学说对初创时期的中国城市规划、建筑形制、建筑艺术实践产生了深刻的影响，其中尤以孔子为代表的儒家思想影响为大。儒家主张以"礼""乐"来维护社会的等级秩序，注重文化和艺术的教育作用，以此促进社会道德的荣昌及社会生活的和谐。《乐记》中说："乐统同，礼辨异，礼乐之说，管乎人情矣！……乐者，天地之和也；礼者，天地之序也。和，故百物皆化；序，故群物皆别。"[1]"礼"的职能是"辨异"，即辨别尊卑贵贱的差异，维护上下有别的等级秩序；"乐"的功用是"统同"，即维系上下人心的统一协同，保持和谐安定的社会氛围。礼是目的，乐是手段，两者配合，再辅以刑、政，达到长治久安，故"礼乐刑政，其极一也"[2]。从现在的角度看来，礼是组织社会生活、区别人群等类的一种风俗或制度，它使人们能够很好地去分别君臣、父子、上下、夫妇。或者说，正因为有了礼，古代社会的各种活动和各种仪式才得以正常进行，这其中建筑作为规范人们行为准则的载体和标尺起到了非常重要的组织社会生活和梳理天下秩序的作用。

　　中国古人基于对建筑文化功能的深刻理解，很早就使人类的构筑物在一定的社会背景下与原始时期的巢穴区别开来。中国人很早就认识到建筑和建筑营造活动所具有的标识作用，建筑的形象本身及它的营建过程，有可能成为个人社会地位的象征。在这种观念影响下，中国人在社会生活中逐渐形成了一整套建筑等级制度，对建筑的位置、大小、形态、色彩、装饰、材料、加工，乃至特殊构件的使用进行了系统化的设计，从而使人们在看到某一建筑物时就能够知道它的使用者的地位和身份，起到"辨等示威"的作用。这样的系统化设计便是"礼"的基本内容之一，人们不仅通过建筑来了解建筑物主人的贵贱、尊卑，并且也把是否按照这种规则来进行营造活动看作文化认同的一个重要标志。

　　儒家既提出了实现礼乐和谐的建筑原则，同时还提出了实现这些原则的途径。《礼记》中说：远古先王时代，原本没有建筑，人们冬天住在地穴里，夏天住到橧巢上，后来圣人想出了办法，利用火来熔炼金属，烧制陶瓦，继而建造了台榭、宫室。由此严明了君臣间的尊卑，增进了兄弟父子间的感情，从而使社会上下秩序井然，男女界限分明。古人把建筑的出

---

[1]　《礼记》卷十九，《乐记》。

[2]　《礼记》卷十九，《乐记》。

现归结为深谙礼乐制度的"圣人"的创造，并且将其提到了伦理纲常的高度。《礼记·礼器》中对利用建筑物来区别尊卑还提出了许多具体办法："礼有以多为贵者：天子七庙，诸侯五，大夫三，士一。……有以大为贵者：宫室之量，器皿之度，棺椁之厚，封丘之大。……有以高为贵者：天子之堂九尺，诸侯七尺，大夫五尺，士三尺。"[1] 不同等级或阶层的人使用的建筑物的体量是不同的，等级越高，其使用建筑物的体量就越大："公之城盖方九里，宫方九百步；侯伯之城盖方七里，宫方七百步；子男之城盖方五里，宫方五百步。"[2] 建筑物的大小、尺度与体量，器物的大小、坟冢的直径甚至棺材板的厚度等，都可以成为区别享用者地位的量度，正是依借这些象征性的量度，使建筑乃至建筑所承载的社会文化等差有序。高度也可以用来区别等级，如天子的殿堂台基可以高九尺，而诸侯只能高七尺，至于大夫、士，则只有五尺、三尺。此外，不同等级或阶层的人可以使用的建筑数量是不同的，等级越高，可以利用的建筑数量及建筑种类就越多。建筑的色彩、材质和加工方式也是强化这种秩序感的手段，如檐柱的颜色：天子丹，诸侯黝，大夫苍，士黈 [3]；"天子赤墀"、椽头的加工："天子之室，斫其椽而砻之，加密石焉；诸侯砻之；大夫斫之；士首之"。[4] 通过对以上制度的辨析可知，不同等级和层次的人使用不同形制的建筑，等级越高，选用的建筑等级也越高，且类型不受限制。还有从一些具有特殊意义的建筑元素的使用和使用方式方面加以限制，以达到区分等级的目的。如天子外屏，诸侯内屏，大夫以帘，士以帷。天子可以使用"四阿顶""山节""藻棁"等，而其他人等则没有这种特权。这些做法表明了建筑的标识和区分作用同样构成了建筑的实际"功用"，正是这些规定的存在，形成了人们对建筑品评的具体标准。无论是建筑还是建筑构件，它们作为环境的组成部分，都可以在一定程度上改变人的心理状态和行为方式，也就是说，它可以激发、引导、限定、阻止人的活动，有可能

---

[1] 《礼记》卷十，《礼器》。

[2] [东汉]郑玄注，[唐]贾公彦疏：《周礼注疏》卷二十一。

[3] 《穀梁传·庄公二十三年》："秋，丹桓宫楹。礼，天子、诸侯黝垩，大夫仓，士黈，丹楹，非礼也。"

[4] [北宋]《太平御览》卷一百七十四，《居处部三》。

对人的行为进行系统的控制，建筑物的构成元素随之成了可以与人的行为互动的物质体系。建筑对人行为的影响，在社会生活中，并不是抽象的感觉。人们逐渐在现实生活中形成了一系列在建筑环境中进行活动的规则，这些规则的实现是建筑得以存在的重要基础和方式。

除了直接强调尊卑等级和君臣之道的礼制外，儒学也同时把礼乐精神广泛深入地辐射到族群及家庭关系之中，进而影响到大至城市、宫殿、庙宇，小至衙署、祠堂、住宅的形态与布局。"乐在宗庙之中，君臣上下同听之，则莫不和敬；在族长乡里之中，长幼同听之，则莫不和顺；在闺门之内，父子兄弟同听之，则莫不和亲"[1]，这就使包括传统住宅在内的一般性建筑都蒙上了一层礼乐色彩。这种礼乐思想本是源于中国远古时期的祖先崇拜和自然神崇拜，儒学对这些原始宗教思想加以改造并注入了自己的政治理想，其所强调的礼乐观即以血缘宗法关系为基础，视孝悌为礼乐的核心。《礼记》从理论上概括了中轴对称格局对于烘托尊贵地位的重要作用，所谓"中正无邪，礼之质也"，按照这种中庸或择中的观念，主要殿堂被要求布置在中轴线上且接近中心的最重要的位置。这种"中"的观念还推而广之，被扩大到建国立基之"中"，如周代洛邑的建设就是"乃作大邑成周于中土"[2] 而"俾中天下"。因"王者必居天下之中，礼也"[3]，理当"择天下之中而立国（国都），择国之中而立宫"[4]。反映在城市规划和建筑布局中，遂有规整严谨、中轴对称、中心突出的格局，洛邑王城及其宫城正是通过这样的规划体现出以君权为中心和以族权、神权为拱卫的礼制精神，这种礼制精神在理论的层面上表明了中国传统建筑的文化自觉和艺术自觉。如果说此前人们对建筑的认识更多的是基于物质生活上的使用功能，那么，这一时期则开始把建筑营造提升到了一个文化规划和艺术设计的高度，即建筑不仅具有物质性的使用功能，同时也具有表达思想意识的

[1]　《礼记》卷十九，《乐记》。

[2]　《逸周书》卷五，《作雒解第四十八》。

[3]　《荀子大略·二十七》。

[4]　[战国]吕不韦：《吕氏春秋》卷十七，《审分览·慎势》："古之王者，择天下之中而立国，择国之中而立宫，择宫之中而立庙。"

精神功能，亦即建筑不但应具备与物质功能紧密相关的安全感和舒适感等要素，以及具有一般造型意义上的美观，同时还要体现出一定倾向性的文化思想，并具备更高层次的艺术美特性。

　　萌芽时期的另一重要建筑思想是建筑被看作人与自然进行沟通或者对话的重要工具，在梳理人与天地关系的同时，也就意味着梳理人间的关系，即通过不同的建筑类型以及建筑可能引发的使用者和自然之间的特殊关系，使其成为组织社会生活和梳理人间秩序的工具。不难想象，建筑及其文化的发展使人类与自然环境的关系发生了重大的改变，如《礼记·月令》就帝王居所提出了一整套居住规则，说明了建筑与自然、社会之间的相互依附及互动关系：一年四季中从孟春之月到季冬之月，随着日月星辰运行与位置的变化，天子要分别住在青阳、太庙、总章、玄堂等不同的建筑里，甚至细化到建筑内部空间的不同位置，相应地穿戴特定的服饰，乘专用的车舆，吃不同的食物[1]。这种规定的目的是想通过这种特殊的居处方式，使得天子有别于常人，并且通过与天道相对应来保证人间秩序的合理运行。文献中对建筑部位的区分尤为细密，既表明了人们对建筑形态本身细致的感受和需求，同时也在阐明人们心目中建筑与宇宙之间存在着一种对应关系。随着时间的不同，帝王居所各个部位的功能、价值也随之有所变化，表示变化着的环境对人的行为有着系统性的约束，这种约束使得建筑的使用者必须按照一定的规则合理地使用建筑，只有如此，建筑才能发挥其应有的作用。在祭奠和仪礼中，人们十分注意自己的定位和定向问题，因为确定方位的同时也是在确定人与自然及人与人之间的关系，只有如此才能确保自然与社会有序地运行。

　　自夏商周时期始，建筑在满足人们的实际使用功能如遮风避雨等需要之外，其本身或其重要的部位也开始成为祭祀的对象，如"（天子）祭五祀"[2]，五祀者，"谓门、户、井、灶、中霤也"[3]。文中的门、户、井、灶、中霤都与建筑相关。这些祭祀对象的共同特征在于它们都是建筑与外部

---

[1]　《礼记》卷六，《月令》。

[2]　《礼记》卷二，《曲礼下》。

[3]　[东汉]《白虎通》，《五祀》篇："五祀者，何谓也？谓门、户、井、灶、中霤也。"

交界分野或沟通联系的要素或关节，人们之所以要对它们进行祭祀，是因为他们将建筑看作为自身提供安全保护的场所，建筑本身是一个封闭的系统，它将人与神秘且险恶的自然界分隔开来，而门、户等则是这一体系的薄弱环节，是自然界神秘力量可能侵入的部位，尤需祭祀，祈祷神灵的保佑，阻挡邪恶的侵扰。中霤是指古代建筑中部对应天窗或天井的部位，"霤，屋水流也"[1]；"霤，流也，水从屋上流下也。"[2] 由此可知，霤的原意是指承载屋面雨水下注的空间或场所，对其祭祀可追溯至原始时期的穴居和半穴居，当时人们常于屋顶中部开孔以便采光和排烟，使得雨水常常从孔洞流下，故曰"中霤"。在穴居内与屋顶上开孔呈上下对应的中央位置，常设有火坑，当雨水滴灌而下与火焰相遇，烟气蒸腾向上呈天地交合之状，这种神秘的意象令人心生敬畏。后世由于制度大备，屋宇轩敞，中霤不入于室内而移至室外[3]，屋顶上不再有雨水流下的开孔，但祭祀中霤的仪式活动却流传了下来。在很长的时间里，中霤大略是指屋子的中央部位，后来也指建筑群的天井及中庭。中国古代传统建筑以院落为核心的平面布局方式与中国古代的中霤祭祀及其观念就有着一定的内在联系，后世对中霤的祭祀也演变为后土和社土的祭祀，"中央土……其神后土……其祀中霤"[4]，"家主中霤而国主社，示本也"[5]。

　　除儒家外，其他诸子百家学说也对建筑营造产生了或多或少的影响，例如，春秋时代因社会动荡而易学流行，其中的阴阳五行学说即对建筑选址、方位、色彩等选择有很大的影响。人们不仅已经有了对四方的确切认识，认为每个方位对于人世有不同的意义和作用，所以对各方的神祇有固定的祭祀，而且认为各个方位之间有固定的秩序，并与时间的流转有对应的关系。

　　在国家基准颜色的选择和使用上，人们已经知道夏代尚黑（青）色，

[1]　[东汉] 许慎：《说文解字》卷十二，《雨部》。

[2]　[南朝] 顾野王：《玉篇》。

[3]　[清] 程瑶田：《释宫小记·中霤义述》。

[4]　《礼记》卷六，《月令》："中央土，其日戊己，其帝黄帝，其神后土，其虫倮，其音宫，律中黄钟之宫，其数五，其味甘，其臭香，其祀中霤。"

[5]　《礼记》卷十一，《郊特牲》。

商代尚白色，周代尚红色。而以后秦代尚黑，汉代尚黄，而夏代之前是传说中的黄帝时代，属尚黄色，均是依据"五行相胜""五行轮回""五德始终"的理论，即黄帝属土德，色属黄；夏为木，色属青；殷属金，金胜木，故殷灭夏，而殷色属白；周为火德，色赤，火胜金，故周灭殷。至水德尚黑的秦和土德尚黄的汉完成了一个轮回。由此可见，早期国色的选择，乃是出自克敌兴邦、国运昌盛的易理。作为易理的一种表现形式，易数亦是建筑中常常应用的要素，典型的如明堂形制的设计，就应用了大量象征意义的数字符号，对以后各代的礼制性建筑的设计理念产生了很大影响。

此外，与强调突出君权的建筑观念相呼应，也出现了所谓"大壮"的建筑美学思想，《周易·系辞下》说："上古穴居而野处，后世圣人易之以宫室，上栋下宇，以待风雨，盖取诸大壮。""大壮，大者壮也，刚以动，故壮"[1]，意为建筑蕴含一种阳刚壮大之美，体现在宫殿、坛庙等建筑中就是巨大、宏丽、华美和威严。

---

[1] 《周易·下经》:《大壮（卦三十四）》。

第三章　形成时期

（秦汉至南北朝，公元前 221—589 年）

经过春秋战国的长年战乱和分裂，秦于公元前 221 年统一六国，建立了秦帝国，其后的汉又于公元前 206 年取代秦，建立了较秦更为强大也更为持久的汉王朝。秦汉两代建立起中国历史上真正意义上的统一而庞大的帝国，这一时期，具有共同地域、共同文字语言、共同经济生活及共同心理素质的汉族已经形成，原戎、蛮、夷、狄诸族发展为西域、匈奴、西南域诸族，与汉族的联系更为广泛而密切。由于中央集权的大一统控制与协调体制的建立，国家在经济上、政治上、思想上、文化上的大一统格局也在这一时期逐步确立。

秦统一中国后，首先对政治、经济、文化实行了一系列改革，并利用统一国家有效的政令和强大的国力大兴土木，修驰道通达全国，筑长城防御匈奴，在咸阳营建都城、宫殿、陵墓，著名者如阿房宫、骊山陵等，恢宏一时。在其后汉王朝统治的 400 余年间，社会总体上更是处于上升时期，社会生产力水平有了更高的发展，促使建筑技术取得显著进步，形成了建筑的空前繁荣。汉在长安修筑汉长安城，在洛阳建造东都洛阳城，并建造了大量的宫殿和园囿。在这种社会文化大背景下，中国传统建筑体系得到极大发展，建筑群的规模更趋庞大而恢宏，布局与空间构图也趋于完善，木结构体系亦趋于成熟，后世所见的抬梁式和穿斗式两种主要的结构方式已经形成，并出现了 3—5 层的多层楼阁建筑，证明多层木构建筑已经普遍应用，高层建筑的结构技术已经达到很高的水平。斗拱作为中国木构建筑的结构要素和艺术特征，在汉代已经广泛采用。屋顶形式也呈现出丰富的造型变化，如已有悬山、庑殿、攒尖、歇山、囤顶等形式。此外，附丽于建筑的装饰雕刻也非常精美。这一时期砖石砌筑技术和拱券技术有了突破性的发展，出现空心砖、楔形砖，以及砖砌拱顶的墓室建筑。中国传统建筑在这一时期完成了构筑自身结构框架和勾勒造型轮廓的任务。

这一时期的尾声是统一的王朝又分裂为魏、蜀、吴三国，经过西晋短暂的统一，中国进入南北朝时期，匈奴、氐、羌、鲜卑、羯等族入居内地，在激烈的冲突中又形成了新的民族融合。与社会动荡的格局相适应，南北朝时期的建筑发展主要表现在宗教建筑方面，出现了大量佛寺，如北魏统治的区域内就建造了3万多所佛教寺院，而南朝梁武帝时仅建康一地就有佛寺480多所，僧尼达10万多人。受印度与西域佛教造像艺术的影响，各地还开凿了大量的石窟寺，著名者如敦煌莫高窟、大同云冈石窟、河南洛阳龙门石窟、太原天龙山石窟等，有十分丰富的石窟艺术留存至今，成为中华文明的宝贵遗产。

第一节　繁华的城市文明

以都城为代表的秦汉城市建设处于一种较为特殊的状态，一方面国家初建，百业待兴，多数城市沿袭原有的旧城加以扩建和完善，因而必然受战国时期旧有城市规制的限制，而难以达成周代所推崇的王城风范；另一方面，秦朝建都咸阳（今陕西咸阳），西汉建都长安（今陕西西安），东汉建都洛阳（今河南洛阳），曹魏营建王都邺城（今河北临漳县），新的社会需求赋予了这些城市许许多多新的内容，因而使其规模、功能、形制、形象诸方面都有了新的变化，给该时代的城市建设带来了许多新气象。

公元前350年，秦孝公迁都咸阳，在城内营筑冀阙，并建造了许多宫殿。秦始皇在统一全国的过程中，又在咸阳塬上仿建了六国的宫室，构建成规模庞大的皇宫建筑群。公元前221年，秦始皇正式以咸阳为统一全国后的都城，而后又大加扩建，整个咸阳城遍布离宫别馆，亭台楼阁，连绵覆压三百余里，隔离天日，使咸阳成为当时最繁华的大都市。考古发掘已探明，秦咸阳城遗址东西长6公里，南北宽7.5公里，面积约45平方公

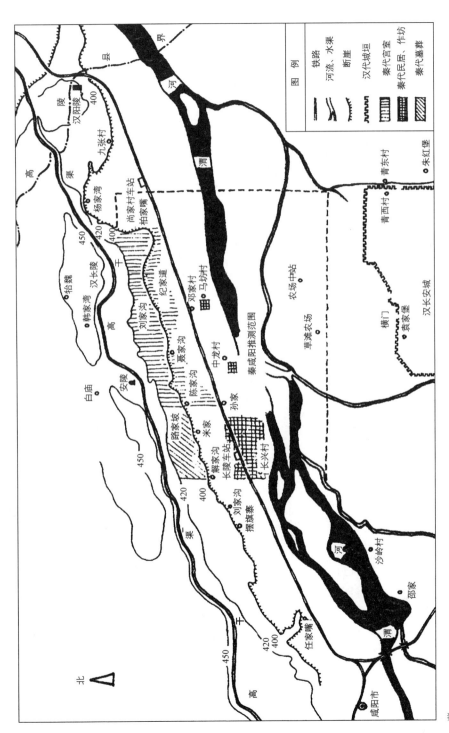

秦都咸阳位置图

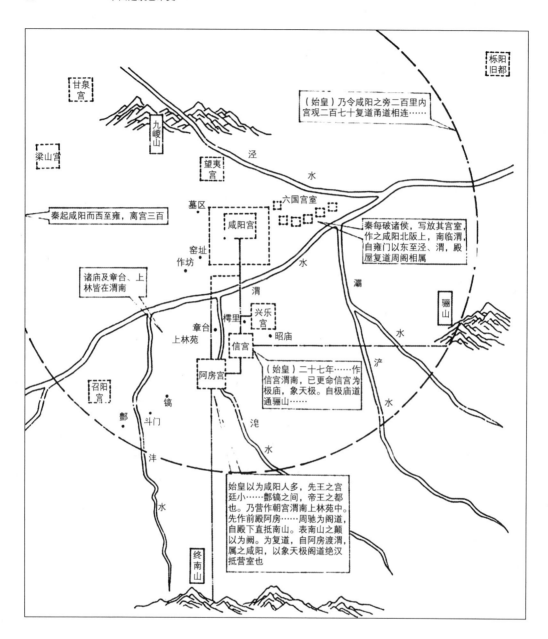

（始皇）乃令咸阳之旁二百里内宫观二百七十复道甬道相连……

秦起咸阳而西至雍，离宫三百

秦每破诸侯，写放其宫室，作之咸阳北阪上，南临渭，自雍门以东至泾、渭，殿屋复道周阁相属

诸庙及章台、上林皆在渭南

（始皇）二十七年……作信宫渭南，已更命信宫为极庙，象天极。自极庙道通骊山……

始皇以为咸阳人多，先王之宫廷小……酆镐之间，帝王之都也。乃营作朝宫渭南上林苑中。先作前殿阿房……周驰为阁道，自殿下直抵南山。表南山之颠以为阙。为复道，自阿房渡渭，属之咸阳，以象天极阁道绝汉抵营室也

秦咸阳城

里。北部宫殿区保存尚好，南部因渭河北移遭到破坏。渭北是咸阳宫城、手工业作坊及市场集中地，分布着咸阳宫、阿房宫，以及众多的离宫别馆；渭南为祖庙、禁苑、朝宫、陵墓分布区。

汉朝初期，因国力不足，对于城市和宫殿及园囿建设较为克制，只把兵燹中保存稍好的秦"兴乐宫"重新修缮，改名"长乐宫"，暂作皇居使用。汉高祖七年（公元前 200 年）始建"未央宫"，直至惠帝元年（公元前 194 年）才开始修长安都城，至武帝太初元年（公元前 104 年），建成了北宫、桂宫、明光宫和城西的建章宫，并在城西修建了上林苑，开凿了昆明池，先后总计用了 90 多年长安城才初具规模。西汉末年王莽当政时，长安再次进行了大规模的营建，在南郊安门外大道西侧建社稷与王莽宗庙群，东侧建明堂辟雍。

汉长安城位于今陕西省西安市西北渭河南岸一带，城址呈不规则方形，每面约 6 公里长，总面积约 36 平方公里，与文献中所记"城方六十里"相近。城北濒渭水，城墙除东墙笔直外，其他各面皆随宫城、渭河及地势多次转折。南墙和北墙转折尤多，有观点认为长安城墙的曲折意在"南象南斗，北象北斗"，故有"斗城"之谓 [1]。经部分发掘，长安城墙的大体范围和走向现已明确。郭城每面 3 门，共 12 门，每门均开辟三门洞，洞宽 8 米，门道两侧用排柱支撑门道过梁，上为木结构方形门顶，城台宏大，城楼宏丽。

长安城的城墙为夯土板筑土墙，高 12 米，下宽 16 米，十分坚固。城墙外有护城河，宽 8 米，深 3 米。城内街道布局规整，共有 8 条大街，街道宽 45—50 米，将全城划分为 160 多个里坊。南北向的安门大街是城内最宽、最长的大街，宽度达 50 米，南北共长 5500 米，几乎贯穿全城。中央为供皇帝使用的驰道，宽 20 米，两侧各有宽 2 米的沟渠，沟外又有供一般车马行人通行的 13 米宽的道路。沿街两侧种植行道树，计有槐、榆、松、柏等树种，茂密成荫，构成十分壮观的街景。城内有许多宫殿、府邸和寺庙，长乐宫、未央宫位于城南高敞处，其中长乐宫位于城东南，面积 5 平方公里，未央宫位于城西南，史称西宫，面积 5 平方公里，是汉代的政治中心，两座宫殿合计占全城面积约 1/3，建筑壮丽，气势雄伟。号称"千门万户"的建章宫位于城外西侧，周长 10 余公里。此外，

---

[1]　《三辅黄图》卷一："城南为南斗形，北为北斗形，至今人呼汉京城为斗城是也。"

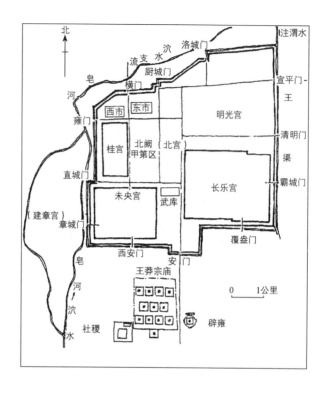

汉长安城平面

在长乐、未央二宫之间还有武库等附属建筑。由此可知，汉长安是一座以宫殿为绝对主体的都城，长乐、未央、武库等在内的宫廷专用区占据了城市约 2/3 的面积，加之这些宫殿大都有高大的宫墙围绕，使得城市面貌十分庄严整肃。用于交易的"市"和专用于城市居民居住的"间里"（由《管子》和《墨子》中可知早在春秋战国时期各国都城就已有"间里"的区划），被安置在城内地势局促而低洼的西北角和东北角。居住的地段四周有围墙环绕，各面开门，起着管理和防范百姓的作用。据文献记载，汉长安城中有九市和一百六十个间里，居民达三十万人。

城中的市场主要集中在城内西北部，现已发现两处遗址，位于北垣的横门内，隔横门大街东西相对。市的规模大约一里见方，《三辅黄图》所记，长安之市"方二百六十六步"，"四里为一市"[1]，与间里规模差不多。

---

[1]　《三辅黄图》卷二，《长安九市》目引《庙记》。

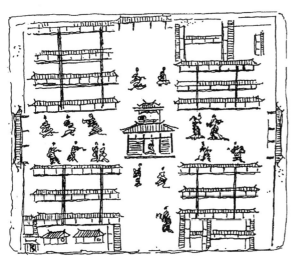

四川广汉出土市井图砖

四川彭县出土市井图砖

四川新繁出土东汉画像砖表现之市肆（摹写）

汉画像砖中的市肆

市周边同样筑有围墙，市内各有南北向和东西向的道路两条，形成井字格局，市中有市楼，为重屋形式。《西都赋》描写长安市井盛况时道："九市开场，货别隧分。人不得顾，车不得旋，阗城溢郭，旁流百廛（仓库）。红尘四合，烟云相连。"[1] 汉代市井之象从遗存下来的汉画像砖上也有所反映，四川新繁发现的画像砖就表现了东汉地方城市中"市"的布局：其平面呈方形，围以墙垣，其中三面正中有三开间的市门。门内有称为"隧"的十字街道，街心有用于管理市场的市楼。在十字街的四隅各有多列平行屋，为各行业的店肆。四川广汉的画像砖更为生动地描绘了当时的交易情况，画像的左侧是市门，署"东市门"，右侧有一楼并标出"市偻（楼）"二字。此外，四川彭县的画像砖中也有市门和市楼的图像。这些画像中的市楼一般都上悬大鼓，击鼓鸣时，作为开市闭市的标志。市楼也是管理市场的令署所在地，周代以来立旗以当市，故市楼又称旗亭。如汉长安

---

[1]　[东汉] 班固：《西都赋》。

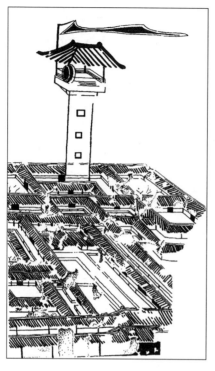

汉代壁画旗亭

"旗亭五重，俯察百隧"[1]。"市楼皆重屋……有令署，以察商贾货财买卖贸易之事。"[2] 北魏《洛阳伽蓝记》中也见相关旗亭的记载：建阳里内土台是中朝时旗亭，上有二层楼，悬鼓击之以罢市。[3] 河北安平东汉墓壁画中高耸于众屋之上的碉楼也是旗亭，楼顶有亭，亭内悬鼓，亭上扬旗。

　　总体而言，汉长安城属于从战国不规整都城向隋唐以后规整都城发展的过渡阶段，加之因秦都旧地多次扩建而成，未及全面规划，总体未能做到规整对称。但鉴于其未沿袭战国各城多在郭城旁另建宫城的做法，而是采用城郭一体的原则，而使汉长安的规模异常宏大而壮丽。从传世的这个时代的歌赋中可以看出，崇尚城市与宫殿豪华富丽是当时的风尚。

　　汉长安及汉代建造的东京洛阳与先秦时期习见的传统形制有所不同，与秦代咸阳也存在着较大区别，呈现出都城建设的一些新特点，例如，在城市布局上，秦咸阳的原有宫室大多汇集于渭北城区北端的坡坂之上，布局分散；而汉长安或汉洛阳的宫殿则相对突出与集中，而且汉长安和洛阳的宫殿都是各成一区，并无统一宫城的设置。在都垣的修筑上，汉长安与洛阳皆筑有高大的夯土城墙，而不似秦咸阳仅依借山丘、河流等自然地貌为屏障。汉代都垣的走向因地形与河道而曲折多变，从而围合的都城平面呈现为不规则的矩形，与之前中国历代帝都所追求的规整对称形体有较大

[1] ［东汉］张衡：《西京赋》。

[2] 《三辅黄图》卷二，《长安九市》。

[3] ［北魏］杨衒之：《洛阳伽蓝记》卷二，《城东》。

差异。其所以如此，一方面是受到当地自然与人为条件所限；另一方面也说明，当时的设计主导思想乃是从解决实际问题出发，而不是拘泥于古制成规或追求表面形式。汉长安及汉洛阳的都垣均辟城门十二座，其中长安城每面三门，还是受到有关王城制度的影响，而汉洛阳城则是南四门，北二门，东、西各三门，排列稍有变化。这些组合方式，对以后的北魏洛阳、隋唐长安、北宋汴京、元大都、明清北京等帝都，都产生了程度不同的影响。至于都城内的居住区规划，由于汉长安城内大部分为宫室、官寺、祖庙、市肆、府邸、仓廪、道路等所占据，以致不得不将大部分民居散置于城外，仅有少数居住性里坊杂处于城北及上述建筑之间，其不便显而易见，这一方面囿于皇权至上的封建思想，另一方面也显示了当时城市规划在功能及分区等方面尚不够成熟。

汉代东西两京在规划上的缺陷和不足，在曹魏建造邺城时得到改善，并形成了城市规划的新格局。邺城位于河北省临漳县漳河北岸，曾是曹魏、后赵、冉魏、前燕、东魏、北齐时期的都城，后被废弃。遗址由南北二城组成，由于漳河的改道和历史上频繁泛滥，北城遭受了严重的破坏，地面遗迹残存很少，南城则全部被河道白沙所覆盖。根据史书记载，北城始建于春秋齐桓公时期，东汉建安九年（204 年）魏王曹操广拓城垣，于城中兴建宫殿、衙署、园囿等建筑，并在城内高筑铜雀、金虎、冰井三台，规模宏大。十六国后赵时期，建武帝石虎征调民夫十六万人，增筑宫室，传其以纹石为墙，金作柱，银作槛，珠作帘，玉作壁，并在铜雀台上建造五层楼阁，高数十丈，楼顶置铜雀高 5 米，舒翼展翅，凌空若飞。台下深挖二井，井间有地道相通，井内贮藏着各种奇珍异宝。在铜雀台东北另建有九座豪华的宫殿，名"九华宫"。公元 577 年北齐灭亡后，北城才逐渐衰败。

北城平面为规则的横长方形，东西约 2400 米，南北约 1700 米。城南墙开三门，门内有三条南北向大街，东西墙中部各开一门，二门之间是贯穿全城的横街，形成城市的横轴，并将全城划为南北二部。城北部被规划为宫廷区、贵族居住区和兼有城堡性质的园囿，南部区域除司马门大街两侧有一些官署外，其余都是一般居民居住的里坊，南北两区的功能严格分

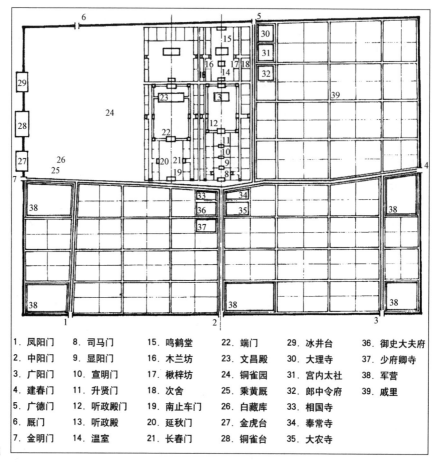

曹魏邺城

1. 凤阳门	8. 司马门	15. 鸣鹤堂	22. 端门	29. 冰井台	36. 御史大夫府
2. 中阳门	9. 显阳门	16. 木兰坊	23. 文昌殿	30. 大理寺	37. 少府卿寺
3. 广阳门	10. 宣明门	17. 楸梓坊	24. 铜雀园	31. 宫内太社	38. 军营
4. 建春门	11. 升贤门	18. 次舍	25. 乘黄厩	32. 郎中令府	39. 戚里
5. 广德门	12. 听政殿门	19. 南止车门	26. 白藏库	33. 相国寺	
6. 厩门	13. 听政殿	20. 延秋门	27. 金虎台	34. 奉常寺	
7. 金明门	14. 温室	21. 长春门	28. 铜雀台	35. 大农寺	

开，宜于宫殿的保卫，也利于突出宫殿区的艺术形象。从南墙正中的中阳门起，中央大街向北至横街，直指北部正中位置的正宫门——司马门，形成长达 800 余米的城市纵轴，并同时成为渲染宫城的前奏。该轴线由司马门再向北，穿过正宫的重重院落，直至宫北的听政殿与鸣鹤堂，总长可达1700 多米。这条纵轴与东西大街即城市横轴垂直相交，控制着整个城市。各城城门都有城楼，由浓荫覆盖的大街连通[1]，形成对景，也丰富了城市的天际轮廓。位于西城垣铜雀园中部的铜雀、金虎、冰井三台仍有残基可

[1]　[西晋] 左思：《魏都赋》。

寻，三台之间有阁道相通。台上"飞阁崛其特起，层楼俨以承天"[1]，并以院落形式进行组合，所谓"周轩（长廊有窗而周回）中天"。台下园中又有"疏圃曲池""兰渚""石濑"等景区，并有兵马库和马厩等附属功能用房。此外，三台内还可存储大量物资，所以铜雀园既是宫苑，又兼兵马库藏之用，带有军事城堡的性质。总之，邺城作为东汉曹魏的王城，以其区划分明、布局有序、交通便利，创立了中国古代都市规划的新模式，并对隋唐都城的里坊制度产生了直接影响，在中国城市建设史上起到了继往开来的作用。

曹魏后期及西晋与北魏以汉魏洛阳旧址为都，并对洛阳城进行了大规模的改造和扩建，使之成为邺城之后近四百年间都城与宫殿建筑发展的小结，对其后的隋唐城市建设产生了直接的影响。北魏洛阳保留了魏晋故城一些旧有的格局，如城墙范围、金墉城、宫城位置、华林园以及城门位置和一门三涂等。城中以南北向的铜驼街为纵轴，南起南垣的正门宣阳门，直达洛河上的永桥，北至宫城南垣正门阊阖门，并与阊阖门前的横轴大街丁字相交。宫城在旧北宫位置，东西约 660 米，南北约 1400 米，较之先前有所扩大。宫城内有一道南北向折墙将宫城分为东西两部分，其中西部较大，留有前殿太极殿基址，正对阊阖门。城内在铜驼街靠近阊阖门处集中布置中央官署，街西设御史台、右卫府、太尉府和将作曹，街东设左卫府、司徒府、国子学堂、宗正寺。太庙和太社分置于官署区南端的左右两侧，此种"左祖右社"的格局远溯西周，近继汉代，下启唐宋。

北魏洛阳对都城发展的最大贡献是其三城相套的格局和设置集中的市场。为了容纳洛阳众多的人口，宣武帝景明二年（501 年）曾对洛阳做了一次大规模扩建，即仿照南朝建康城的格局，在原都城的东、南、西三面发展出新居民区。居民区由三百二十三座里坊组成，每坊如同一座方形的小城，土筑坊墙，每面长三百步，约一里，坊墙上开坊门。这种居住小区类似城堡，"虽有暂劳，奸盗永止"[2]，易于管理，遂有"坊者，防也"的

---

[1]　[三国·魏] 曹丕：《登台赋》。

[2]　[唐] 李延寿：《北史》卷十六，《列传第四》。

说法，每夜坊门关闭，禁止出入，起防范居民的作用。原有的都城被里坊区三面环抱，使宫城居于全城扩展后的北部中心，构成了宫城、内城（即原都城）和郭城三城相套的格局。扩展后的洛阳郭城面积增大，东西 20 里，南北 15 里，郭城内东、西、南三区各有集中的市场，其中西市最大，约占十座里坊的面积，有通商、达货、阜财、金肆等名；东市较小，又叫鱼鳖市；南市在永桥以南洛水南岸，称四通市，主要进行对外贸易，其附近有"四夷"商人居住的四夷里、四夷馆。此外，在洛阳城的内外分布有多达 1300 余座的佛寺，著名的永宁寺即坐落在铜驼街西侧，繁密如织的佛寺使北魏洛阳成为当时北方名噪一时的佛教中心。

与北魏洛阳城南北交相辉映的建康是东晋和南朝的都城，自三国时期的吴国起，历东晋和南朝宋、齐、梁、陈，皆建都于此，号称"六朝故都"，位置即在号为"钟阜龙蟠，石头虎踞"的帝王之宅南京[1]。建康城的规划特点在于宫城的布置和轴线的设计，其宫城彻底摆脱了汉洛阳在都城内分建南北二宫的做法，只设一座宫城，其内宫殿采取前朝后寝的格局，最北为皇苑。城内设计了一条纵轴大街，从大司马门向南穿过都城正门宣阳门，再向南直抵五里外秦淮河北岸的朱雀门，总长超过七里。在都城东门建阳门和西门西明门之间设计了一条东西走向的横街，在大司马门前与纵轴大街丁字相交。纵轴大街两侧列建官署，不但方便宫殿区与官署区的联系，同时以官署直接烘托宫殿，突出了宫殿的统领作用。这种在宫前纵轴大街两侧建官署的做法，对以后产生了长久的影响。

东吴以来南方相对安定，至南朝时期，建康人口已超过百万，城市规模实际已突破都城范围。自东晋起居民区已逐渐向城南水运便利、商旅云集的秦淮河两岸发展，如城西南的横塘、查清，城南秦淮河南岸的长千里、北岸的乌衣巷等，随着南朝城区的扩大，朱雀门一线已成为都城的南部外廓。在这种自然扩张中，建康城形成了三环相套的格局，内环即宫城，为宫殿所在；中环即原都城，纵轴两侧集中布置衙署等公用建筑；外环以朱雀门一带为南部范围，汇聚士流及工商各色市民。这种三城相套的

---

[1]　[北宋]《太平御览》卷一六五，引 [晋] 张勃：《吴录》。

规划格局成为以后各代所着意追求的模式。

从北魏洛阳和南朝建康可以看出，起源于曹魏邺城的规整式都城形制，特别是宫城前的纵轴大街的设立与规划，渐成古代都城设计的圭臬。邺城长约 1000 米的纵轴大街，至建康时已长达 4000 米，纵深布局的艺术感染力显然被大大增强了。建康的纵轴大街向北可直抵宫城北门平昌门，纵轴线上串起四座城楼，向南与牛头山相望，宫前两边有高大石阙，高大的柳树沿大街两侧与御沟并列，建筑、行道树所形成的一条条透视线及作为对景的高大城楼形成了壮观的视觉走廊，谱写了城市景观的崭新篇章。

第二节　建筑布局与外部空间的发展

萌芽时期的中国传统建筑已经强调群体布局的艺术性，如在中轴线上沿纵深方向设置重重门阙、广场、殿堂，用以加强建筑的序列感，并采用对比手法烘托主体建筑。发展到形成时期的秦汉建筑，规模已然更见宏大，形制也更趋完备，创造了与统一王朝相匹配的建筑气象和空间氛围。秦始皇在前代基础上大建离宫别苑，形成了"关中计宫三百，关外四百余"的规模，"南临渭，自雍门以东至泾、渭，殿屋复道周阁相属"，"咸阳之旁二百里内，宫观二百七十，复道甬道相连。"[1]《史记正义》引《庙记》："北至九嵕、甘泉，南至长杨、五柞，东至河，西至汧渭之交，东西八百里，离宫别馆相望属也。木衣绨绣，土被朱紫，宫人不徙。穷年忘归，犹不能遍也。"[2] 正是自秦代起，中国建筑史舞台的序幕才徐徐开启。

---

[1]　[西汉] 司马迁：《史记》卷六，《秦始皇本纪》。

[2]　[唐] 张守节：《史记正义》引《庙记》。

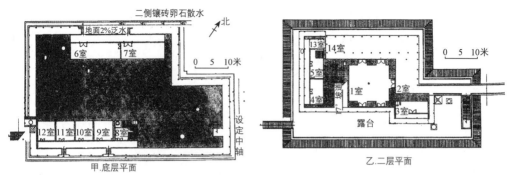

二侧镶砖卵石散水

北

地面2%泛水

6室　7室

0　5　10米

设定中轴

12室 11室 10室 9室 8室

甲.底层平面

13室 14室

0

5室　　　 1室 2室

4室　 3室

露台

乙.二层平面

秦咸阳宫1号宫殿遗址平面复原图

设定中轴

南立面　　0　5　10米

秦咸阳宫1号宫殿遗址立面复原图

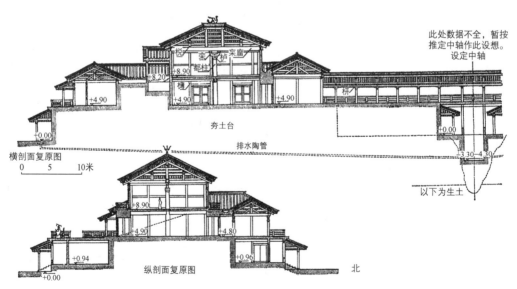

此处数据不全,暂按推定中轴作此设想。
设定中轴

枙　 枙
栾 栌 斜撑
郁杜
樵
+8.90
+8.20
+4.90　　 +4.90

枅

+4.90

夯土台

±0.00

+0.01

排水陶管

-3.30～-4.30

横剖面复原图

0　5　10米

以下为生土

+8.90

+4.90　　 +4.80

+0.94

纵剖面复原图

北

+0.96

+0.00

秦咸阳宫1号
宫殿

秦咸阳宫1号宫殿纵、横剖面复原图

一、宫殿

规模庞大的秦咸阳宫分布在咸阳北部塬上及近塬一带，东西横贯全城，南北连成一片，居高临下，气势雄伟。在咸阳城址北部的台地上，靠近城中轴线附近，有一组高台宫殿建筑遗址，分布于秦时上原谷道（今牛羊沟）的东西两侧，西侧为 1 号遗址，东侧为 2 号遗址。西侧遗址保存较为完好，经过遗址复原后可知这是一组东西对称的高台宫殿，二者可能是一对阙形建筑，并由跨越谷道的飞阁把二者连成一体，形成极富艺术魅力的台榭复合体。经研究推测，其为咸阳宫内最先建造的称为"冀阙"的宫殿建筑。

"冀阙"为高台建筑群，阙体以塬为基，加高并夯筑成台，遗址东西长 60 米，南北宽 45 米，平面呈 L 形，尺柄向东，另一端向北。据复原研究，台分两层，下层台高 5 米，周边为围廊，廊中南北各有数室；上层南部为平台，西部有数室，北部和东部为敞厅，最东一室内有取暖的壁炉及大型的陶质排水管道，应为浴室，室内一角有贮存食物的窖穴。主体宫室建在高台上，两层高，耸立于周围群屋之上，使全台外观如同三层。地表为红色，即所谓的"丹地"，门道上有壁画痕迹，表明曾是最高统治者的厅堂。依据对称原则，可据此推演出与其成对称格局的东阙，两阙东西总长可达 130 余米，中为门道，其上有飞阁相连，极壮观瞻。

"阙"是东周以来常见的一种建筑，其前身为"观"，其上可居，登之则可远观，类似台堡[1]，担负着驻守防卫的功能。台上有屋的建筑在古代又称"榭"，榭从射，是守兵瞭望、御敌、射远的堡垒，是观的一种变体。观最初建于宫墙之内或倚墙而建，后又移建到宫门外，并呈两观左右相对、"中央阙然为道"的方式[2]。阙与观的区别既体现在形制上，又体现在功用上，相形之下，阙更强调精神方面，以其特殊的造型突出宫门，渲染宫城的威严和尊贵，起到威慑的作用。秦汉时期，除了宫殿门前设置宫阙以壮观瞻外，也开始在城门外、祠庙前和陵墓神道两侧置阙，称为城阙、

---

[1]　[西晋] 崔豹：《古今注》。

[2]　[东汉] 刘熙：《释名》卷三，《释宫室第十七》。

秦咸阳宫 1 号宫殿
复原效果

庙阙和墓阙。风流所及，一些衙署和府邸也竞相仿效，在东汉留存的一些画像砖上不难窥见其形象，其中常有阙与执盾人的画面，依其位置，应为墓主生前所在衙署或所居宅院前所置双阙的记述。

　　咸阳宫殿以冀阙为中心，用人间宫殿来象征天庭，其布局体现了秦人象天法地的观念："因北陵营殿，端门四达，以则紫宫，象帝居；渭水灌都，以象天汉；横桥南渡，以法牵牛。"[1] 所谓"紫宫"原指天文学的星座名称，又名紫垣或紫微宫、紫微垣，是十五颗环绕在"帝星"北极星周围星座的总称。古代中国有将天象与人事相互比对的习惯，"中宫天极星，其一明者，太一常居也。旁三星三公，或曰子属。后句四星，末大星正妃，余三星后宫之属也。环之匡卫十二星，藩臣。皆曰紫宫。"[2] 人们在观察天象中，发现北极星恒定不动，故将其称为"帝星"，并称其在天上的宫室为"紫宫"。秦以十月为岁首，那时候，在紫垣之前横着"天汉"，即银河，从帝星向南渡过银河是营室星，又称"离宫"。咸阳宫殿以渭水象征银河，河上架设桥梁和复道，连接对岸的离宫阿房宫，始皇三十五年（公元前 212 年），借口西周有丰、镐二京，遂在面积广大的上林苑中建朝宫，著名的阿房宫即朝宫前殿，"……始皇以为咸阳人多，先王之宫廷小，……乃营作朝宫渭南上林苑中。先作前殿阿房，东西五百

---

[1] 《三辅黄图》卷一，《咸阳故城》。
[2] ［西汉］司马迁：《史记》卷二十七，《天官书第五》。

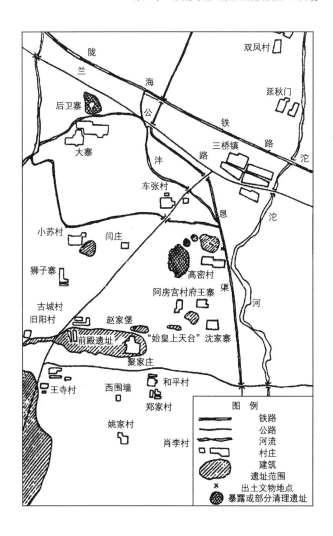

秦咸阳阿房宫
遗址图

步，南北五十丈，上可坐万人，下可建五丈旗。周驰为阁道，自殿下直
抵南山。表南山之颠以为阙。为复道，自阿房渡渭，属之咸阳，以象天
极阁道绝汉抵营室也"[1]。这种将建筑构图与天象及人间秩序一一对应的
构思和布局手法，是当时人们敬奉的天人合一思想的真切反映。同时，
以南山山峰为阙将自然景色引入宫内，可说是见于记载的最早的"借景"
手法。此外，咸阳宫殿这种与天象和合的构图，也显现了秦始皇在统一大

[1]　[西汉]司马迁：《史记》卷六，《秦始皇本纪》。

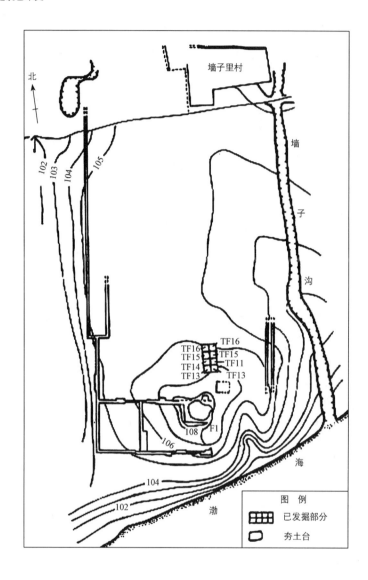

北

墙子里村

墙

子

沟

TF16   TF16
TF15   TF15
        TF11
TF14
TF13   TF13

F1

106
108

海

渤

图　例

⊞ 已发掘部分
▭ 夯土台

姜女石秦代建筑
遗址平面图

业功成以后一种志得意满的心态。经考古发掘，阿房宫前殿基址为极高大
的夯土台基，东西长 1270 米，南北宽 426 米，现残高 7—9 米，面积 54 万
平方米，几近于北京明清紫禁城，其恢宏的体量，表达着人间与天地同构
的理念；其气吞山河的气势，象征皇权的崇高和永恒。

　　位于辽宁省绥中县沿海的姜女石秦代建筑遗址是另一处现存秦代宫殿
的著名遗址，是帝王出巡、消暑、避寒、狩猎、观景用的临时行宫，分布范围约 9 平方公里，其中以黑山头、石碑地、止锚湾等处宫室的规模较为庞大，是整个遗址的主体。这三处临海行宫均建造在近海的台地与岩岬上，分别面对海中巨礁，特别是主体行宫面对该海域中最大最壮观的三块巨大岩礁"姜女石"，让人联想到"东海三仙山"的神话传说。

在总体布局方面，石碑地遗址最为完整，该组宫殿置于海岸观景线的中央，其总平面呈南北向的曲尺形，东西宽 170—256 米，南北长 496 米，方位北偏东 7 度。建筑依地形建于三层不同高差的台地上，平面划分为十个区域。在石碑地遗址东、西两侧分别布置着止锚湾、黑山头宫室，三者呈鼎足之势。此外，在上述三座宫室建筑的后侧，还散置有另外几组附属建筑，即瓦子地、周家南山及大金丝屯等宫室。这些宫室如众星拱月，烘托了石碑地离宫的中心地位，体现了该时期中国传统建筑的布局原则和手法。

作为核心的建筑组群，石碑地行宫的布局根据地形及实际需要灵活布置，并未采用传统皇家建筑的中轴对称方式，而是充分考虑到原有自然地势的起伏，将整个离宫基址因地制宜地平整为三层台面，然后将建筑依功能及等级布置于三个台地之上，并做到主次分明、错落有致。其中 I 区的 1 号建筑大平台位置最高，面积最大，视野最开阔，居全宫之首。位于其东北侧的第 II 区建筑，建有密集的夯土台基及多座庭院，且单体建筑规模也相对较大，推测为供帝王皇室起居的寝宫。西侧的第 III 区面积较小，而且夯土基址亦多呈条状，为廊屋一类建筑，应为后宫服务人员居所。其他有建筑基址者尚有第 VII 区及第 X 区，应为管理官吏及卫戍人员所使用。遗址中的其他区域未见建筑遗迹，当系宫中庭院、园林及贮放车辆、粮草及畜养马匹的地方。

相对于秦代宫殿，汉代的宫殿更为严谨、规整，更体现与折射出中国建筑体系处于成型时期的礼乐制度与精神。在汉代的众多宫殿中，以汉高祖所建长安城中的未央宫最为重要，是西汉政治统治中心和帝王宫闱所在。

未央宫的平面呈方形，每面长约 2000 米，面积近 5 平方公里，约相当于全城的 1/7。宫墙四面辟门，正门位于南面偏东，称为端门，与都城的西安门相对；东门遥对长乐宫西门，门外建东阙。北门建有北阙，遥对繁华的宫市，且隔渭水与陵庙相望。宫内有"台殿四十三，其三十二

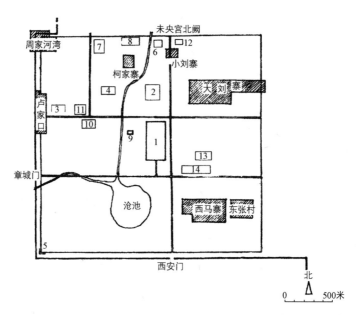

汉长安未央宫平
面图

1. 前殿　　2. 椒房殿　　3. 中央官署　　4. 少府（或所辖官署）
5. 宫城西南角楼　　6. 天禄阁　　7. 石渠阁　　8-14. 其他建筑

在外，其十一在后。池十三、山六，池一、山一，亦在后宫，门闼凡
九十五"[1]。区内主体宫殿分为前朝后寝两部分，端门北偏西有未央前
殿，为前朝最重要大殿，依龙首山凿石为基，南北长约 350 米，东西宽
约 200 米，由南往北次第增高，形成三个大台面，至北端高达 15 米。按
《三辅黄图》中记载，前殿东西五十丈（约合近 120 米），深十五丈（约
合 35 米）[2]，面积比明清紫禁城的正殿太和殿大出约一倍。前殿初成之
时，前方战事未息，汉高祖刘邦见宫殿如此壮丽，便责问主持工程的萧
何说，天下还在打仗，胜负未定，"是何治宫室过度也？"，萧何答说：
"天下方未定，故可因遂就宫室。且夫天子以四海为家，非壮丽无以重
威，且无令后世有以加也。"[3] 这实际是在明确提出要以建筑艺术为皇权
政治服务，意在建成一座空前绝后的大朝堂，用以彰显皇帝的尊严。大

[1] 《西京杂记》卷一。
[2] 《三辅黄图》卷二，《汉宫》："未央宫周回二十八里，前殿东西五十丈，深十五丈，高三十五丈。"
[3] [西汉] 司马迁：《史记》卷八，《高祖本纪第八》。

殿前面布置有广阔的庭院，殿左右和后方则布置一些次要殿宇，烘托着主体殿堂，如在未央宫北有宣室殿、温室殿、清凉殿，东有宣明殿、广明殿，西有昆德殿、玉堂殿，四周宫墙围绕，四方设门，自成一区。其中宣室殿是前殿的"正室"，所谓"布政教之室也"；温室殿以椒涂壁，香桂为柱，悬挂壁毯，铺设地毯，是御冬之室；清凉殿以文石为床，玉盘贮冰，中夏含霜，为避暑之室。在以上组群的左右，另有东西掖庭宫。

　　未央宫前殿以北为后宫，布置有十四殿，以皇后所居椒房殿为主，殿"以椒和泥涂，取其温而芬芳也"[1]。在椒房殿的左右，周以昭阳、飞翔、增成……诸殿，"其中庭彤朱，而殿上髹漆，切皆铜沓黄金涂，白玉阶，壁带往往为黄金釭，函蓝田璧，明珠、翠羽饰之，自后宫未尝有焉"[2]。尚有织室、暴室、凌室等以备日常供应，有天禄、石渠二阁庋藏典籍。石渠阁下以石为渠导水，应是防火的措施，旁有承明殿，为"著述之庭"。此外，"骀荡宫，春时景物骀荡满宫中也。駊娑宫。駊娑，马行疾貌。一日之间遍宫中，言宫之大也。枍诣宫。枍诣，木名，宫中美木茂盛也。天梁宫，梁木至于天，言宫之高也。四宫皆在建章宫"[3]。另有"玉堂、神明堂、疏圃、鸣銮、奇华、铜柱、函德二十六殿，太液池、唐中池"[4]。除成组团的宫殿外，还有许多体量庞大的台榭楼阁，"宫北有井干台，高五十丈，积木为楼，言筑累万木，转相交架，如井干"，[5] 因其高，故有"攀井干而未半，目眴转而意迷"之说。有神明台，台高五十丈，上有九宫，常置九天道士百人进行祭祀占卜活动。《庙记》称："神明台，武帝造，祭仙人处。上有承露盘，有铜仙人，舒掌捧铜盘玉杯，以承云表之露，以露和玉屑服之，以求仙道"[6]。又有凉风台，在建章宫北，同井干楼一样，也是"积木为楼"[7]。在各楼台门阙间，有复道相连，以便交通往来。未央宫中虽殿宇繁多，但

[1] 《三辅黄图》卷三，《未央宫》："椒房殿，在未央宫，以椒和泥涂，取其温而芬芳也。"

[2] ［东汉］班固：《汉书》卷九十七，《外戚传第六十七》。

[3] 《三辅黄图》卷三，《建章宫》。

[4] 《三辅黄图》卷二，《汉宫》。

[5] ［西汉］司马迁：《史记》卷十二，《孝武本纪第十二》。

[6] 《三辅黄图》卷三，《未央宫》。

[7] 《三辅黄图》卷五，《台榭》。

以前殿为中心，以园林化的后宫为烘托，大体构成"前朝后寝"的格局，众小宫室簇拥左右，如群星拱月，衬托出主要宫院的气势。

在前殿和西掖庭宫之西是以沧池为核心的皇家园林，园中的池沼众多，其中最有名的是"周回千顷"的太液池，池中有渐台（又作渐台），高二十余丈[1]。又有"蓬莱、方丈、瀛洲、壶梁，象海中神山"[2]。"成帝常以秋日与赵飞燕戏于太液池。以沙棠木为舟，以云母饰于鹢首，一名云舟。又刻大桐木为虬龙，雕饰如真，夹云舟而行"。[3]

张衡的《西京赋》述及未央宫布局和景象时的溢彩流华："正紫宫于未央，表峣阙于闾阖。疏龙首以抗殿，状巍峨以岌嶪。"在描述其宫殿的具体形制时则说："亘雄虹之长梁，结棼橑以相接。蒂倒茄于藻井，披红葩之狎猎。饰华榱与璧珰，流景曜之韡晔。雕楹玉磶，绣栭云楣。三阶重轩，镂槛文㮰。右平左城，青琐丹墀。"[4] 大意为：架长桥如虹梁，栋椽连绵相接，藻井倒悬若茄蒂，宛如层叠的红花。挑出的椽头衣彩绘，镶玉珰，美仑美焕。檐柱雕饰，柱础唧玉。雀替绘锦纹，楣梁画云图。台基层叠，轩宇错落。门槛镂刻，连枋彩绘，窗格琐纹，台明涂丹。从中可以看出，追求气象宏伟，铺陈豪华成为该时期皇家宫殿园囿的风尚，也表现出当时人们对建筑的审美观念。

二、坛庙与礼制建筑

中国古代信奉万物有灵的观念，自然界中大至天地日月山川河海，小至五谷牛马、沟路仓灶，都有神灵司之。人是万物之灵，故圣贤英雄仁义之士死后奉之为神也是顺理成章的事情，如此形成了中国庞大的神灵系统，坛庙建筑也相应地成为了一个广泛而芜杂的类型，包括祭祀天上的诸神如天帝、日月星辰、风云雷雨之神，地上诸神如皇地祇、社稷、先农、

[1]　[东汉] 班固：《汉武故事》。

[2]　[西汉] 司马迁：《史记》卷十二，《孝武本纪第十二》。

[3]　《三辅黄图》卷四，《池沼》。

[4]　[东汉] 张衡：《西京赋》。

岳、镇、海、渎、城隍、土地、八蜡等的神庙，以及祭奠祖先、圣贤和英雄的祠庙。

在祭祀的形式上，台而不屋称为坛，设屋而祭名为庙，两者都是祭祀神灵的场所。在秦汉时期这些祭祀活动被人为地赋予君权神授、尊王攘夷、宗法秩序、道德伦理等巩固政权所需的精神内容，不断地被神圣化和制度化，而承载这些神圣活动的坛庙建筑也开始成为国家和民间重要的建筑类型，它们逐渐脱胎于原始宗教而演变为彰显政治教化的工具，并在中国传统建筑文化中占据了特殊的地位。

秦代已有四峙之祭，其时有六处祭场，西峙、鄜峙、畦峙祀白帝，密峙祀青帝，上峙祀黄帝，下峙祀炎帝。汉代高祖又立北峙，祀黑帝，共成五峙。后来汉武帝听从方士之说，奉"泰一"为最高天神，青帝、炎帝、白帝、黑帝、黄帝都只是泰一的佐臣，故于长安西北（后天八卦所说的"乾"方）的甘泉建泰一祠，建筑形式为圜丘，即圆形的祭坛，"取象天形，就阳位也"；并在山西汾阴建后土祠，建筑形式为方丘，即方形的祭坛，"取象地形，就阴位也"[1]。泰一祠和后土祠是西汉初期最重要的祭祀地，也是以后历代天坛、地坛的原型。汉成帝时将祭天活动改在长安南郊（先天八卦的"乾"方）进行，地祀则在长安北郊，至东汉成为定制。除祭祀天地诸帝和祖先外，祭祀的对象还有日月山川河海等其他自然诸神，因此也出现了相应的祭祀建筑，如用以"观祲象、察氛祥"的灵台（天文台）。此外，还有综合性的礼制建筑如明堂、辟雍等。祭礼是一种神圣而隆重的活动，仪轨周密，等级严格，汉时已对祭祀作了等级上的规定，规定了上至天子下至平民不同等级的祭祀规格，天子祭天下名山大川，五岳（泰、衡、华、恒、嵩）视同（天帝的）三公，四渎（江、河、淮、济）视同（天帝的）诸侯；诸侯祭其疆内名山大川；大夫祭门、户、井、灶、中霤（中庭）五祀；士、庶人祖考而已[2]。这种规定的目的自然是想通过赋予自然神以人格和等级，来强化人间的

---

[1] 《三辅黄图》卷五，《南北郊》："武帝定郊祀之事，祀太乙于甘泉圜丘，取象天形，就阳位也，祀后土于汾阴泽中方丘，取象地形，就阴位也。"

[2] [东汉] 班固：《汉书》卷二十五上，《郊祀志第五上》。

等级秩序，并将其神圣化。

明堂、辟雍是秦汉时期最重要最具代表性的祭祀建筑之一，所谓"明堂"，先秦文献中将其描述为天子布政之宫，并赋予其许多烦琐的象征和规定。汉武帝时欲于泰山脚下建明堂封禅泰山，但此时明堂的形制已经失传，有个叫公玉带的人进上自己绘制的黄帝明堂图样，"中有一殿，四面无壁，以茅盖。通水，水圜宫垣。为复道，上有楼，从西南入，名曰昆仑"[1]，武帝应允而起工建造，入祀泰一、五帝、后土诸神，并配祀高祖。由此可知汉代的明堂已是一种综合性的祭礼建筑。"辟雍"同为礼制建筑，其形制是一座周围环以圆形水渠的纪念堂，是帝王讲演礼教的场所，其制"象璧圆又以法天，于雍水侧，象教化流行也"[2]。

在考古发掘中，人们在汉长安南门外大道东侧发现了王莽时期所建的一组将明堂、辟雍合二为一的祭祀建筑，其形制为：外围方院，每边长235米，院墙不高，以求视野开阔[3]，其构思与现存北京明清天坛的圜丘围墙相类似。院四面正中开门，院外环以水沟，院内四角建平面曲尺形的角楼。院正中建有圆形夯土台，台上有折角十字形平面的建筑遗址，约42米见方。底层以回廊环绕，布置为各种厅和夹室，中间突出一座约17米见方的夯土台，台四角各附有小夯土台，原状为一座三层的高台建筑。建筑的布局和命名极富寓意和象征性，如下层四厅及左右夹室共为"十二堂"，象征一年的十二个月，也代表太学的东南西北"闱"。中层每面各有一堂，南称"明堂"，西名"总章"，北为"玄堂"，东呼"青阳"，其功能为告朔行政。四堂之外是下层回廊的平顶，作露台使用。在上层台顶的中央建有"太室"，也称"土室"，其四角有小方台，台顶各有一亭式小屋，为金、木、水、火四室，与土室一起用来祭祀五帝。五室间的四面露台可瞻望云气，兼具灵台的功用。这座礼制建筑采用十字对称的集中式格局，以台顶中央大室为统率全局的构图中心，四角小室是其陪衬，主次分明。中心建筑与四围附属建筑相互呼应，加之院庭广阔，产生了恢宏的气度，

---

[1]　[东汉]班固：《汉书》卷二十五下，《郊祀志第五下》。

[2]　[东汉]班固：《白虎通·辟雍》。

[3]　《隋书》卷六十八，《列传第三十三》。

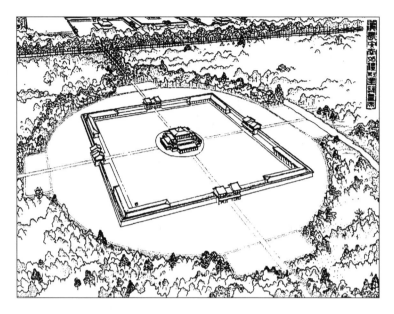

汉长安辟雍复原
鸟瞰

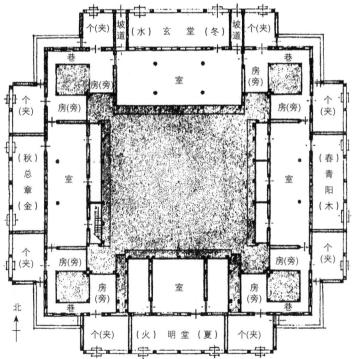

西汉长安南郊礼制建筑辟雍遗
址中心建筑一层平面复原图

汉长安辟雍平面

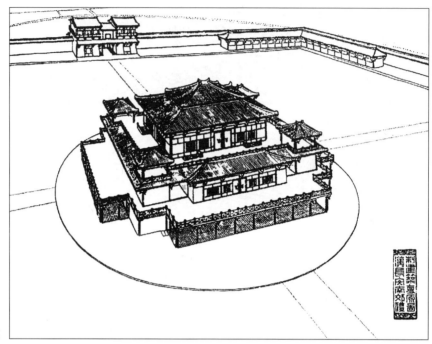

汉长安辟雍复原

显示了祭祀建筑的性格。

新莽时期，在长安城西安门一侧，还建造了一些用于祭祀的宗庙，称王莽"九庙"。按《礼记》规定，天子可有七庙，即太祖庙与三昭三穆，王莽侈大其制，把黄帝、虞舜也拉入其中，伪托是其先祖，故为"九庙"。庙的规模和形制与长安明堂、辟雍略同。在这组建筑中人们发现了四神瓦当，分塑青龙、白虎、朱雀、玄武。从其出土地点与所属建筑的方位关系，可知分别用在东、西、南、北四方，与四神代表的方位相同。

在东汉时期的都城洛阳，也同样建有各种礼制建筑，如城内有左祖右社，城外南郊有祭天的天坛，称为紫坛，并配祀五岳、四渎、星辰、雷公、电母、风伯、雨师等神祇；在北郊建地祇坛祀地，也配祀山、川、海诸神。此外在洛阳南郊还建有一座灵台，为两层夯土台的高台建筑，是当年东汉天文学家张衡观测天象的场所。灵台的下层为回廊，上层为方形建筑，每面五间。四面建筑的墙壁依方位分别涂以青（东）、赤（南）、白（西）、黑（北）四色，庄严而神秘。

三、陵寝建筑

在夏商周三代以前，墓葬制度尚未得到人们特别的重视，文献中的记载也极少，遗址中只发现了少数的石棚、积石冢。然自殷商时期起，开始出现大量墓葬，其中较高级的墓葬使用了棺椁，并于地面之上建造用于举行祭奠的享堂，但尚未在地上起坟 [1]。自战国始，墓室上才逐渐出现封土为"方上"（即坟冢）的做法，至秦汉两代墓葬封土已成为普遍采用的方式，帝王的方上更是高大宏伟，形同山岳，因之被称为陵墓。

位于陕西省西安市临潼区的秦始皇陵是早期帝王陵墓的代表，前后修筑达 39 年之久。整个陵园南枕骊山，北望渭河，占地"九顷十八亩"（总面积达 56.25 平方公里），据传是取"久久"之意，规模宏大，气势雄伟。陵园的地形呈南北长、东西窄的矩形，周绕两重陵垣，地势南高北低，但陵墓的主轴线为东西向。内垣长方形，南北长 1355 米，东西宽 580 米，占地面积约 78 万平方米，东、南、西三面各一门，北面开二门。外垣长方形，东西宽 940 米，南北长 2165 米，占地面积约 200 万平方米，每面各辟一门，南、北二门位于陵墓纵向中轴线上，主要陵门位于东侧。陵园所属官衙吏舍用房则置于内垣北部及西侧内外垣之间。外垣以外，另有王室陪葬墓、兵马俑坑、马坑、珍禽异兽坑、跽坐俑坑，以及窑址、建材加工与储放场、刑徒墓地等。陵垣均由夯土构筑而成，基宽约 8 米，陵园四隅建有角楼，陵门各置门阙。

在内垣南部中央，坐落着四方锥形的陵墓，陵体呈三层方锥台级状，全部为人工夯土筑成。每面长约 350 米，陵上封土原高 115 米，现存残高 76 米。沿着台阶可登上陵顶，顶部平坦，曾发现有瓦当及燃烧过的木料和土渣，应建有享堂。秦始皇陵的地面建筑是仿咸阳宫建造的，故规模极大，有寝殿、便殿、回廊、阙门及内外城等 [2]。现地面建筑全已无存，仅

---

[1] 《礼记》卷三，《檀弓上》。

[2] 《后汉书·明帝纪》引《汉官仪》云："古不墓祭，秦始皇起寝于墓侧，汉因而不改。诸陵寝皆以晦、望、二十四气、三伏、社、腊及四时上饭。"

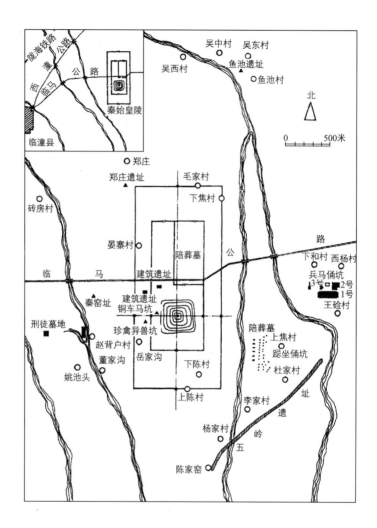

秦始皇陵总平面

残存大量砖、瓦、地下排水管道等建筑构件。在陵墓的东、西、北三面有通向墓室的墓道。据《史记》记载，秦始皇陵的地下建筑也同样宏伟富丽，墓中建有宫殿及文武百官的位次。为防盗墓，墓内设有弩机暗器，并于地下灌注水银，造型似江河、大海，以机械转动川流不息；又用鱼油膏做成蜡烛，点燃长明，久不熄灭。

1974年，在秦陵周围发现了秦兵马俑坑，先后发掘了三处。1号坑面积约1.43万平方米，出土武士俑500多个，战车4辆，马24匹，估计坑内埋葬有兵马俑6000多具，列为纵队和方阵。2号坑的面积达6000平方

陕西临潼秦始皇陵
兵马俑

米，呈曲尺形，由骑兵、战车、步卒、射手混编而成，有兵马俑 1300 余件，还配备有各种实战的武器。3 号坑面积 500 多平方米，平面呈凹字形，内有战车一乘，卫士俑 68 个，似为军旅中的统帅机构，也配备了大批的武器。秦兵马俑皆仿真人、真马制成。武士俑高约 1.8 米，面目各异，神态威严，从服饰、甲胄和排列位置可以分出不同的身份，有将军、军吏、材官、射士、骁士、伍卒等，形象地再现了秦帝国威震四海、统一六国时的雄伟军容。出土的武器多为经过铬处理的青铜制品，至今寒光闪闪，锋利如新。此外，在秦始皇陵旁的车马坑中还出土有两组铜车马俑，雕镂精致，鎏金错银，金碧辉煌。

西汉的帝陵数量庞大，分布集中，位置大体在陕西省西安市与咸阳市，分布于渭水南北，包括惠帝安陵、文帝霸陵、景帝阳陵、昭帝平陵、元帝渭陵、成帝延陵、平帝康陵、哀帝义陵等八组帝、后陵园，还包括陵邑及其陪葬墓等。其中除霸陵在渭河之南，其他各陵均在渭河之北的咸阳市的黄土台塬上。

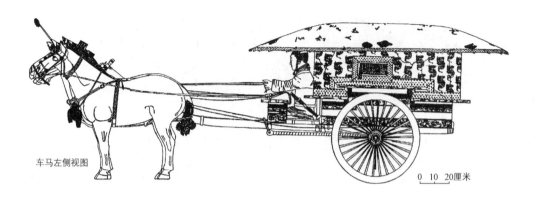

车马左侧视图

0 10 20厘米

秦代车舆

汉陵承继了秦制，除霸陵因山为陵外，西汉陵寝中的帝、后各陵均有高大的覆斗形封土，底部方形或近方形，称为"方上"。陵园为方形或近方形，四面各辟一门，门前有阙。在方上的平顶上一般建有享堂，陵侧建有祭祀死者的庙宇，布局规整严谨。庙中分设正殿、正寝和便殿，"日祭于寝，月祭于殿，时祭于便殿。寝，日四上食；庙，岁二十五祠；便殿，岁四祠"[1]。日祭时宫人须整理被枕，准备盥水，事死如事生。各陵均迁徙各处富豪及后宫贵幸者于附近守陵，俨然城市，故称之为陵邑。西汉帝陵不但规模宏大，而且随葬品也非常丰富，已发掘的四个俑坑有陶俑300多个，木车两乘以及铁器、农具、货币数百件。陶俑体形修长，比例匀称，形象、表情不一，显示出年龄和性格的区别，是一批写实主义的陶塑艺术佳作。在陪葬坑中发掘出土了大量珍贵遗物，以造型逼真的陶人、动物俑以及精致的生活用器、工具、车马器、武器等为代表。

位于陕西省兴平市南位镇的茂陵是汉武帝刘彻的陵墓，始建于武帝建元二年（公元前139年），陵园呈方形，东西墙垣430.87米，南北墙垣414.87米。当年陵园内有许多殿堂、房屋等建筑，仅陵园管理人员就达5000人，在西汉帝陵中规模最大。茂陵陵冢夯土筑成，形似覆斗，庄严稳重。现存墓冢边长240米，高46.5米。茂陵陪葬的珍宝在汉帝陵中也是最多的，金钱财物、鸟兽鱼鳖、牛马虎豹、生禽凡百九十物，尽瘞

---

[1] 《三辅黄图》卷五，《宗庙》。

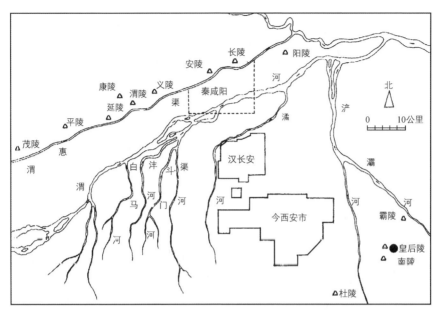

汉长安及西汉诸陵

藏之。相传武帝身穿的金缕玉衣、玉箱、玉杖和武帝生前所读的杂经 30
余卷，盛于金箱，也一并埋入。由于陪葬品多，许多物品放不进墓内，
只好放在陵园内。据载，西汉末年农民起义打开茂陵大门，成千上万的
农民涌入陵园搬取陪葬物，搬了几十天，园中物品还"不能减半"，可证
陵园之大，陪葬品之丰富。在茂陵周围有李夫人、卫青、霍去病等陪葬
墓，与茂陵相互呼应衬托，构成气势恢宏的陵墓群。

　　东汉诸陵形制大体同西汉，多在洛阳邙山上，但规模小于西汉帝陵，
并废止了陵邑。魏晋时期，由于战乱不断，各代帝王已不再崇尚厚葬，也
多不起陵。至南北朝社会稍许稳定后，陵寝制度才又有所恢复，然规模已
经远逊于秦汉了。河北省磁县北朝王室贵族墓冢是这一时期陵墓建筑的代
表，陵区在磁县城南距临漳邺城约 10 公里处，共有墓冢 134 座。1971 年
对墓群进行了全面的勘查，发掘出了北齐故司马氏太夫人比丘尼垣墓、北
齐皇族左丞相文昭王高润墓、东魏尧氏赵郡君墓。高润墓是北朝大型墓葬
的典型代表，墓室为甲字形，由斜坡墓道、甬道和墓室组成，均为砖造。
墓道长 50 米，宽 2.96 米，墓道与甬道相连接，通过甬道的三层封门墙即

陕西咸阳汉茂陵

到达墓室。墓室的平面呈方形，边长 6.4 米，正中是砖砌的棺台。墓室的四壁及墓道的两侧绘有彩色壁画，北壁的壁画保存最为完好，绘有《举哀图》。图的正中是一个中年男子，头戴折巾，身着便服，危坐帐内，神态凄凉，这是墓主人即将瞑目去世的状态。两侧分立着众多的男女侍从，有的举着羽葆、华盖，有的手持麈尾、食盘，都垂首锁眉，神态哀戚忧伤，刻画得惟妙惟肖。此外还有《车马出行图》《天象图》等，表现了北齐时代的绘画风貌和独特风格。墓中还出土了陶俑 300 多件、各种瓷器 100 多件。在墓葬文物中还有东魏元景植碑和北齐兰陵王碑等，都是北朝时期的名碑。

南朝的陵墓大体分布在南京、江宁、丹阳、句容四个地区，其中在南京的六朝陵墓多达 17 处，南朝陵墓以陵墓雕刻传名于世，尤以陈文帝陵、梁南康简王萧绩、梁靖惠王萧宏、梁武平中侯萧景等陵墓雕刻最为著名。南朝陵寝的布局特点是多在神道两侧对称布置石刻，通常是最前面为一对石兽，后为一对石柱，再后为一对立于龟趺上的石碑。石兽主要有带翼的

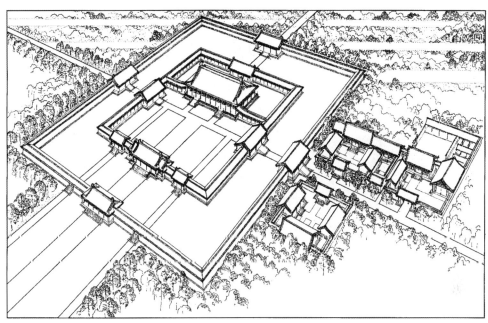

东魏武定五年（547年）建

东魏高欢庙复原图

石狮、独角的麒麟、双角的天禄、无角的辟邪等，雕刻生动，气势宏伟，反映了中国石刻艺术的水平。

纵观秦汉至南北朝时期的陵寝布局，可以清晰地看到人们对建筑群总体形象和氛围塑造有了特别的重视，如汉代大墓前神道两侧已开始布置高大精美的双阙，用以烘托纪念性气氛。文献中记载，最早的墓阙为西汉大将军霍光墓前的"三出阙"，即阙上顺序安排有高下错落的三座屋檐，主阙最高，主阙外侧的两重子阙屋顶次第降低，是一种最尊贵的阙制。现存该时期的墓阙共 30 处左右，多为东汉遗存，有的稍晚至魏晋，均为石造，大体分布在四川、河南、山东各省，其中以建于东汉建武十二年（36 年）的四川雅安高颐阙最为精美。高颐阙分东西两阙，相距 13 米，阙身由五层石块砌筑而成，高约 6 米。两阙均有题款，阙的石座上雕有仿木斗子蜀柱，阙身雕柱枋、斗拱，四面浮雕有人物、车马、禽兽等内容，脊上镂刻着鹰口衔组绶。整个阙体比例合恰，造型简括，是汉代木结构建筑的忠实反映。阙前有一对石兽，刚劲有力，典雅古朴。两阙中间是高君颂碑，是从高氏的孝廉祠迁来的，碑首呈

萧景墓

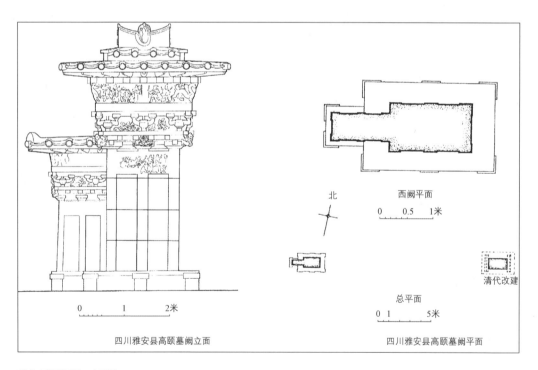

北   西阙平面

0   0.5   1米

清代改建

总平面

0 1   5米

0   1   2米

四川雅安县高颐墓阙立面   四川雅安县高颐墓阙平面

雅安高颐墓阙平、立面图

半圆形，刻有蟠龙；碑座方形，雕刻有相向的两条龙，龙的尾巴绕到座的后面缠结在一起；碑的铭文隐约可见，记载了高颐阙的建造年代。

位于四川省渠县北赵家坪的冯焕阙和位于四川绵阳的平阳府君阙也是保存得较完好的汉阙。冯焕阙约建于 121 年，是为纪念东汉安帝时期幽州刺史冯焕而立。该阙为双体，东西各一，现存东阙，高 4.38 米，由阙基、阙身、枋子层、介石、斗拱层、阙顶 6 个部分组成，是一座造型完整的仿木结构石阙。阙身由青砂石砌成，划分为三层：一层雕刻着纵横相交的枋子；二层为介石，较薄，四面平直，上面布满浅浮雕方胜纹图案；三层为屋顶部分，以挑石向外展出，呈倒梯形，两侧为曲拱，富于装饰美。正面的拱眼壁上雕青龙，背面雕玄武，刻画细腻，刀法娴熟。屋顶为庑殿式，刻筒瓦、瓦纹草叶。阙上刻有铭文："故尚书侍郎河南京令豫州幽州刺史冯使君神道"。此阙风格稳重朴素，雕刻精致简练，造型生动优雅，体现了汉代建筑粗犷豪放的风格，是中国建筑艺术史上的珍品。此外，位于河南登封嵩山的东汉太室、少室、启母三处石阙也是这一时期的代表。

采用石雕、石刻衬托、渲染陵墓气氛，宣扬墓主功绩和功德是这一时期的创造，如汉代霍去病墓石刻即是这一时期著名的雕刻艺术品。霍去病为西汉时期著名的军事将领，18 岁随卫青出征攻打匈奴，19 岁被汉武帝封为大司马骠骑将军，先后 6 次出击匈奴，屡建奇功，公元前 117 年病逝，年仅 24 岁。为了纪念这位青年将军的赫赫功勋，汉武帝特为他举行了隆重的葬礼，并在寿陵旁为他修建了象征祁连山的墓冢，命工匠雕刻了各种巨型石人、石兽作为墓地装饰。这些大型石刻有马踏匈奴、卧马、跃马、石人、伏虎、卧象、卧牛、人抱熊、怪兽吞羊、野猪、鱼等 15 件，题材新颖，生动逼真，雕刻手法简练，其中尤以马踏匈奴最为有名，体现了汉初沉稳、博大的时代精神和艺术风格。

南朝陵墓神道前的石刻，不但是陵墓形制的重要组成部分，而且是精美的雕刻艺术品。南朝宋武帝（363—422）初宁陵位于南京麒麟门外的麒麟铺，陵前现存双翼石兽一对，东为天禄，西为麒麟，长高各 3 米。石兽造型稳健庄重，与汉代石刻的风格相似，是南朝最早的石刻。陈武帝万安陵在江宁区上方乡的石马冲，今存天禄、麒麟各一。北石兽

雅安高颐阙

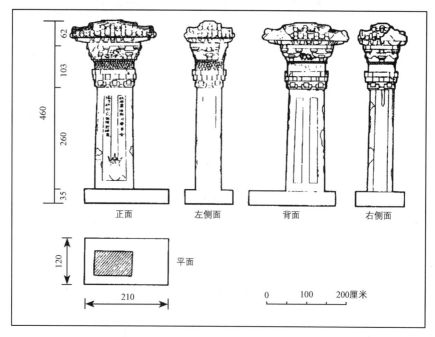

正面　　　左侧面　　　背面　　　右侧面

平面

0　　100　　200厘米

冯焕阙

较完整，长 2.60 米，高 2.57 米。二兽均有翼无角，身上纹饰简练，造型朴实。陈文帝永宁陵位于南京栖霞区甘家巷东南。陵墓坐北朝南，陵墓前有天禄、麒麟二石兽，东西相对，其中东侧的双角者为天禄，西侧的独角者为麒麟。麒麟独角双翼，环目张口，舌尖上翘，须髯下垂，双翼刻鳞纹，衬以羽翅纹，遍体饰卷毛纹，雕刻手法细腻圆熟，姿态传神，是同类石刻中的精品。梁萧宏墓在南京市东北郊仙鹤门外张库村，墓坐南朝北，墓前现存石辟邪、龟趺、碑、石柱。辟邪长 3.20 米，宽 1.38 米，高 3.15 米，双翼圆转，尾拖及地，肌丰骨劲，体态肥壮，显出一副矫悍凶猛的神态，为现存南朝陵墓石刻中的上乘之作。梁安成康王萧秀（476—518）墓在南京东北郊甘家巷小学内，其石刻在南朝陵墓中遗存最为丰富，留存也最为完整。

在江苏省丹阳市境内，也存有大量南朝陵墓，主要是南朝时的齐、梁两代的帝王、帝后陵墓，这些陵墓的前面都有神道石刻，石刻的造型十分生动，气势雄伟，是中国古代石刻艺术的珍品。齐宣帝萧承之永安陵坐落在丹阳市胡家桥狮子湾，坐南向北，陵前现存石刻两件，东为天禄，保存完好。它身长 2.95 米，高 2.75 米，昂首挺胸，头出双角，颔下卷须垂于胸际；身附双翼，翼面前作卷云纹，后为长翅；身上长毛卷曲如流苏，尾长曳地；足有四趾，左足前攫一小兽。石兽的整体造型精巧，气势雄伟，栩栩如生。

梁武帝萧衍修陵位于丹阳市荆林镇三城巷，坐西向东，陵前石刻仅存一天禄，位于神道北侧。它身长 3.10 米，高 2.80 米，昂首挺胸，雄武有神韵；双角顺颅项后伏，两角中部起节；双翼翼面有雕饰，前为螺纹，后为浮雕的翎羽；足有五趾，左前足下踏有一小兽。

南朝的石柱尚存十余处，其中以萧景墓的石柱最为精美，该石柱下方为方座，四面刻有人物和异兽的浮雕，石座上是圆形的柱础，上面刻有一双蟠螭。石座上的柱身主体圆中带方，上部柱身略有收分，下部约 2/3 的柱身刻有竖向的内弧凹槽，上端用一道双龙交首纹和一道绳纹作结。柱身上部以外弧的竖棱为饰，形似束竹，柱顶以一圈忍冬纹作为装饰。在柱身正面刻有绳纹的位置设计了一方朝向神道的石碑，柱顶上安置覆莲纹圆形石盘，其上蹲

梁武帝萧衍修陵

坐一只面向神道的辟邪。全柱通高 6.5 米，比例精确，姿态挺拔。

位于河北省定兴县石柱村的义慈惠石柱也是该时期一座著名的纪念碑，其艺术水准之高，可以与萧景墓的石柱比美。北魏孝昌元年（525 年）至永安元年（528 年），起义军首领杜洛周、葛荣等转战今河北定兴一带，后兵败死于该地，当地人建立了这座纪念柱并在柱上雕刻《石柱颂》，记述了起义的经过，铭文多达 3000 余字，是十分珍贵的实物资料。义慈惠石柱通高约 7 米，分柱身和石屋两个部分，两者之间有一个石盘相隔。柱身上端是方形，下部为八角形，底部的柱础呈覆莲状。石屋面阔三间，进深两间，单檐庑殿顶，有檐椽、角梁、斗拱、阑额等建筑构件，前后当心间刻有佛像，是北齐时期屋宇模型的仿造。

除帝陵外，这一时期较重要的墓葬形式还有石祠和崖墓。山东肥城孝堂山郭巨石祠是东汉时期汉代地主官僚常采用的墓葬形式，历史价值也较

萧景墓的石柱

高。孝堂山古代曾称巫山，因东汉初年（约公元 1 世纪）孝子郭巨的墓祠建于此，而更名为"孝堂山"。该祠是中国现存最早的地面房屋建筑，坐北朝南，平面呈长方形，面阔 3.8 米，进深 2.13 米，高 2.63 米，全部采用青石砌筑而成。室内正中有八角形的石柱，高 0.86 米，将石祠分为东西两间。祠的各种建筑构件上雕刻有垂帐纹、菱纹等简朴的装饰，石壁和石梁上还雕刻有精美的图画，内容包括神话传说、历史故事、天文星象以及朝会、出行、迎宾、征战、献俘、狩猎、庖厨、百戏等场面，题材十分丰富。雕刻手法为平地线刻法，简洁洗练。祠内还保存着许多汉唐以来的游人题记。在石祠山墙外侧刻有北齐陇东王的《感孝颂》，也具有较高的艺术价值。崖墓自汉至南北朝主要流行于四川西部，偶或也在北方出现，如河北满城西汉中期的崖墓。小型崖墓常为单室，大型崖墓则可在深入崖内的墓道两侧凿出多个墓室。至于一般的土坑墓，各时代都有，简单的墓室有的只是一个竖穴，有的在竖穴旁边挖出一个土室，这类墓葬主要为下层平民所采用。

探究这一时期墓葬的内部结构，由已经发掘的墓葬可知，战国至东汉已有许多重要变化，此间流行着木椁墓、空心砖墓、小砖墓、石室墓、崖墓和土坑墓等六种墓式。商周盛行的木椁墓到西汉仍在南方地区流行，长沙马王堆西汉轪侯家族墓群可作为代表，此墓式在北方则日见衰微，至东汉不再实行。战国晚期出现的空心砖墓在西汉被广泛采用，并沿至东汉。这种墓式以大尺寸的空心砖代替木板为椁，有单棺双棺之分，双棺者有的在墓室中间立空心砖隔墙，上面再平盖空心砖；也有的在中间不设隔墙，而于上方用有榫口的空心砖支成多边折形墓顶。空心砖墓是木椁墓向小砖墓的过渡，西汉晚期开始有小砖墓出现，至东汉更被广泛采用，以后则成为各代普遍采纳的墓室形制。西汉时期的小砖墓墓室一般是用小砖砌纵列筒拱，到东汉前期在方形前室上发展出穹隆顶，而在长方形后室上仍用筒拱。东汉后期开始流行双穹隆顶，即前、后室都是方形，都筑成穹隆顶，有的还设有侧室。东汉中期以后还出现了用石板砌造的石室墓和在崖壁上开凿的崖墓。这些石室墓与原始社会的"石坟"或"石棚"类似，以长方形的单室为多，也有一些较为复杂，呈多室布局，如山东沂南东汉晚期的画像石墓。

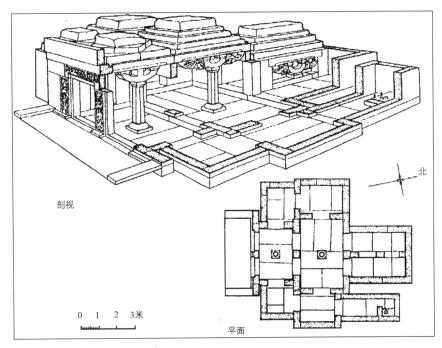

剖视

0　1　2　3米

平面

沂南画像石墓

除木椁墓和土坑墓外，其他用砖石砌筑的墓葬大多都有雕刻装饰，或在空心砖上印有纹饰，或在小砖墓里绘出壁画及镶砌画像砖，或在石室墓上绘出壁画，或在崖墓壁上刻出建筑构件等，无一不是建筑史和美术史的重要资料。此外，在墓室中还常出土有宝贵的建筑模型，如西汉前期已开始出现仓、灶等陶制冥器（即陪葬之器，又称明器），东汉时，更出现了大量的陶楼、陶屋、陶院、陶坞壁、陶仓等，南方如广州地区还出土了干栏式陶屋或陶仓，类型多样，内容亦极为丰富，是研究此一时期建筑类型、结构、样式的重要参考资料。

四、佛寺与石窟寺

东汉明帝永平十年（公元 67 年），印度僧人迦叶摩腾、竺法兰抵洛阳，居鸿胪寺（汉代接待外国使节的国宾馆）。次年，朝廷于洛阳雍门外按古代印度及西域佛寺式样，建造了中国第一座佛寺："自洛中构白马寺，盛饰佛图，画迹甚妙，为四方式，凡宫塔制度，犹依天竺旧状而重构之。"[1] 因迦叶摩腾等以白马负梵经、佛像来华，遂命名此寺为白马寺。

东汉末年，名士笮融于徐州"大起浮屠祠，上累金盘，下为重楼，又堂阁周回，可容三千许人。作黄金涂像，衣以锦彩。每浴佛，辄多设饮饭，布席于路，其有就食及观者且万余人"[2]。这组佛教建筑的中心是木构的楼阁式塔，塔顶置数层铜质相轮，塔内供奉镀金佛像，塔外有广阔的庭院，庭院周围环绕回廊、堂、阁。若将此寺与后来的北魏永宁寺相比较，同时横向参照日本现存的飞鸟时期及以后的古代佛寺，并结合出土的众多汉代陶楼明器，可大体知晓汉代佛寺所采取的两种布局方式，一种是以塔为中心的塔院型寺院，寺院和塔的平面均采用方形，并按正交轴线的方式进行布置。塔院型布局方式的源头可追溯至古代印度早期的佛教观念。在古代印度，早期佛教不供奉佛像，信徒们尊崇的对象只是佛的遗物、遗迹及代表佛生前经历的纪念物。塔是佛涅槃的象征，建于佛生前曾经有过重大活动的地方，如成道处、初转法轮处、降魔处等，而受到人们的敬奉。按古印度的风俗，围绕尊崇物右旋回行是最大的恭敬，所以绕塔礼拜也就成了信徒们最大的功德了。这一观念传入中国后，促生了中心塔式佛寺的大量出现。塔院型佛寺以廊庑或院墙围成院落，院中空地供僧徒回行，廊庑也可以作回行之用。置于院落中心的高塔成为建筑群的构图主体，为与大塔相互呼应，庭院四角常建有角楼，衬托出大塔的高耸和伟岸，并形成整体丰富的景观。这种构图方式，与西汉长安明堂辟雍、王莽九庙等建筑群的布局手法有相似之处，应是汉以来集中式构图手法在不同建筑类型上的演化与发展。

另一种寺院布局方式为中心不建塔的宅院型，原系中国院落住宅改建而来。东汉时期官宦富豪笃信佛教，曾竞相"舍宅为寺"，以求身后福报，"（北魏）经河阴之役，诸元（魏宗室姓）殆尽，王侯第宅多题为寺，寿丘里间列刹相望"，如北魏洛阳建中寺本就是由阉官司空刘腾的住宅改建的："以前厅为佛殿，后堂为讲堂。"[3] 由于中国传统上沿纵向轴线递进布

[1]《魏书》卷一百一十四，《释老志》。

[2][南朝·宋]范晔：《后汉书》卷七十三，《刘虞公孙瓒陶谦列传第六十三》。

[3][北魏]杨衒之：《洛阳伽蓝记》卷四。

克孜尔石窟

置院落的形式比较适应供奉佛像的要求，故而渐成佛寺布局形式的主流。佛教自东汉传入中国以后发展极快，致使佛教建筑亦成燎原之势，北魏洛阳一地就有多达 1360 余所寺院，南朝建康一地也有寺院 500 多所，遗憾的是这些名耀一时的佛寺如今已无一留存。

　　与院落式佛寺同一时期发展起来的还有另一类佛寺形式，即石窟寺，迄今仍有丰富的遗存，可供后人研读和欣赏。石窟的形成是公元 4 世纪前后，从印度传入中国。现存最早的石窟为新疆克孜尔石窟，大约开凿于公元 3 世纪，即东汉末期，公元 6—7 世纪为盛期，相继营造达 500 多年之久，伊斯兰教传入后逐渐废弃。该石窟群开凿在新疆拜城县东南的悬崖峭壁之上，绵延约 3 公里，共有石窟 236 处，其中保存壁画的洞窟有 80 多个，壁画总面积约 1 万平方米，壁画数量仅次于敦煌莫高窟。

　　克孜尔石窟的洞窟形制大致有两种，一种为供僧徒居住和坐禅的场所，多为居室加通道结构，室内有灶炕和简单的生活设施；另一种为佛殿，是供佛教徒礼拜和讲经说法的地方。佛殿又分为两种，其一为窟室高大、窟门洞开、正壁塑立佛的大佛窟；其二是主室做长方形、内设塔柱的中心柱窟，也有部分窟室采用较为规则的方形。中心柱式石窟最能体现克孜尔石窟建筑特点，窟内分为主室和后室，主室正壁奉主尊释迦佛，两侧壁和窟顶则绘有释迦牟尼的事迹，如"本生故事"等。不同形制的洞窟用途不同，这些不同形制和不同用途的洞窟有规则地修建在一起，组合成一个单元，每个单元往往就是一座佛寺。

南北朝是中国古代石窟艺术的兴盛时期，开凿石窟已成风气，中国现存的大部分著名石窟即为这一时期的作品，少量为后期作品，其中规模较大且著名的当属敦煌莫高窟、大同云冈石窟、洛阳龙门石窟、甘肃天水麦积山石窟（始凿于后秦）。较为重要的石窟还有新疆库车库木吐拉石窟、甘肃永靖炳灵寺石窟、河南巩县石窟、河北邯郸响堂山石窟、山西太原天龙山石窟等。从建筑的功能布局上看，这些石窟寺可以归纳为三种类型：一为塔院式（支提窟），以塔为窟的中心，与初期佛寺以塔为中心是同一概念。典型的古印度支提窟分为前后两部分，前部平面呈纵长方形，窟顶为圆筒拱形，是供信徒礼拜的"礼堂"；后部平面为半圆形，中央是圆形的石塔，窟顶为半穹隆顶，窟形的总平面像马蹄形，周绕石柱。中国的塔院式石窟即是由这种石窟演化而来，同时也是对当时中国流行的中心塔佛寺的模仿，如云冈第6窟、第21窟等。二为佛殿型，石窟的平面呈方形或长方形，中心不设塔柱，在左、右、后壁凿龛，正中窟顶作覆斗状或攒尖式。窟中以佛像为主要内容，相当于一般寺庙中的佛殿。三为僧院型（毘珂罗），其特点是在方形的石室周围凿小窟若干，每窟供一僧打坐。窟中置佛像，僧人围绕佛像坐禅修行，类似古印度供僧人修行打坐的原始精舍。

莫高窟又俗称千佛洞，位于甘肃省敦煌市东南鸣沙山东麓，东向三危山，前临宕泉，创建于前秦建元二年（366年），历经北凉、北魏、西魏、北周、隋、唐、五代、宋、回鹘、西夏、元各个朝代，形成南北长1680米的石窟群，共存洞窟735个，其中有彩塑和壁画的洞窟492个，彩塑2000多身，壁画4.5万平方米，木构窟檐五座，是规模宏大、历史久长、内容丰富、保存良好的佛教遗址。

甘肃敦煌莫高窟

敦煌莫高窟

莫高窟的各窟均由洞窟建筑、彩塑和壁画综合构成。洞窟建筑形式主要有禅窟、中心塔柱窟、佛龛窟、佛坛窟、大像窟等，最大者高达40余米。造像均为泥质彩塑，有单身像和群像两种，塑绘结合的彩塑主要有佛、菩萨、弟子、天王、力士像等。佛像塑造得精巧逼真、神态各异，其艺术造诣之高深，想象力之丰富，令人叹为观止。壁画内容丰富博大，分为佛教尊像画、佛经故事画、佛教史故事画、经变画、神怪画、供养人画像、装饰图案等七类。壁画的主要内容是形象化的佛教思想，如早期洞窟中的各种"本生""佛传"故事画，中晚期洞窟中的"经变画"和"佛教史迹画"等。古代的艺术家在形象地表现佛教经典内容的同时，还在壁画中穿插描绘了当时的一些生产活动和社会生活场景，比如中国古代狩猎、耕作、纺织、交通、作战，以及房屋建筑、音乐舞蹈、婚丧嫁娶等各个方面。壁画中有各类人物的形象和供养人的画像，保留了大量的历代各族人民的衣冠服饰资料。在各个时代的故事画、经变画中，所绘的大量的亭台、楼阁、寺塔、宫殿、院落、城池、桥梁和现存的五座唐宋木结构窟檐，都是研究中国古代建筑弥足珍贵的形象图样和宝贵的实物资料。

云冈石窟

　　清光绪二十六年（1900 年），道士王圆箓在现编号为第 17 的窟中偶然发现了一个"藏经洞"，并发现了洞中掩藏的从 4 世纪到 14 世纪的历代文物，总数约达 6 万件，主要有文书、刺绣、绢画、纸画等文物 4 万余件，其中文书大部分是汉文写本，少量为刻印本，汉文写本中佛教经典占 90%以上。此外，还有传统的经史子集，以及"官私文书"，如史籍、账册、历本、契据、信札、状牒等多种形式的文献资料。敦煌文书的发现是研究中国与中亚历史、地理、宗教、经济、政治、民族、文学、艺术、科技的重要资料，具有巨大的历史和科学价值。

　　云冈石窟位于山西省大同市城西的武周山麓，沿山开凿，东西绵延长达一公里左右，"凿石开山，因岩结构，真容巨壮，世法所希，山堂水殿，烟寺相望"[1]，乃是对当时石窟盛景的真实写照。石窟主要分东、中、西三个部分，现存主要洞窟有 45 个，252 个小龛，大小造像 5.1 万余尊。主要洞窟

---

[1]　[北魏] 郦道元：《水经注》卷十三，《㶟水》。

云冈石窟大佛

云冈石窟中心塔柱

云冈石窟大佛

始凿于北魏文成帝和平年间（460—465年）到孝文帝太和十八年（494年）之前。

云冈石窟规模宏大，气势雄伟，石刻造像内容丰富，雕刻精细。位于石窟群中部的昙曜五窟是开凿最早的洞窟，其编号分别为16、17、18、19、20窟，气势最为雄伟，开凿年代为北魏和平初年。当时著名的高僧昙曜奏请北魏文成帝于京城（平城，今大同市）西郊武周山开凿五所石窟，并以魏道武、明元、太武、景穆、文成五帝为原型雕刻了五尊大佛像，即今日的昙曜五窟。16号窟本尊释迦牟尼立像，高达13.5米，面目清秀，姿态英俊；17号窟是一个交足倚坐于须弥座上的弥勒像，高15.6米，两侧壁龛中各立有一个佛像，身材十分魁梧；18窟的正中为身披千佛袈裟的释迦牟尼立像，高15.5米，东壁的上层有释迦牟尼各弟子的造像；19窟为释迦牟尼坐像，高16.7米，是云冈石窟的第二大像；20号窟是露天的大佛，为云冈石窟雕刻艺术的代表作，也是云冈石窟的象征，像高13.75米，面部丰圆，鼻高唇薄，大耳垂肩，两肩宽厚，袈裟右袒，造型雄伟，背光的火焰纹、飞天浮雕十分华丽。

云冈石窟中的第5、6窟是一组连在一起的双窟。窟前有清顺治八年（1651年）所建的五间四层木构楼阁，琉璃瓦顶，蔚为壮观。第5窟的窟形是椭圆形草庐式，有前后室。后室中央有云冈石窟中最高的坐佛，高17米，四壁雕满了佛龛造像，顶部有飞天浮雕，线条十分优美。第6窟的平面近方形，中央雕有两层方形的塔柱，高15米，下层四面雕有佛像，上层四角各雕九层出檐的小塔。其余各壁雕满了佛、菩萨、罗汉等像。顶部雕有三十三天神和各种骑乘。环绕塔柱在窟的东、南、西三壁刻有33幅描写释迦牟尼从诞生到成佛的故事画。此外编号为9、10、11、12、13窟的五华洞也具有代表性，其中第9、10窟是一组双窟，平面近方形，皆分前后室。前室的南壁凿成八角列柱，东西两壁上部和后室门楣上有精雕的植物花纹图案。第11至13窟组成了一组，第11窟正中凿出方柱，四面上下开龛造像；第12窟前室北壁和东壁雕三开间仿木构的殿宇和屋形龛，窟顶雕乐天，手持排箫、琵琶、筚篌、鼓、笛等乐器，载歌载舞，神态飘逸，雕刻中的乐器是研究音乐史的重要资料。五华洞的石雕艺术造型丰富多彩，为

云冈石窟中的北魏
塔柱

龙门石窟远景

艺术、历史、书法、音乐、建筑等方面的研究提供了很多形象资料。

东部窟群编号1—4窟都是塔洞。第1、2窟开凿的时代相同，洞内中央雕造方形的塔柱，四壁有五层小塔和屋宇殿堂浮雕，是研究北魏建筑的重要资料。第3窟是云冈石窟中规模最大的洞窟，前壁高约25米，分前后室，后室的正面和两侧雕刻有一佛二菩萨，雕像面貌圆润，肌体丰满，从雕刻风格

龙门石窟

　　和手法来看应是初唐的作品。第 4 窟南壁的窟门上保存有北魏正光纪年铭记，是云冈石窟中现存最晚的铭记。西部窟群的编号是 21—53 窟，还有一些没有编号的洞窟，大都是北魏太和十八年（494 年）以后的作品。

　　龙门石窟位于河南省洛阳城南，此地两山相峙，伊水北流，远望石窟如阙，故名"伊阙"。龙门石窟始凿于北魏孝文帝迁都洛阳（494 年）前后，石窟分布在南北长约 1 公里的峭壁上，历经东魏、西魏、北齐、北周、隋、唐等朝代，也有少数是五代到清代的雕凿，其中北魏窟龛约占 1/3，唐代窟龛约占 2/3。现存主要的洞窟有潜溪寺、宾阳洞、万佛洞、莲花洞、奉先寺、古阳洞、东山看经寺等，共有窟龛 2345 个，佛塔 50 余座，碑刻题记 3600 方，大小造像 10 万多尊。

古阳洞开凿于公元 493 年，是龙门石窟中开凿最早的洞窟。窟内的两壁镌刻着三列佛龛，拱额和佛像的背光图案丰富多彩，供养人像神态虔诚而持重，衣纹富有动感。此外还有众多的造像题记，书法质朴古拙，"龙门二十品"中的十九品皆在此洞内，是书法艺术中难得的珍品。

北魏宣武帝为孝文帝和文昭后开凿的宾阳洞是北魏洞窟中规模最大的一窟，开凿于景明元年（500 年），正光四年（523 年）建成，前后历时 24 年。窟内有释迦牟尼像，高 8.4 米，两侧分立二弟子和二菩萨像，是典型的五尊像组合造型。造像面容清秀，衣纹折叠规整，体现了北魏时期的艺术风格。石窟顶部雕有莲花宝盖和飘逸自如的飞天，洞壁上遍刻大型浮雕，内容分为《维摩变》、《佛本生故事》、《帝后礼佛图》（已于 1945 年被盗运往美国，现在收藏于纽约大都会博物馆）、《十神王像》。药方洞具有北魏晚期艺术风格，因为洞内镌刻了治疗疟疾、胃病、心疼、瘟疫等病症的 140 多种疾病的药方而得名，为中国古代医药学的研究提供了珍贵的资料。

奉先寺是龙门石窟中规模最大、艺术价值最高的一座石窟，唐高宗上元二年（675 年）由武则天捐脂粉钱二万贯而建成。窟龛南北宽 36 米，深 41 米，主像卢舍那佛像通高 17.14 米，头部高达 4 米。佛像身披袈裟，面容丰腴，修眉长目，嘴角微翘，神态端庄持重。两旁立有弟子、菩萨、天王、力士等的佛像 9 尊，各具姿态，栩栩如生。弟子迦叶严谨睿智，阿难恭顺虔诚，菩萨端庄矜持，天王威武刚健。这组佛像的雕刻艺术技法精湛，水平甚高，显示了盛唐雕塑艺术的高度成就。

龙门石窟的造像艺术集世俗化和民族化于一体，摆脱了早期造像艺术的神秘色彩和外来的影响，特别是盛唐时期的石窟造像更是神采四溢，成为中国古代雕刻艺术品中的佼佼者。

五、居住建筑

住宅在古代除了满足居住功能外，也是家族香火延续的依托之所，故《说文解字》中说："宅，所托也。"不唯如此，住宅同时还具有梳理家庭组织内部关系的功能，是集中体现中国传统文化的建筑场所。居住建筑对居住者

在行为上的规范，使得人们的日常生活在儒家正统观念的框束下变成了一种
礼仪活动，人们随时随地地体会到自己在社会秩序中的地位，随时秉持着一
种端正、庄严的心理状态，从而体现出建筑梳理伦理和社会秩序的功能。因
为年代久远，秦汉时期的住宅建筑如今已无遗构留存，但东汉以来发掘出土
的大量陶制建筑明器，以及画像砖、画像石等则向我们传递了许多有关住宅

汉代居住建筑 1

陕西绥德县画像石
中之住宅

四川芦山县出土汉代石刻干栏建筑

江苏睢宁县双沟画像石中之楼及廊庑

四川合江县东汉砖室墓石棺雕刻建筑形象

广州市红花岗29号东汉木椁墓出土陶屋　　江苏邗江县老虎墩汉墓陶塔

云南晋宁县石寨山出土铜屋

汉代居住建筑2　　湖南长沙市小林子冲东汉1号墓出土陶屋　　云南晋宁县石寨山出土铜器中之井干式建筑

　　形象的信息，将其与文献相互对照，可知秦汉时期的住宅大约有如下几种类型：一般中小型住宅、大型宅第、坞壁等。这些住宅类型也有其共同特征，即用单体建筑进行组合，从而形成布局多样的合院。

　　中小住宅的形象多见于该时期出土的明器，其房屋平面多呈现为一字形、L形、U形，也有H形的，通常在一字之后、L形的另一角、U形的

河南灵宝县张湾东汉2号墓出土釉陶楼　　　　　　　湖北云梦县癞痢墩1号墓出土釉陶楼屋

开口和 H 形的前后开口处增筑院墙，形成小院。

汉代居住建筑 3

　　广州出土的画像石中有 H 形平面的住宅，当中一横是主体，正中建二层楼，左右横接单层屋，两端再各向前后连接更低的单层屋，大门设置在前院墙的中间，门的上部有屋顶。由画中所见，建筑主次关系突出，富有层次感。

　　四川出土的画像砖中有田字形平面的住宅，表现为由廊庑围成的四合院，画面中以左部二院为主，其中左部前院较小，在前廊上开有一座栅栏式大门，后廊正中开有中门；后院较大，院内有一座堂屋，屋内有主人对坐。画面中院落的右部也分为前后两小院，其中前院较小，院内有井、灶和晒衣架，属服务性的内院；后院较大，院内建有一座高楼，形象类似阙楼和观，是瞭望守卫和储藏贵重物品的地方。住宅的户外空间是住宅的有机组成，大小兼备，适用于不同要求的室外生活作息。宅院的布局相当灵活，并不恪守规整格局，反映了自给自足式的小农社会生活图景。

四川成都市出土东汉住宅画像砖

汉明器及画像砖中
的住宅 1

湖北云梦出土了一个以楼房为主的住宅明器，它由前后两排楼屋组成。前排的平面呈横向长方形，高两层，内分数室，主要为居住用房，上层覆四坡式屋顶，下层有披檐；后排楼屋的东部是用厕所和猪圈围合成的小院，中部通高两层为厨房，西部为望楼，耸于众屋之上。屋顶采用悬山式，随各屋高度上下错落，上层在前后两排楼屋之间的走廊和望楼中间留有梯孔，在前排左右和望楼一侧伸出挑楼，以曲拱承托。这座住宅未设置轴线，布局相对自由而合理，轮廓亦富有变化，与现在仍流行于南方的自由式民居多有相通的地方，其使用的挑楼在今日南方仍常见到。此外，在广州和四川还出土了一些干栏式建筑明器，这种建筑多为两层，下层架空，上层住人，适合南方的湿热气候。这种干栏式的住屋在原始社会时期已经出现，流行于南方未曾中断，至今在西南和华南一些少数民族地区仍盛行。

大型宅第常有前、后两排或数排房屋，其间布置为院落，形成"口"字形平面。也有将房屋排列呈"凹"字形的，再以院墙围合成三合院式的住宅。或者将主体建筑置于住宅中部，然后在其两端构筑与之正交的厢房等次要建筑，再以院墙封闭其前后，构成"日"字形的平面。以上几种形式，均可见于出土的东汉陶屋明器中。

官宦与豪富的宅第内建庭院及房舍多重，形成前堂后寝的格局，且入口处常见有双阙的布置，布局一般是入正门后经过前院至中门，正门及中门都可通车。正门之侧有屋舍，可作接待来宾的客房。中门里面的院子为正院，面积最大，正面坐落着高大的堂屋，这里是家庭生活的中心，也可接见和宴请宾客。堂屋的左右连接着东、西厢房。堂的后面有

山东曲阜市旧县村出土汉画像石中之大型住宅形象

汉明器及画像砖中
的住宅2

汉代画像石中的斜廊与楼屋

汉代画像石中斜廊及多层斗拱楼屋

四川成都市郫都区出土东汉砖墓石棺画像

江苏睢宁县双沟出土东汉画像石

汉代的门阙及廊屋

横墙和通后院的门，称为中阁。在后院里建有称为寝的住屋，是主人和家眷平日居住的地方，其后又有后墙及后门，沿院墙有围廊环绕，一些大型的宅第往往还另外增建一些服务性附属院落，形成规模很大的院落群，如大将军梁冀"大起第舍，而（其妻）寿亦对街为宅，殚极土木，互相夸竞。堂寝皆有阴阳奥室，连房洞户。柱壁雕镂，加以铜漆，窗牖皆有绮疏青琐，图以云气仙灵。台阁周通，更相临望。飞梁石磴，陵跨水道。金玉珠玑，异方珍怪，充积臧室"[1]。在山东曲阜旧县村出土的画

---

[1] ［南朝·宋］范晔：《后汉书》卷三十四，《梁统列传第二十四》。

郑州汉墓空心砖中
的住宅

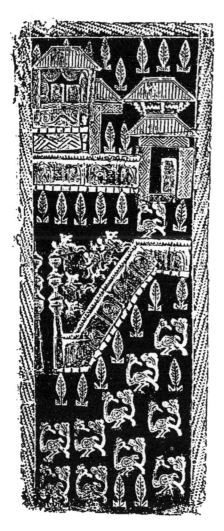

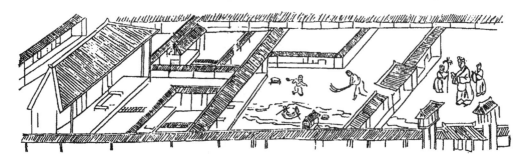

山东诸城县汉墓画像石中的住宅

四川乐山大湾嘴东
汉崖墓出土陶屋

四川成都市双流区牧马山东汉崖墓出土建筑明器

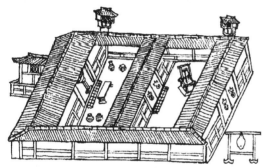

山东沂南县汉墓中室南壁画像石

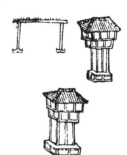

汉明器中的祭堂

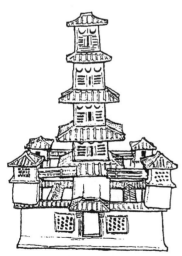

甘肃武威市雷台东汉墓出土陶坞堡

汉代坞壁 1

广州市麻鹰岗东汉建初元年墓出土陶坞堡

汉代坞壁 2

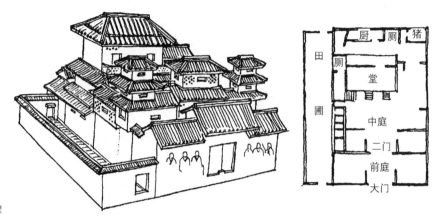

河南淮阳汉代坞壁

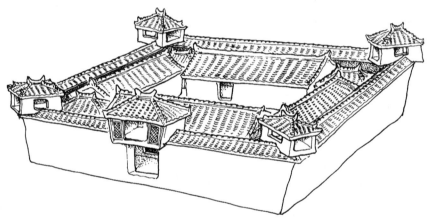

湖北三国坞壁模型

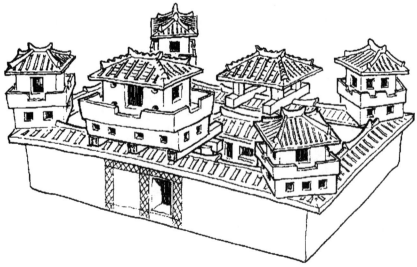

三国、两晋时期湖
北的宅院模型

湖南常德市出土东汉陶楼

河南南阳市杨官寺汉墓出土画像石刻四层楼阁

湖南常德市西郊东汉6号墓出土陶楼

湖北宜昌市前坪东汉墓出土陶楼明器

河南出土汉代陶楼

河南灵宝县张湾汉墓出土陶楼

汉代楼居

像石中，可以看到有的宅第还附有园林，种花植草，引流凿池，如河南郑州南关 159 号汉墓的封门空心砖及山东诸城市前凉台村汉墓过道中的画像石中所见。从宅第的形制来看，中国的大型宅第和宫殿的布局原则上基本相通，只是规模大小有所不同。

坞壁是一种城堡式的大型住宅，兴起于东汉。当时的地方豪强困于战乱，大多聚族而居，为了自身安全，募集部曲家兵，筑坞自保，致使坞壁式住宅在东汉大量兴起。坞壁构筑高墙，外环深沟，大门上建置门屋，呈现为"坞壁阙"式，四隅设置角楼，其间再联以楼橹。堡内或构重门，或周圈设置内墙，可谓防卫森严。堡中主体建筑都很高大，有的在中央建造多层的塔楼。汉墓中出土了大量坞堡明器，对我们今日研究汉代建筑有着重要意义。如广州麻鹰岗东汉陶坞堡、甘肃武威市雷台东汉陶坞堡、河南淮阳县于庄汉陶楼堡、甘肃张掖汉代陶楼院等。坞壁阙是坞壁的标志性建筑，是西汉以来孤立双阙的发展，它不再孤立在大门以外的两侧，而是后退并与大门组合在一条直线上，目的是加强坞壁大门处的防守。阙顶一般高于大门屋顶和两边院墙，仍保持双阙对峙的传统构图。内蒙古和林格尔东汉墓壁画《宁城图》中的护乌桓校尉幕府和所绘庄园大门即为坞壁阙式。在城堡上建角楼早在春秋战国时期已经存在，目的是增加墙垣四角的防御功能，而院内高楼实际也是"观"的变体，可用来瞭望敌情，指挥防御，这在前述四川田字形宅院画像砖和湖北云梦明器楼屋上已有所见。望楼和角楼本是防御功能上的需要，是为对付坞外的攻击，并扩大对外部空间的控制，同时也造就了雄丽的形象，高耸的望楼与四隅的角楼形成体量上的对比，造型上也取得了呼应。东汉明器还有许多单独出现的望楼，代表墓主人的身份与地位，形式多种多样，有的望楼上还布置有弓箭手，伏在栏杆上准备射击，保卫着楼内对弈宴饮的主人。

第三节　园林与景观艺术

秦汉时期，无论是皇家宫苑，还是私家宅园，已开始调动一切人工因素再造第二自然，这一时期的园林不但规模之大，数量之多，景象之华美，开创了造园史的纪录，而且在园林整体及内部景观的思想寓意和主题经营上也颇有展拓，开启了后代主题园林的先河。秦代的上林苑及其阿房宫可以说集中体现了这一时期帝王宫苑的创作思想与成就。上林苑位于秦都咸阳，是一组占地广袤的宫苑建筑群，著名的阿房宫即建于上林苑中，杜牧在《阿房宫赋》中曾对它的壮丽雄奇进行了无以复加的描述："覆压三百余里，隔离天日。骊山北构而西折，直走咸阳。二川溶溶，流入宫墙。五步

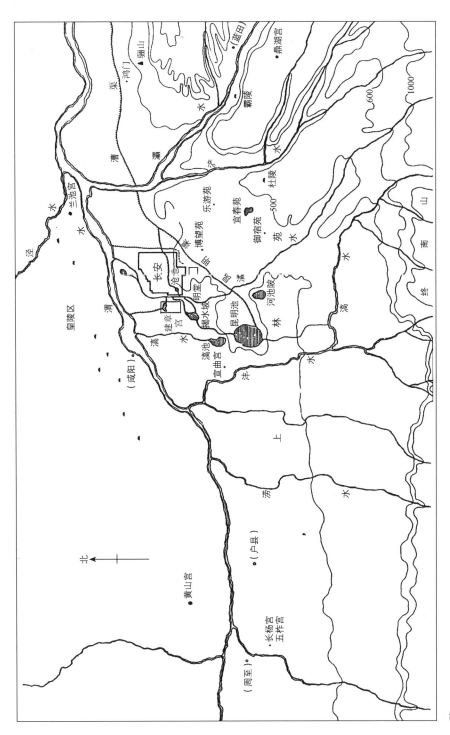

汉代宫苑分布图

一楼，十步一阁。廊腰缦回，檐牙高啄。各抱地势，钩心斗角……长桥卧波，未云何龙？复道行空，不霁何虹？高低冥迷，不知西东。歌台暖响，春光融融。"[1] 当时方士所宣扬的神仙说使秦始皇产生了长生不老、永享荣华的企念。反映在园林中，自然是飞阁复道纵横密布，山林云雾高下冥迷，皇帝似神仙般地往来于各个宫观楼阁之间。这种对自然风景进行艺术加工，并赋予自然风景以明确主题思想的园林艺术实践，标志着中国古代园林已发展到一个重要阶段。

汉代造园在秦代风景区式宫苑的基础上进一步发展，开始了人工模仿与创造自然风景的造园活动，其规模之大较秦代有过之而无不及，如汉代在秦代上林苑故址上建成汉上林苑，"上林禁苑，跨谷弥阜。东至鼎湖，邪界细柳。掩长杨而联五柞，绕黄山而款牛首。缭垣绵联，四百余里。植物斯生，动物斯止。众鸟翩翩，群兽驱骇。散似惊波，聚以京峙。伯益不能名，隶首不能纪"。[2] 苑址跨占长安、周至等五个县的耕地，苑墙周长约160 公里，关中八水灞、浐、泾、渭、沣、滈、涝、潏贯穿苑中，另有天然湖泊十处。人工掘有昆明池、昆灵池、蒯池、西陂池、糜池、积草池、太液池、牛首池等池沼。昆明池的面积据考古发掘和测量，已知为 16.6 平方公里。池中建有岛屿称豫章台，池东西两岸凿有牛郎、织女石像，象征银河天汉，这两件石刻作品至今仍保留着，当地人称其为石爷、石婆。苑中的奇花异草 3000 余种，珍禽贵兽达数百种之多，如虎、鹿、猩猩、狐狸等，莫不具备，还有一些珍贵的动物，如所谓九真之麟、大宛之马、条支之鸟、黄支之犀，都是异国进献之物。

苑内建有离宫别院 70 余所，宫观台榭遍布苑中，建章宫即是上林苑中最重要的宫苑之一。宫中开凿有太液池，池中堆筑象征东海三神山的瀛洲、蓬莱、方丈三座岛屿，池边种植雕胡、紫箨、绿节之类的植物，池中养植荷花菱芰等水生植物；成群的鹈鹕、鹔鸹、鸡鵁、鸿鸨，以及紫龟、绿鳖游戏于岸边，用沙棠木制造、以云母饰于鹢首的轻舟穿梭于池上。从

[1]　[唐] 杜牧：《阿房宫赋》。

[2]　[东汉] 张衡：《西京赋》。

文献描写所见，汉代园林在使用功能方面已经出现了用于满足射猎、走狗、跑马、游船、宴乐、欣赏鱼鸟走兽、观看百戏杂耍等游乐活动需要的设置。

除皇家园囿外，此时的私家园林也有所发展，如汉梁园，以山池、花木、建筑瑰丽及人文荟萃而名噪一时，当时名士司马相如、枚乘在园中写就了著名的汉赋《子虚赋》《七发》，直到唐代仍有许多文人赋诗作文赞美它。据记载，在梁园内有猿岩、栖龙岫、雁池、鹤洲、凫渚等，说明园中已开设了具有不同主题的景区。纵观秦汉时期的园林，明显已呈现出以人工模仿自然山水的早期写实主义特征，即以规模宏大的人工手段超自然地再现天然山水，但园林景观的经营还较多地注重于形式，其精神功能尚未成为主要因素，如茂陵富人袁广

汉画像石中的园池

汉在城北邙山造园，东西四里，南北五里，激水注其内，构石为山，高十余丈，绵延数里，养白鹦鹉、紫鸳鸯、牝牛、青兕，奇兽异禽委积其间。积沙为洲屿，激水为波澜。其中江鸥海鹤，延蔓林池；奇树异草，靡不培植；屋宇连绵，阁廊环绕。再如汉梁冀洛阳园，采土筑山，十里九坂，以象二崤（洛阳之西的崤山）。深林绝涧，有若自然，奇禽驯兽，飞走其间[1]。就园林艺术而言，此时的园林尚缺少深层内涵，缺少精神的表现和

---

[1] ［南朝·宋］范晔：《后汉书》卷三十四，《梁统列传第二十四》。

汉画像石中的园林

对意境的追求。与园林景物之间那种物我交流或者说情景交融的中国古典审美形式，以及古典园林中为人所称道的人文景观尚未凸显，古典园林艺术范式还处于探索之中。

　　在艺术思想方面，园林具有的文化功能可以说对当时礼教制度形成一种反拨，这种反拨可以追溯到春秋战国时期庄子对环境意象的阐释。面对人类为不断膨胀的功利目标而付出惨重代价的现实，庄子提出了"人为物役"的问题，亦即人本身力量异化的问题，为了"不役于物"，庄子以为最好是回到人的"本性"中去，回到人的本原状态中去。这是怎样一种状态呢？庄子对此解释说："当是时也，山无蹊隧，泽无舟梁……同与禽兽居，族与万物并……民居不知所为，行不知所之，含哺而熙，鼓腹而游"[1]。汉代的仲长统对这种理想的生活环境作了更具体而细致的描述："使居有良田广宅，背山临流，沟池环匝，竹木周布，场圃筑前，果园树后。舟车足以代步涉之艰，使令足以息四体之役。养亲有兼珍之膳，妻孥无苦身之劳。良朋萃止，则陈酒肴以娱之；嘉时吉日，则亨羔豚以奉之。蹰躇畦苑，游戏平林，濯清水，追凉风，钓游鲤，弋高鸿。讽于舞雩之下，咏归高堂之上。安神闺房，思老氏之玄虚；呼吸精和，求至人之仿佛。与达者数子，论道讲书，俯仰二仪，错综人物。弹《南风》之雅操，发清商之妙曲。逍遥一世之上，睥睨天地之间。不受当时之责，永保性命之期。如是，则可以凌霄汉，出宇宙之外矣。岂羡夫入帝王之门哉！"[2]可以看出，这种居住环境展开的背景是"山""野"，不过这里的山野是平和宜人的，很大程度上成了摆脱人世约束的象征性元素。在这里，对居住环境的要求，已经抛开了宫室、庙堂那种追求宏丽的审美取向，放弃了传统宫室营造中的占卜程序，不因循于以"五音""八宅"之说为依据的构成规则，而是更多地考虑景观的构成。正是这样一种思想，为建立一个与正统宫室相对的生活环境创造了可能。

随着道教思想的流传，神仙境界的营造在园林景观创作中得到进一步的发展，造园师力求营造出一种海上神山、蓬岛瑶台的新景象，即在人工挖掘的水池中布置象征蓬莱、方丈、瀛洲的三座神山。道教方士们理想中的虚幻境界被转化为园林中的景象和景物，丰富与提高了园林艺术的内涵，促进了园林艺术的发展。可以说，以山、池、花木、建筑、动物为造园要素的中国古典园林艺术形式在两汉时期已基本形成，包括人工再造自然的园林观、园林实用功能的安排，以及造园技艺等都基本上完成了奠基阶段。此后的三国园林，如魏武帝的铜雀园、魏文帝的芳林苑，以及早期的魏晋园林则都沿承了汉代风范。

虽然说园林艺术体现了以道家为代表的崇尚自然的美学思想，但也同

---

[1]　《庄子·外篇·马蹄》。

[2]　[南朝·宋] 范晔：《后汉书》卷四十九，《王充王符仲长统列传第三十九》。

时渗透着儒家的"比德"思想。孔子说："知者乐水，仁者乐山。知者动，仁者静。知者乐，仁者寿。"[1] 即把人的品行与自然物的特性联系起来，这样的联系往往带有比较明显的社会功利色彩。仁者所以乐山，孔子解释道："夫山者……草木生焉，禽兽畜焉，财用殖焉；生财用而无私为，四方皆代无私与焉，出云雨以通乎天地之间，阴阳和合，雨露之泽，万物以成，百姓以飨：此仁者之，乐于山也。"[2] 而知者所以乐水，汉代的韩婴解释为："夫水者，缘理而行，不遗小间，似有智者；动而下之，似有礼者；蹈深不疑，似有勇者；障防而清，似知命者；历险致远，卒成不毁，似有德者。天地以成，群物以生，国家以宁，万事以平，品物以正，此智者所以乐于水也。"[3] 这样的说法不外乎是从社会功利、道德的角度来对自然物的价值和意义进行评判和发挥，并在这一层面上建立起人与自然物之间的关系。"比德说"把自然物质特征与社会秩序所要求的人的道德属性相联系，从而使人造物的环境物质特征成为园林拥有者社会、身份地位的标志，并进而成为园主品行和人格的象征。由于"比德"这一思维方式和文化传统的存在，使得传统中国人在环境营造活动中不仅仅考虑形体、色彩、质感、视线等物质性元素的对比和组合，而且也将人造环境的营造看作对一系列与社会道德和个人品格相关概念和象征物的选择与设计。

到了魏晋南北朝时期，由于战乱频繁，人心颓废，魏晋玄学作为两汉独尊儒术、思想一统的反拨而风靡一时。社会的动荡、灾难与政治上的打击、仕途升迁的无望，促发了传统知识分子对超然物外的自然山林与田园村野的热爱与追求，从而导致了自然美的新发现。此外，魏晋以来逐渐兴起的山水画，以及歌颂自然与田园生活、标榜隐居出世的文学作品，都对园林创作产生了直接和深刻的影响。这一时期，不但统治阶级沉溺于园乐，知识分子亦放情于山水，并以此作为逃避现实的手段。陶渊明对这一时期新的环境意象的建立起到了进一步的推动和促进作用，他的《桃花源

---

[1]　《论语·雍也第六》。

[2]　旧本题 [汉] 伏胜撰：《尚书大传》卷一。

[3]　[西汉] 韩婴：《韩诗外传》卷三。

记》向人们描述了一个朴素质真的环境。"缘溪行，忘路之远近。忽逢桃花林，夹岸数百步，中无杂树，芳草鲜美，落英缤纷……复前行，欲穷其林。林尽水源，便得一山，山有小口，仿佛若有光。便舍船，从口入。初极狭，才通人，复行数十步，豁然开朗。土地平旷，屋舍俨然，有良田美池桑竹之属。阡陌交通，鸡犬相闻。其中往来种作，男女衣着，悉如外人。黄发垂髫，并怡然自乐。"[1] 虽然这种避世的野居很难满足人们世俗生活的全面需求，但是，由于陶渊明特别的影响力，使得这样一种居住形态成为了中国人的魂牵梦系。它所提供的空间形态，也为当时人们对这类居住环境的遐想提供了另一个支点。

　　谢灵运的《山居赋》对山居进行了进一步描写："爰初经略，杖策孤征。入涧水涉，登岭山行。陵顶不息，穷泉不停。栉风沐雨，犯露乘星。研其浅思，罄其短规。非龟非筮，择良选奇。剪榛开径，寻石觅崖。四山周回，双流逶迤。面南岭，建经台；倚北阜，筑讲堂。傍危峰，立禅室；临浚流，列僧房。对百年之高木，纳万代之芬芳。抱终古之泉源。美膏液之清长。谢丽塔于郊郭，殊世间于城傍。欣见素以抱朴，果甘露于道场。"[2] 这时期的园林景观已不仅仅是客观的欣赏对象，它们同时还是抒发园主情怀的凭借，成为园主的精神体现和情感的物化形式。早期代表作品如西晋石崇的金谷园，园主"年五十以事去官，晚节更乐放逸，笃好林薮，遂肥遁于河阳别业。其制宅也，却阻长堤，前临清渠。柏木几于万株，江水周于舍下。有观阁池沼，多养鱼鸟……出则以游目弋钓为事，入则有琴书之娱。又好服食咽气，志在不朽，傲然有凌云之操"[3]。由此可知，石崇营建金谷园的一个重要目的，就是为了享受吟咏山林、抒怀畅志的意趣，是借园林景物写园主胸臆。又如北魏张伦的宅园，园中"重岩复岭，嶔崟相属；深溪洞壑，逦递连接。高林巨树，足使日月蔽亏；悬葛垂萝，能令风烟出入。崎岖石路，似壅而通；峥嵘涧道，盘纡复直。是以山

---

[1]　[东晋]陶渊明：《陶渊明集》卷五，杂文《桃花源记》。

[2]　《宋书·列传第二十七谢灵运》记谢灵运《山居赋》。

[3]　[西晋]石崇：《思归引》序文。

情野兴之士，游以忘归"[1]。园中的山已不是天然山岳的简单摹写和模仿，而是对山的总体审美特征的提炼和概括。

东晋时期，园林中的写意趋向更加显露，名士孙绰在言及自己的宅园时说：余少慕老庄之道，仰其风流久矣。乃经始东山，建五亩之宅。带长阜、倚茂林。梁代徐勉亦自述其小园云："中年聊于东田开营小园者，非存播艺以要利，政欲穿池种树，少寄情赏……为培塿之山，聚石移果，杂以花卉，以娱休沐，用托性灵……冬日之阳，夏日之阴，良辰美景，文案间隙，负杖蹑履，逍遥陋馆，临池观鱼，披林听鸟，浊酒一杯，弹琴一曲，求数刻之暂乐，庶居常以待终"[2]。再如庾诜的宅园："性托夷简，特爱林泉。十亩之宅，山池居半。"[3] 这时期园林中的景观美已超越了形式美而成为人格美的欣赏对象，即古代文人、士大夫的种种情操品格借助对自然景物的选择、提炼、寓意，使自然与人格融为一体，从而使园林景观成为所谓"仁智所乐"的对象。物我有了双向交流，既可以化物为我，又可以化我为物。景观环境的狭小、景物形貌的简陋都可以被超越，园林设计不但可以"随便架立，不存广大"，而且甚至"唯功能处小以为好"。"一枝之上"，可使"巢父得安巢之所"；"一壶之中"，可使"壶公有容身之地"；"一寸二寸之石，三竿四竿之竹"也可以畅竭襟怀，抒尽情思。这种取向说明，此时园林对意境的追求已与对自然美的追求同样重要，景致的优劣已不在其本身的繁简浓淡或神似形似，而贵在意足。只要林木翳然，"便自有濠濮间想"。

魏晋时期，在园林方面的另一个特殊现象是出现了大量的寺观园林。由于社会动荡，释、道弥盛，故寺庙亦极多。据《洛阳伽蓝记》记载：当时的寺庙多建有自己的寺园，其中有的寺庙园林如宝光寺、河间寺等还是当时盛极一时的名园，成为都城居民游赏娱乐的中心。当时的寺庙园林可大致划分为三种类型：一是寺外园林，即在寺庙外围对风景优美的自然景观加以经营，形成以寺庙本身为主体的园林。这些寺院多选址在奇山秀水

---

[1]　[北魏]杨衒之：《洛阳伽蓝记》卷二。

[2]　[唐]李延寿：《南史》卷六十，《列传第五十》。

[3]　[唐]姚思廉：《梁书》卷五十一，《列传第四十五处士》。

北魏石刻中的园林

北魏孝子石棺雕刻中的园林

的名胜之地，诸如泰山、华山、衡山、恒山、嵩山以及四川的峨眉山、山
西的五台山、安徽的九华山、浙江的普陀山等。在一定程度上，历代佛
寺、道观的设置，也促进了这些风景区的开发。二是寺庙内部园林化，如
北魏洛阳的永明寺，庭中遍植修竹高松和奇花异草。景明寺则房檐之外皆
为山池，松竹兰芷，垂列阶墀；含风团露，流香吐馥。三是在寺中或一侧

北魏石刻中的园林

建独立的园林，宝光寺就是如此："园池平衍，果菜葱青……园中有一海，号咸池，葭菼被岸，菱荷覆水。青松翠竹，罗生其旁"[1]。此类园林常常名为西园，以附会于"西方净土"。这三种类型的园林虽有所区别，但却有着一个共同特征，即注重超脱尘俗的精神审美功能。如北魏洛阳的景林寺："寺有西园，多饶奇果。春鸟秋蝉，鸣声相续，中有禅房一所，内置祇洹精舍。形制虽小，巧构难比。加以禅阁虚静，隐室凝邃，嘉林夹牖，芳杜匝阶。虽云朝市，想同岩谷"[2]。再如庐山东林寺：内置禅林，森树烟凝，石径苔生，使人不禁神清而气肃。

寺观园林的风格特征是理性美，它的产生开启了对园林景观对象的理性探求和领悟，并影响到整个园林艺术。此一时期，士大夫们对直觉地把握幽玄的义理及心灵体验式地理解自然对象表现出了极大的兴趣。他们在陶醉于云日辉映、空水澄鲜、池塘春草、园柳鸣禽的图景的同时，领悟着或者是物我同一、天地同流的理，或者是陶冶性情、颐养天年的理。此外，寺观园林也创造了一些别具特色的景观形式，对以后的园林创作产生了一定的影响。

第四节　建筑形式与风格的演变

受社会和历史条件的制约，中国古代建筑在结构、构造乃至风格演变方面都发展缓慢。秦汉建立统一国家后以儒家学说为统治思想，由国家订立并颁布了一系列律令和各项制度，使社会物质生活的很多方面，如宫室、车乘、服饰等也都制度化了，这对巩固国家统一，稳定各阶级、阶层的相对地位，进而确保社会的安定和有序是必须的。但是，这些制度一旦

---

[1]　[北魏]杨衒之：《洛阳伽蓝记》卷四。

[2]　[北魏]杨衒之：《洛阳伽蓝记》卷一。

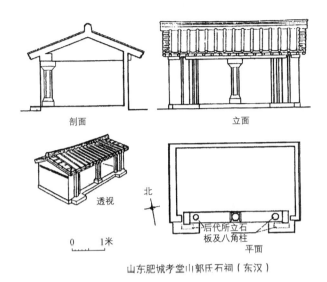

剖面

立面

透视

北

后代所立石
板及八角柱

平面

0　　1米

山东肥城孝堂山郭氏石祠（东汉）

肥城孝堂山石祠

施行并显示出效果后，又逐渐形成固定的观念和习惯势力，到最后演变成为阻碍发展的因素。如在建筑方面就形成宫殿必须采取什么样的形式才不失皇家体制，各级府第必须如何布置才符合相应的身份，甚至形成了某种布置、形式、材料、做法只能限于某一等级之上的人群才能使用的制度观念。其结果是，任何人，甚至包括皇帝在内，都不能完全按自己的理想、爱好、财力和当时已出现的技术能力建造房屋，而是要受自己的身份、地位、法令、制度、社会舆论的约束，这是社会对建筑形制的影响和约束，使它在一段时间内相对稳定。这种社会文化是形成中国传统建筑体系超稳定结构形态的重要因素。由于两汉时期，建筑无论从规模、艺术水平而论，还是就材料技术和施工水平来说，都已经达到空前高度，并和当时生产力的发展水平和艺术水平基本同步，使得这一体系不但趋于完备而精细，并且稳定期也相应延长。

自春秋战国至秦汉以降，木结构建筑的屋架已经普遍采用三角形梁架形式，在山东金乡县东汉朱鲔墓石室、山东孝堂山石室和武梁祠石室，以及洛阳出土现藏于美国波士顿美术馆的北魏宁懋石室等，都可以看到形式相似的三角形屋架结构形式：在横向搭接的平梁上，斜放称为叉手的人字

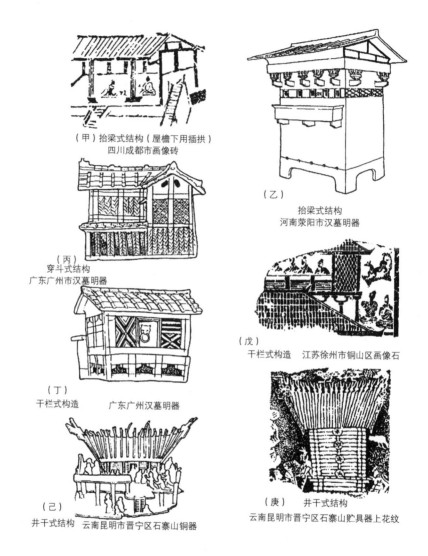

（甲）抬梁式结构（屋檐下用插拱）
四川成都市画像砖

（乙）
抬梁式结构
河南荥阳市汉墓明器

（丙）
穿斗式结构
广东广州市汉墓明器

（戊）
干栏式构造   江苏徐州市铜山区画像石

（丁）
干栏式构造   广东广州汉墓明器

（己）
井干式结构   云南昆明市晋宁区石寨山铜器

（庚）   井干式结构
云南昆明市晋宁区石寨山贮具器上花纹

汉代木结构
建筑形式

形斜梁，与平梁构成三角形，所谓"枝掌权枒而斜据"[1]。三角形梁架的进一步发展，或者与其同时，出现了以后绵延几千年的抬梁式屋架形式，其特点是在两根立柱上架设大梁，梁上两侧立矮柱，其上再架短梁，梁上正中再立矮柱，由此构成一榀横向的屋架，在两榀屋架之间搭设纵向的檩和

[1]   ［东汉］王延寿：《鲁灵光殿赋》。

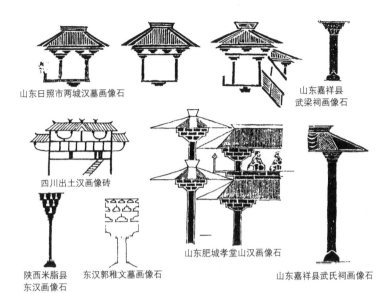

山东日照市两城汉墓画像石

山东嘉祥县
武梁祠画像石

四川出土汉画像砖

山东肥城孝堂山汉画像石

陕西米脂县
东汉画像石

东汉郭稚文墓画像石

山东嘉祥县武氏祠画像石

汉代画像砖石中之
斗拱形象

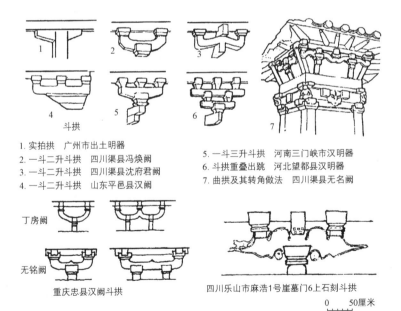

斗拱

1. 实拍拱　广州市出土明器
2. 一斗二升斗拱　四川渠县冯焕阙
3. 一斗二升斗拱　四川渠县沈府君阙
4. 一斗二升斗拱　山东平邑县汉阙

5. 一斗三升斗拱　河南三门峡市汉明器
6. 斗拱重叠出跳　河北望都县汉明器
7. 曲拱及其转角做法　四川渠县无名阙

丁房阙

无铭阙

重庆忠县汉阙斗拱

四川乐山市麻浩1号崖墓门6上石刻斗拱

0　　　50厘米

汉代石阙、石墓及
建筑明器中之斗拱

枋，构成整个屋架的结构主体。此种结构形式可见于四川成都出土的东汉住宅画像砖，画面后部厅堂的山面屋架，即表明了由前后檐柱承托四椽栿梁，栿上立二童柱，再承平梁的做法，与之类似的形式亦见于河南荥阳市汉墓出土的陶仓屋架。与之同时，称为穿斗式和井干式的另外两种结构方式也得到较为广泛的应用。穿斗式的特点是立柱横向排列，柱头直接承载纵向搭接的檩子和纵向起联系作用的枋，而在横向排列的柱子之间连接以横向的称为穿的枋木，用以加固。这种结构形式可见于广州出土的陶质建筑明器，其山墙上以线刻画出了立柱与横穿。井干建筑多见于汉代之画像砖石，如江苏徐州市铜山区汉墓出土的井干式建筑，用圆木或木枋层层垒叠成为房子的四面墙壁，木头两端开出榫卯，交叉出头，呈井字方格形式。实例如浙江余姚河姆渡遗址中水井护栏、云南昆明市晋宁区石寨山出土的西汉青铜小屋。在汉代的文献中也屡见对井干建筑的描述，证明这种结构形式在秦汉时期曾经十分流行，如文献中记载汉武帝在建章宫中建井干台："井干台，高五十丈，积木为楼，言筑累万木，转相交架，如井干。"[1]

　　论及建筑的外部造型，通过出土的明器陶屋、石刻画像、石阙等可以大体了解汉代建筑的面貌：一般房屋下有较高的夯土台基，为防崩塌，在台基周边多护以木柱和木枋。屋身部分有时也采用夯土墙承重，此时多在墙体内外用壁柱、壁带加固，同时起装饰作用。屋身部位的构件以立柱和斗拱较具特色，柱子有方柱、抹角方柱、八角柱、圆柱，柱身上有时刻有竖向的凹槽，呈现为凹棱状或束竹状。为保护台基和墙壁，需要屋顶有较大的出檐，因此，不得不在柱上向外挑出斗拱来承托屋檐。从汉代的墓阙、石祠、墓葬、画像砖石、壁画及建筑明器等资料可知，该时期已经出现一斗二升、一斗三升的形式，同时出现了斗拱出跳的做法，即由柱头处悬挑出称为"插拱"的木构件，在其端部放置平行于屋檐的一斗二升或一斗三升，有的则在一斗二升之上再叠放一层斗拱，即所谓"结重栾以相承"[2]。在

---

[1]　[西汉]司马迁：《史记·孝武本纪》疏中引《关中记》载。

[2]　[东汉]张衡：《西京赋》。

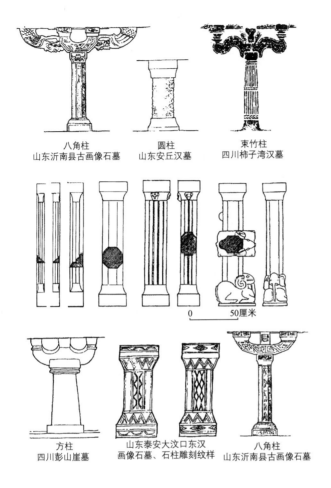

八角柱
山东沂南县古画像石墓

圆柱
山东安丘汉墓

束竹柱
四川柿子湾汉墓

0　　　　50厘米

方柱
四川彭山崖墓

山东泰安大汶口东汉
画像石墓、石柱雕刻纹样

八角柱
山东沂南县古画像石墓

汉代曲栾与楹柱

转角位置，在正面和侧面两面正方向挑出斗拱，或在转角处斜向挑出45度插拱，端头与插拱呈丁字形垂直叠放一斗二升或一斗三升，此为转角斗拱的早期做法。有的斗拱为了美观，特意做成了曲形，称为"曲栾""曲枅"，颇具时代特征。

至迟在东汉时期，出现了早期的歇山顶形式的建筑，即屋顶上半部悬山，下半部是庑殿，形成跌落式的两段，这种两段式的屋顶形式也出现在庑殿顶和悬山顶形式中，如成都牧马山东汉明器和现藏美国的东汉明器所示。建筑屋面呈现为平整的斜面，坡度平缓，不凹曲，没有举折；屋角平直，没有起翘。有时为减轻屋顶沉重的形象，而在屋脊的尽端用瓦件作

湖北随州塔儿湾古城岗东汉
墓出土陶屋顶（两面坡式屋
顶正脊二端有蹲鸟，中有
"宝瓶"，均外涂黄色釉）

江苏沛县出土东汉
画像石屋顶（正脊
二端及中间装饰）

山东日照两城
山画像石中屋脊

山东嘉祥
武梁祠石刻

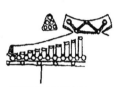

江苏徐州十里铺东汉
墓出土陶楼（正脊起翘
端部有圆形饰）

四川雅安高颐阙屋顶

山东肥城孝堂
山石祠（正脊二端
略起翘但无显著突起）

广州市东郊东汉木椁
墓出土绿釉陶屋

河南灵宝张湾东汉陶楼
（正脊起翘，正中有鸟
形饰，正脊及戗脊端部
有四瓣花形饰）

（2号墓）

河南登封太室阙
（正脊二端起翘明显，
戗脊则略有起翘）

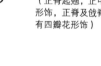

广州市南郊大元
岗出土东汉陶屋

广州市东郊
龙生岗陶楼

东汉明器

广州市南郊大元
岗出土东汉陶屋

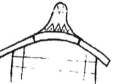

广州市出土
东汉陶屋

辽宁辽阳
东汉墓壁画

四川出土画像砖

东汉明器

北京市琉璃河
出土陶楼上部

山东肥城孝堂山画像石

汉代屋脊与瓦饰

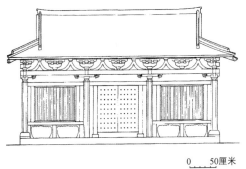

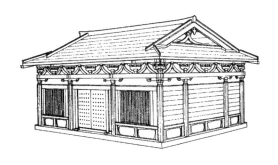

山西寿阳北齐厍狄回洛墓木椁复原立面图　　　　　　　　山西寿阳北齐厍狄回洛墓木椁复原透视图

出略微上翘的样了，以两端上翘的正脊和下部呈弧线上升的垂脊相配合，造成屋顶有向上运动的趋势，使巨大的屋顶在观感上有轻举上扬之势，减少了沉重、呆板、压抑之感。这种处理手法的出现，实际上是以后出现的凹曲屋面的滥觞。有的两段式屋顶也呈现出上陡下缓的形式，文献中所谓"上尊而宇卑"[1]，或可看作屋面"反宇"的先声。有观点认为，上尊而宇卑可以"吐水疾而霤远"[2]，即将雨水抛向远处，以保护柱子等木构件不受浸湿。除屋顶造型外，其细部装饰也日趋完备，如这一时期屋顶上也已广泛使用了正脊、戗脊、垂脊等脊饰，同时在两坡顶的垂脊之外，也使用了排山构造。在正脊、戗脊的尽端使用类似鸱吻造型的装饰，表明屋顶的形制和造型已很成熟。从外观上看，这一时期构成单体建筑要素的地栿、柱、楣、门窗、梁枋、屋檐都横平竖直，是三维方向直线的组合，只有夯土墙壁和墩台斜收向上，没有曲线，建筑风格端庄、严肃、雄劲、稳重。

根据石刻、壁画、明器所示，汉以后至南北朝的建筑构架出现了一些更趋细腻性的演变，这时外观上虽仍分为台基、屋身、屋顶三段，但建筑的台基已经有用立柱和横枋加固边缘与随佛教艺术传入的须弥座形式结合起来的做法，如在汉式台基的蜀柱之下增加一条下枋，与原有的枋、柱结合，便出现了有上枋、下枋，其间加隔间版柱的最简单的须弥座形式。台

山西寿阳北齐木椁

---

[1]　《周礼》卷六，《冬官考工记·轮人／辀人》。

[2]　同上。

北朝后期陶屋

基周边的木栏杆则使用较秀美的钩片桄格，屋身部分北方仍多用厚墙封闭，只露出嵌在厚墙内的门窗，风格浑厚健壮；南方和中原地区则露出柱、楣（阑额）、地栿，门窗的风格较秀美劲挺。柱子除汉代已见流行的方、圆、八角形、束竹柱、凹棱柱外，至南北朝后期又出现作弧线上收的梭柱，显示出秀美的风格，柱础多为覆莲础，也是随佛教传入的外来形式。屋身在柱间上、中、下部位装置水平的地栿、腰串和门额、窗额，其间安装门窗。柱顶上置栌斗，早期沿用汉代做法，栌斗上承楣（阑额），楣上置斗拱，以后阑额降至柱间，在柱顶两侧插入柱身，栌斗承托拱或替木，托在檐槫（檩）之下。至南北朝时期，南北方都已出现斗拱挑出两跳的做法，承托出挑深远的屋檐，同时也起到装饰作用。

宫殿及府邸等重要建筑已有用陶制筒板瓦的做法，瓦坯经磨光并经渗碳处理，表面作黝黑色，称"青棍瓦"。由敦煌第 275 窟北魏塑阙形龛上可知，在等级较高的建筑上的正脊两端已用鸱尾为饰，一般建筑的正脊两端用兽面瓦，瓦的轮廓近似于脊的断面，正面模压兽面，安于脊的两端，

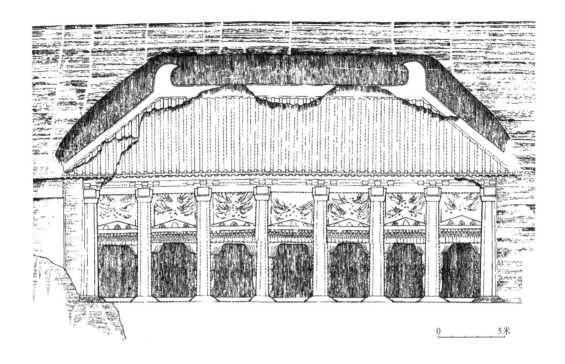

天水麦积山北周
石窟

脊上筒瓦瓦当即压在其上，实物在洛阳北魏官署遗址中已有发现。除正脊外，兽面瓦也用于宫殿和一般建筑的垂脊下端和角脊上。角脊一般只做到角柱或挑檐槫交点而止，外端悬挑部分减低高度，只叠一二层瓦，上覆筒瓦，并用瓦钉钉在角梁上，以防下滑。瓦钉的上面斜置小瓦当遮盖，并用灰填实以防渗水，这样就在角脊的末端出现一行翘起的小瓦当，使角脊下端呈反翘之势，同时起到艺术处理和装饰作用。据目前所见材料，如出土的明器、画像砖石，现存汉晋石阙以及北朝石窟、壁画、石刻，两汉、魏晋到南北朝前期房屋都是平坡屋顶，直檐口，直到 5 世纪后半叶北魏建都平城时，所开凿的云冈石窟中雕刻的建筑形象仍然如此。公元 493 年北魏迁都洛阳，在稍后开凿的龙门古阳洞石窟中，所雕三座屋形龛始见下凹屋面，但也未见屋角起翘的明确表现。直至南北朝中后期，才出现了下凹曲面的屋面，且屋角微微翘起。檐口呈反翘曲线的屋顶直接影响到建筑面貌和风格的变化，洛阳出土的一组北魏末的石刻线画，其中一幅刻有两重子母阙，其屋顶明确刻作屋面下凹、屋角上翘状，是 6 世纪上半叶已出现屋角起翘的例证。凹曲屋面及屋角起翘造成了中国古代建筑外观上的巨大变化，对建筑风格的改变也产生了巨大影响。就单体建筑而言，秦汉时期是建筑造型的各项要素定型时期，建筑的轮廓、构成以及细部都呈现出中国建筑的体系特征和审美特征，奠定了中国古典建筑艺术的基石，其艺术精神和气度较为突出地体现在秦汉以来的高台建筑、楼阁、佛塔等类型上，这一时期可以说是中国建筑史上勇于创新和开拓的时期。

一、高台建筑

秦汉宫殿继承了春秋战国时期兴起的高台建筑做法，以高大的建筑体量增加宫殿的威势，且组合形式更趋多样化。自秦穆公始，秦王便在营造宫室方面有好大喜功的传统，其所建宫殿"使鬼为之，则劳神矣！使人为之，亦苦民矣"[1]。流行于秦汉时期的神仙方士之说对高台建筑的发展起到推波助澜的作用，在方士的鼓噪下，秦始皇和汉武帝无不梦想仙居生活，为此大起台榭，广置宫观，以模拟飘忽云端的神仙世界，秦始皇"起云明台，穷四方之珍木，搜天下之巧工……"[2]。而汉武帝建柏梁台，上置金人承露盘，以便居其上，"用仙露和玉屑饮之可以长生"。又因听人说："仙人好楼居，不极高显，神终不降也"，便增建蜚廉观与通天台。武帝信越巫之说，另起建章宫，复建神明台与井干台[3]。神明台上建有九室，与井干台以辇道相连。台上的建筑"虹霓回带于棼（大梁）楣（二梁）"[4]，并于"建章宫北作凉风台，积木为楼"[5]。西汉时期具有相似构思和功能的高台建筑不胜枚举，如曲台、灵台、临华台、九华台、著室台、斗鸡台、走狗台、坛台、渐台（水中之台）、韩信射台、果台、望鹄台、眺蟾台、东山台、西山台、桂台、商台、避风台等。此外，两汉时代的礼制建筑如长安明堂辟雍、王莽九庙、洛阳灵台和辟雍等

---

[1]　[西汉]司马迁：《史记》卷五，《秦本纪第五》。

[2]　[东晋]王嘉：《拾遗记·秦始皇》。

[3]　《三辅黄图》卷五，《观》。

[4]　[东汉]班固：《西都赋》。

[5]　《三辅黄图》卷五，《台榭》；《关辅记》。

汉代的楼居

也都是高台建筑，可见秦汉时期是高台建筑的鼎盛时期。

　　高台建筑的功能早期主要为观测吉凶、游乐观望、宴请宾客，也有用来操演军队的，所谓"先王之为台榭也，榭不过讲军实，台不过望氛祥"[1]，有较强的实用性。后期在神仙方士思想的影响下，高台建筑逐渐融入祭奠祈祷的内容，该时期礼制建筑中的明堂辟雍就属于祭祈性质的准宗教建筑，具有浓厚的象征意味。无论高台建筑的功能有何区别，其形式和构筑方法基本上是一致的。文献及实物留存下来的高台建筑的平面以方形居多，但也有个别为圆形，如"圆基千步，直峭百丈，螺道登进，顶上三亩，朔望升拜，号为朝台"[2]，其以"螺道登进"的登台方式与西亚古代的

[1]　《国语》卷十七，《楚语上》。

[2]　《艺文类聚》卷六十二，《居处部二》："《广州记》曰：尉他立台，以朝汉室，圆基千步，直峭百丈，螺道登进，顶上三亩，朔望升拜，号为朝台。"

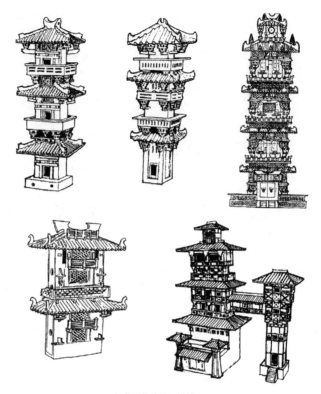

汉代的楼阁   汉代居住建筑之塔楼

观星台类似。东汉以后，随着建造技术的进步和建筑理念的改变，高台建筑逐渐退出历史舞台，而被更先进的楼阁建筑所取代。

二、楼阁建筑

传统木架构建筑在经历了萌芽和生长期的大量实践之后，发展到汉代取得了重大的突破，多层梁柱式楼阁的出现与流行可谓其显著的标志。依据东汉中、晚期出土的陶质明器及画像砖，楼阁建筑的结构与造型均已相当成熟。

汉代塔楼以三四层者居多，最高者可达七层（估计其实际高度在20米以上）。其类型有住宅、仓屋、望楼、水阁、谯楼、市楼、仓楼、碉楼、角楼之类。或建于陆地，或处于水中。建于陆地的实例较多，且常以独立

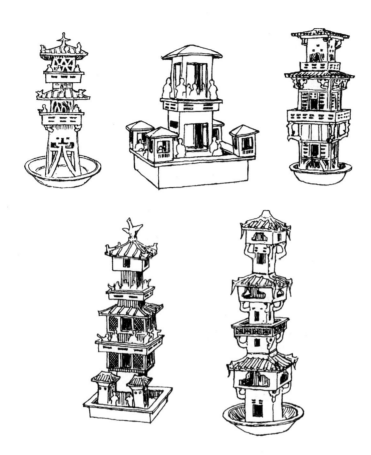

汉代的水阁

的单体形式出现，多位于有门阙及围垣的庭院内。建于水中者，其下皆环绕以平面呈圆形或方形的水池，有的还在水池四隅建有方亭。塔楼之上，往往置有正在饮宴、歌舞的偶人，或执弓弩的卫士。出土于河南陕县的一座东汉陶楼即立于圆形水盆中，盆中有水鸟嬉戏，盆缘处有守兵巡弋。望楼下层架空，由四根立柱支撑起上部的两层楼身，类似于干栏式建筑。这种建于水池中类似干栏建筑的明器出土数量颇多，一定程度上说明了干栏式建筑与楼阁建筑的渊源关系。东汉时期，楼阁式建筑大量出现，文献中记载侯览曾"起第十六区，皆高楼四周，连阁洞门"[1]；南阳樊氏"广起

---

[1]　《艺文类聚》卷六十一，《居处部一》："张璠《汉记》曰：山阳督邮张俭，奏中常侍侯览，起第十六区，皆高楼四周，连阁洞门，文井莲华，璧柱采画，鱼池台苑，拟诸宫阙。"

庐舍，高楼连阁”[1]；陈人彭氏“造起大舍，高楼临道”[2]；东汉外戚中官所造的馆舍“凡有万数，楼阁连接，丹青素垩”[3]。出土的东汉楼阁明器就更多了，有的高达五层之多，且形式多种多样。楼阁建筑的兴起反映了营造技术有了极大的提高。

毋庸置疑，结构进步是楼阁出现和发展的基础因素，要使上层的柱子得到稳固的支撑，就必须使整体构架有较强的刚度与较好的结构整体性，要做到这一点，须加强柱间的横向联系，如在柱脚设地栿，在柱头设阑额，并在柱身中部加当时称为“壁带”（相当于后世所称“腰串”）的横枋，有的楼阁还需在下层柱间设斜撑。柱子、地栿、额枋、斜撑与柱子形成了完整的构架。楼阁建筑不但向高度上挺进，体量上也愈发宏伟，如魏明帝曹睿于洛阳城西北角筑金墉城，“起层楼于东西隅，内有楼高百丈”，门楼三层，亦高百尺[4]；后赵邺城的凤阳门，“五层楼，去地二十丈，长四十丈，广二十丈，安金凤皇二头于其上”[5]。魏文帝曹丕在洛阳建造了一座凌云台，其上高阁耸立，“楼观精巧，先称平众木轻重，然后造构，乃无锱铢相负揭。台而高峻，常随风摇动，而终无倾倒之理。魏明帝登台，惧其势危，别以大材扶持之，楼即颓坏。论者谓轻重力偏故也”[6]。木构楼阁为节点铰接的柔性结构，虽“随风摇动”但并无危险，而若以大木扶持，致柔性不存，反致倾坏。由此可见当时造楼技术已达到相当高的水平。《艺文类聚》引《博物志》载：江陵曾建造一座庞大的楼阁，“唯有一柱，众梁皆共此柱”[7]，如今日所见侗族独柱鼓楼独以一柱而支撑庞大的阁体，除非掌握了娴熟的杠杆原理和运用精湛的木构架建造方法，否则是难以成功的。

---

[1]　[北魏]郦道元：《水经注》卷二十六淄水条引《续汉书》。

[2]　[南朝·宋]范晔：《后汉书》卷七十七，《酷吏列传第六十七》：“县人彭氏旧豪纵，造起大舍，高楼临道。昌每出行县，彭氏妇人辄升楼而观。”

[3]　[南朝·宋]范晔：《后汉书》卷七十八，《宦者列传第六十八》：“又今外戚四姓贵幸之家，及中官公族无功德者，造起馆舍，凡有万数，楼阁连接，丹青素垩，雕刻之饰，不可单言。”

[4]　[北魏]郦道元：《水经注》。

[5]　《艺文类聚》卷六十三，《居处部三》：“《幽明录》曰：邺城凤阳门五层楼，去地二十丈，长四十丈，广二十丈，安金凤皇二头于其上，一头飞入漳河，清浪见在水底，一头今犹存。”

[6]　[南朝·宋]刘义庆：《世说新语》下卷，《巧艺第二十一》篇。

[7]　《艺文类聚》卷六十二，《居处部二》：“《博物志》曰：江陵有台甚大，而唯有一柱，众梁皆共此柱。”

楼阁建筑不但使建筑造型出现了新的突破，也使社会的审美趣味产生了积极的变化，有的楼阁在腰檐上设置平坐，沿平坐周边施钩栏，再在平坐上架立上一层楼身；有的则在各层间只设腰檐，不加平坐；也有相反不施腰檐而只设平坐的。平坐的设置目的在于凭栏远眺，而腰檐和平坐的挑出则在于保护土墙或木构楼体不受雨淋。层层屋檐和平坐的水平线条强化了楼阁高耸的体形和向上的动势，并使楼与其他以水平线条为主的单层殿堂取得良好的协调。河南洛宁 4 号墓出土了一座五层高的东汉陶楼，平面方形，由下向上层层收分，各层柱子微向内倾，最上一层覆盖庑殿顶，用短脊，中立一鸟，其造型已与后世的佛塔十分相近，如将庑殿顶改为攒尖顶，立鸟改为塔刹，即为一座典型的楼阁式佛塔了。

汉代多层楼阁建筑的出现，打破了战国以来盛行的高台建筑的传统方式，表明沿袭已久的木架结构已产生了质的变化。在外观上，多层楼阁除了体量高大，其总体轮廓又有上下等宽、下宽上窄及下窄上宽等多种形状。楼阁各层的立面均展露出柱、梁、枋等结构构件，并于檐下及平坐下使用斗拱，柱间装置木构建筑通用的门、窗、钩栏等，从而在结构与造型上都取得新的腾跃，不但使当时的单体与群体建筑都增添了新的风貌，而且还对日后中国佛教建筑中的楼阁式木塔，产生了直接的影响，即中国式的楼阁与印度的窣堵坡的造型相融合，形成了中国楼阁式的塔 [1]。此后魏晋至唐宋，木塔竞相攀峻争高，出现了许多千古流传的杰作。佛塔的兴建不断推动着木构建筑向高层迈进，将汉代的楼阁建筑技术推向了新的高峰。

三、塔

塔的原型来自古代印度的坟冢，译为窣堵坡、塔婆、浮屠、浮图等，早期的窣堵坡留下的很少，位于印度中部桑吉的大窣堵坡是该类型建筑物的代表，尽管在 19 世纪进行了重新修葺，但桑吉窣堵坡仍保持着阿育王

---

[1]　[西晋] 陈寿：《三国志》卷四十九，《吴书四·刘繇太史慈士燮传》："大起浮图祠……垂铜盘九重，下为重楼。"

时期（公元前273—前236年）的基本形式。现存的建筑拥有古典窣堵坡的所有特征，直径为36米，高13米，底座高约4米，栏杆和雕刻石栏将圣地与世俗区分开，栏杆四面各有一座高大的雕饰华丽的石门，石栏和石门均采用仿木结构形式，极力模仿着早期由巨大原木建造而成的厚重感。窣堵坡的顶部有一个平台，设有神龛和祭坛。所有窣堵坡都是神圣的纪念碑和圣骨盒，因为即使没有安放佛祖生前的真正遗物，也标志着此处曾因佛祖及弟子居住过而无比神圣。窣堵坡运用了许多象征手法：甬道环绕着巨大的圆顶旋转，以便让朝圣者顺时针沿神道完成虔诚的仪式，并观瞻刻在墙上的有关佛祖的生平故事。四个塔门装饰着象征佛法的法轮、菩提树、三叉戟和莲花，顶部是伞状宝刹。桑吉窣堵坡的重要性不仅体现在宗教方面，也体现在完美的艺术构思上，它将建筑与雕刻融合为一体，使窣堵坡本身成了佛陀的化身，成为佛及统治整个宇宙和精神世界的无边法力的显现，即通过一种非偶像化的形式来表现佛的存在，它以一种对天穹的隐喻，象征着佛的无处不在和无迹无形。

窣堵坡传至中国后，逐渐演化为贮藏佛舍利、佛像、佛经的塔，成为佛教专有的纪念性建筑。除模仿印度窣堵坡的塔式外（实例如酒泉的程段儿塔、高善穆塔，敦煌三危山塔、沙山塔等），也有多种变体，如以永宁寺塔为代表的与中国汉代楼阁相结合的楼阁式木塔，以嵩岳寺塔为代表的密檐式砖塔，以及石造的金刚宝座式塔等样式。其中以楼阁式塔和密檐式塔在中国最为广泛，艺术成就最高。

洛阳永宁寺塔是汉魏时期最伟大的建筑之一，北魏献文帝此前曾在都城平城的永宁寺中建造了一座七级塔，高"三百尺"。迁都洛阳后，灵太后执政，于熙平元年（516年）在洛阳重建永宁寺及塔，塔高九层，"架木为之……刹上有金宝瓶，容二十五石，宝瓶下有承露金盘三十重，周匝皆垂金铎……浮图有四面，面有三户六窗，户皆朱漆，扉上有五行金钉"。

据已发掘的永宁寺塔遗址可知，最下为埋入地表的夯土大基础，东西约101米，南北约98米，厚2.5米；上为周围包砌着青石的夯土基座，38.2米见方，高2.2米，座上为方形木构塔体，开间、进深均为九间，中部柱网插在土墼实体中，最核心部位以密集的16根柱子纵横排成一个坚

永宁寺塔复原

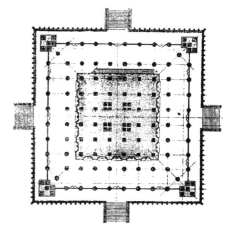

永宁寺塔平面

实致密的中心柱束。整个塔体"举高九十丈。有刹复高十丈，合去地一千尺"[1]。按北魏尺（0.255—0.295 米）折合公制，可达 255—295 米。《水经注·谷水》记载此塔："自金露盘下至地四十九丈"[2]，若以此计，塔的高度也达 134 米，相当于中国现存唯一楼阁式木塔——应县木塔（高 67.3 米）的两倍，高度十分惊人，"视宫中如掌内，临京师若家庭……下临云雨，信哉不虚"[3]。这座中国有史以来最高大的建筑在建成以后仅 18 年就毁于雷火，魏帝遣羽林军千人救火而未果，观者"莫不悲惜，垂泪而去……悲哀之声，震动京邑"，有比丘三人赴火而死，火烧三月不灭。时人惋惜不

[1] ［北魏］杨衒之：《洛阳伽蓝记》卷一。
[2] ［北魏］郦道元：《水经注》卷十六，《谷水》载；又《魏书》卷一百一十四，《释老志》，记高四十余丈。
[3] ［北魏］杨衒之：《洛阳伽蓝记》卷一。

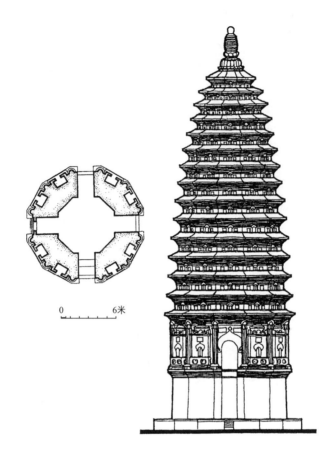

北魏嵩岳寺塔

已，以至时常传出此塔在东海中重现的神话："见浮图于海中，光明照耀，俨然如新，海上之民咸皆见之。俄然雾起，浮图遂隐。"[1]

　　这一时期的木塔虽然未曾留存下来，但仍可从诸多石窟寺的石刻中找到它们的形象。北魏云冈石窟第21窟中的中心塔柱就是对当时木塔的忠实写照，塔柱为方形，五层塔檐层叠而上，每层开间和高度都较下层为小，整体稳定而富有韵律。云冈石窟的中心塔因为塔顶与窟顶相接，故不能全部显示塔的全貌，敦煌石窟北朝壁画浮雕中的很多塔则显示了完整的形状，有的高达九层。

　　嵩岳寺塔是这一时期密檐式砖塔的代表，也是中国现存最古老的密檐

[1]　[北魏]杨衒之：《洛阳伽蓝记》卷一。

北魏嵩岳寺塔

式砖塔。该塔位于河南登封市西北 7 公里的嵩山南麓，周围群山环抱，层峦叠嶂，苍茫如海，景色十分秀丽。嵩岳寺初名闲居寺，原是北魏宣武帝和孝明帝的离宫，后因北魏推崇佛教，遂改宫为寺，孝明帝曾经亲自在此讲授佛经。当时寺院规模十分宏大，"广大佛刹，殚极国财，济济僧徒，弥七百众，落落堂宇，逾一千间"[1]。隋唐时期，寺院更改为今名，屡经扩建，各种建筑一应俱备，楼宇交辉，亭阁毗连，极其豪华富丽。唐时武则天经常居住于此，一度把它改为行宫，唐代以后逐渐衰落。

嵩岳寺今仅存嵩岳寺塔一座建筑，其余的山门、大雄宝殿、伽蓝殿、白衣殿等建筑均为清代所增建。嵩岳寺塔建于北魏正光年间（520—524 年），距今已有 1400 多年，塔平面呈十二角形，周长 33 米，基高 0.85 米，塔高约 40 米，外部以密檐分为 15 层，内部以内檐分为 10 层。塔身四壁开辟有券门，门洞宽敞高大，门额呈尖拱状，装饰有"山"字形莲花纹，以叠涩砖砌成腰檐，将塔身分为上下两部分，上部装饰丰富，变化多样，下部素壁，质朴自然；塔身雕砌有突出于墙壁之外的壁龛，每层各面都有拱形门和装饰性棂窗，共有 500 多个。塔顶是高 3.5 米的砖雕覆莲宝刹，以仰莲承接相轮。整座佛塔线条清晰流畅，雄伟秀丽，风格古朴，在艺术上有很高的造诣。

第五节　建筑装饰

秦汉时期，建筑装饰已然非常丰富，体裁多样，手法灵活，尚未形成固定的模式，带有初创时期自由鲜活的特点。张衡《西京赋》中形容长安城中的宫殿、坛庙等皇家建筑时说："亘雄虹之长梁，结棼橑（阁楼的大梁）以相接……饰华榱（椽）与璧珰（瓦当），流景曜之韡晔；雕楹（柱）

---

[1]　《全唐文》卷二百六十三，上海古籍出版社 1990 年版，第 1181 页。

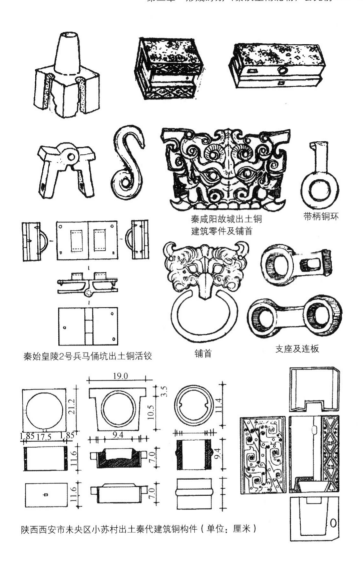

秦咸阳故城出土铜
建筑零件及铺首

带柄铜环

秦始皇陵2号兵马俑坑出土铜活铰

铺首

支座及连板

陕西西安市未央区小苏村出土秦代建筑铜构件（单位：厘米）

秦代建筑金属构件

玉碣（柱础），绣栭（斗拱）云楣（梁），三阶重轩，镂槛（栏杆或门槛）文槾（类于连檐板），右平左城，青琐（门窗所雕连锁纹）丹墀（台阶，或引申为地面）。"[1] 从梁柱斗拱椽头，到门窗台阶地面，都遍施彩饰，可

---

[1]　[东汉] 张衡：《西京赋》。

见装饰华美，色彩瑰丽。又如《西都赋》中说："其宫室也……树中天之华阙，丰冠山之朱堂……雕玉瑱（柱下石）以居楹，裁金璧以饰珰……列钟虡（原意为鹿头龙身神兽，用为钟磬架子两旁立柱的装饰，此处借指架子立柱）于中庭，立金人于端闱（端为正门，闱意侧门）"[1]，以玉石为柱础，以金璧饰瓦当，庭除、门侧装饰小品和雕刻，可谓增饰崇丽，穷泰极侈。

　　建筑装饰不仅是对建筑物各个部位及构件外观的艺术性处理，同时也起着定尊卑、明贵贱的作用，不同等级的建筑群，以及同一建筑群中不同等级的建筑物，在装饰做法上都因遵照一定之规而有所差异，包括纹样、色彩、材料、做法甚至物件数量等。因此，建筑装饰的形式与发展，与建筑艺术、礼制观念有着密切的关系。对建筑构件进行造型加工、纹饰处理以及敷色都是建筑装饰的基本手法，这些装饰手法在具体运用时，又因材质各异而采用不同的做法。石构件如基台、柱础、门砧等，通常采用雕凿（线刻、浮雕、透雕等）技法，间或也采用敷色的做法。陶构件如脊饰、瓦当、地砖等，采用模制、手制，并有表面涂釉、渗碳等方式。木构件在经过成型处理（卷杀、收分、抹角等）后，表面又有磨砻、髹漆、彩绘、雕镂、镶嵌等多种装饰做法。贴附或悬挂于木构件上的金属构件，如门钉、角页、金釭、铃铎等，大都采用铸造或锤锻成型、表面錾刻或鎏金的方式。

　　一座单体建筑中需要重点装饰的部位主要有檐口、墙壁、木构架、藻井与天花、阶墀与台基、门窗、屋顶等，其中对木构架的外观处理，是建筑装饰的重要部分，以对柱、楣、梁、枋、椽、斗拱、门窗等构件的加工装饰为主要内容，如《鲁灵光殿赋》中所说："悬栋结阿，天窗绮疏。圆渊方井，反植荷蕖。发秀吐荣，菡萏披敷。绿房紫菂，窋咤垂珠。云棼藻棁，龙桷雕镂。飞禽走兽，因木生姿。"所谓"因木生姿"，是说所绘制的飞禽走兽均根据动物习性特征和建筑构件的形状部位加以权衡构图，如蛟龙腾云，朱雀展翼，奔虎倚梁，长蛇绕椽。用白鹿饰栌斗，借蟠螭承门

------

[1]　[东汉]班固：《西都赋》。

楣，狡兔静卧在柎侧，猿猴在椽间相追。不但珍禽异兽充盈画面，而且神
仙鬼怪也悉数呈现：图画天地，品类群生。杂物奇怪，山神海灵。写载其
状，托之丹青。"神仙岳岳于栋间，玉女窥窗而下视。忽瞟眇以响像，若
鬼神之仿佛。"[1] 在木构件上，人们对构件的造型进行艺术加工和雕饰，同
时在构件上绘以各种彩画，如云气、荷莲、水藻、禽鸟、走兽、神仙、胡
人等。此一时期，"馆室次舍，采饰纤缛，裹以藻绣，文以朱绿"[2]，而重
要建筑更是"饰以碧丹，点以银黄，烁以琅玕，光明熠爚，文彩璘班"[3]，
这是先秦时代单色涂彩的发展，更表现出汉时建筑彩饰之瑰丽。到了魏晋
时期，"朱柱素壁""白壁丹楹"演变为建筑总体的色彩气象，然而皇家宫
室坛庙等重要建筑则仍呈现为五彩缤纷的景象。

　　檐柱是建筑物中最引人注目的构件之一，两汉建筑的柱身断面通常作
圆形、方形或八角形，其中柱身向上收分的八角形柱，在汉墓中已颇多
见，北朝石窟窟檐和屋形龛中也常见有这种柱形。北齐义慈惠石柱方亭中
的圆柱，上下均作收分，为典型的"梭柱"，反映了当时圆柱的收杀方式。
北魏太和三年（479 年）为文明太后所建方山永固石室："檐前四柱，采
洛阳之八风谷黑石为之，雕镂隐起，以金银间云矩，有若锦焉。"[4] 对于等
级较高的建筑，其柱身饰以"丹"色，以表示华贵，是承袭周礼的传统观
念。南朝诗赋中常见"紫柱"之称，亦属于丹朱一类。皇家建筑中尚有采
用铜柱的，并以石础承垫，称为"玉碣"，一类为礅座形，如方、圆、覆
盆、覆斗形等；另一类为兽形，如石羊、石熊、石虎等。魏晋南北朝时期
又出现了周圈雕饰莲瓣的覆莲柱础。此外，兽形础中常用白象、狮子等题
材作装饰，这与当时佛教兴盛有很大关系。大同司马金龙墓出土了北魏太
和八年（484 年）石雕柱础，础身如圆饼，凹孔周围深浮雕一圈覆莲，围
绕它是一圈透雕，刻有多条盘龙。础下方与方形承础石相连，四个立面用
浅浮雕结合线刻卷草纹，刻工精细，表现出极高的匠心。

---

[1]　[东汉] 王延寿：《鲁灵光殿赋》。

[2]　[东汉] 张衡：《西京赋》。

[3]　[三国·魏] 何晏：《景福殿赋》。

[4]　[北魏] 郦道元：《水经注》卷十三。

梁架中的楣额、梁桁、叉手、蜀柱等表面，也往往采用和柱身相同的装饰做法，"虬如宛虹，赫如奔螭"[1]，描述的即是梁上桁檩复叠的式样，也说明构件外观色彩非常鲜丽。檐口是屋顶与屋架的交接处，是建筑外观中最显著的部位之一，檐椽也遂成装饰的重点部位。椽身装饰一般有磨砻、雕镂、髹漆、彩绘等多种方式，故以"华橑""绣桷"称表，椽身上往往又绘饰龙蛇，因此又有"龙桷""螭桷"等称谓。敦煌莫高窟北朝早期窟室的人字披部分，其椽身彩绘为赭红底色，上饰黑色藻纹，间以束带纹与山形纹；椽间为白底色，上饰忍冬纹与供养天女等，应是北朝佛殿中较为流行的做法，椽身彩绘形式也与汉魏时期有一定的联系。椽头的处理有两种方法：一种是比较华贵的做法，即将金铜或玉石裁磨成玉璧的形状，贴饰在檐椽的端部，即赋中所说的"璧珰""琬琰之文珰"。椽端亦称"题"，故有"玉题""璇题"等称呼。椽头贴饰璧珰的做法，至南北朝后期还仍然使用。此外，在北魏云冈第 6 窟中心塔柱下层椽头上发现有双鱼雕饰，另如北齐邺都太极、昭阳殿椽头上也有金兽头装饰件，这些都可视为与璧珰性质相类的手法。另一种是比较简朴的做法，如邺宫文昌殿，椽头不贴金玉，髹以黑色。椽身饰以朱色，与椽头装饰风格相统一 [2]。

斗拱已然是该时期木构架中最富装饰性的构件。斗有"栌""㮤""节""柎"等多种称谓，其平面多作方形，上下分耳、平、欹三个部分，也有圆形平面的斗，称"圆斗"；拱又称"栾"，汉赋中指"柱上曲木，两头受栌者"[3]。从南北朝时期的仿木石作斗拱和壁画中可了解到当时斗拱的装饰情况，北朝石窟中的斗拱，一般为拱上两头与中间共承三斗，且出现重拱相叠的现象（龙门古阳洞屋形龛）。在北齐南响堂山石窟窟檐和安阳修定寺塔基出土的模砖构件中，更有双抄出跳的斗拱形象。拱身卷杀也有多种不同形式，其中最为特殊的应属北齐斗拱中的数瓣内凹的卷杀形式。在斗拱表面还常施以雕镂和彩绘，所谓"山节""云㮤""雕栾

[1]　[三国·魏] 何晏：《景福殿赋》。

[2]　[西晋] 左思：《魏都赋》。

[3]　《西京赋》薛综注曰：栾，柱上曲木，两头受栌者。

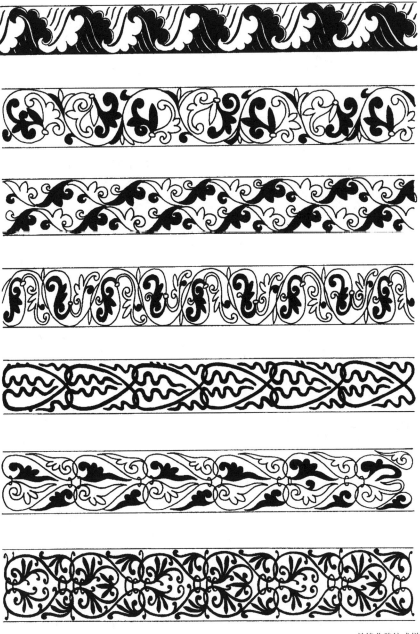

敦煌北魏纹式样

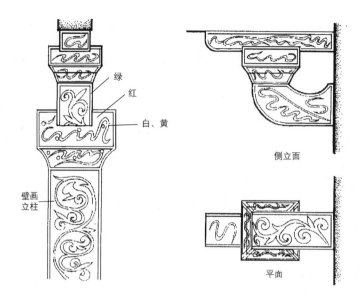

绿
红
白、黄
壁画
立柱

侧立面

平面

甘肃敦煌莫高窟北
魏第 251 窟木制斗
拱及壁画立柱

北朝末年石阙

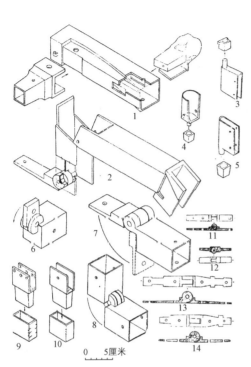

1. 推滑构件　2. 长方形三段连件　3~5. 门轴　6~8. 折叠构件　9~10. 承插构件
11~14. 合页构件

汉代之金属建筑构件

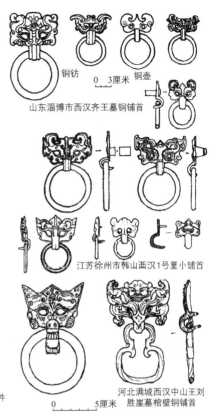

铜钫　铜壶

山东淄博市西汉齐王墓铜铺首

江苏徐州市韩山西汉1号墓小铺首

河北满城西汉中山王刘
胜崖墓棺椁铜铺首

汉代建筑之金属装饰构件——铺首

镂窠"[1]。在北魏云冈石窟第 9、10 窟的前檐栌斗上，就雕刻着三角纹、忍冬卷草纹、莲瓣纹等纹样。已知年代最早的斗拱彩画样式发现于敦煌莫高窟北魏第 251、254 窟，其形式为红底上绘忍冬卷草纹与藻纹，边棱转折处界以青绿色，极富装饰美。此外，北齐安阳修定寺塔塔基出土的模砖斗拱表面，雕饰有丰富精美的云纹，在北朝末年石阙上的斗拱与补间人字拱镂刻有莲瓣纹或忍冬纹，这些都反映了当时木构斗拱的装饰做法。

门窗历来是建筑物中的重点装饰部位，特别是作为主要进出的大门，标志着主人身份。文献中提及门上装饰的赋文或文字很多，如"青

[1] ［西晋］左思：《吴都赋》："雕栾镂窠，青琐丹楹。"

覆斗形天花
斗四天花

四川乐山市崖墓

河北昌黎县水库汉代石墓之藻井

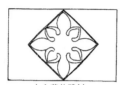

中室藻井雕刻
江苏徐州市青山泉
东汉画像石墓

江苏铜山县汉墓
墓室顶盖拓本

汉代建筑之天花、
藻井

琐""金铺""朱扉"等,"青琐"为门侧镂刻琐纹,涂以群青[1];"金铺"是门扉上装饰的衔环兽面,也称"铺首",以铜制作,鎏以金银,规格大小则依门的尺度而变化;"朱扉"即刷饰朱红色的门扇。这些装饰多用于宫殿、佛寺或王公府邸,为皇家建筑、贵邸的流行做法。以夯土墙为围护结构的房屋,门窗往往"镶嵌"于厚墙之中。在门窗的构件表面,多雕绘图案纹饰,如汉代画像石中就常见门扇之上雕刻有朱雀形象,如洛阳北魏画像石棺前挡做成门形,门楣上左右刻有朱雀,中为莲花宝珠;云冈第12窟前廊东壁屋形龛中的人字拱两侧,也雕饰着一对相向的朱雀。门扇上的饰物除铺首外,还有门钉、角页装饰,如北魏洛阳的永宁寺塔,四面各有三户六窗,扉上各有五行金钉,合有五千四百枚,复有金环铺首。在大同南郊北魏宫殿遗址中,也出土了鎏金门钉、角页、各式铺首等饰件。窗的形象,见于宁夏固原北魏墓出土的房屋模型。窗框四角向外作放射状凹纹,窗框内做四道棂条。敦煌莫高窟壁画中的窗口饰有红色边框及忍冬纹角饰,南朝墓室中则于壁面上砌出直棂窗形象,从中可以了解南北朝时期

---

[1]　[三国·魏]何晏:《景福殿赋》:"青琐银铺,是为闺闼。"[北魏]杨衒之:《洛阳伽蓝记》永宁寺条有"浮图有四面,面有三户六窗,户皆朱漆。扉上各有五行金钉,合有五千四百枚。复有金环铺首"。

比较普遍的窗户样式。窗框的色彩一般与门相同，涂饰朱红色，窗棂常饰青绿冷色。另据赋文记述，有壁上开小窗并雕刻镂空花纹的做法，称"绮寮"，常用于廊、阁、台榭之上，类似于后世的漏窗。

在建筑的内部，为了突出殿内中心部分的重要地位，汉代的宫殿及佛殿已开始使用藻井。藻井的位置通常在建筑物明间脊槫下的两道梁栿之间。做法是在梁间架设木枋，形成四方形覆井状，当中向下倒垂莲荷，井内镂绘水纹、藻纹，遍施五彩。北朝石窟中所见的室内天花形式，主要为斗四、平棊，或两者混用，也有不加顶棚而直接在橡板上施以彩绘的做法。斗四天花，又称叠涩天井，在中国新疆地区佛教石窟中常可见到这种窟顶，反映了当时流行的一种屋顶结构形式。在敦煌莫高窟北朝洞窟和北魏云冈石窟中，则常表现为木构平棊方格的形式，中央部分做成斗四（或斗八）的样式，中心往往雕饰（或绘饰）圆莲，四周饰飞天、火焰纹等，是一种模仿木结构装修的纯粹装饰性做法，与上述殿内藻井的形式相类似，平棊方格的位置往往是围绕中心方柱（敦煌莫高窟第 251、254 窟等）进行布置，或位于前廊顶部（云冈第 9、10、12 窟），因而造成斗四天花与藻井在规格上出现多种不同的形式。平棊是中国古代建筑中最基本、最常用的天花做法，以纵横木枋垂直搭交构成方格网状，木枋表面彩绘，搭交处加饰金属构件，方格内盖封平板或做叠涩。云冈与巩义石窟的窟顶形式以平棊为主，表现出当时佛殿与佛塔的内顶装饰情况。敦煌北魏窟室中的人字披顶以及敦煌、麦积山的西魏和北周窟室中的覆斗顶形式，分别表现为木构建筑内部彻上明造和佛帐帐顶的做法。龙门宾阳三洞的窟顶雕刻，则是佛殿中于佛像上方张挂织物天盖做法的反映。

秦汉至魏晋南北朝时期，北方木构建筑中的维护结构还是沿用夯土承重墙，通常做法是在墙体的表面，嵌入隔间壁柱，柱身半露，柱间又以水平方向的壁带作为联系构件。据汉代文献记载，汉长安未央宫中就有壁带的做法，且壁带上还装饰以金钉、玉璧、明珠翠羽[1]，所谓"金钉"就是壁带与壁柱上所用的铜质构件，起连接和固定木构件的作用，同时也构成墙

---

[1]　[三国·魏]何晏：《景福殿赋》。

汉画像中的嘉峪关

面上的重要装饰。汉宫中还有在金钉上镶嵌成排玉饰，形如列钱的做法，在曹魏和北朝建筑中仍沿用这种壁带装饰，并逐渐演变为一种彩绘纹样。这一时期，重要殿宇的墙面常常涂以色彩，装裱华贵。《景福殿赋》中曾记述墙面色彩为"周制白盛，今也惟缥"[1]，可知曹魏时墙面涂色是承袭周制，涂为青白色，但在佛寺中出现了用红色涂饰墙壁的做法，如洛阳永宁寺塔（516年），内壁彩绘，外壁涂饰红色。壁画也是宫室中最常用的壁面装饰手法，题材多以云气、仙灵、圣贤为主。佛教题材的壁画，早期仅有维摩、文殊、菩萨诸像，至南朝渐趋繁杂。南朝墓室侧壁往往装饰有"竹林七贤"等题材的画像砖，或使用大量的莲花纹砖。

　　秦汉建筑的屋顶风格挺括舒展，刚健硬朗，除了屋脊和瓦当外很少再有其他装饰，但在一些较重要建筑的正脊中央有时也设立凤鸟或朱雀，作为装饰或标志。如今保存下来的屋顶饰件以瓦当为多，秦朝流行圆形瓦当，瓦当纹饰以各式云纹为主，构图形式由中心内向外用双线分为四个扇面，每扇面中饰各式云纹。有的云纹组合成蝉形或蝴蝶形。内圆或为乳突，或为格纹，或为其他纹饰。崇尚云纹可能与"秦得水德"的观念有关，所以秦多有"云龙之象"[2]。秦朝还出现了以文字为饰的瓦当，均用篆文，有"维天降灵""延元万年""天下康宁"等颂赞大秦一统的文字。在始皇陵中还出土有少量夔凤纹瓦当，为四分之三圆形，直径近50厘米，推测应是用在檩头的檩当装饰。

　　汉代瓦当均为圆形，沿用秦代各式云纹，文字装饰的瓦当更多，多篆文，内容多选用吉利词汇，如"亿年无疆""长生无极""千秋万

[1]　[三国·魏] 何晏：《景福殿赋》。

[2]　[西汉] 司马迁：《史记》卷二十八，《封禅书第六》。

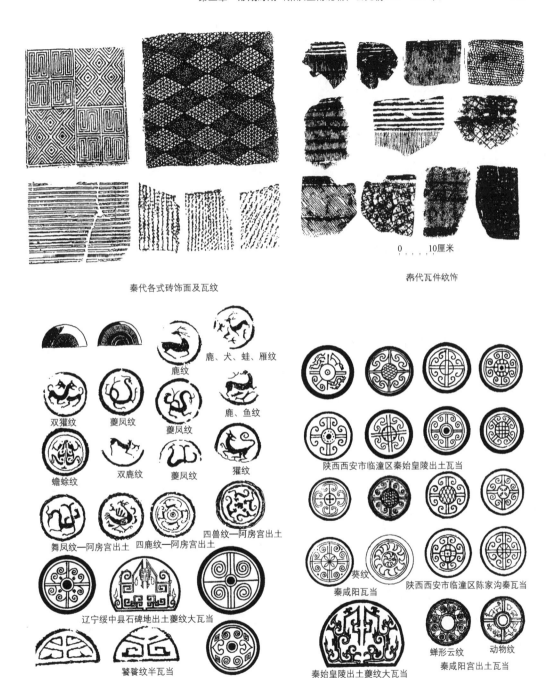

秦代各式砖饰面及瓦纹

秦代瓦件纹饰

0　　　　　　10厘米

鹿纹

鹿、犬、蛙、雁纹

双獾纹　夔凤纹　夔凤纹　鹿、鱼纹

蟾蜍纹　双鹿纹　夔凤纹　獾纹

舞凤纹—阿房宫出土　四鹿纹—阿房宫出土　四兽纹—阿房宫出土

辽宁绥中县石碑地出土夔纹大瓦当

饕餮纹半瓦当

陕西西安市临潼区秦始皇陵出土瓦当

葵纹

秦咸阳瓦当

陕西西安市临潼区陈家沟秦瓦当

蝉形云纹　动物纹

秦咸阳宫出土瓦当

秦始皇陵出土夔纹大瓦当

秦代地砖瓦当

汉代瓦当纹样

南北朝瓦当

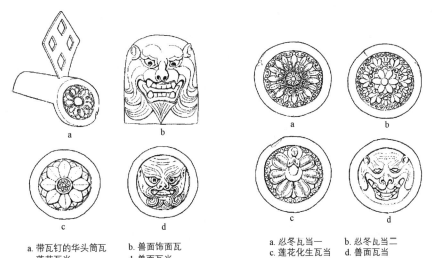

a. 带瓦钉的华头筒瓦
c. 莲花瓦当
b. 兽面饰面瓦
d. 兽面瓦当

汉魏洛阳城1号房址出土

a. 忍冬瓦当一　b. 忍冬瓦当二
c. 莲花化生瓦当　d. 兽面瓦当

永宁寺西门遗址出土

河南洛阳出土北魏洛阳时期瓦件

江西九江六朝寻阳城址出土东晋瓦当

江苏南京出土南朝莲花瓦当复原图

岁""嘉气始降""延年益寿"等；或宣扬某种道德观念，如"道德顺序""与民世世，天地相方"等；也有的题刻宫名、苑名或官署名，如"长乐未央""上林""卫屯"等；另有将文字和动物图案结合在一起使用的，如上半边为"延元"二字，下半边为一鹤，鹤颈特长，伸于二字之间，形成对称式格局，文字的内容与仙鹤的寓意形成呼应，构思令人称妙。再如"甲天下"三字放在中心圆乳下方，圆乳上方放置二鹿同向奔跑。在西汉王莽九庙遗址发现的四神瓦当，分别塑有青龙、白虎、朱雀、玄武，按东西南北四向分别施用。四种瓦当中心都有圆乳，四神形象简括而生动。《三辅黄图》在记述未央宫瓦当时说："苍龙、白虎、朱雀、玄武，天之四灵，以正四方，王者制宫阙殿阁取法焉"[1]，可知汉代在宫殿建筑中也使用四神瓦当为装饰。此外，也有其他各式动物纹样的圆瓦当。

汉以后，建筑的屋面有了使用黑色瓦件的做法。北魏石子湾古城（属平城期）和北魏洛阳城址出土的筒瓦表面多呈现为黑色，邺北城出土的东魏北齐瓦件，也多为素面黑瓦，表面光润，是瓦面经过打磨后又以油烟熏烧而成。北魏时期，瓦当纹样除承袭汉魏隶书文字及厥云纹纹样外，还出现了人面纹与兽面纹瓦当，东晋南朝的瓦当形式也有类似的演变过程。陕西周原西周遗址中已发现了滴水瓦实物，北魏时期还出现了瓦口边缘下折并呈波浪状的滴水瓦，瓦的唇面纹饰也渐趋复杂，出现有双重波纹及弦纹、忍冬纹等形式。南北朝时期，建筑的屋面开始使用了琉璃瓦饰，"朔州太平城，后魏穆帝治也，太极殿、琉璃台瓦及鸱尾悉以琉璃为之"[2]。北齐邺都南城的鹦鹉楼"以绿磁为瓦，其色似鹦鹉，因名之"；其西鸳鸯楼以"黄磁为瓦，其色似鸳鸯，因名之"。[3] 此后的皇家建筑多以琉璃瓦铺装屋顶，以彰显帝王的高贵与皇权的威严。庞大的屋顶是中国古代建筑形象的主要组成部分，带有色彩的琉璃瓦的使用无疑给建筑的色彩带来了巨大的变化。

---

[1] 《三辅黄图》卷三，《未央宫》。

[2] [北宋]《太平御览·居处部》卷二十一。

[3] [清] 顾炎武：《历代宅京记》卷十二引《邺都故事》。

　　屋顶装饰集中表现在屋顶脊饰上，是体现建筑物等级的标志性构件。春秋战国时期已有在屋脊上加设饰物的做法，用以丰富建筑屋顶形象，并赋予其一定的含义，如战国时期铜器刻纹中表现出来的建筑形象。在汉代画像砖石与汉赋描述中也常见到在门阙、殿堂屋脊上饰立朱雀（凤鸟）的做法，作为吉祥、礼仪之象。汉代建章宫的玉堂殿"铸铜凤高五尺，饰黄金栖屋上，下有转枢，向风若翔"[1]。建章宫的北门有凤凰阙，又名别风阙，高二十五丈，上有铜凤凰[2]。曹操在邺城西北角所建铜雀台上"起五层楼，高十五丈，去地二十七丈，又作铜雀于楼巅，舒翼若飞"[3]，恰似"云雀踶甍而矫首，壮翼摛镂于青霄"[4]。由出土的汉代画像石、画像砖、汉明器陶屋可知，屋脊上以凤或鸟为装饰是汉代盛行的做法，高颐阙正脊上就装饰有一只口衔组绶的俊鸟。后赵石虎时期，邺城凤阳门上仍是以凤凰为脊饰。汉武帝太初元年（公元前 104 年），柏梁台遇火灾，武帝笃信神仙方士的厌火之言，将屋脊上的凤鸟改为鸱尾："柏梁殿灾后，越巫言海中有鱼虬，尾似鸱，激浪即降雨。遂作其象于屋，以厌火祥。"[5] 虬为传说中的无角之龙，龙生于水，为众鳞之长。古越国在中国东南，多水近海，以龙为图腾，故越巫之言反映了越族的信仰，以虬装饰屋脊的做法是图腾崇拜与以水克火的阴阳五行之说及巫术三者结合的产物。由此可见，中国传统建筑以鸱尾为脊饰至迟在西汉中期已见端倪，至东汉渐成风尚。

　　佛塔的顶饰是一种特殊的顶饰类型，其样式与做法承担着特定的标志性作用，有山花蕉叶、宝瓶露盘、莲瓣火珠等，在石窟雕刻、壁画中多可见到。多层木构佛塔的顶部，通常以单层覆钵小塔作为特定标志。一般在斜坡瓦顶上先置须弥座，其上四周饰山花蕉叶，当中为覆钵及中心刹柱，

[1]　《三辅黄图》卷二，《汉宫》。

[2]　《三辅黄图》卷二，《汉宫》"《庙记》云：'建章宫北门高二十五丈，建章北阙门也。又有凤凰阙，汉武帝造，高七丈五尺。凤凰阙，一名别风阙。'"

[3]　[北魏] 郦道元：《水经注》卷十。

[4]　[西晋] 左思：《魏都赋》。

[5]　[北宋]《太平御览》卷一八八引《会要》："汉柏梁殿灾后，越巫言海中有鱼虬，尾似鸱，激浪即降雨。遂作其象于屋，以厌火祥。时人或谓鸱吻，非也。"

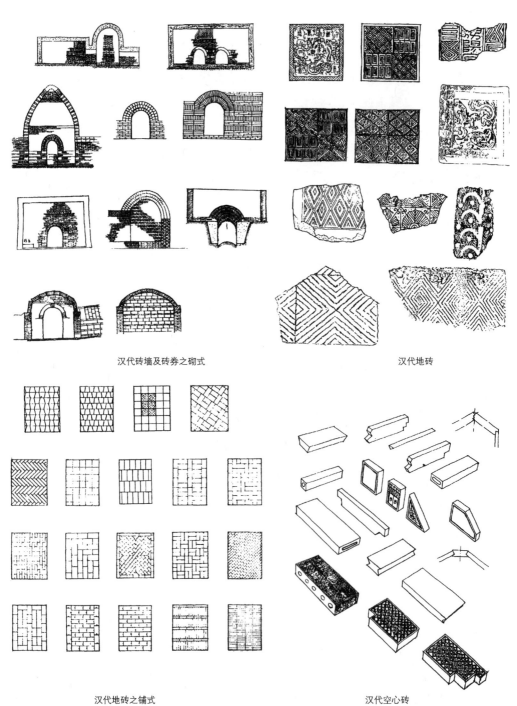

汉代砖墙及砖券之砌式　　　　　　　　汉代地砖

汉代地砖之铺式　　　　　　　　汉代空心砖

汉代地砖及空心砖

柱上层层露盘（即相轮），柱端饰宝珠，并以铁链与下部瓦顶的四角相联系，链上挂饰金铎。

　　建筑的台基在这一时期也有了较为讲究的做法，文献中记载："罗疏柱之汩越，肃坁鄂之锵锵"[1]，形容殿基高大，而且台基的侧壁上还装饰有隔身版柱。在殿基之上，沿台基的外缘设立栏杆，"榱槛（栏杆）邛张，钩错矩成，楯类腾蛇，榴似琼英"[2]，在正殿前与明间相对的位置上置"轩"，后世皇帝"临轩"即在此处。南北朝石窟壁画中的榱槛形式，也大致如此。槛上多饰直榱、卧榱，为木制榱槛的做法。此时，须弥座的形式也开始流行，但大多是用于佛塔塔基及佛座中。

　　室内地面在古代曾被称为墀，按照古代的礼仪，天子要将殿堂的地面漆为红色，秦咸阳宫 1 号遗址地面即为红土色，汉长安未央宫前殿亦作"丹墀"，后宫则为"玄墀"。东汉洛阳宫中地面除沿用以往抹草泥的方法外，已经开始用方砖铺地，且以红、黑两色漆地。"以丹漆地，或曰丹墀"[3]，显然是为继承周天子"赤墀"的制度，即文献中所谓的"青琐丹墀"[4]，"中庭彤朱，而殿上髹漆"[5]。

　　在北朝石窟和墓室地面上，多发现有雕刻纹饰，如云冈第 9、10 窟发现雕有甬路纹饰，当中作龟纹，边缘饰联珠及莲瓣纹；在龙门北魏的宾阳中洞和北魏皇甫公窟的地面上，正中雕出甬路，边饰联珠、莲瓣与云冈石窟的式样相同。在甬路两侧雕大圆莲，圆莲之间刻水涡纹，用以表现莲池；北齐南响堂山第 5 窟地面，中心雕刻圆莲，四角饰忍冬纹，这些雕刻纹样应是模仿当时建筑中的地面铺装样式。此外，在北齐石刻中还可以见到用花砖铺设阶前踏道的建筑形式，联系汉赋中的相关记述和考古发掘出土的大量秦汉时期的空心砖、铺地砖等实物资料，可以想象至迟在南北朝时期，地面已经流行用花砖铺设室外踏道、地面，用以防滑和装饰。

---

[1]　[三国·魏] 何晏：《景福殿赋》。
[2]　[三国·魏] 何晏：《景福殿赋》。
[3]　[东汉] 应劭：《汉宫仪》：尚书郎奏事明光殿，省中皆胡粉涂壁，其边以丹漆地，故曰丹墀。
[4]　[东汉] 张衡：《西京赋》。
[5]　[东汉] 班固：《汉书》卷九十七下，《外戚传第六十七下》。

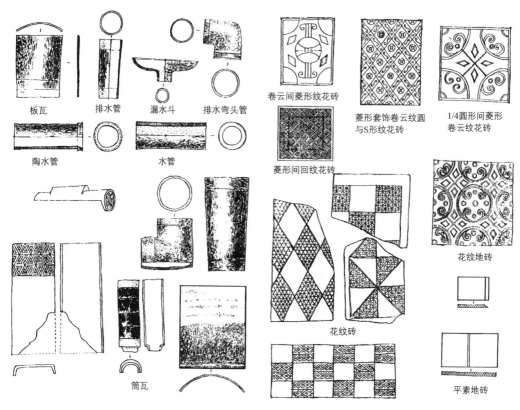

板瓦　　排水管　　漏水斗　　排水弯头管

陶水管　　　　　水管

筒瓦

秦代陶制建筑构件

卷云间菱形纹花砖

菱形套饰卷云纹圆
与S形纹花砖

1/4圆形间菱形
卷云纹花砖

菱形间回纹花砖

花纹砖

花纹地砖

平素地砖

秦代地砖及纹饰

四川成都市青杠坡汉画像砖中之木桥

汉画像石中之梯形桥梁

汉画像石中的桥梁

两汉时期，盛行在石头或砖头表面上施以雕刻，称为画像石、画像砖。其图案主要为线刻，也有浅浮雕，多强调平面感，是一种半画半雕的艺术形式。画像砖主要装饰于墓室中，在石祠中也偶有所见，如武梁祠、孝堂山祠等。画像石、画像砖应用地域极广，在河南、四川、山东、江苏、陕西、山西、河北、安徽、湖北均有出土，其中尤以山东、河南、四川的数量最多。山东所见多为画像石，以嘉祥东汉武氏墓群石刻、沂南东汉画像石墓、临沂和安丘等大型画像石墓及武梁祠、孝堂山祠等最为著名。四川以画像砖为主，画像砖墓大多分布于成都地区，题材以贴近现实生活为特色。河南则画像石、画像砖都有，但以石为主，其中以南阳一带画像石最有名。两汉的画像石和画像砖的题材非常丰富，有描写神话传说的，如东王公、西王母、伏羲、女娲、飞仙等；有表现劳动和生活的，如耕织渔猎、驷马出行、宴饮、祭祀、讲经、射猎、汲盐以及歌舞、百戏、杂技等；有展示自然风光的，如山川河流、天体星宿、飞禽走兽；还有记述历史传说和人物故事的。还有一类以建筑为主题或背景题材，如门阙、楼阁、宅院、桥梁，以及建筑的构件如铺首等，这些丰富的画像石、画像砖雕刻，为该时期建筑历史研究提供了翔实而丰富的资料。

第六节　建筑工程

秦汉时期，国家统一，国力强盛，有条件实施一系列与统一国家相适应的大型工程，如长城、驰道、直道、灵渠等，这些工程虽然是出于防卫、交通、水利所需而实施的项目，但也成为了重要的历史文化遗产，具有超越时空的审美价值。

秦统一中国后，对建于七国诸侯间的旧有长城予以平毁，但为防止匈奴向南侵扰，又将原来燕、赵、秦国所筑的北方长城加以整修、连接与扩

子午岭上秦直道图

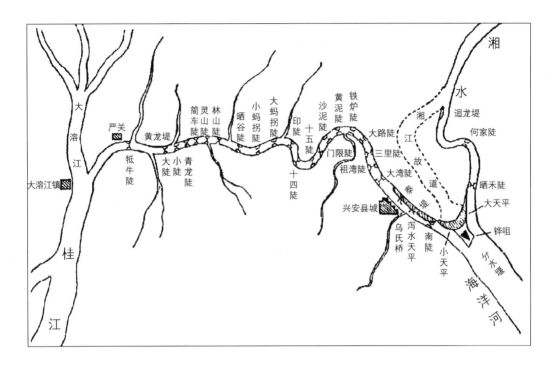

秦灵渠陡堤示意图

建，后经汉代及以后历代不断修筑，使之规模愈加宏大坚固，成为举世闻名的"万里长城"。秦时长城大致可分为东、西二段，东段自今日辽宁省阜新县，向西经内蒙古的奈曼旗、库伦旗南及赤峰市，再过河北省围场县、丰宁县北，以及内蒙古多伦县南及太仆寺旗，又经由河北省康保县南境，止于内蒙古化德县与商都县之间。此段中的原战国时期的燕长城，为秦、汉两代所沿用。西段长城在秦代曾又分为两道，一道东起内蒙古伊金霍洛旗黄河南岸的十二连城，西南经准格尔旗北，南下至陕北神木市，向西南经榆林市榆阳区、靖边县，由宁夏固原市原州区北，抵甘肃渭源县，最后南下止于甘肃岷县，此段原为战国时的秦长城。另一道始于内蒙古乌兰察布市集宁区东南，东行经呼和浩特市北与固阳县南，北抵阴山，南纳河套，为战国时期的赵长城遗构。甘肃省渭源境内的秦长城遗址是中国历史上最古老的长城地段之一，为战国时期秦昭襄王灭义渠戎以后所筑。这段长城大部分地段的残高在 3 米左右，少数地段超过 10 米，城垣沿着地

定西秦长城分布图

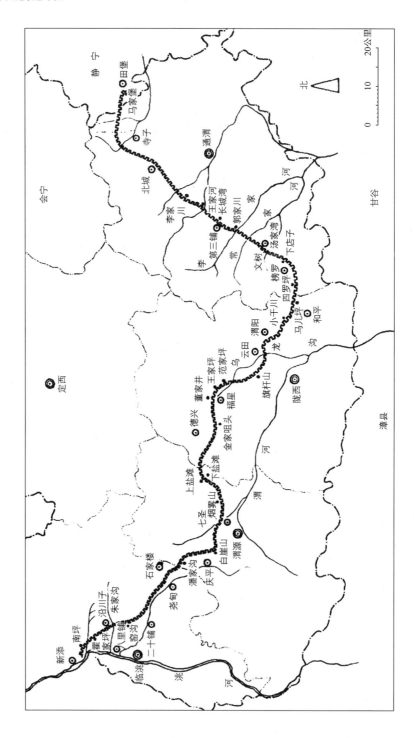

甘肃敦煌汉长城
遗址

势起伏伸展，每隔一里有一小烽燧，十里一大烽燧，雄伟壮观。位于甘肃
固原境内的战国长城，筑于秦昭襄王时期（公元前 306—前 250 年），城墙
为黄土夯筑，残高 2—10 米，基宽 6—12 米。每隔 200 米有一个凸出的敌
台，残高 5—20 米，墙的内侧坡度舒缓，外侧陡立。旧时修筑城墙因地制
宜，平地筑墙时在外侧取土，该侧遂形成壕沟；在河、沟地带筑墙，则利
用陡立的断崖劈削而成，形成天堑。因长城沿线自然地形地貌的不同，以
及地质情况的差异，或用石料，或用夯土，使得城墙所在地点的选择与建
造材料的运用，都存在着差别。以石块砌筑的长城，砌时先用较大石块砌
出两面墙身，然后在其间填以碎石，石块均系干垒，其间不灌泥浆，实例
如陕西神木市窟野河上游的秦长城。

　　根据防卫和给养的需要，在长城沿线上相隔一定的距离建有大量的墩
台、城障和城堡，由此构成了完整的军事防御体系。汉代木简记载：长城
"五里一燧，十里一墩，三十里一堡，百里一城"，其中城堡大多属于屯戍

性质，是屯戍卫卒的地方，面积一般小于内地县治，堡中建有官署、仓库、兵营、民居、街道、市肆等，城堡的外面周以城郭、护濠。也有的城堡属于纯军事守卫或瞭望性质，规模更小，构筑也较简单。燧和墩都是燃放烟火的地方，烟墩多设于墙外，或于高山之顶，或于平地转折之处，墩上有屋可驻守兵卒，报警时白天燃烟，夜晚举火，这种警戒和传递信息的方法一直延续至明代。

第四章　成熟时期

（隋至宋元，581—1368 年）

隋唐结束了三国至南北朝的分割与纷乱的局面，重新建立起大一统的国家，中华文明经过秦汉以来近千年的融合，以及同印度、中亚、西亚文明的相互交流，获得了创造性的跃升，社会经济文化得到了高度全面的发展，建筑技术与艺术也随之出现了空前繁荣。在唐朝帝国强盛的同时，与之毗邻的南召、吐蕃、突厥等民族也进一步强大起来，创造了各自灿烂的文化。唐末中国又出现了五代十国分裂局面，最终演变为宋、辽、金、西夏、于阗、大理、吐蕃并峙的局面，建筑也呈现出丰富多样的格局。

唐宋时期，中国传统建筑进入了成熟时期，出现了历史上规模最宏大和最繁华的城市，建筑形制也趋于稳定，建筑类型趋于完备，建筑风格既沉稳又绚丽，建筑技术与艺术经验亦进入到总结时期，并奠定了后世建筑技术与艺术发展的基础。这期间，唐宋元各代建筑又因各自社会经济、文化与审美差异而各有时代特色。比较而言，唐代建筑的总体风格表现为城市格局严整有序，群体布局气势宏伟，建筑形象舒展浑厚，色调简洁明快，在其后的宋、元、明、清建筑上已不易看到。建筑结构与艺术高度统一也是唐代建筑的一大特色，建筑物上没有纯粹为了装饰而附加的构件，也没有歪曲建筑材料性能使之屈从于装饰要求的现象，屋顶挺括平远，门窗朴实无华，斗拱的结构职能也极其鲜明。在细部处理上，柱子的卷杀、斗拱、昂嘴、耍头、月梁等构件造型的艺术处理都令人感到构件本身受力状态与形象之间的内在联系，给人以庄重、大方的印象，反映了唐代豪放的审美取向。

宋代虽然是一个在政治上和军事上较为衰弱的朝代，但其农业、手工业和商业方面都有长足的发展，不仅手工业水平超过了唐代，科学技术领域更是收获颇丰，如指南针、活字印刷术、火药等。伴随着社会各阶层物质和精神生活的变化，宋代建筑所蕴含的人文精神已经不同于前代侧重于宗教神权和政教王权的观念形态，而更多地倾向于体认庶族文人的现实理想。首先是商品经济的发展促进了城市的繁荣，一般城市的性质逐渐向商业化功能转型，同时，城市的景观环境也日趋艺术化，无论宫殿、陵墓，抑或寺观、园林，都注重文化的表达和艺术的体验。建筑的内部、外部空间和建筑的单体、群体造型均着意追求序列、节奏、高下、主次的变化，形式多样，手法细腻，风格典雅。在营造技术方面，建筑的模数制度、建筑构件的制作加工与安装以及各种装修装饰手法的处理与运用，都趋向合理化、系统化。北宋时期《营造法式》的刊印，详备地记述了该时期建筑技术与艺术诸方面的成就。

蒙古族灭南宋后在中国建立了强大的元朝，蒙古族的崛起与强大，引发了欧亚大陆空前范围内的民族流动与人口迁徙，促成民族间的融合；由于蒙古高原游牧文明一度取代农耕文明并占据支配地位，给中原大地的农耕文明造成了巨大的损害，但是商业、手工业经济继续发展，并在原先农耕经济体制内形成一支具有相对独立性的社会经济力量。元代阶级关系和民族矛盾较为复杂，社会动荡不安，也使得建筑的发展处于相对停滞和凋敝状态，建筑的气势与规模已经难与唐宋辽金时代相比，建筑类型与装饰也相对趋于简化，建筑技术上除吸收某些外来技艺外，对宋金传统技术未有明显突破。这一时期较重要的建筑活动是建造了规模宏大的大都城（元大都）。此外受统治者推行藏传佛教的影响，全国各地建造了大量的藏传佛教寺院，其佛塔也随之成为中国佛塔的重要类型之一。

第一节　城市文明的变迁

唐宋时期，中国古代城市建设进入繁盛时期，同时也进入到了一个发展与变革的时代，既营建了当时世界上规模最大的封建帝都，如唐长安城，也催生了由政治军事性质向经济商业性质转型的城市，如北宋汴京；既出现了山水风景城市如南宋临安、水乡城市如平江，其后也出现了再现封建理想王城的元大都城。同时，与北宋呈对峙状态的辽代兴建了效仿唐代里坊制的辽中京和辽南京；与南宋呈对峙的金代则营造了仿效宋汴京的金中都。这些宏大的工程构成了这一时期城市建设的瑰丽画面。

综上所述，两汉长安、洛阳将宫殿建于都城的中心，其他建筑及里坊环绕在四周，但未能形成轴线，未能起到拱卫、衬托、突出宫殿的作用。到三国曹魏时，邺城、洛阳则将王宫建于都城北部，宫前建直对宫城正门的南北大道和横讨宫门的东西大道，形成丁字街，在街两侧建官署、庙社，形成城市的南北和东西轴线。南北大道以宫门为对景，夹道布置整齐高大的官署，既增加了城市的纵深感，也衬托出路北端宫殿的巍峨壮丽。此后，魏晋、南北朝的都城大都沿用这种布局，一些有子城的州郡城对子城的处理也大体如此。至隋唐时期，这种布局有了重大发展，隋文帝建大兴城时，增设皇城于宫城之前，把中央官署集中于皇城内，使城市分区更为明确，但在宫前辟南北、东西大道的格局仍然保持着。隋唐时期的一般城市大都采用里坊式布局，外城称为郭，郭内建子城，为衙署集中之处，其中也包括仓储、军资和驻军。子城外围划分为若干方形或矩形居住区，各区用坊墙封闭，称坊或里，选择一至数坊的地盘建封闭式的市场。在排列规整的坊市间形成方格网式的街道，由此形成隋唐城市最大的特点。里坊制度禁止居民夜间外出，类似现在的"宵禁"，实际上近于军事管制。盛唐以后，经济不断发展，致使城市管制渐趋开放，如号称天下财赋"扬一益二"的扬州、成都地区为当时重要的经济中心，在这些经济发展、商业繁荣的城市已先后出现了夜市，逐步突破了夜禁的限制，这为以后破除里坊实行开放的街巷式城市布局作出了尝试。

这一时期，一些地方城市依借其山区水乡的地域特点着意经营城市景观，形成自身特殊的城市风貌，如苏州、杭州等。唐代诗人白居易为苏州刺史时曾赋诗赞美苏州里闾规整、水道纵横、桥梁繁多的景观特色："……半酣凭槛起四顾，七堰八门六十坊。远近高低寺间出，东西南北桥相望。水道脉分棹鳞次，里间棋布城册方。人烟树色无隙罅，十里一片青茫茫"[1]。"复叠江山壮，平铺井邑宽。人稠过杨府，坊闹半长安。"[2] 苏州城市景观的特色是坊间穿行的水道、红栏映水的桥梁和门前泊舟的民房。在唐宋时期的城市中，高大的楼阁殿塔以及城楼往往是形成城市景观的要素，一般都是布置在城市中轴线上，前临丁字形纵横主街，最为壮丽。苏州子城北面正中即建有高耸的齐云楼，其西又有西楼，可以俯瞰城中街巷景物，为苏州城中重要景观。这些楼观原本是为防守、瞭望之用而建，以后逐渐发展成宴会、瞻眺之所，唐代称之为"郡楼"。有些城市坐临形胜之地，则其城楼、角楼也成为重要景观，如湖南的岳阳楼即岳阳城西临洞庭湖的城楼，成为千百年来岳阳的标志；南昌的滕王阁、武昌的黄鹤楼其前身都是临江的城墙角楼，增建后也成为城市的重要标志。唐代各州（郡）、县还普遍立有官寺，武则天天授元年（690年）令两京及天下诸州各置大云寺一所，开元二十六年（738年）又都改称开元寺，天宝元年（742年）两京及诸州又各立紫极宫以崇奉老子，这些寺观实际是历朝皇帝生日、忌日行香设斋之处，是州（郡）城中的重要公共建筑，也是城市重要的景观建筑。

　　这一时期最为宏大、最为重要的建筑工程是建造隋唐长安城，也是当时最为伟大的历史事件和文化事件。公元581年隋文帝杨坚称帝，登基后曾沿用汉长安旧城为都，汉长安城原本缺乏规划，官民杂处，功能不便，在十六国和北朝时期又先后作为北汉、前赵、后赵、前秦、后秦、西魏、北周等王朝的都城。至隋代时已相当破败。为了营造大一统帝国的形象，急需建造一座与之相匹配的新都城，隋文帝遂命宇文恺为营新都副监，在汉长安城的东南龙首原南坡起建新都大兴城，先是营建宫城，继而增建皇城，至炀帝大业九年（613年）筑造郭城。因杨坚称帝前曾封大兴公，故将新城命名为大兴城，唐代则更名为长安城，并增建了郭城和各门城楼，后又在郭城北墙东段外侧增建了大明宫，在城内东部添建了兴庆宫，在城

---

[1]　[唐]白居易：《九日宴集，醉题郡楼，兼呈周、殷二判官》。

[2]　[唐]白居易：《齐云楼晚望偶题十韵兼呈冯侍御，周、殷二协律》。

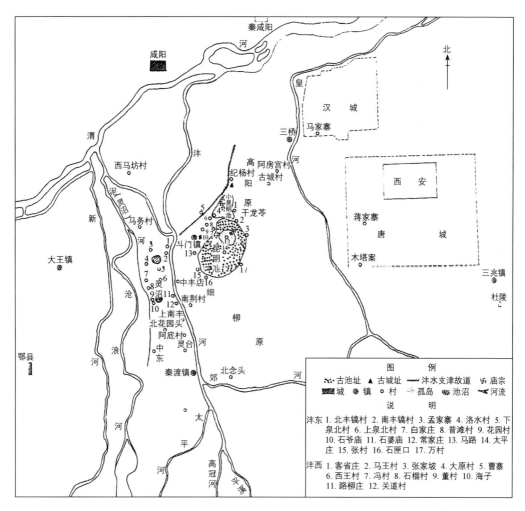

东南角整修了曲江风景区等。

宇文恺吸取了北魏都城洛阳和东魏、北齐邺都南城的精华，将大兴城规划为宫城、皇城、外郭城三城环套且轴线对称的结构布局。外郭城东西长 9721 米，南北宽 8652 米，城址面积达 83.1 平方公里，是古代中国规模最大的城市。宫城位于郭城北部正中，两城北墙中段重合，面积达 4.2 平方公里。皇城位于宫城之南，面积约 5.2 平方公里，皇城和宫城总面积约 9.41 平方公里，稍小于今西安旧城。

外郭四面各开三门，东西、南北城上各门相对，有大道连通，形成

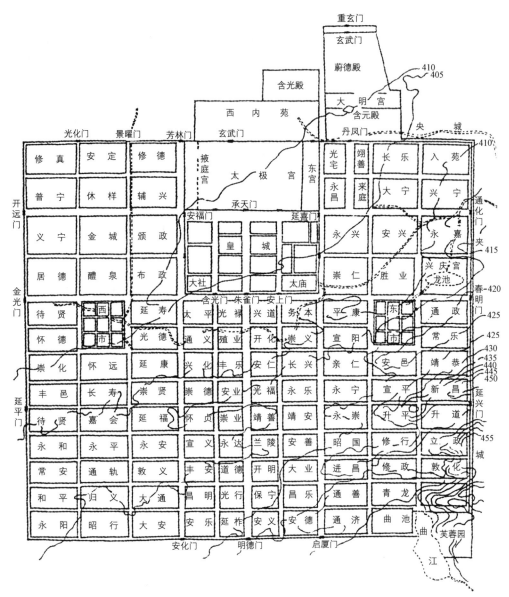

唐长安城复原平面图

三横三纵六条主要干道，称为六街，并以所通之门名为街名。六街之间和沿郭城城墙内侧又有纵横交错的小街，使全城形成南北十一街、东西十四街的规整方阵，方阵里左右均齐地设置了108个居住里坊和东西二市。里坊间的道路也横平竖直，与六街结合形成全城的矩形街道网。汉唐以来，中国城市的居住区大多采用了这种封闭的里坊式布局，每个里坊实际是矩形或方形的小城。与前代的城市比较之下，隋唐城市的里坊显得更为整齐，尤以新建的都城长安和东都洛阳最为突出，所谓"万井惊画出，九衢如弦直"[1]。"百千家似围棋局，十二街如种菜畦。"[2] 据《长安志》引《隋三礼图》，长安城中街道、里坊布局还有其象征性的内涵，即在宫城、皇城东西两侧各三排布置有南北十三坊，是用来象征一年十二个月和闰月；在皇城之南又东西并列四排里坊，用以象征一年中的四季；在这四排里坊中由南至北各划分为九坊，用来象征《周礼》中的王城九逵制度[3]。

由明德门一直向北的大街是全城的中轴大街，纵贯全城，至宫城正门承天门止，长达 7.15 公里。在明德门至皇城正门朱雀门之间的　段宽达 150 米，大街中间设"御道"，又称驰道，两侧是臣属及百姓通行的道路，三道并行。路旁植槐为行道树，排列整齐，时人称之为"槐衙"，"青槐夹驰道，宫馆何玲珑"[4]，"下视十二街，绿树间红尘"[5]。路外又有排水明沟，甚为洁爽。在大街东侧，自北而南布置有至德观、太平公主宅、荐福寺及塔院、大兴善寺、光明寺、昊天观等；街西侧则有大开业寺、济度尼寺、玄都观、武氏崇恩庙等，一般临街开门的贵邸尚未计入，其中大兴善寺、玄都观在高地上，夹街对峙，尤为壮丽。夹道所建这些大型寺观和豪门贵邸朱户洞开，楼阁相望，大大地美化了街景。白居易诗中道："长安多大宅，列在街西东"，"谁家起甲第，朱门大道边"[6]，所咏即是长安此街的景象。这条以御道为统领的轴线在进入宫城后继续向北延伸，总长近 9 公里，应为世界城市史上最长的一条轴线。

在宫前有东西向的横街，西接开远门，东抵通化门，在承天门前与纵向的主街呈丁字相交，横街宽达 100 米，在皇城内的一段则宽达 220 米以上，成为宫前的横向广场，并成为宫城皇城区的横轴。在唐以前，都城多

---

[1]　[唐] 李白：《君子有所思行》。
[2]　[唐] 白居易：《登观音台望城》。
[3]　见 [北宋] 宋敏求《长安志·唐京城》和 [清] 徐松编《唐两京城坊考·外郭城》。
[4]　[唐] 岑参：《与高适薛据同登慈恩寺浮图》。
[5]　《全唐诗》卷四百二十四，白居易《登乐游园望》。
[6]　[唐] 白居易：《凶宅》："长安多大宅，列在街西东"；白居易：《秦中吟十首·伤宅》。

沿街建官署，隋唐时期则将官署集中建于皇城，皇城由三条南北向街道和一条东西向街道划分为八个街区，在这些街区中布置了六部官署，据《大唐六典》记载，皇城中除太庙、太社外，共有六省、九寺、一台、三监、十四卫，其中太庙和太社按照"左祖右社"的传统布置在皇城的东南、西南角。

为营造街景和出入便利，重要的寺观、贵邸被集中建在坊中临大道的一面，据文献记载，横街的西段自开远门至皇城安福门之间，街北自西而东为李勋宅、东明观、延唐观、武三思宅、昭成尼寺、万善尼寺、玉真观、金仙观，其中李勋宅、武三思宅、玉真观、金仙观都是极重要的贵

唐长安皇城平
面图

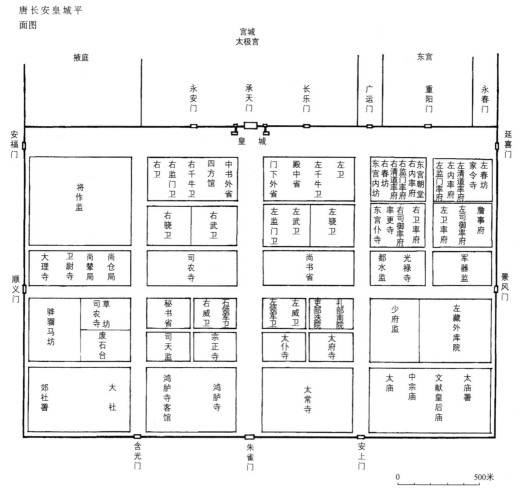

邸，二尼寺为隋、唐皇室所建，也都是巨大的建筑组群。玉真、金仙二观
"门楼绮树，耸对通衢……入城遥望，宛若天中"[1]，均构成重要的沿街景
观。在皇城朱雀门前布置有一条宽 100 米的横街，西通金光门，东达春明
门，与纵向的主街呈十字相交，为整个郭城的横轴。

　　每个里坊四周环绕用夯土筑成的坊墙，墙厚约 3 米。坊的四面或两面
开门，坊的四角建有角亭。坊内有小街和更小的巷、曲，民居面向巷、曲
开门，通过坊门出入，犹如城中之城。所谓里坊其实是统治者防范居民
的措施，"坊者防也"，除每年元宵节前后数夜开禁外，每夜均实行宵禁。
"昼漏尽，顺天门击鼓四百槌讫，闭门。后更击六百槌，坊门皆闭，禁人
行。"若有人夜行，称为"犯夜"，"笞五十"[2]。大的里坊是四面各开一门，
小的里坊则只在东西侧开门，一般性的建筑都封闭在坊内，只有国家建的
寺观和三品以上贵官邸宅才可在坊墙上临街开门。在长长的街道上只见道
道坊墙，相隔一二里才开一坊门，街景不免单调而冷寂。各坊内除住宅
外，建有很多寺观庙宇，最大的寺观可占半坊甚至一坊之地，如靖善坊
的大兴善寺、崇业坊的玄都观、进昌坊的大慈恩寺、保宁坊的昊天观等。
唐开元时，长安城内曾有僧寺 64，尼寺 27，道士观 10，女观 6，波斯寺
2，胡天祠 4，共 113 所，已经超过平均每坊一所的密度，可见庙宇寺观的
繁盛。

　　长安城内设有两个市场，东市名都会，西市称利人，呈对称状分布在
皇城外的东南和西南，是手工业和商业的集中地区。东西两市各占两坊之
地，北邻郭城横轴即金光门和春明门间的大街，市内各有井字街，店铺集
中于街中。两市比邻的横轴大街是城市的一条交通运输、物资集散的大动
脉。长安城的北面有渭水，渭南是范围广大的禁苑，渭北则为贫瘠的黄土
高原；长安城的南面毗邻终南、秦岭，城以山岭为屏障。沿渭河南岸的关
中平原呈东西方向伸展，自秦汉以来即为重要的通衢大道，由东面经河洛
江淮运送的货物必过长安的春明门，而由西面川滇甘陇和西域各国运送而

---

[1]　[唐] 韦述：《两京新记》。
[2]　《唐律疏议》卷二十六，《杂律上》："[疏] 议曰：宫卫令：'五更三筹，顺天门击鼓，听人行。昼漏
尽，顺天门击鼓四百槌讫，闭门。后更击六百槌，坊门皆闭，禁人行。'"

来的货物则必过长安的金光门，二市均在大道南侧，交通便利，东西二市与皇城呈品字格局，构图上也取得了很好的呼应。据文献记载，东市有二百二十行，西市则行业更多，胡商也较多。两市的服务半径达3—4公里以上，步行的居民已有所不便。随着封建商品经济的不断发展，唐中期以后商业的分布逐渐有所扩大和变化，比如在东西两市的周围、大明宫前和各城门处都出现了商业交易的场所，甚至位于大明宫、皇城和东市之间的贵族聚居区崇仁坊也因需要而发展成为"一街辐辏，遂倾两市"的商贸区了 [1]。到了晚唐时期，一些城市中出现了夜市，直接影响到里坊宵禁制度的运行。

宫殿是都城的核心和标志。长安的主宫为太极宫，位于中轴线北端，从朱雀街北行，要经过皇城正门朱雀门，方可望见宫城正门承天门，承天门外有双阙，是皇宫最重要的标志，也是城中极重要的景观。承天门在隋时曾一度用为大朝，每年元旦、冬至在承天门举行大朝会时，文武百官及各地朝使齐集门前，设仪仗队，诸卫军士陈于街，总数不下二三万人，场面极其宏大。初唐仍沿隋制，直到662年高宗移居大明宫后，大朝会才改在新宫内的含元殿前举行。唐长安的宫城由三部分宫殿组成，中为太极宫，规模最大，是皇帝接见群臣、发号施令的朝会正宫，是唐初的政治中心。太子所居的东宫和后妃宫人所居的掖庭宫，则对称布置在太极宫东西两侧，三组宫殿正南侧都有门通向皇城内的大街。

长安外围的郭城城墙为夯土筑造，高约5米。皇城城墙比郭城要高，而宫城更是高达10米，说明对体现皇权的宫城在威严和防御方面的高度重视。郭城各门多数都是三个门道，与汉长安的"三涂洞辟"制度相同，城上都建有雄伟的城门楼，气势宏丽。作为国门的南门——明德门更为端丽，内设五个门道，每年皇帝于冬至日到门外东南约二里的圜丘"郊祀"时必通过此门。圜丘祭天为国之大典，其仪仗羽葆极其盛大，因而明德门又同时具有重要的典章意义。唐代的长安从郭城到皇城再至宫城犹如铺陈有序的巨幅图卷，在整体构图上，城墙高低有序，建筑疏密有致，体量

---

[1]　[北宋] 宋敏求：《长安志》卷八"崇仁坊"条。

唐长安明德门

简繁适度，色彩浓淡相宜，节奏由缓而急，气势由壮而峻，至太极宫为高潮，烘托出众星拱月的景象。

在经营长安的城市总体形象方面，设计者既纵横捭阖，又精细排布，充分利用原有的地形地貌，并结合建筑群自身的功能、性质、规模、体量等因素加以运筹，成就了长安城跌宕起伏、雄浑壮丽的城市意韵。长安城的地势东南高，西北低，高差达 3—4 米，蜿蜒着由东南弯向西北的 6 条高差不等的坡岗。规划师进行细致的城市竖向规划和景观设计，在第二岗"置宫殿"，即建造宫城；在第三岗"立百司"，即安置皇城；其他各岗依势设置官署、寺观和王府，用高岗和建于岗上的大体量的建筑相互烘托，从而丰富城市的总体轮廓，控制城市空间，无疑是非常巧妙的景观构思。在第四岗上，有朱雀大街街东安仁坊的荐福寺，寺中有著名的小雁塔，与街西丰乐坊法界尼寺中的两座高十三丈的塔相对。再往南是第五岗，在朱雀大街东有占靖善坊一坊之地的大兴善寺，寺殿"崇广为京城之最"；与之相对，街西崇业坊则有"与大兴善寺相比"的玄都观[1]，亦极宏伟。隋代蜀王、汉王、秦王、蔡王的府第都设在第六岗的归义、昌明、安德等坊

---

[1]　[北宋] 宋敏求：《长安志》。

中，这里在隋时被划为"不欲令民居"[1] 的王府用地。其景观意义在于避免了朱雀大街长长的街道可能会出现的平淡和单调。

在结合地势进行规划时，设计者还运用了许多细腻的处理，使景观高低、轻重、浓淡、虚实得以均衡。如郭城西南角永阳坊地势较低，宇文恺便于此坊东部建造东禅定寺，"架塔七层，骇临云际。殿堂高竦，房宇重深。周闾等宫阙，林圃如天苑。举国崇盛，莫有高者"[2]。高耸天际的木塔，成为了西南角标志性的建筑。又在坊的西部建造了西禅定寺，其中也有与东寺相近的木塔。郭城的东南角已处于丘陵地带，地势最高，宇文恺"以罗城（即郭城）东南地高不便，故缺此隅头一坊，余地穿入芙蓉池以虚之"[3]。为活跃都城景色，城中兴建了许多高大建筑作为标志，如上述朱雀街上沿线的兴善寺、玄都观、荐福寺小雁塔与法界尼寺之双塔等。唐建大明宫以后，城市重心向东偏移，除大明宫前殿含元殿与南面进昌坊的慈恩寺大雁塔遥相呼应外，在正门丹凤门外侧的翊善、光宅二坊中又有保寿寺双塔与光宅寺七宝台夹街相对。此外，在崇仁坊有资圣寺塔，新昌坊有青龙寺塔，曲池坊有高 150 尺的建福寺弥勒，西市周围的延康坊静法寺、怀德坊慧日寺、怀远坊大云经寺也有木塔和高阁耸立而出，一城之中，重楼峻塔多达百余座，宛若星罗棋布。

唐中宗景龙年间（707—710 年），韦皇后在长安朱雀街中心建造了一座巨大的石台建筑，下为重楼，上为颂台，高数丈，蛟龙蟠旋，下有石马、石狮子、侍卫之像，成为中国城市史上在街心营建纪念建筑的先河[4]。上述这些塔和高大的楼阁，或夹中轴线对峙，或在宫前起伏，遥相呼应，构成城市立体轮廓，并起着标志城市范围的作用，给都城平添了宏丽的气象。

隋唐长安城是古代世界规模最大的都市，与之相比，明清北京城占地60.20 平方公里（1421—1553 年建），与隋唐长安约略同一时期的古代巴

[1] ［南宋］赵彦卫：《云麓漫钞》卷八："城内有六高岗，横列如乾之六爻。初隋建都以九二置宫室，九三处百司，九五不欲令民居，乃置元都观兴善寺。"
[2] ［唐］释道宣：《续高僧传》卷十八，《隋西京禅定道场释昙迁传一》。
[3] ［北宋］《太平御览》卷一九七，《居处部二十五》。
[4] ［北宋］司马光：《资治通鉴》卷二百一十一，《唐纪二十七》。

格达城 30.44 平方公里（800 年建），古代罗马城 13.68 平方公里（300 年建），古代拜占庭（君士坦丁堡）11.99 平方公里（447 年建）。唐长安无疑是人类文明史上一部宏大的乐章，其严谨周密的规划布局和丰富细致的构图原则影响所及，近至当时东北地区渤海国的上京龙泉府、东京龙原府，远至日本的平安京、平城京等古代城市。

隋唐所营建的洛阳城也是这一时期城市的重要代表作品，洛阳自西周建为陪都、东周作为都城以来，许多王朝都以此为建都之地，如东汉、曹魏、西晋、北魏等。隋炀帝大业元年（605 年），为进一步控制山东和江南，也鉴于洛阳水陆运输便利，炀帝下诏令尚书令杨素、将作大匠宇文恺等在西周王城洛邑故地东邻，汉魏洛阳之西十余公里处营建东都，地位仅次于长安。隋唐两代统治者曾先后居此，五代时后梁、后唐、后晋也都曾在此建都，宋时称之为"西京"，宋金之际，毁于战乱。隋唐洛阳"前直伊阙，后据邙山"[1]，伊阙即洛阳以南十余公里形如门阙的两座山峰，又称龙门，伊水从两山之间穿流而过，龙门石窟即开凿于此。洛阳城北垣紧依邙山南麓，由洛阳宫城南墙正门应天门到皇城正门端门和郭城正门定鼎门形成的城市纵轴线，向南恰好直穿伊阙。这种背负山峦，中贯河川，南对门阙的理想城址，显然经过了精心的勘测，强调了人工环境与自然地貌有机结合的原则，同时极大地突出了城市的主轴线，渲染了城市的气势。

隋唐洛阳城规划为外城、皇城、宫城三重城垣，外城平面呈方形，周长 28 公里，城垣全部以夯土筑成，墙下发现有石板砌成的下水道，城垣的四面共辟有 8 座城门。城内街道纵横相交，宽窄相配，城区由街道分隔成众多的里坊，形成棋盘式的城市布局。根据《唐六典》记载，城内分布有 103 坊，现已探明的有 64 坊。坊的平面呈正方形，边长 500—580 米不等，每坊的四周都筑有围墙，四面开坊门，坊门为重楼，饰以丹粉。坊内"开十字街，四出趋门"[2]。在城东洛水以南设有东市，又称丰都市，因其在洛水以南也称南市。规划中原对应有西市，但未实施，但在洛水以

---

[1]　[北宋] 欧阳修、宋祁：《新唐书》卷三八，《志第二八》，《地理二》："都城前直伊阙，后据邙山，左瀍右涧，洛水贯其中，以象河汉。"

[2]　[清] 徐松辑，高敏点校：《元河南志》卷一引《韦述记》，中华书局 1994 年版，第 3 页。

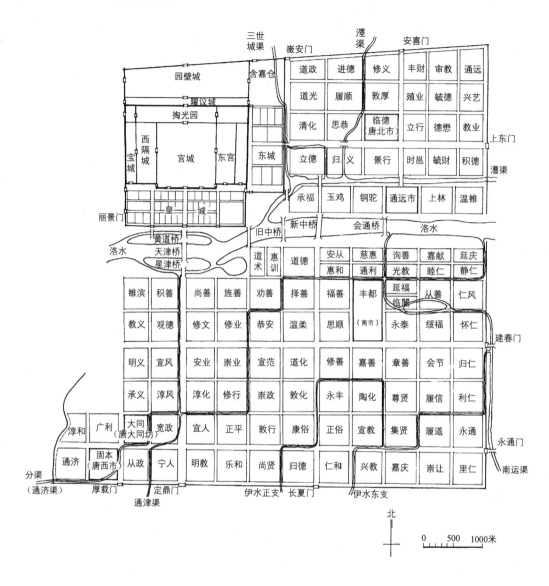

隋唐洛阳城平面
示意图

北、宫城以东，与南市隔洛水相望的位置建立了北市。市内纵横街道各有3条，四面各辟有3门，交通十分便利。后在城西南、厚载门内路西又增建了西市。定鼎门大街是城内最宽的纵轴大街，宽120米，为城内主干道，其余正对城门的大街宽约50米，布局较为紧凑。宫城在郭城的西北角，其东南角又有东宫，自为一城。东城之北有含嘉仓遗址，是当时官府的大型储粮仓。围绕在宫城东、南、西三面的皇城，是皇室府第及百官衙署的所在地，城垣内为夯土筑成，外加砌砖。城的四周开辟有门，一门三道，其上建门楼。正中门道为皇帝出入的专道，左右两道是常人用道。

武后延载元年（694 年），为颂武则天代李氏为帝，在皇城正门端门之外，前临洛河上的主桥天津桥，铸铜铁为天枢，铭记功德。天枢"高一百五尺，径十二尺，八面，各径五尺。下为铁山，周百七十尺，以铜为蟠龙麒麟萦绕之。上为腾云承露盘，径三丈，四龙人立捧火珠，高一丈……刻百官及四夷酋长名……太后自书其榜，曰'大周万国颂德天枢'"[1]。天枢的形制是在传统形式基础上的发展创新，天枢下的铁山四周雕铸有蟠龙、麒麟、八角柱身和火珠等装饰图案，是汉、南北朝以来传统形式。由于天枢建在皇城正门前通衢的中心，位于全城主轴线上，隔桥向南遥对洛阳主街定鼎门街和正门定鼎门，成为都城和宫殿的重要标志，也是中国古代城市中心营造纪念性建筑的壮举。

隋唐以来的严谨、整饬、封闭的城市形态到了五代、两宋时期开始转向自由、活泼和开放，在城市性质上则逐渐由传统的军事型、政治型向商业型和居住型转变。作为这一转型的标志，就是里坊制的崩溃和集中式官市的瓦解，取而代之的是街巷制的出现和分散式商业网点的产生，这种转型的内在基础是城市社会生活的巨变和市民阶层的崛起。北宋都城东京城是城市转型期的代表，东京城又称"汴京""汴梁"，位于今河南省开封市附近，汴京的总体格局呈现为外城、内城、宫城三环相套的形式，外城的平面近方形，南北长 7.5 公里，东西长 7 公里，有 13 座城门和 7 座水门。城外有护城河，宽 30 多米。内城又名"里城"，内包宫城，又名"皇城"。根据史书记载，皇城周长 5 里，建有楼台殿阁，建筑雕梁画栋，飞檐高架，曲尺朵楼，朱栏彩槛，蔚为壮观。城门都是金钉朱漆，壁垣砖石上镌刻有龙凤和飞云装饰。宫城内可大致分为三个区：南区有枢密院、中书省、宰相议事的都堂和颁布诏令、历书的明堂，西有尚书省，内置房舍 3000 余间；中区是皇帝上朝理政之所，重要的建筑有大庆殿、垂拱殿、崇政殿、皇仪殿、龙图阁、天章阁、集英殿等，北

---

[1]　［北宋］司马光：《资治通鉴》卷二百零五，《唐纪二十一》，《则天顺圣皇后中之上》。

区为后宫。经过考古勘探发现，宫城内前半部的中轴线上有大型的夯土台基，台基正对内城和外城的南门，呈纵贯南北的中轴线。这种由外城、内城、宫城三重城构成的都城布局为元明清都城所仿效，对后世的城市建筑影响很大。

社会经济的发展和社会生活的变革，特别是商品需求和交换的巨大增长，使得唐以来封闭的里坊制度逐渐成为城市经济发展的桎梏。里坊制度规定，只有豪门显贵的"甲第"才能"当道直启"临街开门；而"非三品"者则"不合辄向街开门"[1]。为了严格制度，政府在每坊都设有"坊正"，负责"掌坊门管钥"[2]，五更开坊门，黄昏闭门，遇有"越官府廨垣及坊市垣篱者，杖七十"[3]。至于市制，也有同样的严格限制："日入前七刻，击钲三百声而众以散。"[4] 从市的发展来看，不管是早期的后市、北市，还是后期的东市、西市，宋以前都只是集中在坊内有限的交易场所，它们实际上是从最初服务于皇室贵族的"官市"演化而来，性质上仍属于官市的范畴。随着城市手工业的迅速发展和商业经济的日益繁荣，这种僵化的坊制和市制无疑是一种障碍。事实上，中晚唐及五代以来，对坊制和市制的破坏已时有发生，如开元年间（713—741 年），一些官员在长安东西市的"近场处"广造铺店出租，"干利商贾"[5]，与民争利。玄宗遂下诏禁九品以上官员置客舍邸店，实际上只不过限制了一下铺店的租赁，"每间月估不得过五百文"[6]，而并未下令拆除。此后，坊内设店日见增多，如长安城中宣阳坊内就开设了彩缬铺[7]，延寿坊内则有金银珠宝店[8]。特别是肃宗至德（756—758 年）以后，坊内铺店为了营业便利而擅自打通坊墙并

[1] ［北宋］王溥：《唐会要》卷八十六，《街巷》篇。

[2] ［唐］杜佑：《通典》卷三，中华书局 1992 年版。

[3] 《唐律疏议》卷八，《卫禁·凡一十五条》。

[4] ［唐］张说、张九龄等编：《唐六典》。

[5] ［清］董诰等纂修：《全唐文》卷三十二，《元宗（十三）》，《禁赁店干利诏》："南北卫百官等，如闻昭应县两市及近场处，广造店铺，出赁与人，干利商贾，莫甚于此。"

[6] ［清］董诰等纂修：《全唐文》卷三十二，《元宗（十三）》，《禁赁店干利诏》："自今已后，其所赁店铺，每闲月估不得过五百文。"

[7] ［唐］孙棨：《北里志》。

[8] ［唐］高彦休：《唐阙史》卷下，《五居士神丹》。

对街开门之事更是层出不穷。贞元及元和年间（785—820 年），政府虽下令修筑坊墙并封闭不合定制擅自临街开启的店门，但已无济于事。而受中央政府钳制较少的一些地方城市，如当时首屈一指的商业都会扬州，早已是"十里长街市井连""夜市千灯照碧云"了。其他大商埠如成都、汴州等地的情景也大抵如是。

北宋初年，朝廷为了统治阶级的利益曾一度恢复五代以来渐趋废弛的里坊旧制，意在重建传统的城市社会秩序，但终因不合历史发展潮流而夭折。到了仁宗年间，里坊制便在社会变革的冲击下被彻底埋葬了。晚唐那种只是坊内设店而坊墙仍岿然不动、临街开门只是三三两两的清冷场面，现在已被坊墙的彻底拆除、住宅和商店均临街开门、市肆遍布全城的繁盛景象所取代。比如，唐以来曾一直维持着"七堰八门六十坊"的吴郡，到了宋神宗年间，沦为"坊市之名，多失标榜，民不复称"的局面[1]。至于东京汴梁，宋敏求在写于神宗熙宁年间（1068—1077 年）的《春明退朝录》中提到："京师街衢置鼓于小楼之上，以警昏晓。太宗时命张公泪制坊名，列牌于楼上。按唐马周始建议，置冬冬鼓，惟两京有之；后北都亦有冬冬鼓，是则京都之制也。二纪以来，不闻街鼓之声，金吾之职废矣。"[2]可见在仁宗庆历年间（1041—1048 年）沿用唐以来据鼓声启闭坊门的制度已废弛。总而言之，五代、北宋时期，从首都到地方各大城市，古典坊制和市制陆续退出了历史舞台，一种城市聚居生活的新方式——街巷式应运而生。

古典坊制与市制解体以后的城市，虽然表面上仍是三重或两重城垣相套的形式，但其内部格局已发生了彻底变化，并派生了相应的规划思想和城市景观。首先，城市不再是一成不变的躯壳，而是一个不断发展演变的生命过程。同时，它也不再仅仅是或主要是行政中心，而是日益向多功能的综合体方向发展。总之，城市自身发展的内在规律逐渐起到了主导作用，唐代那种整齐划一的网络式布局逐渐被淘汰，市民生活的安排不再是按预先规定的城市制度严格进行，相反，要根据市民的生活需求和自身发

---

[1]　[北宋] 朱长文：《吴郡图经续记》上卷，《坊市》。
[2]　[北宋] 宋敏求：《春明退朝录》卷上（二）。

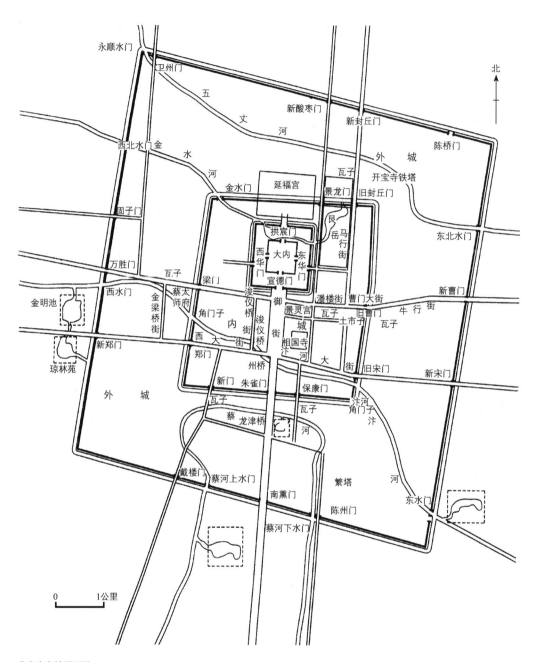

北宋东京城平面图

展来调节城市的规划和布局。

从道路的布局可以很明显地看出：此时的道路系统采用的是一种较为自然、不拘一格的方式，如北宋汴京，除御街等主要大道居中或呈对称布局外，绝大部分街道基本上都是按照城市发展的实际状况，或曲或直，或疏或密，因势利导，还出现了斜街。再如南宋临安，其道路亦多曲折，即使是主干道御街，也殊难矢直。有的干道甚至分段相折，干道间距亦多远近不一，便于疏通。南宋陪都平江城（今江苏苏州），更反映了当时根据发展规律和实际情况规划布局的原则，其形状各异的道路系统极为灵活，就像植物的根茎、人体的脉络一样错综复杂，富于生命的活力。

其次，观念僵化的等级区域划分亦被打破，出现了贵族与平民、市肆与住宅、公共建筑与私人建筑相处的局面。这实际上是社会进步的一个标志。如新封丘门大街民户铺席与诸班直军营相对；郑皇后的宅邸与有名的酒楼"宋厨"前后相邻；明节皇后宅邸靠近张家油饼店；蔡太师家则比邻杂耍场。这种置权贵甲第于一片闹市之中的布局，在以前是根本不敢想象的。这说明城市分区的基础已不唯是森严的等级制度，而更多的是考虑便利生活的实际需要，其结果是使城市结构布局更为均匀合理。

最后，街巷成为城市景观的主体。由于里坊被街巷所取代，结果出现了截然不同的城市面貌，"坊巷院落，纵横万数，莫知纪极。处处拥门，各有茶坊酒店，勾肆饮食"。纵横交错的商业街取代了以往一道道森严冷漠的坊墙，使整个城市充满了生气。临街的店铺，体量大小不等，位置凸凹各异，形式也是多种多样。由于人烟稠密，房屋拥挤，因而很多临街建筑如酒楼、茶肆等都是多层的，使街景显得十分丰富而繁华。如《东京梦华录》卷二"酒楼"条："凡京师酒店，门首皆缚彩楼欢门……三层相高，五楼相向，各有飞桥栏槛，明暗相通，珠帘绣额，灯烛晃耀。"卷七"驾回仪卫"条："宝骑交驰，彩棚夹路，绮罗珠翠，户户神仙，画阁红楼，家家洞府。"[1] 此等景象从张择端的《清明上河图》

---

[1]　[北宋]孟元老：《东京梦华录》卷二"酒楼"条，卷七"驾回仪卫"条，上海古典文学出版社1956 年标点本。

清明上河图（局部）

中亦可略见一斑。

宋建炎年间，宋室南迁，定吴越旧都杭州（临安府）为行都，根据当时政治经济的需要，对原城进行了大规模的改建扩建，一方面按照封建帝都的要求，建立宫廷区和行署区，并相应增设了坛庙、城防等配套设施；另一方面革新了市坊布局，使之适应城市经济生活的发展，如形成了具有不同城市功能的宫廷、行政、商业、仓储、码头、手工业、文教、居住、城防、风景休闲等区域，临安由此成为繁华一时的大都会。

临安城的平面呈南北狭长的腰鼓形，城内以贯通南北的主干道——

御街为轴线，南起皇城和宁门，北达景灵宫，城中的主要功能区即沿此条中轴线展开。皇城位于轴线的南端，且位于地势高显的丘陵地带，市坊居于皇城以北，地势平坦开阔。此种布局突出了皇城的主体地位，同时亦符合前朝后市的布局理念。御街南段属行署区，御街中段两侧为中心商业区，各种商肆及瓦舍、酒肆、茶坊、浴室等遍布全城，与中心商业区、塌房区和各种行业性的专业分区互为补充，既方便了城市社区生活，也丰富了城市街道景观，反映了两宋城市受经济因素影响而发生的变化。市内的居住区是按坊巷制的规划制度安排的，坊巷内不仅有居民住宅，而且也有商业网点，形成市坊结合的局面。此外，坊巷内还设有学校，成为临安坊巷制的一项新内容，"乡校、家塾、舍馆、书会，每一里巷须一二所，弦诵之声，往往相闻"[1]，反映了临安城市文化与教育的发达。

临安西拥西湖，东南临钱塘江，西北与大运河相连，城内外河网纵横，是典型的水网城市。便捷的水运为城市经济提供了繁荣的基础，而充沛的水源也为城中园林的兴盛和城市园林化提供了条件，加之临安南部为丘陵地带，地形起伏，为城市营造丰富的竖向景观提供了天然的基础。据记载，除大内及北内（德寿宫）的宫廷园苑外，皇家经营了不少别馆苑囿，如富景园、聚景园、延祥园、集芳园、玉津园等，贵戚、权臣、富贾亦竞相营建园圃，可稽考的私家名园即不下百十。这些园林点缀在临安城中，宛如花团锦簇。而位于南北两山环抱中的西湖本身就如一座天然园林，加之众多的名园点缀其中，人工与天然已融为一体，湖光山色与园池美景交相辉映。

公元 1234 年元灭金，为了加强对全国的统治，元世祖决定将政治中心南移，命刘秉忠在金中都东北以琼华岛（即今北京北海琼华岛）一带金代离宫为中心建造新城，即元大都城。自 1267 年起建至 1285 年初竣，历时 18 年建成了与隋唐长安及明清北京齐名的著名古代城市，其布局之严整、规模之宏伟、建筑之壮丽以及对后世的影响，堪称中国

---

[1] ［南宋］耐得翁：《都城纪胜》，《三教外地》。

南宋临安城平面图

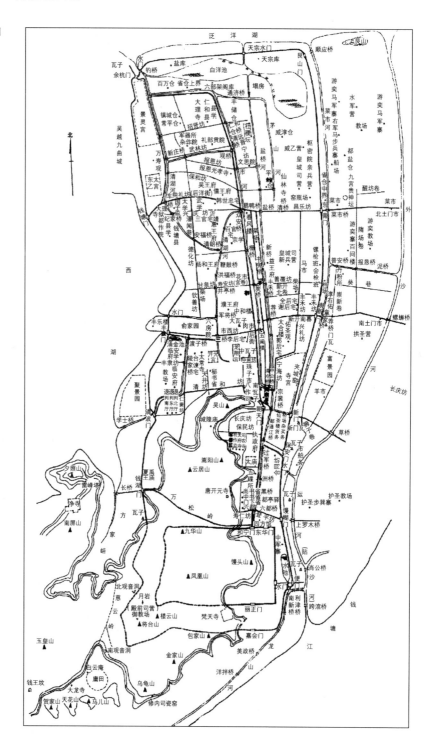

南宋临安城与西湖

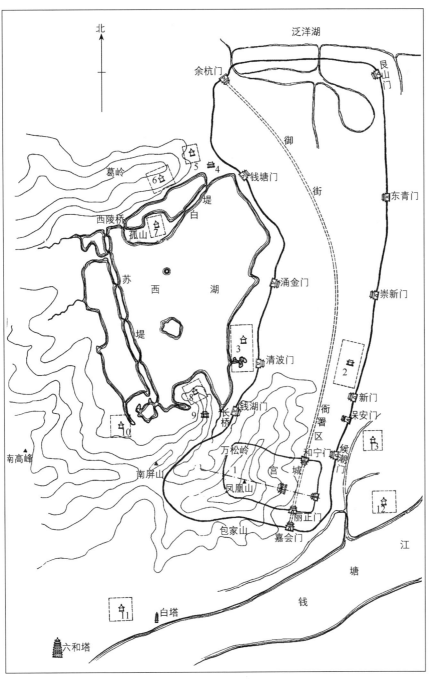

北

泛洋湖

余杭门

良山门

御

钱塘门

东青门

街

葛岭

5　4

西陵桥

堤

白

孤山　7

苏

西　　湖

涌金门

崇新门

堤

6

3

清波门

2

新门

保安门

8

钱湖门

长桥

9

10

衙署区

候潮门

万松岭

和宁门

南高峰

南屏山

1

宫　城

13

凤凰山

丽正门

12

包家山

嘉会门

江

塘

11　白塔

钱

六和塔

1. 大内御苑　2. 德寿宫　3. 聚景园　4. 昭庆寺　5. 玉壶园　6. 集芳园　7. 延祥园
8. 屏山园　9. 净慈寺　10. 庆乐园　11. 玉津园　12. 富景园　13. 五柳园

古代最伟大的帝都之一。大都建成后不久，元即灭南宋，于 1279 年统一了中国。

　　元大都规模庞大，面积约 50 平方公里，略呈方形。除北面二门外，其他三面均开三门，正门称丽正门。城内纵横各排布九条大街，除被宫殿区阻隔和城内湖泊打断外，各大街皆纵横相通。城墙全为夯土，有向外突出的马面，四角建有角楼。元末，在每城门外曾加设瓮城。皇城布置在城内南部，这是因为大都利用金代琼华岛离宫以及天然水面太液池附近区域布置皇城，不宜再向北扩展；在大都西南是金中都的废墟，为了避开旧城，大都南墙只建在金中都北墙以北，这就是皇城居于城内偏南的原因。大都的中轴线在太液池以东而不是在池西，显然也是出于避开旧城的意图。皇城正门称棂星门，在城内中轴线上布置有宫城，又称大内，正门称崇天门。皇城之北鼓楼一带是当时最主要的市场。在皇城外左右，即都城东西城门齐化门和平则门内分建太庙和社稷坛，这些布局明显符合《考工记》的规定。总体来说，在中国城市史上，大都是最接近《考工记》所提出的"方九里，旁三门，国中九经九纬，经涂九轨，左祖右社，

元大都瓮城

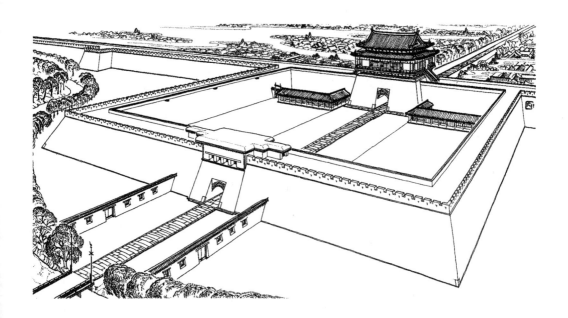

面朝后市"[1] 的古代城市。在一定程度上，《考工记》的理想布局不仅具有形式上的意义，更是中国封建社会最高统治者的美学理想在城市艺术上的反映。方正的城市外郭、以贯穿全城南北的中轴线为对称轴的东西对称格局、皇宫位于全城中轴线上的显赫地位、严格的纵横正交的街道网格，以及以"祖""社"为宫殿的陪衬，这些都浸透了皇权至上、等级严格的宗法伦理政治观念。统治者追求的理性秩序在这里起了直接的作用，是他们理想的社会模式在现实中的表现。

大都城内分划为五十坊，但这只是一种行政管理单位，并无汉唐那样的坊墙。城内的街道以南北向为主，大街宽 24 步、小街 12 步。在它们之间布置东西向的胡同，宽 5—6 米。胡同之间的距离都是 50 步，胡同内即为一户户的民宅，排列有序，整齐划一。城内几何中心的位置建造有一座中心台，"方幅一亩"，稍西建有鼓楼，其北又有钟楼。鼓楼和钟楼都颇高大，"层楼拱立夹通衢，鼓奏钟鸣壮帝畿"[2]。在城市中心大街交会处建钟鼓楼的格局，成了以后明清华北许多城市中的普遍形式。这些高大的建筑有规律地分设在各主要街道和关键部位，成为主要大街的对景和统率各地段的构图中心，使整座城市成为一个有机的艺术整体，它们与大都外垣的城楼、瓮城、角楼及城墙一起，组成了城市丰富的立体轮廓。时人黄文仲《大都赋》记述："论其市廛，则通衢交错，列巷纷纭，大可以并百蹄，小可以方百轮。街东之望街西，仿而见，佛而闻。城南之走城北，出而晨，归而昏。"[3] 有幸目睹元大都壮丽景象的意大利旅行家马可·波罗称赞大都"其美善之极，未可言宣"。他描绘此城"街道甚直，此端可见彼端，盖其布置，使此门可由街道远望彼门也。城中有壮丽宫殿，复有美丽邸舍甚多"，"各大街两旁，皆有种种商店屋舍，全城中划地为方形，划线整齐，建筑屋舍……方地周围皆是美丽道路，行人由斯往来"[4]。

---

[1] 《周礼》卷六，《冬官考工记·磬氏／车人》。

[2] ［元］张宪：《玉笥集》卷九，《登齐政楼》。

[3] ［元］黄文仲：《大都赋》。

[4] ［意大利］《马可·波罗游记》卷二，《忽必烈大汗和他的宫廷西南行程中各省区的见闻录》。

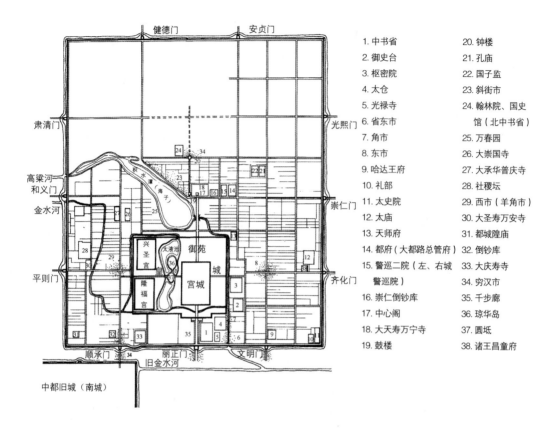

1. 中书省
2. 御史台
3. 枢密院
4. 太仓
5. 光禄寺
6. 省东市
7. 角市
8. 东市
9. 哈达王府
10. 礼部
11. 太史院
12. 太庙
13. 天师府
14. 都府（大都路总管府）
15. 警巡二院（左、右城警巡院）
16. 崇仁倒钞库
17. 中心阁
18. 大天寿万宁寺
19. 鼓楼
20. 钟楼
21. 孔庙
22. 国子监
23. 斜街市
24. 翰林院、国史馆（北中书省）
25. 万春园
26. 大崇国寺
27. 大承华普庆寺
28. 社稷坛
29. 西市（羊角市）
30. 大圣寿万安寺
31. 都城隍庙
32. 倒钞库
33. 大庆寿寺
34. 穷汉市
35. 千步廊
36. 琼华岛
37. 圆坻
38. 诸王昌童府

元大都平面图

　　城市中有丰富的水景是大都面貌的又一特色。在大都兴建以前，这里已有一系列自然水面，从西北山中流来的高粱河汇成积水潭和海子（今积水潭和什刹海），再南流入太液池（今北海和中海），金代离宫就在太液池区域。大都规划者成功地利用了北方不可多得的水面，把它们组织到城市布局中，太液池被包入皇城，积水潭和海子包入大城。元代著名科学家郭守敬又引白浮泉之水入城，加大了积水潭和海子水量，使得通惠河得以开通。通惠河自海子以东南流，沿东皇城根南下出城，再东去通州，与南北大运河相接，使来自江浙的大船可一直驶入大都，停泊在海子内，"舳舻蔽水"[1]，商贾云集。于是海子东岸的鼓楼和北岸斜街日中坊一带"率多歌

[1]　[明]宋濂、王祎主编：《元史》卷一六四，《列传第五一·郭守敬传》。

台酒馆"[1]，成了最繁华的商业中心。海子周围又多园林寺观，传说有十座寺刹最为著名，故海子又称什刹海。元大都利用原有地貌组织水面，既解决了城市供应和交通，又美化了城市景色，丰富了城市生活，还改善了区域气候，成为大都城市建设的重要成就。

第二节　外部空间艺术的发展

作为成熟时期的唐宋宫殿庙宇建筑群，包括宫殿、寺院、官署、府学书院等，其总体布局在总平面上加强了进深方向的空间层次，从而衬托了主体建筑；与此同时，建筑的形体组合更趋复杂，从宋画滕王阁、黄鹤楼等建筑造型上可看到此时建筑体量与屋顶的组合已经非常丰富和完美。

隋唐时，国家统一，国力强盛，都城、宫室、寺观、府邸的豪华已远远超过南北朝时期。大型的宫殿、官署、寺庙等都由庞大的院落群体组成，主体建筑的前面有门殿，左右有庑殿或配房，用回廊或墙连接，围成气势开阔、宏伟壮丽的院落。秦汉时期的高台建筑是由大小和性质不同的多种建筑聚合而成的。自高台建筑衰落后，宫殿及寺观建筑演变为建在高基上的一栋栋相对独立的建筑，相互间以辅助房屋联系，殿宇的绝对高度和整体尺度相对变小而数量增多，导致向纵横两个方向发展而形成并列的多进院落群。各殿宇的大小、高低变化和院落的阔狭不同，使得不同院落形成不同的空间形式和艺术面貌。院落的布局和院落群的组织日益成熟，成为这一时期古代建筑空间艺术日臻完美的重要方面。

根据已发现的遗址和文献记载，唐代单座院落的大小规模主要表现在尺度和所用门殿数目上。最简单的为一门一厅，用回廊围成矩形院落。稍大者可有前后两厅，即在前述院落中再建一厅，形成前后二厅相

---

[1]　［清］英廉等编：《钦定日下旧闻考》卷五十四。

重的布局。再大者在前厅左右也建廊，院落遂呈日字形平面。规模再大者，可在门、前厅（殿）、后厅（殿）左右建挟屋或朵殿。最高规格的则在挟屋、朵殿基础上再于东西廊开东西门，并在回廊转角处建角亭。在这几种布局之外，再加上建筑层数的变化，如将门、后殿、东西门或角亭建为二层，又可生出更多的院落形式。较大的宫殿、官署、第宅、寺观都是由多个院落组织起来的，若干庭院前后串联形成一条纵轴线，称为"路"，称每重院落为"进"。若干路院落东西并列，以其中一路为主

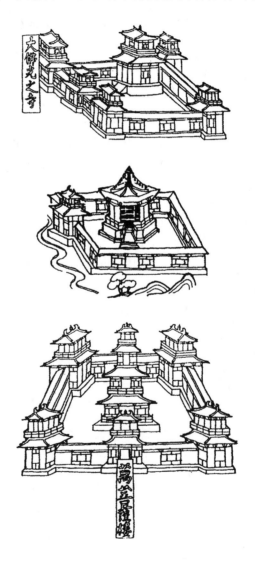

唐代寺院院落

轴线，组成整个宫殿或寺观。建于这一时期的渤海国上京宫殿遗址印证了当时建筑群的布局特点：该宫殿分左、中、右三路，中轴线上的中路为主，前后建有五座殿宇，形成四进院落，其中第一进以宫城正门为门，第二进有殿门，第三进，无专用之门，且主殿为工字殿，又分全院为前后两部。前三进都用回廊围成院落，只第四进四周为围墙。东西路也用围墙围成若干进大院落，其内再用墙分隔为小院。敦煌唐代壁画也反映了唐代院落的一些形象，由《观无量寿经变图》中所绘得知，一般在中轴线上建二或三座大殿，后殿往往为楼阁，左右配殿或单层或二层，左、右、后三面周以回廊，转角处有角楼，佛殿前为莲池，据第 172、148 两窟壁画所示，《弥勒经变图》及《药师经变图》所绘多是完整的院落，前有门，庭中建主殿及配殿。

　　唐宋时期发展起来的这种大型院落组合在建筑艺术上形成了特殊效果，并同时具有许多优点。把主要建筑面向庭院布置，可使其不受外界干扰，并形成特殊的内聚性环境。同时可以按建筑的性质、功能和艺术要求进行设计，以横宽、纵长、曲折、多层次等不同空间形式的院落衬托主体，造成开敞、幽邃、壮丽、小巧、严肃、活泼等不同风格和氛围的环境。此外，通过对院落的门和道路的合理设计，组织建筑的最佳观赏点和观赏路线，营造出变化的院落景观，如天津蓟州区独乐寺，站在山门当心间可以发现，它的后檐柱及阑额恰好是嵌入观音阁全景的景框，这显然是经过精心设计的结果。通过回廊、行廊、穿廊不但可以丰富院落空间，同

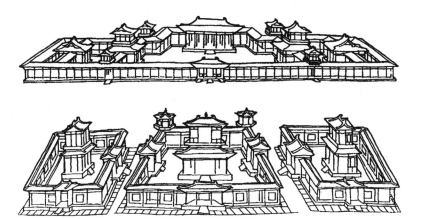

敦煌壁画中的唐代院落

时起到衬托主体建筑群的作用。回廊尺度宽大,接近一般房屋,穿过回廊看主体建筑,并以对面的回廊为背景,为仰视体量巨大的主体建筑提供了一个参照尺度。当主体为前后二殿或工字殿时,前殿两山有行廊接东西廊。因主殿台基远远高于回廊台基,行廊台基要逐渐升高以接殿基,行廊遂成为自两侧向中间升高的斜廊,接于主殿两山檐下。斜廊升高向上的趋势,大大加强了前殿的伟岸。斜廊和前后殿间的穿廊,又把庭院后部分隔成两部,增加了庭院深远通透的效果。回廊在院落中虽非有效的使用面积,但在构成庭院空间和组织行进路线上有重要作用,并有很强的艺术表现力,是中国式院落布局中最具特色、不可缺少的部分。由多所院落串联或并列组成的大型建筑群,正是通过不同院落在体量、空间形式上的变化、对比,取得突出主院落和主体建筑的效果,并使得整个建筑群主次分明,既统一又富有变化。

一、宫殿艺术

唐宋宫殿是展示该时期建筑空间艺术成就的最重要的类型,唐以大明宫为代表,宋以汴梁宫殿为代表,将传统建筑群的宏大组合和细腻处理

唐代悯忠寺

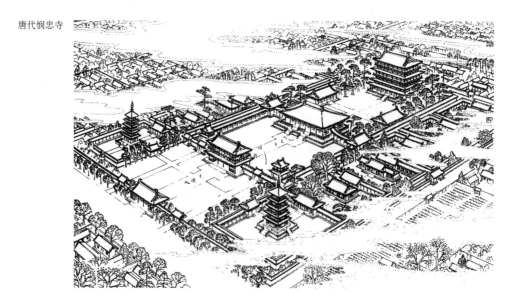

推向了高潮。唐代大明宫是唐长安"三大内"的"东内"（太极宫为"西内"，兴庆宫为"南内"），也是唐长安宫殿中最雄伟的一组建筑群，兴建于太宗贞观八年（634 年），原是唐太宗李世民为其父李渊修建的皇宫，龙朔三年（663 年）唐高宗和武则天迁大明宫听政后，开始作为朝会的场所，从高宗到唐末 200 余年间成为唐朝的政治中心。大明宫的建造主要是因为原长安正宫太极宫地势较为卑湿，不便皇居，于是在城外"北据高冈，南望爽垲"的龙首原高地上另建大明新宫。在大明宫的东、北、西三面，沂、渭水之间，均为禁苑，南墙即郭城北墙东段，与原长安宫城及皇家苑囿联系十分便捷，也易于防卫。南墙以丹凤门为正门，南出有大街，与郭城延喜门至通化门的东西向大街相接。由丹凤门南望，正对晋昌坊的慈恩寺塔，其选址、轴线和宫门位置的设计显然考虑到了城市的空间对位和景观视线的艺术效果。

大明宫平面呈长方形，占地面积 3.2 平方公里。城垣均为夯土版筑，城门附近及拐角处内外采用砖砌筑，东、西、北三面有夹城。城垣四周设有 11 座宫城大门，正门名丹凤门，设有 3 个门道，当年常在此举行肆赦等活动。宫中的建筑分为前中后三大部分，各以宫墙分隔，各区亭阁耸峙，殿堂壮丽，径曲廊折，景荣花香。其中最重要的建筑为含元、宣政、紫宸三大殿，著名的麟德殿则位于大明宫北部太液池之西的高地上。如今含元殿、麟德殿等遗址还依稀可辨。

含元殿为大朝之所，"元正、冬至于此听朝也"[1]。由原殿遗址和懿德太子墓壁画宫阙形象对含元殿所做的考证复原，显示了这座组合式宫殿建筑的宏伟壮丽，反映了盛唐建筑的雄健与豪放。含元殿的位置在高出平地 15.6 米的龙首原南缘，坐落于全城之脊，此处"终南如指掌，坊市俯而可窥"[2]，兼有观景和成景的优越条件。含元殿极宏伟，殿身面阔 11 间、达 67.33 米，进深 4 间、29.2 米，面积 1966 平方米，与明清北京紫禁城正殿太和殿相近。殿为单层，重檐庑殿顶，东西两侧伸展出左右廊

---

[1] 旧题唐玄宗撰，李林甫等注：《唐六典》卷七，《尚书工部》。

[2] ［北宋］《太平御览》卷一百七十三，《居处部一》："《西京记》曰：……北据高冈，南望爽垲，视终南如指掌，坊市俯而可窥。"

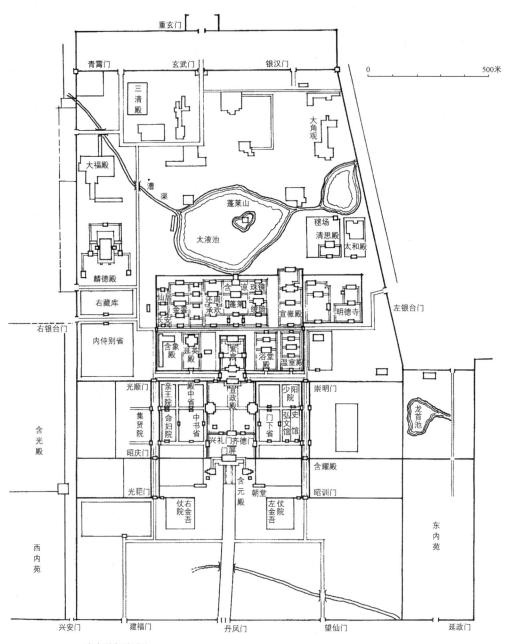

唐大明宫平面图

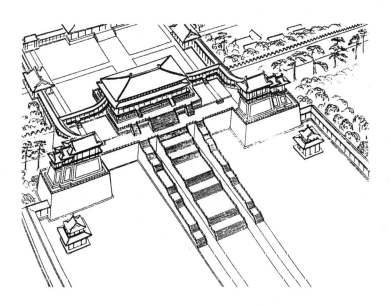

唐大明宫含元殿复原图

道，廊道两端南折斜上，连接建于斜前方高台上的翔鸾、栖凤二阁，"左翔鸾而右栖凤，翘两阙而为翼"[1]。两阁东西相距 150 米，与主殿构成凹字形平面组合，共同围合出大殿前约 600 米长的前视空间，气势极为宏大。阁的平面为横长方形，长轴与殿的长轴平行，阁的下部台基为矩形，高 15 米，上部台基折转两次成三出阙台基。台基总高约 30 米，各面包砖。台上的阙楼为单层，歇山式屋顶，所附子阙两次叠累，形成所谓"三滴水"式。含元殿的台基前有称为"龙尾道"的 3 条平行阶道，长达70 余米，对含元殿和翔鸾、栖凤二阁起到了烘托和渲染的作用，登临长长的龙尾道，气势宏大的含元殿豁然目前，"仰瞻玉座，如在霄汉"[2]，亦像"如日之升"[3]。

　　大明宫南部设置有三道东西向的院墙，第一道在含元殿南 140 余米，第二道与含元殿平，第三道在含元殿北 300 米。三道院墙以含元殿为中心，左右对称开有二门，形成两条相距 600 余米的副轴线，大明宫的主要建筑就布置在这两条轴线范围内。中路上的含元殿为大朝，往北过宣

[1] ［清］董诰等纂修：《全唐文》卷三百十四，李华《含元殿赋》。

[2] ［唐］康骈：《剧谈录》卷下，《含元殿》。

[3] ［清］董诰等纂修：《全唐文》卷三百十四，李华《含元殿赋》。

大明宫含元殿效果图

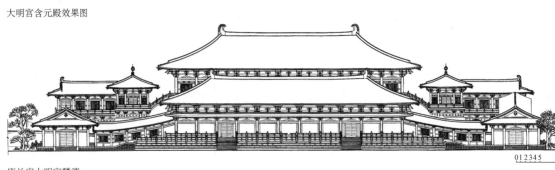

唐长安大明宫麟德
殿立面图

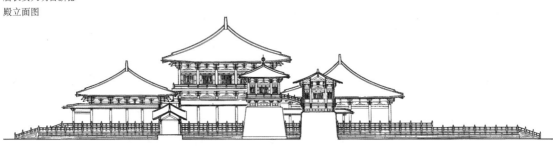

唐长安大明宫麟德
殿侧立面复原图

政门为宣政殿，殿庭宽广，是为常朝，殿左右有东上阁、西上阁。再北过紫宸门达紫宸殿，为日朝，殿庭相对较小。在中轴线的东西两侧各布置有一路殿庭，与中路的殿庭以南北向的纵巷相隔。紫宸殿的北面是占地广袤的宫苑，以太液池为景观中心，池中有山曰蓬莱，环池南岸分布着珠镜、郁仪等殿宇，其间长廊绵绵，池中锦珠潋滟。在池西和大明宫

西墙之间的高地上，坐落着另一组大型建筑群麟德殿。麟德殿实际是由
四座殿堂组合而成：前殿为单层，中殿和后殿均为两层，最后一座"障
日阁"也是单层。前中后三殿面阔均为 11 间、58 米，左右尽间为实墙
所据。前殿进深 4 间，殿前有进深 1 间的附檐，殿后有进深 1 间的廊庑
与中殿相通。中殿进深 5 间，殿内被南北纵向隔墙分为左中右三个相
对独立的空间，中厅最大，两侧有楼梯通上层。后殿和障日阁都是进
深 3 间的殿宇，后殿的底层与障日阁在空间上相互连通。据复原推测，
前、中二殿为单檐庑殿顶，后殿和障日阁为单檐歇山顶。这组组合式的
殿堂规模巨大，整个组合形体总进深 17 间，达 85 米，底层面积合计约
5000 平方米，为已知中国古代最大的建筑空间。中、后两殿上层面阔
11 间，总进深加连休共 9 间。将上部面积合计在内，总面积可达 7000
多平方米。

大明宫麟德殿

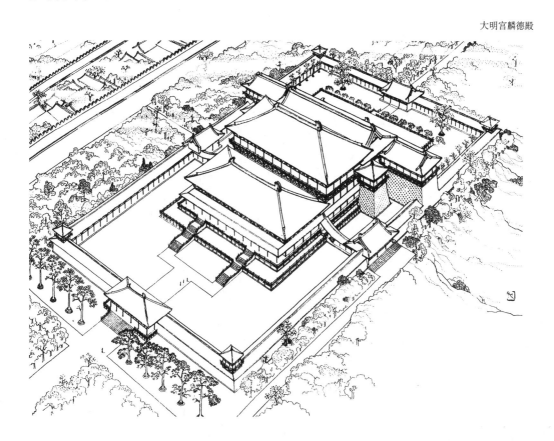

　　由四殿组合的麟德殿坐落于两层高的大台座上，在台座左右与中殿平行的位置，各置有一个方形的高台，台上建有单层的东亭、西亭，以弧形飞桥与中殿上层相连通。在与后殿平行的位置又布置了左右矩形高台，台上建郁仪楼和结邻楼，均为单层歇山顶小殿，也以弧形飞桥与后殿上层相连通。麟德殿是皇帝赐宴群臣和各国使节的地方，据文献记载大历三年（768 年）曾在此宴神策军将士 3500 人，场面极为宏大。由于此处邻近西垣，便于人流集散，又不干扰大明宫主体区域的活动，故经常在此举行诸如马球比赛等娱乐运动。通过数座殿宇组合而成的麟德殿体形高低错落，景象宏大壮丽，而其中每座殿堂的体量又仍符合常规尺度，反映了设计者驾驭建筑体量的娴熟技巧。东西两侧的亭、楼附属建筑体量较小，反衬出主体殿堂的伟岸，同时，增加了建筑组群整体的瑰丽。在大明宫北门有两重城门，内称玄武，外称重玄，历史上著名的玄武门之变即发生在这里。

　　隋唐时期在长安和洛阳附近还曾建有大量的离宫别馆，著名的如隋仁寿宫（唐九成宫）、隋汾阳宫、唐翠微宫、唐玉华宫、唐华清宫等。九

唐大明宫玄武门

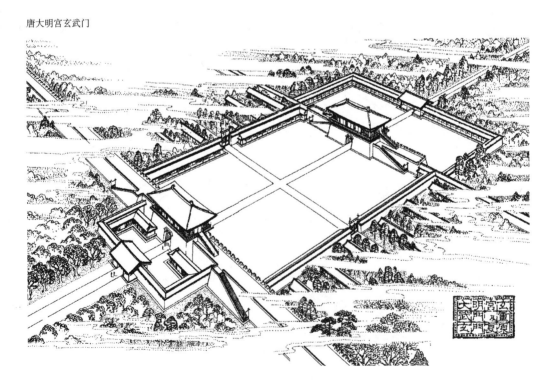

成宫"九成"者言其高大有"九重"或"九层"之意，以建筑之壮丽、园林之优美被誉为"隋唐离宫之冠"。因为唐太宗每年都在此避暑纳凉，九成宫从此便成了盛唐时期君臣活动的重要场所，因其规模宏伟景色壮丽，一度为全国政治、军事、文化中心。现存魏徵撰写的《九成宫醴泉铭》碑对九成宫作了生动的描述，唐代画家李思训所作的《九成宫纨扇图》（存于北京故宫博物院内）中也有描绘。现宫城尚存夯筑宫殿台基、阙门基址、石柱础、石砌水井、水渠，遗址上还留有点将台、武则天梳妆台等。

华清宫在唐长安东，今西安市临潼区城南，骊山北麓。唐贞观十八年（644 年），唐太宗命姜行本、阎立德在此建宫室和御汤，命名为汤泉宫。唐玄宗天宝六年（747 年）改称华清宫，并大加拓建，在宫外建罗城，修建了百官厩舍和宅邸，天宝八年又在宫之东北建观风楼，供元旦受朝贺之用，后发展为冬季专用的离宫，"诸方朝集，商贾繁会，里闾阗咽焉"[1]，逐渐在华清宫周围形成了一个繁华的城市。

据《长安志》和《长安志图》载，宫城南依骊山，四面各开一门，城四角有角楼。宫内建筑群分为三条南北轴线。中轴线为正殿一组，前为殿门，殿庭中有前后二殿，四面建廊庑，东西廊上设日华、月华门。东轴线上为寝宫区，最北为瑶光楼，楼南即寝殿为飞霜殿一组。西侧轴线为祠庙区，北为七圣殿，内供老子，殿南为功德院，原为道观。宫的南部为温汤区，汤池水源在飞霜殿正南骊山脚下，在飞霜殿区之南自东向西有皇帝的御汤和贵妃的海棠汤；在正殿区之南为太子汤、少阳汤、尚食汤、宜春汤；在功德院之南为长汤，诸汤池各配有庙宇，错杂排列。

宫外的罗城，其北门与宫城的正门津阳门相对，二者之间有横街，其中布置有弘文馆、集贤院等，容纳百司衙署。宫城外东北角建有观风楼，供元旦大朝会之用，自观风楼可经罗城与宫城之间的东西夹城进入宫城。在罗城之东西外侧还有大量附属建筑。宫城南门昭阳门之南即骊山北麓，有登山御道通到山上，山上建有以祭祀老子为主的朝元阁、老君殿及灵台

---

[1]　[北宋]钱易：《南部新书》

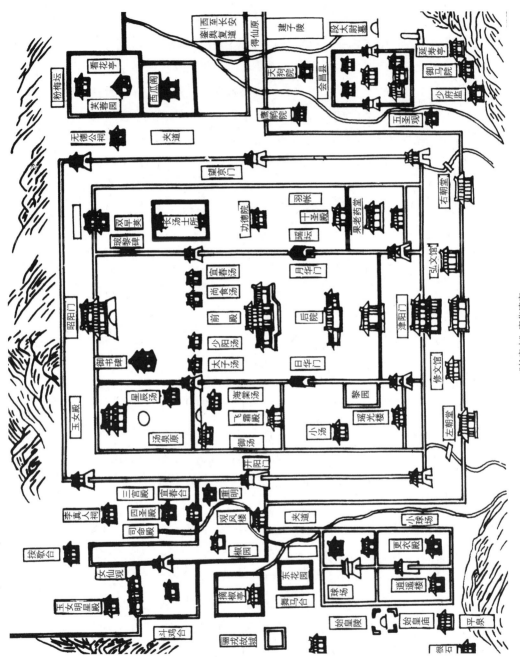

《长安志》唐华清宫

等一系列楼观殿阁和风景点，实际为宫后的园囿区。

相对于唐朝宫殿的纵横捭阖、宏大壮丽，宋代宫殿则显得更为体系完备、形制精细，而且风格亦趋工巧绚丽，尤以汴京宫殿为最。北宋的汴京宫殿原是由后周的皇宫改建而成，总平面为前朝后寝格局，采取院落形式，用纵向的轴线组织整个建筑群。宫城由一条横贯东西的大道分为南北两部，南部正中是以大庆殿为中心的一组宫院，南对宫城阙门——宣德门。宫院由廊庑围合，横向分三路，最前为大庆门及左右日精门，中间即为大朝大庆殿，此殿"殿庭广阔"，"可容数万人"，"每遇大礼，车驾斋宿及正朔朝会于此殿"，其两侧廊庑中设左右太和门。大庆殿后又设楼阁，与大庆殿以廊相通，成工字形平面，阁后设有后门通达横街。由院落建筑群的布局来看，院落本身的组合较前代更为完整，讲求院落空间的尺度和序列关系，运用外部空间大小、递进的变化来突出主体。大庆殿采用组合形式，中为大殿，左右连以挟殿，殿后有阁，连为工字殿，周围绕以廊庑。这种布局成为以后一种通用的模式，并影响到金代建筑的布局。大庆殿的西侧是文德殿院，内有东鼓楼、西钟楼和与大庆殿相似的工字形文德殿。宫城的北部是一个以中朝紫宸殿为中心的宫院，规模稍逊于大朝建筑群。在紫宸宫院之西及之后还建有常朝垂拱殿院和后苑，后苑面积不大，其中岩石峻立，花木扶疏，又有池沼溪水、轩馆亭阁，为皇帝与后宫的游宴之所。此外，宫城内还布置了一些附属庭院，分别作为寝宫、大宴、讲读和收藏书籍之所。由整体布局来看，汴京宫殿的规模远不如唐朝长安大明宫宏大严整，但更具灵活纤巧的特点。

汴京宫殿的宫前广场的设计是对前朝做法的发展与突破，从曹魏邺城开始，各代都城的中轴线都和宫城正门相交，在此形成宫前广场，宫城正门也即成为构图焦点。但在宋代以前，广场的空间和造型都缺乏经营和处理，直至宋时的汴京才得到重视。御道由南而始，过内城正门的朱雀门至州桥，此为宫前广场的起点。自此大道向北分为三路，中路为御路，两边设朱红杈子，外边为满植莲荷的水渠和边路，再外为东西长廊，廊前列植果树杂花。长廊南起州桥，有文武二楼分峙于两廊尽端，北至宣德门处折向东西，止于左右掖门，使宫前广场呈丁字形。广场的焦点宣德门为凹形

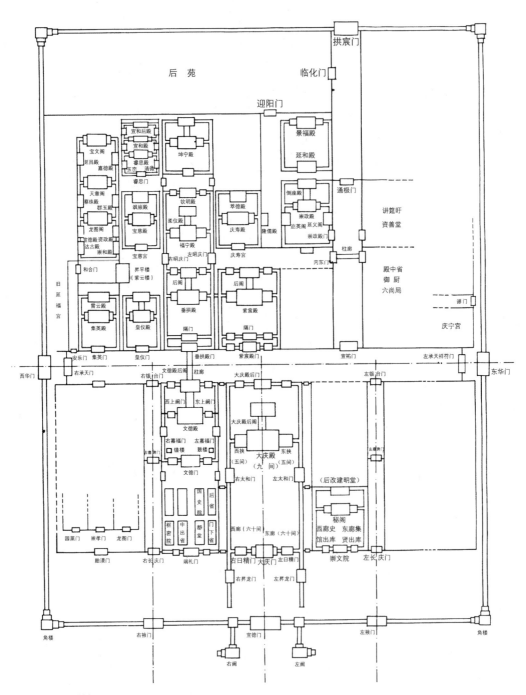

北宋东京宫殿建筑布局

平面，中央正楼为单檐庑殿顶，左右廊斜下连接方形平面的东西朵楼，由朵楼南折又有侧廊与阙楼相通，阙楼外侧则有二重子阙。每个建筑的单体体量虽不大，但组合而成的整体形象颇为壮观。

从文武楼和州桥至宣德门，整个空间环境显然是被作为一个整体来经营的，有铺垫、有高潮、有变化、有对比，显示出手法的多样性。比如长廊、行道树、道路和水渠形成了许多导向宣德门的透视线，低下的长廊对高大的宫阙起到了陪衬作用。广场至北端由纵向转为横向，使宫阙前景十分广阔。这些处理无疑极大地加强了广场的表现力和感染力，其设计构思和实际效果均较前代更具艺术性，这一创造性的宫前广场设计对当时和后世的宫前广场设计影响很大，如金中都改建前曾派画工到汴京摹写宫室，其宫殿布局和宫前广场的空间处理几乎就是汴京的翻版。

比较北宋汴京宫殿，南宋临安宫殿的规模则更为缩小，因为南渡后初以旧有州治行宫为宫城，所以较为简陋，绍兴二十八年（1158 年）开始在凤凰山麓对宫城进行大规模的扩展。由于地形起伏多变，宫廷区的布局也随之因势利导，相机安排，形成了与以往严谨规划的宫城大异其趣的艺术风格。宫城南面辟有三门，正中为丽正门，入门后即达于朝区，迎面为具有多种功能的大朝文德殿院，按不同的活动揭以不同的殿名：凡上寿则曰紫宸殿，朝贺则曰大庆殿，宗祀则曰明堂殿，策士则曰集英殿，四殿皆即文德殿，随事揭名。[1] 过文德殿即达常朝垂拱殿院，主殿"五间十二架，长六丈，广八丈四尺。檐屋三门，长广各丈五。朵殿四，两廊各二十间，殿门三间，内龙墀折槛"[2]。这两座形制简疏的殿院即是整个宫城的朝区。朝区后即为寝宫，其内殿宇略多，布局也更趋灵活，其中有供皇帝便坐视事的延和殿，燕闲之所的射殿和御寝之所的福宁殿等。至于后妃宫寝，则有太后所居的慈宁殿、慈元殿和慈明殿，皇后的坤宁殿，以及嫔妃居住的楼堂馆阁等。另外，在朝寝区一侧还设有东宫，内有荣观、凝华殿及玉渊、绎己、新益、瞻篆堂等，并附设有讲堂、射圃、博雅楼等建筑。宫城内的北

[1]　[南宋]潜说友：《咸淳临安志》卷一，《行在所录》。

[2]　[明]田汝成：《西湖游览志上》卷七，《南山胜迹》。

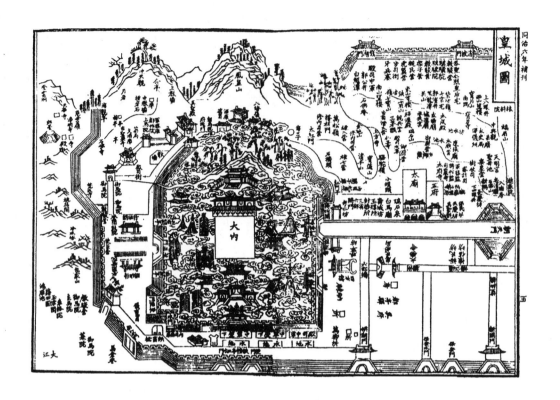

南宋临安大内图

部尽端是皇室的后苑即御花园。从宫城内务区的分配来看，布局灵活的寝宫和园林占极大比重，它们的空间造型和艺术风格影响了整个宫殿建筑组群的性格。就空间而论，南宋宫殿群的布局特点不唯在形制的淡化，更主要的是它不恪守呆板的网格划分，因地制宜地创造出变化丰富的空间构图。

元大都宫殿设计是唐宋以来宫殿艺术的一次集合与总结，据元代陶宗仪《辍耕录》和明初萧洵《元故宫遗录》记载和考古资料，大内宫城建在太液池以东的城市中轴线上，在太液池西岸的南北两侧则建有隆福宫、兴圣宫，分居太后、太子，与大内形成品字形布局，太液池穿插其间。此外，在大内之北另有御苑。

宫前广场的设计，仍遵循北宋汴梁和金中都的方式，取丁字平面，但位置与前代有所不同，即不是放在宫城正门外而是移到了皇城正门之前。这是因为大都的都城南墙要避开金中都北墙，所以大都的南门与宫城正门的距离并不很远，在大都南门与皇城正门之间还必须留出相当大的空间，

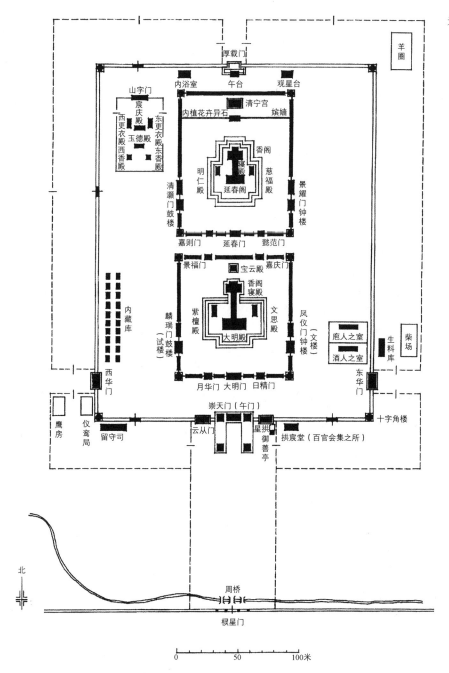

元大都大内图

羊圈

厚载门

内浴室　午台　观星台

山字门

宸庆殿

清宁宫

嫔嫱

西更衣殿　东更衣殿

玉德殿

内植花卉异石

西香殿　东香殿

香阁

慈福殿

明仁殿　寝殿　延春阁

景耀门　钟楼

清灏门　鼓楼

嘉则门　延春门　懿范门

景福门　嘉庆门

宝云殿

香阁　寝殿

麟瑞门　鼓楼（试楼）

紫檀殿　大明殿　文思殿

凤仪门　钟楼（文楼）

内藏库

庖人之室

酒人之室

生料库

柴场

西华门

月华门　大明门　日精门

东华门

十字角楼

崇天门（午门）

鹰房

仪鸾局

留守司

云从门

星拱　御善亭

拱宸堂（百官会集之所）

北

周桥

棂星门

0　　50　　100米

以作东西往来的通道和皇城的前景，于是剩下的由皇城正门到宫城正门之间的距离就更局促了。设计者因势利导，将丁字形广场前移到皇城正门外，而在皇城正门与宫城正门之间设计了第二个广场。第二个广场的前部有金水河，上跨石桥三座，名周桥，构思源于北宋汴京的州桥。后部终点为宫城正门崇天门，又称午门，也是沿袭隋唐以来各代的传统做法，设计为倒凹字形平面的宫阙，正中建城楼，以斜庑连左右角的朵楼，又由此二朵楼向南以回廊连左右角"高下三级"的角楼，十分威严壮丽。这样的改动使宫前广场成为前后两个，在原本比较紧凑的地段上增加了一个空间层次，空间序列更丰富了。前后两个广场是整个宫殿轴线的序曲，丁字形广场在前，有如序曲的前奏，其中又分两个段落：丁字的一竖狭长，引导感很强，引出横向气势壮阔的皇城正门。后一个广场以宫阙为对景，气氛紧迫威压，有力地渲染了皇权的尊严。这一系列空间处理手法，在建筑艺术上是十分成功的，以后为明清北京所继承，并得到更充分的发挥。

宫城东西 480 步（约 740 米）、南北 615 步（约 947 米），位置约为今紫禁城，面积亦与之相当。宫城四面由高大的城墙包围，南面三门，正中崇天门即前述宫阙，有五个门洞，左右各一掖门。东、西、北各一门。各门都建有城楼，城四角各有角楼，城墙包砖。宫城内依轴线前后各以廊庑围成两个大院，廊庑四角有角楼。在前后院之间有横街，左右通向宫城之东、西华门。前院名大明宫，是朝会大院，通过大明门和左右各一掖门进入。院内以大明殿为中心，大明殿面阔 11 间，据载达 200 尺（约 62 米），比现存明清故宫太和殿还稍大。马可·波罗记此殿"宽广足容六千人聚食而有余……此宫壮丽富瞻，世人布置之良诚无逾于此者。顶上之瓦皆红黄绿蓝及其他诸色，上涂以釉，光泽灿烂，犹如水晶，致使远处亦见此宫光辉"[1]。大明殿后有大明后殿，两殿之间以南北向中廊相连，后殿面阔 5 间，左右各接 3 间挟屋，殿后又凸出香阁 3 间，组成略呈土字形的平面，整体坐落在三层的工字形白石高台上，石台每层周边围以石栏。在后殿两旁，对称设置文思、紫檀两座配殿。院北廊庑正中为宝云殿，殿左右也各

[1]　[意大利]《马可·波罗游记》第二卷，《忽必烈大汗和他的宫廷西南行程中各省区的见闻录》。

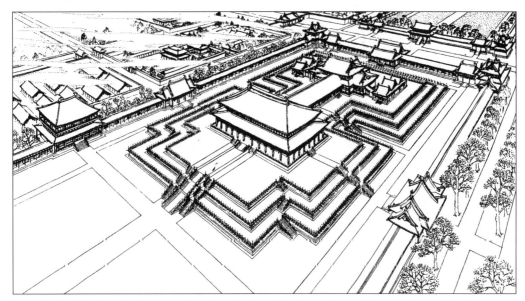

元大都宫殿

有一座掖门。周围设廊庑共 120 间。在廊庑东西门之南建钟楼和鼓楼。后院名延春宫，地点约当今之景山位置，为皇帝日常居寝所在，形制大体同前院，也有二殿呈工字形，唯其前殿为二层高阁，名延春阁，阁前"丹墀皆植青松"。廊庑北面不开门，后院外左右可能布置东西六宫，都是一些小院，应为后妃所居。

大都宫殿布局明显受到宋金宫殿的影响，如东西横街在前后院庭之间、殿堂取工字形平面等。元代后期在延春宫往北至宫城北门厚载门之间又建有一座清宁宫，"宫制大略亦如前，宫后引抱长庑，远连延春宫，其中皆以处嬖幸也。外护金红栏槛，各植花卉异石。又后重绕长庑，前虚御道，再护雕栏，又以处嫔嫱也。又后为厚载门"[1]。清宁殿前还有"山子"及"月宫"诸殿宇。元大都宫城中轴线上的这一系列安排，正是明清紫禁城前朝、后寝、御花园及东西六宫的先声。在宫城内其他地方分布着许多附属建筑，其中玉德殿位于宫城西北部，为便殿，以奉佛为主，有时并兼听政。建于太液池西岸的隆福宫和兴圣宫，其主要院庭布局同宫城院庭相

[1] ［明］萧洵编：《元故宫遗录》。

似，皆以工字殿为中心，但规模小得多，仅有宫墙围绕，没有城墙。在隆福宫之西和兴圣宫之北皆有宫苑，以备游憩。

二、陵寝艺术

继秦汉以后，唐代掀起了中国第二次陵墓建设高潮。包括武则天在内，唐朝共二十一帝，除昭宗、哀宗葬在河南、山东外，唐代其他的帝王陵墓都在关中渭北盆地北缘与高塬交界处，号称"关中十八陵"（其中武氏与高宗合葬）。它们自西而东绵延100余公里，排列成以长安为中心的扇形。加上王侯贵戚的墓，形成了一个庞大的陵区。

隋唐初期，帝陵沿袭北朝制度，隋文帝太陵、唐高祖献陵以及唐德宗崇陵、唐武宗端陵因建于平原地带，仍是采用平地深葬制度，以覆斗形土冢起"方上"。然自唐太宗起，借鉴魏晋南朝流行的"阴葬不起坟"的做法并予以发展，称为"不封不树""依山为陵"。这些新建的帝陵以层峦起伏的北山为背景，南面横亘广阔的关中平原，遥遥相对终南、太白诸山，渭水远横于前，泾水萦绕其间，近则浅沟深壑，前面一带平川，衬出帝陵的伟岸，创造了一种跨越时空的感觉。

唐代帝陵的陵域分为陵墓和寝宫两部分，陵即坟墓，有隧道通至墓室，称"玄宫"，是存放遗骸之处。陵外有两重墙，内重墙包在陵丘或山峰四周，一般围成方形，每面开一门，设门楼，依东西南北方位称青龙、白虎、朱雀、玄武门，四角设角楼；四门之外各筑土阙，并设石狮各一对，另在玄武门外加设石马。正门朱雀门内建献殿，用于举行大祭典礼，殿后即为灵丘。朱雀门外向南辟3—4公里的御道，即古之"神道"，以最南面的土阙为前导，阙后为门，向北离朱雀门约数百米至1公里是第二对土阙及第二道门，再由此门通向朱雀门前的第三对土阙。在第一、二道门之间的广大范围分布众多的陪葬墓。太宗昭陵的陪葬墓最多，达167座，整个陵区范围十分宏大，周长达60公里，超过了长安郭城。乾陵次之，周长40公里，相当于长安。汉魏以来，有在陵墓的神道两侧分列石刻的做法，至唐代已然形成制度，如设石柱、翼马、石马、碑、石人、蕃酋君

唐桥陵总平面图

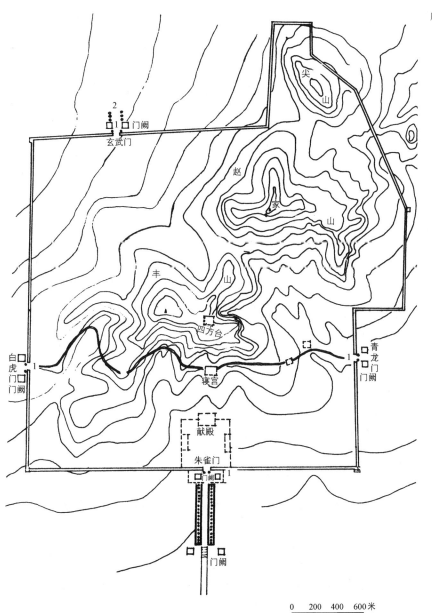

尖山

赵家山

丰山

四方台

寝宫

玄武门

门阙

2

1

白虎门
门阙

1

青龙门

门阙

1

献殿

朱雀门

门阙

1

门阙

0　200　400　600米

长像等，形成了一套完整成熟的形制，并一直影响到宋、明、清各代。

唐陵在陵墓的西南方约 5 里设寝宫，又称下宫，一般为一组宫殿，按宫室之制建有朝和寝，各有回廊环绕，宫门称神门，门外列戟。从陵制的总体布局上不难看出，其中蕴含的规划思想与长安城的规划思想如出一辙，整个陵区相当于郭城，陪葬墓在"里坊"区；由二道门向北的陵区相当于皇城，石人和石兽则象征为帝王出行时的仪仗；朱雀门内的"内城"相当于宫城。陵园设计也同都城一样，渗透着严格的礼制思想，一切为了突出皇权的尊严。

唐太宗李世民（599—649 年）在位 23 年，公元 649 年病死，葬于陕西省礼泉县的九嵕山，因山为陵。因山为陵的做法在西汉已出现，如渭南霸陵即"因山为藏，不复起坟"，但至唐太宗昭陵，才真正创建了因山为陵的形制。九嵕山为关内道教名山，海拔 1188 米，"九峰俱峻"，当地人称之为"笔架山"。史载太宗"志存俭约""不烦费人工""足容一棺而已"，实际上仍有体量高大的坟丘，只不过是利用自然孤山穿石成坟，其气势磅礴，较之人工起坟，甚或过之，而穿石成坟所费的人工，并无"俭约"可言。

唐昭陵

昭陵陵区的面积达 200 平方公里，由唐代著名的建筑家阎立德设计并监造。自贞观十年（636 年）到贞观二十三年（649 年），前后用 13 年时间建成。陵园建筑以寝宫为中心，四周环绕城垣，四隅修建楼阁，主要建筑群有三组，北为祭坛，是祭祀活动的场所，南有献殿、朱雀门，西南建下宫，俗称"皇城"。在皇城祭坛附近设置有阿史那杜尔等十四君长石刻像，以及"昭陵六骏"石刻像。皇城之外的山南部分平原地带约 20 平方公里的扇形地区，是称作"柏城"的陵园。据史籍记载，建昭陵时，从九嵕山南面的山腰深凿 75 丈为玄宫。墓道前后有 5 座石门。地宫之内富丽堂皇，豪华至极，比同人间宫殿。

乾陵是唐高宗李治（628—683 年）和武则天的合葬墓，位于陕西乾县西北的梁山上。陵墓封域范围 80 里，规模宏大，被称为"关中唐陵之冠"。

乾陵大体上是模仿唐高宗生前的生活环境设计的，主体工程由地下宫殿和地面建筑组成，地面仿照唐长安格局建造，分为皇城、宫城、外郭城。封域之内有两重城郭，第一重城郭是地宫和寝殿的所在地，将梁山山头作为陵冢，在山腰凿洞修建地下玄宫，城垣四面中部各开一门，南朱雀、北玄武、东青龙、西白虎，四神门外各有阙楼一对。第二重城郭是朝仪所在，相当于国家机关所在的皇城。皇城之外与封域之内的大片地方为陪葬墓区，相当于外郭城或百姓居住的地方。

位于陵园正南司马道南端东、西两侧有自然高出的山峰，因浑圆挺秀如乳而称"乳峰"，成为乾陵的天然门阙，乳峰上建有三出阙式的门楼，气势壮观，显示出帝王陵寝的威严和肃穆。在乾陵陵园内城的四门之外，设置有大量体积硕大、雕刻精致的石像群，主要分布于南神门朱雀门外神道（又称司马道）两侧。记有华表 1 对，翼马、鸵鸟各 1 对，石马 5 对，翁仲 10 对，石碑 2 通。其中东为无字碑，西为述圣记碑。另有宾王像 61 尊，石狮 1 对。石雕数量之多、种类之繁为中国帝王陵寝中首见。

唐代王侯贵戚的坟墓一般有封土，大致有两种形式，一为覆斗形，一为圆冢。覆斗形墓的墓主地位较高，如懿德太子、李宪、武则天的母亲杨氏和永泰公主等，墓上有两层覆斗形封土堆，四周有方形围墙，四角有角墩，正南开门，门两侧向前连接围墙，墙尽端建土阙。阙外神道左右立石

唐乾陵总平面图

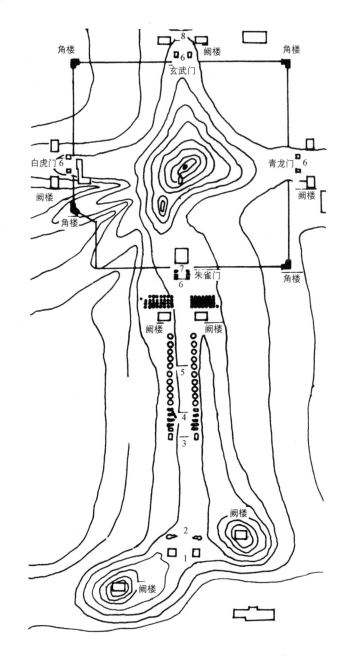

1. 华表 1 对
2. 飞马 1 对
3. 鸵鸟 1 对
4. 石马 5 对
5. 石人 10 对
6. 石狮 1 对
7. 献殿遗址
8. 阙

唐乾陵

刻，自南而北一般是华表 1 对、石人 2 对、石狮 1 对。一般太子、公主墓地位稍低，只有单层覆斗，围墙范围较小，石刻中有石羊，如章怀太子墓。圆冢者品位更低，墓主是低一级的宗室王公贵戚和大臣，一般没有围墙和石刻。从已发掘的几座大型唐墓如懿德、永泰、章怀及韦洞墓看来，无论是覆斗冢或圆冢，地下部分的形制相同，墓道均南北向，由平地向北斜下，露天开挖，然后继续斜下穿过一串筒拱顶的过洞，过洞之间有二至七个"天井"。过洞和天井之后再以水平甬道连接前后墓室，后墓室偏西，与后甬道的关系呈"刀"状，墓室内安置石椁。墓道、过洞、"天井"、甬道和墓室等表面全为砖砌，在壁面和顶部绘有壁画，题材是建筑、人物、龙、天体和装饰图案，石椁上也有精美的线刻人物和图案。墓室的设计构思得自住所，最前面的第一过洞相当于宫院或邸宅的大门，诸多的"天井"像是重重院落，前后两座墓室便是前堂后寝的象征了。

唐以后的五代陵寝基本沿袭了唐代制度，只是陵墓规模较小，以南唐先主李昪的钦陵和中主李璟的顺陵为代表，二陵均位于江苏省南京市江宁区牛首山南麓。

李昪钦陵营建时，正值南唐经济繁荣的时期，所以陵区规模相对宏大。陵体全长21.48米，宽10.45米，高5.3米。墓道长19米，宽4米，墓室分前、中、后三个主室和十个侧室（便房）。前、中室为砖筑，后室为石砌，均为仿木结构。墓门和三个主室的壁面上砌出柱、枋和斗拱，其上彩绘牡丹、宝相、莲花、海石榴和云气图案。后室的顶部绘有天象，铺地的青石板上雕凿山岳江河，象征着"地理图"。石棺台座侧面雕有三爪龙和各种花纹，进门处上方横刻"双龙戏珠"图案。门的左右两壁各有一个脚踩祥云、披甲持剑的石雕武士，雕像表面涂金彩绘。李璟顺陵墓室分前、中、后三个主室及八个侧室，全部为砖结构。

北宋陵寝在沿袭唐代制度基础上改变了汉唐预先营建寿陵的做法，皇帝的陵寝要待死后才开始建造，由于时间短促，每一座陵园的规模气势已远不如唐代。与汉唐散点选址不同，北宋出现了统一规划的陵区，这对以后各代帝王陵的建置产生了重要的影响。从宋太祖父亲的永安陵起，至哲宗的永泰陵止，共计八陵，均集中建造在河南巩义市境内洛河南岸的邙岭山麓，即今天的回郭镇、芝田、孝义、西村一带的台地上，形成了一个庞大的陵区，这一做法后来为明清所继承。陵区南北长约15公里，东西宽约10公里，北宋的九帝除徽、钦二帝被金国劫掠，死于漠北以外，其余的七帝都葬在此地。乾德元年（963年），宋太祖赵匡胤父亲的陵墓从汴梁迁到此处，陵区内遂有七帝八陵：宋宣祖永安陵、太祖永昌陵、太宗永熙陵、真宗永定陵、仁宗永昭陵、英宗永厚陵、神宗永裕陵、哲宗永泰陵。诸帝陵四周附有后妃墓，共计21座。此外还有陪葬的宗室及王公大臣，如寇准、包拯等的墓葬，总计约300多座，形成了一个庞大的陵墓群。

宋陵选址的观念和意识与汉唐陵墓不同，汉唐帝陵或居高临下，或依山傍水，而宋陵则是面朝嵩山，背向洛水，陵台建于低洼之地，这与当时的风水堪舆学说的影响有很大关系。当时盛行"五音姓利"的说法，赵属"角"音，陵址须"东南地穹，西北地垂，东南有山，西北无山"，才合制

宋永定陵

度，因此各陵地形均东南高、西北低，一反前代建筑群由低至高并将主体置于最显赫位置的传统做法。此外，诸陵的朝向都向南微有偏度，以嵩山少室山为屏障，以陵区前的两个次峰为门阙。

　　陵区的诸陵各占一定的地域，称为"兆域"，其内布置作为陵墓主体的上宫和供奉帝后遗容、遗物及守陵祭祀用的下宫。按风水之说，下宫被设计在上宫西北，加之帝陵与后陵多成双布置，而后陵又位于帝陵西北，因此整个陵区的空间组合形成了内在的秩序。上宫大体因袭唐制，区别是不依山为陵，而是封土起坟。各陵的建制、布局基本相同，每一陵园占地 120亩。中央即为截锥状的方上陵台，其地下深处为地宫。四周筑以夯土围墙，四面的正中各辟有一个神门，四角建有角阙。陵台由夯土筑成，呈覆斗形，台南设置有石雕宫人一对。上宫南门外是主入口的导引部分，最南为双阙状的鹊台，为正入口，其北是乳台，亦为双阙形式，乳台北侧立华表（望柱）和石像生，自南至北依次为：象及驯象童、瑞禽、角端、仗马及控马官、虎、羊、外国使臣、武官、文官、武士，入南门又有宫女两对。这种

宋永昭陵石像生

布置的本意似为大都仪仗的象征，并糅杂以祥瑞、祛邪的内容。陵区内各陵制度相同，石刻内容及排列方式亦一律不变，只是尺度略有差别。

与唐陵相比，宋陵的陵制改进不大，主要是在规模和尺度上作了较大的缩减。作为宋陵代表的永昭陵，由鹊台至北神门，南北轴线长 551 米，陵台底边方 56 米、高 13 米，这个尺度只相当于唐乾陵陪葬墓永泰公主墓的尺度。这自然可视为君权式微、国力衰竭所致，但同时也暗示着宋人墓葬观念的变化，即由崇高的个体形象创造向统一的群体空间环境营造的过渡。特别是由各组陵墓组合而成的陵区所产生的氛围与前代以个体陵墓的高大体量所造成的印象不同，生发出一种更趋宁和、肃穆的感染力。当年宋陵各神道两侧柏树成行，陵区四周密植柏林，陵台上也遍植柏树，整个陵区内木冠相连，一片苍翠，突出了陵区空间环境凝重、肃寂的性格。

宋室南渡后，诸帝期盼日后能再归葬中原，只在绍兴营建了临时性的陵墓，这种临时性的陵墓虽也有上下宫，但取消了石像生，皇帝死后将棺椁藏于上宫献殿后边加建的龟头屋内，以石条封闭，称为"攒宫"，攒宫前面设下宫，改变了北宋上下宫相互分离的布局。这种纵向轴线排列的下宫——献殿（祭祀行礼处）和龟头屋（墓室）布局，到了明清就演变为祾恩殿（相当于下宫）——明楼和宝城地宫（相当于上宫）的规制。由此看来，无论从陵区的总体设想，抑或是从陵墓的个体安排，两宋时期应是中国古代陵寝制度的一个转折点。

与两宋同时代的辽、西夏和金的陵寝，较多地模仿北宋的陵寝制度，如西夏王陵在贺兰山东麓约 50 平方公里的范围内，顺应地势，集中了 9 座帝陵和 200 余座陪葬陵；金陵则在绵延近百里的北京西南的大房山麓，营筑了数十座陵冢，迄今尚余 17 座之多。元代帝陵规制为"不封不树""不墓祭祀"，"葬者藏也，欲使人不得识也"，反映了元代蒙古民族从他们祖先传承下来的起自原始部落制度的丧葬习俗。成吉思汗兵征西夏，病死军中，葬于起辇谷，此后元朝历代的皇帝均葬于此。据记载，元代帝、后死后以楠木为棺，掘土深埋，地面不起封土，"用万马蹴平，候青草方已，使同平坡，不可复识"。至今元代皇帝陵寝的确切位置一直不为人们所知。

在辽、金、元帝王陵墓中，西夏陵寝最具特点，艺术成就也最高。王陵位于今宁夏回族自治区银川市西的贺兰山东麓，南起贺兰山榆树沟，北迄泉齐沟，东至西干渠，西抵贺兰山脚下，总面积约 50 平方公里。陵区内现存裕陵、嘉陵、泰陵、安陵、献陵、显陵、寿陵、庄陵、康陵，规模与北京明十三陵相当，这些帝陵均坐北面南，从南到北，按左昭右穆排列。西夏从开国皇帝李元昊起共传 10 帝，加上李元昊追谥的其父德明、其祖父继迁，应为 12 帝。现存只有 9 座帝陵，后三位皇帝即神宗遵顼、献宗德旺、末主李睍均无陵墓，史载也无陵号，这可能是因为当时西夏在蒙古军强大的攻势下，已岌岌可危，再也无暇修建陵墓所致。

西夏的每座帝陵都各自成为一个独立而完整的建筑群，占地 10 万平方米左右。陵园平面总体布局呈纵向长方形，以南北中线为轴，方向朝南偏东。每个陵园的地面建筑均由门阙、角楼、碑亭、献殿、塔状灵台、神墙等建筑组成，呈左右对称的格式排列。门阙在陵园的最前面，左右对称，既象征宫殿巍峨森严的宫门，也是整个陵园建筑的序幕。四座角楼，分别布列在陵园的四角。碑亭处于门阙北面的左右两侧，是布置颂扬帝王"文德武功"的石碑所在，碑文以西夏文和汉文两种文字镌刻。碑亭以北为月城，中间有御道，左右陈列着文臣武士和各种神兽的"石像生"群。内城的南墙正中辟门，上面有高大的门楼。进入内城，迎面为献殿，是祭奠先祖的地方。内城以神墙环绕，构成一个四面开门的庭院，高大的7层塔状灵台耸立在内城最里面。在形制方面，西夏陵园既参照了唐代帝陵的基本特点，又仿效了宋代帝陵的一些建筑布局格式，同时又有西夏独特的建筑风格。

俗称"昊王坟"的3号陵是西夏开国皇帝李元昊的陵墓，坐落在一片开阔地上，面积约15万平方米。李元昊在延祚十一年（1048年）被其子宁令格弑杀，葬于泰陵，其陵墓至今已历近千年，地面建筑虽遭严重破坏，但陵墓基本布局尚清晰可辨，各种建筑遗址大部尚存。进入陵区最先接触到的建筑是陵南分峙于中轴线两侧的东西阙台，由黄土筑成，为西夏

西夏王陵

西夏王陵 3 号墓冢

帝陵区别于陪葬墓的特征建筑之一。现东阙保存尚好，基部呈方形，边残长约 8 米，残高约 7 米，上部收分，顶部有一较小台基。台基及阙台四周原有很多残砖瓦，推测为阙楼一类建筑。两座碑亭位于阙台北，分峙于中轴线两侧，亭子台基呈方形，台面呈圆角方形。在碑亭以北建有月城，占地约 6000 平方米。北与陵城南墙相贴，城如月牙状并突出于陵城南，故名月城。月城南墙正中有门，进门为神道，两侧为石像生。月城的北门就是陵城的南门。陵城占地约 3 万平方米，陵城四周的墙称神墙，墙体版筑，每版连接处均向内凹，使墙的轮廓呈连弧状。陵城四面神墙正中均有门阙，每一门阙两侧各由 3 个圆形夯土墩台组成。门宽约 12 米，门道周围地面散布瓦片、脊饰等残块，推测此处应有门楼建筑。墩台基座用砖包砌，至今残留十几层。墩台上没有发现踏道，可能为装饰性的实心建筑。神墙 4 个转角处还建有角阙建筑。角阙由 5 个圆形夯土台基组成，转角处一个最大，两面各两个，规模渐次缩小。陵城内主要建筑由南到北是用于供奉献物及举行祭奠的献殿、鱼脊状的封土及高大的陵台。这些建筑建在一条线上，但却不在陵城中轴线位置，而是略偏向西面，这种形制较为特殊。鱼脊状封土的下部为墓道，墓道北端为墓室。

陵台是全陵最高大的建筑，现存八角形夯土台，底部每边长约 14 米，高约 20 米，分七级，每级向内收分。陵台收分处及周围地面都残留有厚厚的瓦砾堆积。陵台每级周围都有成排的椽洞，还有残留的木椽，可以推测陵台的外观呈现为一座八角形重檐楼阁式塔状建筑。在陵园最外围的四角有角台，角台的台顶原均建有角楼，与主体陵台相互呼应，强化了陵园整体的宏大气势。

三、宗教与礼制建筑

唐宋时期也是宗教建筑与礼制建筑的成熟与发展时期，不但建筑的规模庞大，而且制度完备，形制也趋于定型化。自东晋起，佛寺开始由单一

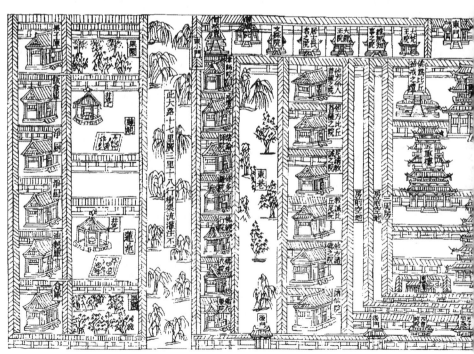

戒坛图经南宋刻本

的立塔为寺转向佛塔与讲堂、佛殿的组合，同时在主体建筑的周围增设寺门、僧房等附属建筑，形成一个完整的院落，如洛阳永宁寺。南北朝以后，佛寺的布局有了新的变化，即由单组建筑群向多群组合的形式发展，在中心院落的周围，设立众多的别院，并有各自的主体建筑。唐高宗乾封二年（667 年），终南山律宗大师道宣撰写的《关中创立戒坛图经》记述了当时理想的寺院布局方式。从图中可以清楚地看到，寺院布局中有明确的南北向中轴线，寺内主要建筑物依此轴线排布。建筑群以中院为核心，周围环绕大量别院，院落布局整齐有序，主次分明。在中院之南有贯穿全寺的东西大道，大道以南的寺院区被三条南北向道路划分成四块。这三条道路分别通向佛寺南端的三座大门，与东西大道共同构成全寺的主要交通网络。总体平面功能分区明确，以东西大道作为内外功能区的标界，道南为对外接待或接受外部供养的区域；道北是寺院内部活动区域，其中又分为中心佛院与外围僧院两大部分。这种大型的寺院总体布局实际上与中国传统的城市规划布局一脉相承，是这一历史时期城市规划中最基本的特点，

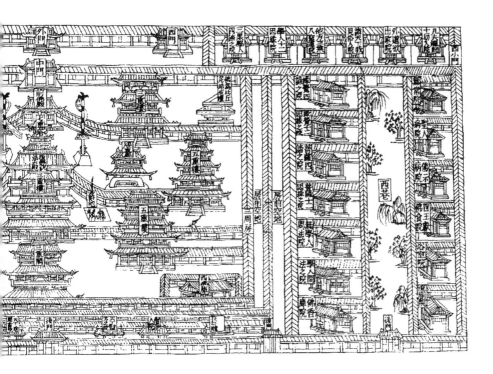

戒坛图经的寺院
布局

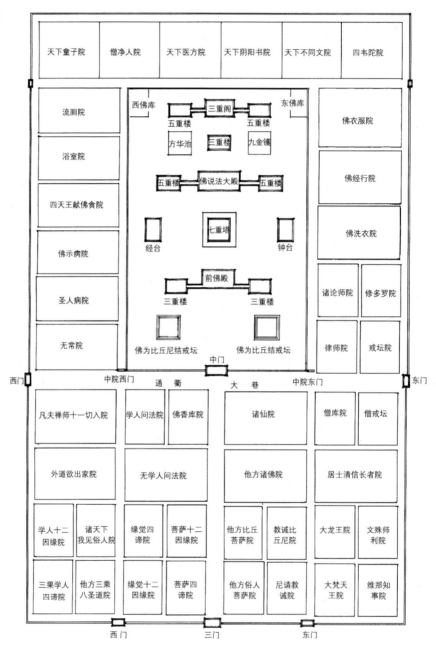

这种特点由魏晋演进到隋唐，成为了一种成熟而稳定的模式。

汉以来以塔为主体的寺院至隋唐及辽代仍盛行，在隋代佛寺中，佛塔还占有着至尊的地位，如隋代的禅定寺，这种布局方式一直流传到 10 世纪以后的一些辽代寺院，例如，建于辽清宁二年（1056 年）的山西应县佛宫寺，便是以释迦塔为主体的寺院，塔后建有佛殿。建于辽重熙十八年（1049 年）的内蒙古庆州白塔（释迦佛舍利塔），现仅存一塔，当年也是一座寺院，塔后有佛殿。建于辽清宁三年（1057 年）的锦州大广济寺，是以一座砖塔为寺院主体，塔的前后均有殿宇。另据《全辽文》卷十载，辽南京大昊天寺在九间佛殿与法堂之间添建了一座木塔，说明当时在辽代统治区更能接受以塔为主体的早期佛寺模式。唐以后，塔在寺院中位置开始发生变化，诸多带塔寺院其塔的位置已不在中轴线上，而多是偏居一隅，如唐长安的光明寺、大安国寺、兴福寺，扬州开元寺，汴州相国寺，苏州虎丘云岩寺，房山云居寺，莆田广化寺等塔皆如此。有的寺院还出现双塔并立于佛殿之前，如苏州罗汉院；也有将双塔置于中轴群组以外的，如泉州开元寺。塔在寺院中位置的调整，在宋代寺院中尤为突出，这反映了把塔作为宗教象征的观念正在淡化。

随着佛教仪式的变化和供奉高大佛像的需要，寺院中逐渐设置起高大的楼阁，并成为寺院的主体建筑，如现存天津蓟州区独乐寺、辽宁义县辽代奉国寺即属此类寺院。《戒坛图经》中所述的佛阁位置，是在中院后部，阁前有佛塔、佛殿及讲堂，反映了初唐时期的布局观念。到盛唐时候，出现殿、阁前后排列的中院布局。除了位居中轴线上的佛阁之外，唐代佛寺次要建筑也多采用崇阁的形式，如经藏、钟楼、文殊阁、普贤阁、天王阁、观音阁（大悲阁）、弥勒阁（慈氏阁）等。敦煌莫高窟唐代壁画中，有大量通过经变题材表现出来的佛寺形象，其中佛殿以外的建筑物，大都以重阁或台观的形式出现，可知重阁是唐代佛寺中最常用的建筑形式之一。此后的发展，更多的是将高阁置于寺院的最后，典型实例如河北正定隆兴寺、山西朔州市朔城区崇福寺、河南开封大相国寺等。

隆兴寺位于河北正定，是中国现存时代较早、布局较为完整的大型寺院，系宋初开宝四年（971 年）宋太祖赵匡胤在隋龙藏寺基础上敕命扩建

苏州虎丘云岩寺塔

而成。清康熙、乾隆年间两次增建，并改名为隆兴寺。寺院占地约 5 万平
方米，平面呈长方形，布局和建筑保留了宋代的建筑风格，主体建筑都分
布在南北中轴线及其两侧，依次为天王殿、大觉六师殿（今存遗址）、摩
尼殿、戒坛、慈氏阁、转轮藏阁、御碑亭、大悲阁、弥陀殿等。

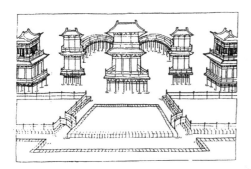

敦煌莫高窟初唐第205窟壁画凹字形平面布局佛寺

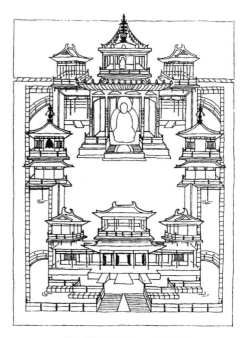

敦煌莫高窟中唐第361窟壁画佛寺

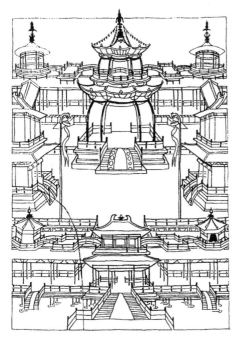

敦煌莫高窟中唐第361窟壁画佛寺

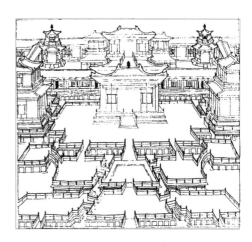

敦煌莫高窟晚唐第85窟壁画佛寺

敦煌壁画中的唐代佛寺建筑

岩山寺金代壁画

　　摩尼殿始建于北宋皇祐四年（1052 年），平面布局呈十字形，四面正中各出抱厦，重檐九脊歇山顶，遍覆灰瓦，周边有绿琉璃瓦剪边，建筑的形式富于变化。殿内四面墙壁绘有以佛教故事为题材的明代壁画，至今色彩依旧十分艳丽。

　　位于中轴线后部的大悲阁是寺内的主体建筑，原建于北宋开宝年间（968—976 年），现为 1997 年重建，重修后整个建筑恢复了宋代风格，再现了"重檐通霄汉，正殿俯星辰"的恢宏气势。阁内矗立着一尊高 22 米的千手千眼观音铜像，是中国现存最高大的铜佛像之一。

　　隆兴寺在布局上分为前、中、后三个院落，纵向展开，山门内为一长方形院落，钟楼、鼓楼分列于左右，中间为大觉六师殿（现已毁），北进为摩尼殿，其前又有左右配殿。再向北入第二进院落，迎面为戒坛（已毁），环以回廊，透过回廊，高大的三层大悲阁和东西各两层的转轮藏殿与慈氏阁隐约可辨，待穿过回廊，一组大小有别、位置有序的建筑组群豁然目前，形成整个佛寺建筑群的高潮。此后又有一座弥陀殿位于寺院北端作结，使整个布局完整而富于韵律美。这座依中轴线作纵深布置的建筑群自外而内纵深展开，殿宇重叠，院落空间时宽时窄，彼此渗透，建筑形体

高低错落，相互衬托，具有极强的感染力，表现了精湛的构图手法和独到的艺术匠心。以隆兴寺为代表的这种以高阁为全寺中心的布局方式，是由唐中叶供奉大型佛像的做法演化而来，唐以后主体建筑向多层发展，陪衬的附属建筑随之增高，使规制更加宏伟，这也反映了唐末至北宋期间高层佛寺建筑的特点。

山西省朔州的崇福寺俗称"大寺庙"，始建于唐麟德二年（665 年），寺址坐北朝南，占地约 2.34 万平方米，寺内的建筑从山门起，计有天王殿、钟楼、鼓楼、千佛阁、文殊堂、地藏殿、三宝殿、弥陀殿和观音殿等，前后院落五重，主次分明，布局严整，规模宏大。

弥陀殿是寺院的主殿，建于金皇统三年（1143 年），面阔 7 间，进深4 间，使用七铺作斗栱，单檐庑殿顶；殿内采取减柱法和移柱法，用以突出佛坛和礼佛的空间，是建筑史上大胆的创新；殿前檐柱之间保留有金代的门窗隔扇，其中槏花的图案达 15 种之多，风格古朴，精致秀丽，工艺精湛，是中国现存古建筑中极为少见的；殿内的塑像十分高大，分布在长跨四间的大佛坛上，主像有 3 尊，结跏趺坐，中为弥陀佛，左为观音菩萨，右为大势至菩萨，前有胁侍、护法金刚等佛教造像，都是金代的

隆兴寺总平面图

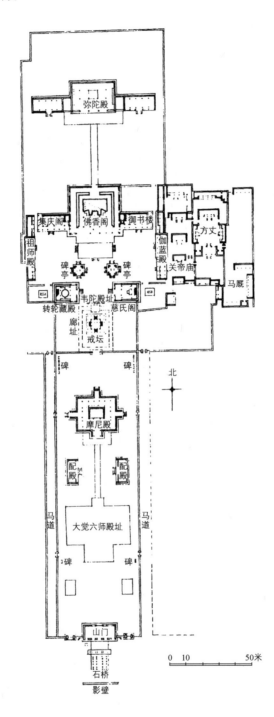

弥陀殿

集庆阁　佛香阁　御书楼

方丈

伽蓝殿　关帝庙

祖师殿

碑亭　　碑亭

马厩

转轮藏殿　韦陀殿址　慈氏阁

廊址

戒坛

碑　　　碑

北

摩尼殿

配殿　　配殿

马道　　大觉六师殿址　　马道

碑　　　碑

山门

0　10　　　　50米

石桥

影壁

隆兴寺摩尼殿

隆兴寺摩尼殿

隆兴寺大悲阁内景

隆兴寺大悲阁

崇福寺弥陀殿

原作；殿内四壁绘满了壁画，画幅高达5米，内容为佛、菩萨及千手千眼观音像，线条遒劲有力，技法纯熟，设色以红、绿、蓝三色为主，肃穆庄重，承袭了晚唐的画风，是金代仿唐壁画的佳作。

大相国寺是北宋汴京最著名的寺院，在寺院中轴线上和两厢布置有多重殿阁，其主殿为弥勒殿，殿前有大山门、二山门，殿后有资圣阁，殿两侧有钟楼、藏经楼，后面有普贤、文殊二阁，周围有廊环绕。并于大山门、二山门之间设东、西塔院。资圣阁与文殊、普贤二阁形成三阁鼎立格局。这类形式是唐、宋之际有代表性的佛寺布局形式。唐宋之际的佛寺建筑除以上作品外，还有山西大同的善化寺、华严寺等，在研究当时佛寺建筑的群体布局特点方面也有极重要的参考价值。

与佛寺兴盛并行，唐宋时期的道观亦呈鼎盛状态。唐末五代，由于社会动乱，道观毁坏严重，两宋时期，受朝廷扶持又有所恢复。据史载，宋太宗曾先后在京城建太一宫、洞真宫、上清宫等。在亳州建太清宫，在苏州建太乙宫，在终南山建上清太平宫。宋真宗于大中祥符元年（1008年）诏"天下并建天庆观"，次年又命在京城建玉清昭应宫，极宏伟、壮丽。大中祥符九年（1016年）又诏命在都城建景灵宫，在曲阜寿丘建景灵宫和太极观，在茅山建元符观，在亳州建明道宫。与此同时民间也纷纷营建道观，一时掀起建设道观的高潮。此后，徽宗朝大肆增扩宫观，在京师修建玉清和阳宫、迎真宫，又建葆真宫、宝成宫、九成宫、上清宝箓宫等。崇宁大观年间在茅山建元符万宁宫，在龙虎山迁建上清观，增建灵宝观等，更于政和七年（1117年）诏命在全国州府皆建神霄玉清万寿宫。

南宋时期，道教发展处于低潮，但道观建设活动仍然继续，仅临安一地即兴建宫观近30处，其中以东太乙宫和宗阳宫规模最为知名。位于浙江余杭县的洞霄宫是当时一座著名的山岳道观，为宋代三十六洞天之一。据《洞霄图志》记载可知这组道教宫观的组成模式，其布局大体是中部为道教崇祀空间，东侧有管理用房及藏储部分，西侧为起居生活用房，宫前有很长的前导空间。宫观设有两道外山门，入第一山门后经18里山林达第二道山门，过此山门再经3里才到达宫观的外门。这3里路途风景幽美，路经龙、凤二洞和栖真洞，又过会仙桥与翠绞亭，左右崖石夹道，势若双阙。再过"玄同桥"，才达"三门"（山门）。三门前又有左、右两门，名"天柱泉""大涤洞"，从此入宫。正中为虚皇坛，坛后为三清殿，坛左右有东、西庑，东庑充当库院，西庑作为斋宫。三清殿之后有演教堂、聚仙亭和方丈室。此外，尚有众多附属建筑。[1]

元朝对道教采取兼容的态度，准许全真派自由建造宫观，广收徒众，这时期道观的布局多仍采用中国传统的院落式，凡敕修宫观，尽量保持规整、严谨的轴线对称布置，于轴线上设宫门（龙虎殿）、钟鼓楼、主殿、后殿（或祖师殿），两庑设置配殿、方丈和斋堂之类。还设焚诵、课授、修炼、生活等用房。而募建之宫观，多因地而异，或依山就势线形排列，或呈团状布局，或随山势转折，布局紧凑、自由。由于道教的神祇系统芜杂，故神殿也名目繁多，但"凡修建宫观者，必先构三清巨殿，然后及于四帝二后，其次三界诸真，各以尊卑而侍卫"[2]。规模宏大的道宫均以三清殿为主，其他殿宇或侍前、或卫后、或翼列两旁。

道观和佛寺一样，住持在道徒中地位最尊，其居室亦称"方丈"，或位于中轴线的殿宇之后，或列于东西两侧。道众之居称为"云堂""云房"，是取弟子云集之意，多位于两庑。云堂的规模，以道徒多寡而定。此外，大型宫观由于道徒众多，还须有一定规模的斋堂和庖厨之属旁列于隐奥之处。为了接待信徒、香客，道观又多有宾客居所——馆舍。由于道教在元初骤盛后，一些道宫虽名为闲静清高之地，而实际上和繁华的大官府邸无异。为了"避喧拨冗"，道长们往往于宫观周围附设别院，亦称"别业"或"下院"[3]。别院内部亦常增建三清殿、斋堂、厨舍等，所居者多为年高德劭的道士。有些别院也挖泉掘池，跨溪建桥，构筑亭榭，种花竹，植果木，因借院外自然之景，成为环境优美的居所。

永乐宫为元代著名道观，又名"纯阳宫"，原址在山西芮城县永乐镇，位于中条山之阳，黄河之北，相传吕洞宾即出生于此地，唐代曾就其故宅改为"吕公祠"，岁时享祀，金代升观为宫，元时又大修，与当时大都天

---

[1]　[元] 邓牧编：《洞霄图志》。

[2]　[元]《天坛十方大紫微宫懿旨及结瓦殿记》。

[3]　[元] 王磐：《创建真常观记》。

长观、终南山重阳宫同为全真派三大祖庭之一。

现存永乐宫南北进深约 400 米，轴线上的门殿共六进，中轴线上的无极门、无极殿、纯阳殿、重阳殿仍保持元代原状，木构架全为正规做法，和一般元代木构建筑的简率粗放、随意架设的情况迥然不同，大额、圆料、弯梁等被视为元代特色的构造手法在此观并未采用，而是更多地继承了《营造法式》所表现的宋代官式做法，从而使其殿宇成为北方元代建筑中的代表。1959 年，因建造三门峡水库，这组建筑被完整地迁建到芮城县城北的龙泉村。

永乐宫的殿宇设置反映了全真派祖庭的特色。龙虎殿又称无极门，奉青龙、白虎二神，原为永乐宫的大门。殿身面阔 5 间，进深 6 椽，内部梁架简洁，殿内壁画绘有神荼、郁垒、神将、神吏、城隍、土地等 26 个守卫仙界的天神，手持各种兵器，铠甲庄重森严，威风凛凛。三清殿又名无极殿，为正殿，也是永乐宫内规模最大的一座殿宇，因供奉道教神话中的玉清、上清、太清三座神像而得名。面阔 7 间，进深 4 间，屋顶用黄、绿、蓝三彩相间的琉璃，色彩鲜丽。殿内布满壁画，画面高达 4.26 米，全长 94.68 米，总计有 403.3 平方米，内容为《朝元图》，即

永乐宫无极殿

诸神朝拜道教始祖元始天尊的图像，以 8 个帝后装束的主像为中心，四周围以金童、玉女、力士、帝君、宿星、仙侯、仙伯、左辅、右弼等共计 290 多尊像，主像高 3 米以上，侍者 2 米多高，前后排列有四五层之多，构图严谨，场面开阔，人物刻画细致入微，表情栩栩如生，是古代绘画中的精品。

正殿之后的纯阳殿、重阳殿、丘祖殿三殿则是此宫所特有的建制，纯阳殿又称吕祖殿，奉全真派的祖师之一吕洞宾（号纯阳），殿面宽 5 间、进深 3 间，单檐歇山顶，殿内仅用四根金柱支撑，大梁跨越 4 间，从而使大殿的空间显得异常开阔。殿内四壁和扇面墙壁描绘有吕洞宾生平事迹的《纯阳帝君仙游显化图》，共计 52 幅，每幅画自成一体，相互之间用山水、云雾、树石等自然景色相连，画面上有亭台楼阁、酒肆茶舍、园林私塾，层次分明，错落有致，贵胄、学士、商贾、平民、农夫、乞儿等各类人物造型神态动人，表情各异。殿的神龛背面，还绘有吕纯阳向钟离权问道的壁画，画面开阔，景色秀丽，用笔简练，技法精湛，是典型的元代绘画风格。重阳殿供奉全真派的首领王嘉（号重阳），面阔 5 间，单檐歇山顶，殿内以连环画的笔法描绘了道教全真派创始人王重阳的传教活动，共计 49 幅，刻画细腻。

除宫殿、宗教建筑之外，用于各种祭祀活动的坛庙等准宗教建筑在唐宋时期亦十分盛行。无论太平盛世的唐朝，还是战乱频仍的宋朝，祭祀天地神祇都是帝王热衷的活动，他们需要通过传统的礼仪活动宣扬君权神授的观念，把乞求神灵保佑作为维护自己统治的精神支柱，制定各种礼仪制度，举行各种祭祀活动，也因之建造了大量的祭祀建筑和礼制建筑，使得这一阶段成为中国礼制建筑发展的鼎盛时期。比较而言，唐代的礼制建筑相对严谨，而五代、两宋时期的祠庙规制较少，因而空间布局也就更为丰富灵活。唐宋时期祭祀与礼制建筑的类型主要为祭坛和庙堂，前者主要用于祭祀自然神，如天地日月、山川社稷。中国历朝帝王所祭的名山大川主要有五岳、五镇、四海、四渎，这种祭祀制度早在周代即已大致完备，至唐宋而达于鼎盛。唐时封五岳四海之神为王，宋真宗更升之为帝，于是神庙规格更趋宫室化，规模空前扩大，如东岳泰山庙（岱庙）达到殿宇房屋

800 余间，河南济源的济渎庙至今还保留着宋代布局。

　　山西万荣汾阴后土祠是祭祀土地神的著名庙宇，始建于西汉后元元年（公元前 163 年），古代称土神或地神为后土，建庙祭祀，自汉至唐宋，历代皇帝都曾亲自到汾阴祭祀后土。景德三年（1006 年）宋真宗命扩建该庙，使之成为一组规模宏大的祠庙建筑群。这组建筑是按当时最高标准修建的，总平面呈横三路、纵六路纵深布列，庙门之前是棂星门 3 座，庙门左右是通廊，廊端与前角楼相接，由大门向北通过三重对称布局的院落可到达祠庙的主体空间，该空间以四面围廊组成廊院，共两重。外院的主要建筑就是后土祠的正殿——坤柔殿，面阔 9 间，重檐庑殿顶，下部承以高大的台基，台基正面设左右阶，大殿左右引出斜廊与回廊相衔接，是该时期廊院的特有做法。院中前部有一座方台，台后有一个用栅栏围绕着的水池。坤柔殿之后为寝殿，寝殿与坤柔殿之间以廊屋连成为工字形平面，与文献所记汴京的工字殿大致相同。

　　在中部主要廊院的两侧，各有 3 座小殿，用廊子和中部廊院的东西廊相连，如此又把主廊院两侧分别划为 4 个小廊院，大小廊院之间既相互分

济渎庙玉皇殿

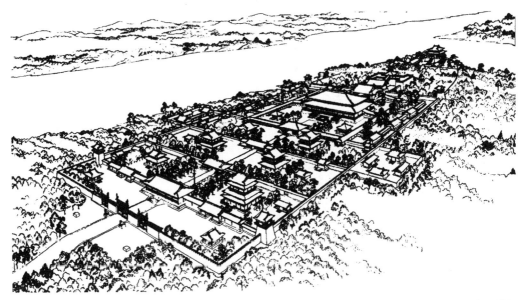

汾阴后土祠

隔，又相互通达，一方面创造了丰富的空间变化，另一方面又有效地烘托了主体空间的崇伟。六座呈纵向排列的小殿，对横向展开的主殿也同样起到了烘托的作用。在廊院北端两侧又有两座角楼与南端角楼相互呼应，强调了廊院空间的主体性。在廊院之北还有两进院落，前一进中隆起一座高台，其上坐落着三开间的悬山顶小殿，其后连接一横向展开的工字形高台，台上坐落着攒尖四方亭。台和亭用廊、墙与主体廊院连成一体。最后的院落，其尽端为半圆形，呈南方北圆的格局，是"阴阳"思想在建筑上的反映，因为"后土"之神代表地，古代人认为天为阳，地为阴，后土神的形象自隋代以后逐渐变为女性，女性属阴，以月象征，故作半圆形。院中央设坛，坛上建重檐九脊殿，坛左右又设有配殿。

就外部空间的设计而言，建筑群前疏后密，前四进院落为扁方形，至第五进转为纵向，前四进院落中建筑居中者均为门，都是一层，体量低小，两侧均布置二层楼以上的建筑，体量较大。各门均作断砌造，入太宁庙门后一线贯通，直抵坤柔殿。两侧楼阁相夹，使得这条轴线极为突出。过坤柔殿及寝殿后，这条中轴线才转为虚轴，到达配天殿后的工字坛，轴线结束，最后以高高凸起的轩辕扫地坛作为尾声。中轴线两侧的建筑采取了向心式布置手法，大多朝向中轴，形成东西向，特别是坤柔殿东西廊之外的六座小殿，每个小殿自成一院，皆有廊屋陪衬，均朝东向或西向，目的即在于突出向心的格局，用以烘托坤柔殿的主体地位。整个后土祠的布局严谨而不失变化，气势磅礴又精细入微；院落空间的层层铺垫，各种建筑形象的对比穿插，营造了丰富的气象。16 世纪时这座庞大的祠庙建筑群毁于水灾，但刻于金天会十五年（1137 年）的庙貌碑完整地保存下来，忠实而精确地刻绘了当时建筑群的总平面和主要建筑的立面，使我们得以了解其布局和形象。

与一般规整的网状布局不同，山西太原晋祠则是一组洋溢着园林气息的祠庙建筑。晋祠始建于北魏前，原为纪念周武王的次子叔虞而建。武王灭商之后，分封诸侯，把次子叔虞封于唐，郦道元《水经注·晋水》记载：“际山枕水，有唐叔虞祠”，就是今天的晋祠。晋祠经过了多次的修建，南北朝北齐天保年间（550—559 年）扩建时“大起楼观，穿筑池塘”；唐贞观二十年（646 年），唐太宗李世民游晋祠撰《晋祠之铭并序》碑文，并又一次扩建；北宋天圣年间（1023—1032 年）追封唐叔虞为汾东王，并为其母邑姜修建了规模宏大的圣母殿。

祠内建筑以圣母殿为主体，沿东西向纵轴线依次布置有大门、水镜台、会仙桥、铁狮子、金人台、对越坊、钟鼓楼、献殿、鱼沼飞梁、圣母殿。其中圣母殿、鱼沼飞梁为宋代原构，献殿为金代重建。祠内围绕着主轴线，又横向布置了后代重建或添建的数组建筑，其北为唐叔虞祠、吴天神祠和文昌宫，其南面是水母楼、难老泉亭和舍利生生塔，形成了以主轴线及中部开敞的空间为核心的庞大建筑组群。水镜台始建于明代，是当时演戏的舞台，前部为单檐卷棚顶，后为重檐歇山顶，前面为宽敞的舞台，其余三面均有明敞的走廊，建筑形式十分别致。金人台，古称莲花台，因为台上四角各铸铁人一尊，又称为铁太尉。根据《太原县志》记载，晋祠是晋水的源头，故用金神镇于此，以防水患。献殿始建于金大定八年（1168 年），原来是祭祀圣母、供献礼品的场所。献殿面阔 3 间，深 2 间，单檐歇山顶，琉璃雕花脊，斗拱简洁，前后当心间辟门，其余各间在槛墙上安装直棂栅栏，形似凉亭。鱼沼为一方形水池，是晋水的第二泉源。沼

晋祠鸟瞰图

晋祠圣母殿

上架桥，号称"飞梁"，桥始建于北宋，其结构为池中立 34 根八角形石柱，柱顶架斗拱和梁木承托着十字形桥面，东西两翼连接圣母殿与献殿，南北两翼至沿岸，四周有钩栏围护，整个桥体的造型就像是一只展翅欲飞的大鸟，故称"飞梁"。圣母殿是现在晋祠内最古老的建筑，始建于北宋天圣年间，面阔7间，进深6间，殿高19米，重檐歇山顶，黄绿琉璃瓦剪边，雕花脊兽，四周环廊，殿前廊柱上木雕盘龙8条。殿的内部采用减柱法，扩大了空间，殿内有宋代的彩塑43尊，主像圣母端坐木制的神龛里，其余42尊侍从分列龛外两侧，或侍饮食起居，或梳洗洒扫等，是宫廷生活的具体写照。

晋祠建筑群布局紧凑、严密，既像庙观院落，又似皇室的宫苑，与其他一般寺庙的布局相异其趣。主轴线上一组建筑不是靠院落围合成空间，而是靠建筑本身的位置、间距、体量、形式及附属建筑的衬托来组织，创造了开敞疏朗、自由活泼的空间形式与环境氛围。

第三节　建筑造型的演变

一、单体造型

以宫殿、寺庙等建筑为代表，在单体建筑的造型上，隋唐建筑简朴、浑厚、雄壮、庄严，现存实例如山西五台山佛光寺大殿，系唐大中十一年（857年）建造，是目前保存最完整、规模最大的一座唐代木结构建筑。大殿面阔7间，进深4间，殿基宽大而低矮，柱子有明显的侧脚和生起，斗拱硕大，出檐深远，屋顶平缓，屋面饰以朴素的瓦条脊和高大的鸱吻，整体造型端庄稳重，风格古朴而完美，体现了唐代建筑的气势。大殿内部采用内外槽的柱网布置法，梁架随之也相应分成内外槽两个空间，在内外檐等高的柱子上使用斗拱调节空间高度，用以满足使用功能的要求。室内的梁架采用了明栿和草栿两种手法，内槽繁密的天花板和简洁的月梁、斗拱，精致的背光与朴素简洁的木构架形成恰当的对比，在殿内艺术处理上取得了完美的效果。殿内后部置有宽大的佛坛，其上塑造了三尊佛像及胁侍菩萨，前面还布置了菩萨、弟子、力士、供养童子等20余尊，塑像色

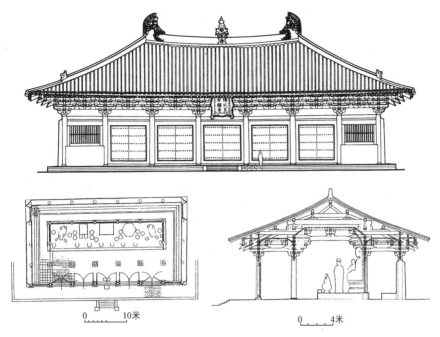

彩鲜艳，体态匀称丰满，衣纹流畅，神态生动，集唐代雕塑之大成。此外，唐建中三年（782 年）修建的山西五台县南禅寺大殿也是中国现存最古老的一座唐代木构建筑。大殿面宽、进深各 3 间，平面近方形，单檐歇山顶，殿内无柱，亦无天花板，以通长四椽栿两根架于檐柱，结构简练。殿顶举折平缓，出檐深远，整座建筑比例优美匀称，造型雄浑古朴，是典型的唐代建筑风格。

　　两宋建筑趋向工整、精巧、柔和、绚丽，代表作品如宁波保国寺大雄宝殿，创建于北宋大中祥符六年（1013 年），面阔和进深各 3 间，平面呈纵向的长方形，有意扩大前槽的深度，以便容纳更多的信徒顶礼膜拜。与此结构相适应，还在前槽装有 3 个藻井，设计巧妙，制作工整。因为藻井较低，其后供奉佛像的空间高旷，形成空间的强烈对比，很好地烘托出了主佛的"妙法庄严"和"至高无上"的气氛。柱子的制作颇具匠心，采用以小拼大的办法，在一根较小的木柱周围，包镶几根弧形的木枋，使整个柱子呈瓜棱的形状，这种制作方法既省木材，又增加了外表的美观。整个建筑的构件，既没有繁缛雕饰的华而不实，又避免了只重实用而忽视造型美观。此外，

佛光寺大殿（崔勇
提供）

南禅寺大殿平、
立剖面

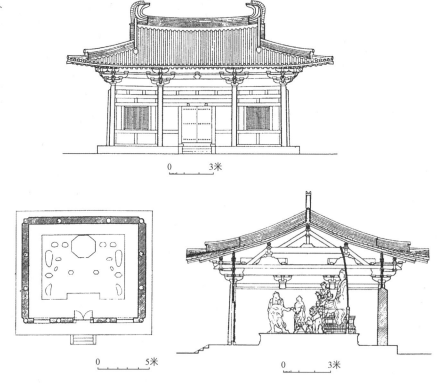

0　　　3米

0　　　5米

0　　　3米

南禅寺

保国寺

柱头微向内倾的"侧脚"做法，增加了建筑物整体构架的稳定性能。

坐落在江苏省苏州市中心观前街的玄妙观三清殿是这一时期著名的木构殿宇，创建于南宋淳熙六年（1179 年）。大殿面宽 9 间，进深 6 间，重檐歇山顶，虽经历代重修，但仍保存了南宋时期的建筑特征，是国内最大的道观殿堂建筑之一。殿内须弥座上供奉着上清、玉清、太清（即灵宝天尊、元始天尊、道德天尊）3 尊泥塑金身像，姿态凝重，衣裙流转自如，为宋代道教雕塑中的佳品。

辽代的建筑较接近于唐风，典型作品如山西省大同市华严寺大雄宝殿、薄伽教藏殿与善化寺大殿，其中大雄宝殿为华严寺上寺的主体建筑，薄伽教藏殿为华严寺下寺的主体建筑。大雄宝殿殿身面阔 9 间，进深 5 间，面积 1550 多平方米，是迄今中国辽、金佛寺中最大的殿堂。屋顶形式为单檐庑殿顶，举折平缓，出檐达 3.6 米。正脊上的琉璃鸱吻高达 4.5 米，是中国古建筑上最大的琉璃吻兽。檐下斗拱硕大，形制古朴。殿内采用减柱法构造，减少内柱 12 根，扩大了前部的空间面积，便于礼佛等各

玄妙观三清殿

项活动。殿内中央佛坛上塑有五方佛，两侧有二十诸天侍立。殿内四周绘满了壁画，面积达 887.25 平方米，均为清代作品。殿顶的天花板彩绘龙凤、花草、梵文等，图案丰富，色彩艳丽。

薄伽教藏殿是存放藏经的建筑，面阔 5 间，进深 4 间，单檐九脊顶，屋顶坡度平缓，出檐深远，檐柱显著升起，整个建筑结构严谨，比例适度，仍保存着唐代建筑的遗风，是中国辽代殿堂建筑艺术的杰作。殿内依壁排列着重楼式壁藏 38 间，分上下两层，底部为束腰须弥座，上边放置经橱，里边保存着明清的藏经 1700 余函，计 1.8 万多册。经橱的上边设腰檐，其上放置佛龛，外设钩栏，上覆屋顶，均为木构。壁藏的斗拱共有 17 种，形制复杂。钩栏的束腰华板雕有镂空几何形图案 34 种，玲珑剔透，是十分罕见的辽代小木作。壁藏在后壁当心间位置，又因地制宜地架设天宫楼阁 5 间，两侧以环拱形桥与左右壁藏相接，浑然一体。壁内佛坛上满布辽代塑像 31 尊，中央三世佛并列，其余弟子、菩萨、供养童子环侍佛的两侧，分为三组，坐立相间，布局井然有序，四角各立护法金刚一尊，

华严寺大殿

华严寺薄伽教藏殿
雕塑

华严寺大殿
小木作

山西大同善化寺
大殿

山西大同善化寺
大殿内景

气宇轩昂，威武雄壮，是中国辽代彩塑艺术的珍品。另如位于天津蓟州区
的独乐寺观音阁，建于辽圣宗统和二年（984 年），楼阁面阔 5 间，进深
4 间，外观两层，中间有腰檐和平坐栏杆环绕，实际为 3 层，上覆单檐歇
山顶，阁高 23 米，是中国现存最古老的楼阁建筑。阁内中央的须弥座上，
有一尊高 16 米的观音立像，体态端庄，是现存辽代塑像中的精品，也是
中国现存最大的泥塑雕像，其两侧的胁侍菩萨亦为辽代的彩塑珍品。观音
阁以佛像为中心，四周列柱两排，柱上置斗拱，斗拱上架设梁枋，其上再
立木柱、斗拱和梁枋，将内部分成三层。梁枋绕佛像而设，中部形成天
井，上下贯通，使佛像矗立井中，佛像顶部覆以斗八藻井，内部空间和佛
像紧密结合。

　　总体而言，唐宋时期木结构技艺完全成熟，建筑形制趋于稳定，基于

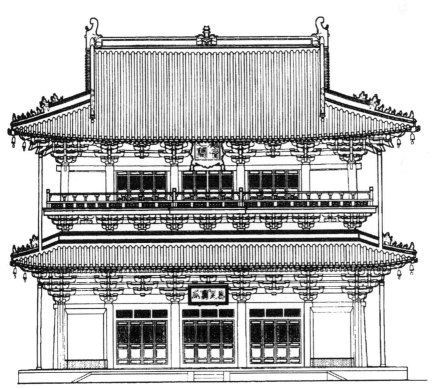

天津蓟州区独乐寺
观音阁立面

0　　　　　5米

独乐寺观音阁

结构形式和工艺方式的建筑造型和建筑装饰也发展至完美阶段。金、元建筑是辽与宋的承继者，在具体的艺术处理方面，糅合了辽、宋两代的特点，并有所变化和发展。

1. 台基与钩栏

唐代建筑的台基主要有素平的砖石基座和须弥座两种，宫殿的台基多有两层，以显示宏伟，下层为陛，上层为阶。一般下层为须弥座，使用石栏杆，上层为素平阶，用木栏杆。自隋唐时起，须弥座开始用于佛教建筑和规格较高的建筑，并常使用木构平坐与砖石须弥座、大台基相层叠的复杂台基形式。一般建筑物的台基表面及散水用方砖或花砖铺砌，殿堂、佛塔的基座一般以石质的角柱、隔身版柱及阶条石组成基本框架。须弥座台基以上下叠涩、当中束腰为基本特征。束腰部分的隔身版柱之间，饰以团花或中心点缀花形饰件。

敦煌唐代壁画中所见，殿阁楼台等建筑物的木平坐与砖石基座的边缘上，均立有通长的木钩栏。钩栏以望柱、寻杖、盆唇、地栿与斗子蜀柱组

独乐寺观音阁内景

成。盆唇、地栿及蜀柱之间设长方形栏板，形式通常做镂空钩片或平板雕绘。钩栏转角处或立望柱，或采用构件相交出头的做法。在望柱头以及木构件的交接部分，用铜皮包饰，其上錾花鎏金，成为木钩栏上的显著装饰品。在宋《营造法式》石作制度中有石钩栏的规制与图样，可知石钩栏也和木钩栏一样广泛应用于石台基之上，五代南唐所建的南京栖霞寺舍利塔石钩栏的形象为现存最早实例。此外，在长安大明宫、兴庆宫、临潼庆山寺及渤海国遗址的考古发掘中，也有石螭首、石栏板等构件出土，可见唐代以来宫殿、佛寺建筑中常用栏杆做法。

　　由宋《营造法式》可知，石钩栏的造型与木钩栏大致相同，只是由于材料性质的不同，不可能像木钩栏那样采用横竖构件穿插结构，只能在整块石板上雕出各部分构件的形象；也不可能采用通长的水平构件，只能通过单元组合的方式获得连续的整体形象。因此，石钩栏的做法，是在每块栏板的两端，或者说每两块栏板之间设立望柱，栏板侧端上下以榫头与望

唐代台基与栏杆

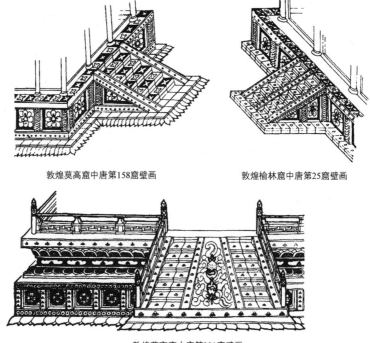

敦煌莫高窟中唐第158窟壁画　　　　　　敦煌榆林窟中唐第25窟壁画

敦煌莫高窟中唐第231窟壁画

柱上的卯口固定，望柱的下脚则插入石螭首后尾的预留卯口中。唐长安麟
德殿出土石螭首上有颜色的残迹，可知当时石钩栏上可能有敷色的做法，
但在宋以后已不再见。

2．大木作

"大木"在唐宋时期是指柱、梁、斗拱等屋架结构部分，其基本特点
是根据构件的结构位置和构件的尺寸比例适当地加以美化处理，以表现木
构建筑自身的结构美和材质的自然美。

唐代建筑所用柱子有方、圆、八角等形式，圆柱是较通用的形式，
柱身一般为直柱，柱顶部分不论方、圆、八角，大都加工为曲面，使柱
顶缩小，和栌斗底相应，侧视曲线如覆盆。宋代的柱子在造型和装饰方
面较唐代更为丰富，不但柱子的梭状曲线更为柔和流畅，而且除圆、方、
八角柱形外，还出现了瓜棱柱，实例如浙江宁波保国寺大殿。另外，这
一时期还开始大量使用石柱，柱身上往往镂刻各种花纹，实例如河南登

宋代大式屋架

1.飞子	9.罗汉枋	17.柱梠	25.驼峰	33.乳栿（明栿月梁）	41.地栿
2.檐椽	10.柱头枋	18.柱础	26.蜀柱	34.四缘明栿（月梁）	42.副阶檐柱
3.撩檐枋	11.遮椽板	19.牛脊槫	27.平梁	35.平棊枋	43.副阶乳栿（明栿月梁）
4.斗	12.栱眼壁	20.压槽枋	28.四椽栿	36.平棊	44.副阶乳栿（草栿斜栿）
5.栱	13.阑额	21.平槫	29.六椽栿	37.殿阁照壁板	45.峻脚椽
6.华拱	14.田额	22.脊槫	30.八椽栿	38.障日板（牙头护缝造）	46.望板
7.下昂	15.檐柱	23.替木	31.十椽栿	39.门额	47.须弥座
8.栌斗	16.内柱	24.覆间	32.托脚	40.四斜毬文格子门	48.叉手

封少林寺初祖庵、苏州罗汉院大殿等。在山东济南市长清区灵岩寺千佛殿中有宋代所雕凹棱柱。

唐宋时期，建筑的柱脚都微微向外撇出，宋《营造法式》中称之为"侧脚"，并记载了柱脚向外撇出的比例，可知当时计算建筑面阔是以柱头间距为准的。在现存唐代建筑山西五台南禅寺大殿的测量数据中有侧脚的记载。南禅寺大殿正面、背面当心间的柱子上下间距基本相同，可视为无侧脚。次间角柱高390厘米，柱脚撇出7厘米，侧脚为1.8%。南禅寺大殿侧面当中一间柱距亦上下等宽，无侧脚，次间角柱柱脚撇出5厘米，侧脚为1.3%。柱子有侧脚，在结构稳定和建筑造型上都很有作用。当柱子都垂直而立且高度相同时，缺少抵抗侧向力的能力，易同时都向一个方向倾侧或扭转。加了侧脚后，建筑屋身立面呈梯形，各柱互不平行，两侧柱都向中间倾斜，受荷载后柱脚外撑，柱头内聚，互相抵紧，可以防止倾侧和扭动，有利于整体柱网的稳定。从建筑艺术上看，加侧脚后，屋身呈上小下大的梯形，增加了建筑的稳定感。且诸间

少林寺初祖庵立面

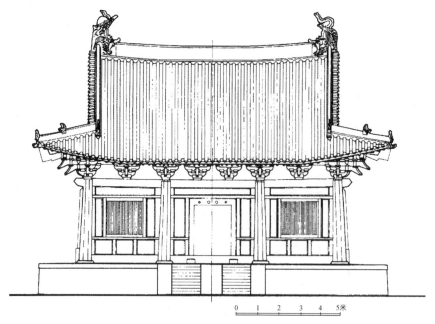

0 1 2 3 4 5米

均上窄下宽，自中心至两侧逐间加大斜度，可造成近于三点透视中垂直透视线的错觉，增加建筑的高度感，这在高大的巨型建筑和多层的木塔上效果尤为明显。

　　除柱身有侧脚外，唐宋建筑柱列中各柱的高度也有变化。正面如以当心间左右二柱柱高为基准，则其次、梢、尽间各柱还要依次增高少许，这在宋《营造法式》中称为"生起"。宋《营造法式》中对柱子的侧脚和生起已有明确规定，如侧脚在正面为柱高的 1%，在山面则为 0.8%；柱子的生起在面阔 3 间时为 2 寸，9 间时为 8 寸等，并规定生起高度随间数而增加，即间数越多，生起也越高。现存唐代建筑中，南禅寺大殿面阔 3 间，角柱增高 6.4 厘米。佛光寺大殿面阔 7 间，角柱增高 24 厘米，都和《营造法式》相合，可知宋式的角柱生起比例基本上沿用唐代。现存宋代遗构中以山西太原晋祠圣母殿的生起最为明显。

　　由于各柱高度向两侧递增，致使屋身部分的阑额实际上也连成一条两端上翘的折线，当阑额承受补间铺作荷载微微下垂后，实际感觉是一条平缓的曲线，使屋顶和屋身的结合自然而不生硬，增加屋身的稳定感和轻快感，使整个建筑更为谐调一致。中国古代建筑的一个很大特点是把结构或

少林寺初祖庵

晋祠圣母殿立面

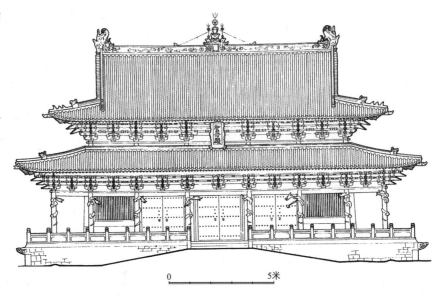

0 ————————— 5米

构造上的实际需要和建筑艺术处理有机地结合起来，柱子的侧脚、生起就是很典型的例子。

　　从现存的唐代佛光寺和南禅寺大殿仅上端略有卷杀的柱子推断，在五代、两宋以前，柱子的造型基本上还是直线型的，直到五代以后才有了显著变化。江苏宝应南唐1号墓出土的木屋模型，其八角断面的檐柱已有了明显的上下卷杀。至北宋，柱子的卷杀则趋于制度化。按照规定，柱子一般都要依其自身高度划分为三等份，在上段用精确的几何方法作出明显的卷杀效果。从现存实例和图例来看，柱子卷杀的位置、弧形以及卷杀幅度都相当合恰，造型饱满，曲线流畅，避免了僵直呆板，增加了柱子的弹性感和力量感。

　　梁在大木中是最主要的构件之一，尺寸巨大，为视觉焦点，故也采用了卷杀处理。做法是将梁的两端加工成上凸下凹的曲面，使其向上微呈弯月状，故称"月梁"。同时，月梁的侧面也加工成外凸状的弧面，寓力量、韵味于简朴的造型之中，其形式既与结构逻辑相对应又具明显的装饰效果，使室内一层层相互叠累的梁架不但不觉得沉闷、单调，反而有一种丰满、轻快之感。木构梁架在担负结构使命的同时，本身又成为独特的装饰手段。这一思想在一种称为"彻上明造"的做法中表现得最为明确。所谓"彻上明造"，即一种将室内梁架全部暴露，并对这些梁架构件进行适当的艺术处理，揭示其审美功能的做法。在这里，除有卷杀的梭柱、月梁和各种组合形式的斗拱外，位于梁上的侏儒柱、驼峰和位于梁柱结合部位的雀替等也都分别加以艺术处理，各具审美功能。不难推断，古人是把一座建筑当作一个完整的有机体加以看待的。有机体中的每一部分都有其功能和意义，同时具备美学意义，不但形体是美的对象，而且形体内在的结构过程同样也是美的因素，这不啻体现了古人对于审美体验的自觉。总之，充分利用结构构件，并加以适当的艺术处理，从而发挥其装饰效果，这是古代大木构架的一大特色，而唐宋正是这一特色得以

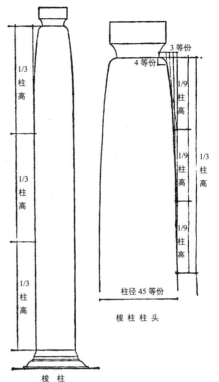

唐宋时期的梭柱

1/3 柱高

1/3 柱高

1/3 柱高

梭柱

3 等份

4 等份

1/9 柱高

1/9 柱高

1/9 柱高

1/3 柱高

柱径 45 等份

梭柱柱头

完成并趋于完美的时期，把装饰美融于结构美和构造美之中成为了建筑美学思想和设计原则，将自在的装修形式过渡为一种自为的艺术追求。

隋及初唐，外檐斗拱还只是柱头铺作（斗拱）出跳，有结构作用，柱间阑额上的补间铺作则不出跳，主要起连系作用和装饰作用。隋唐补间铺作大都用叉手，有的在叉手上承一层横拱，柱头上横拱的拱头下部为外凸弧线，叉手为下凹弧线，图形互补，二者或间隔使用，可以在屋檐下起装饰带的作用，这又是结构构件同时起装饰作用的例证。晚唐及五代以后，斗拱的装饰作用越来越重要，斗拱的造型意义已不亚于它的结构意义。首先，斗拱尺度和风格开始由雄壮健硕、疏朗豪放朝纤细精巧、错综繁密的方向发展。其次，补间铺作的数目增多，唐代的补间一般只有一朵，形制也较简单，或不出跳，或出跳比柱头铺作少。至五代两宋时期，补间铺作增至两三朵，出跳数也和柱头铺作一样了。此外，五代以后出现了"斜

唐宋时期的月梁

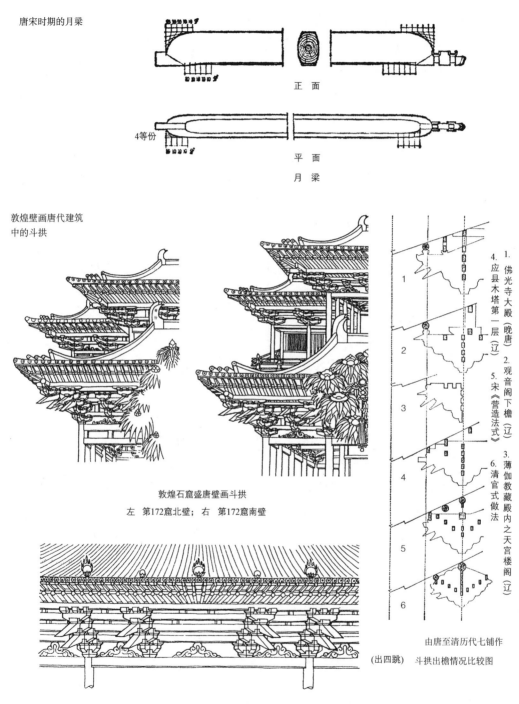

正 面

4等份

平 面

月 梁

敦煌壁画唐代建筑
中的斗拱

敦煌石窟盛唐壁画斗拱

左 第172窟北壁；右 第172窟南壁

1. 佛光寺大殿（晚唐）
2. 观音阁下檐（辽）
3. 薄伽教藏殿内之天宫楼阁（辽）
4. 应县木塔第一层（辽）
5. 宋《营造法式》
6. 清官式做法

由唐至清历代七铺作

（出四跳） 斗拱出檐情况比较图

敦煌石窟中唐第231窟壁画补间铺作加多的斗拱

拱"，其形制是在进深方向内外出跳的同时，又在 45 度斜向增加出跳，或是向左右 60 度方向出跳，实例中以金代善化寺三圣殿的斜拱最为繁复，它的斗拱向外伸出三跳，立面上出现有 14 个正、斜向拱头，斜拱的作用完全在于装饰，并无结构意义，由此亦可见斗拱装饰作用的加强和斗拱风格演变的趋向。

　　唐宋时期拱头使用称为"卷杀"的折线或弧线，曲线都由三至五段折线组成，每段称一"瓣"，每瓣都向内凹，形成优美的曲线。自唐至两宋时期，斗拱尺度逐渐由大变小，艺术加工也更加精细，细部处理如斗欹越加明显，向外伸出的耍头、昂嘴等也都日益精巧，成为装饰的重点，如此时普遍采用的琴面昂，其昂嘴的侧立面和断面均被处理成弧线造型。

3. 屋顶

　　唐宋时期建筑屋顶形式虽然是四阿顶（庑殿）、厦两头造（歇山）、不厦两头造（悬山）、斗尖顶（攒尖）几种，但与前代相比，普遍采用了曲线造型，成为唐宋时期建筑屋顶造型的显著特征，也是唐宋时期建筑造型趋向成熟的标志。其集中表现是沿进深方向的剖切线是一个凹曲线，古称反宇。确定屋顶曲线的方法被称作"举折"，"举"是指由檐檩至脊檩的总高度，"折"是指用折线确定由檐檩至脊檩间的各檩高度的方法。一般做法是先定举高，体量较大者举高为通进深的 1/4，较小者为 1/3，然后作脊檩与檐檩的连线，即为总坡度线。继而由上至下再定出各檩的高度，具体计算方法是：靠脊檩的下一檩的高度由总举线下降总举高的 1/10，作此檩与檐檩的连线，即为第二坡度线，再下一檩又从第二坡度线下降 1/20，再作连线，再往下则下降上一坡度线的 1/40、1/80……直至檐檩，最后形成

唐宋建筑中的斗拱卷杀

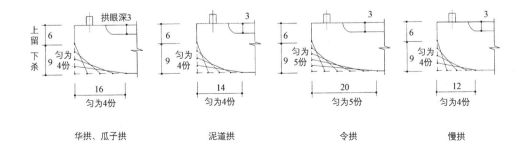

华拱、瓜子拱　　　　　泥道拱　　　　　　令拱　　　　　　慢拱

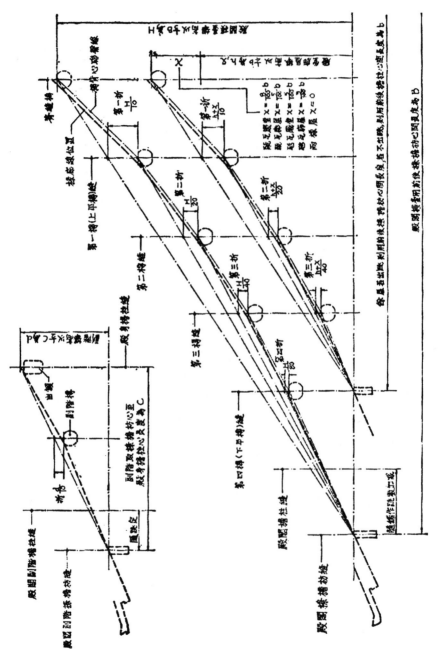

宋代屋顶举折做法

一条上陡下缓的屋面曲线。不同举高的确定使建筑的屋顶曲线或平缓，或陡峻，如现存唐南禅寺大殿和佛光寺大殿的举高仅为 1/6—1/5，而辽代奉国寺大殿、开善寺大殿及宋代初祖庵的举高则依次为 1/4、1/3.9 和 1/3.18，不同的举高选择使屋顶产生了不同的比例和风格。总体而言，举折在造型上起到了削弱庞大屋面所造成的沉重感和僵硬感。

辽宋时期，在庑殿式建筑中还产生了一种称为"推山"的做法，即将正脊向两侧山面推长，其目的是校正庑殿顶由于透视产生正脊缩短的错觉。由于正脊向两侧延出，使原来呈 45 度斜线的四条戗脊向山面内弯曲后再相交于正脊，从而使戗脊从任何角度观看都是一条曲线。此前的唐代庑殿式建筑（称为四阿顶）较为平直，还没有宋以后的"推山"做法，这是唐代四阿顶与宋以后的不同之处。

唐代歇山屋顶的山面不封墙，垂脊外用排山勾滴，下遮博风板，加悬鱼、惹草为装饰，和悬山顶做法相同。悬鱼、惹草原是脊榑（檩）和上、中平榑（檩）外端的挡板，防止榑（檩）端淋雨朽败，以后遂发展成装饰。山面的屋脊两端承博风板下脚，然后随山面屋顶向内上方延长，再横行相交，附在梁栿外侧，称曲脊。山面用曲脊的形象在敦煌唐代壁画中有很多表现。

唐宋建筑的屋顶除在进深方向呈一凹面外，沿面阔方向也有相应的凹曲，称为屋面的生起。其做法是在各檩尽端加设生头木，从而作成内低外高的弧线。比较辽代奉国寺大殿与唐代佛光寺大殿，由于前者生头木比后者要长得多，因而形成的曲面更为柔和。屋面生起的另一种做法是调整各檩下短柱的高度，使各檩本身自然形成内低外高的弧线，实例如河北正定隆兴寺摩尼殿。由于屋面有生起，屋顶的正脊也随之形成了中低边高的曲线。与此同时，屋角的起翘至唐宋已普遍成为一种强化造型的手段。从实例中所见，宋代屋角翘起的高度远甚于唐代，轻逸高扬极富动势。至于表现在宋画中的屋角起翘就更具飘逸的神韵了，如唐画《龙舟竞渡图》等，将它们与大雁塔门楣石刻所示唐代佛殿相对照，可看出其间明确的差异。需要说明的是，五代、两宋屋角起翘的显著与结构的演化存在着一种内在联系，在结构与构造的变化过程中，由于受力的需要，转角 45 度的椽子逐渐发展为角梁，从而造成角梁上皮与椽子上皮的高差增大，但为构造上铺设望板的需要，又须将角梁与椽子的上皮取齐，为屋角起翘提供了内在的结构依据。到了五代以后，由于斗拱尺度明显缩小，外跳距离随之缩短，从而使椽子与角梁的作用加大，特别是角梁的断面加大，遂使宋、辽、金建筑屋角起翘的强化成为可能。

唐代建筑的屋顶多用版瓦或筒板瓦。筒板瓦屋顶规格高于纯用板瓦。瓦的质料除一般陶瓦外，宫殿寺观多用青棍瓦，即瓦坯表面磨光加滑石粉使之光滑细密，烧制时再经渗碳处理，使表面黝黑泛乌光。唐代宫殿、寺庙已开始用琉璃瓦，有黄、绿、蓝等色。从敦煌莫高窟初唐壁画中可看到，建筑物屋面覆以黑瓦，屋脊、鸱尾都用绿色的琉璃瓦，屋顶轮廓鲜明，具有强烈的色彩反差，与暖色的木构殿身及浅色的石构基台相配，呈现为典型的唐代建筑外观。从出土瓦件情况看，唐代宫殿、寺庙等建筑的屋面主要还是使用青棍瓦，只是重要建筑的鸱尾、兽面瓦、脊瓦、瓦当用琉璃瓦，即后世所称的"剪边"做法。唐大明宫三清殿遗址出土大量黄、绿、蓝单色琉璃瓦外，还有一些集黄、绿、蓝三色于一身的三彩瓦，可知其屋顶之华丽。降至宋代，建筑的屋面开始大量使用琉璃瓦，使建筑的外观显得光彩华美。

中唐以前，殿宇正脊两端的脊饰常使用鸱尾为瓦饰，其形体似鱼尾，卷曲向正脊中央。中唐以后，最迟至晚唐出现了流行至今的鸱吻形式，原来鸱尾前端与正脊相交处变为张口吞脊的吻，形成前首后尾的形式，后为宋、辽、金建筑所普遍采用。从鸱吻的装饰题材和纹样来看，所谓鸱吻其实就是龙鸱吻。《营造法式》中已有"龙尾"的名称，金代山西朔州崇福寺弥陀殿的鸱吻，其外形似鸱尾，而身内完全是一条蟠龙。鸱吻等脊饰构件原是屋脊相交需要构造交代的结果，适当地加以设计就成了装饰艺术，若将宋、辽、金的鸱吻与前代鸱尾加以比较，可以明显地看到这一构件由构造性向装饰性的转变过程。自两宋时期起，开始在屋脊上大量使用走兽，屋顶四翼角戗脊的端部是视觉的一处焦点，安置仙人走兽既可给平滑的曲线作结，又丰富了各脊的轮廓线，强调了它们的动势，同时也增加了整个屋顶的装饰效果，提高了屋顶的艺术表现力，表现了唐宋建筑构造系统的完备和审美思想的成熟。

4. 门窗及小木装修

小木装修主要是指门窗、栏杆、室内天花、藻井及壁龛等非结构部分的木作装修。唐代建筑仍沿用版门与直棂窗，版门一般用作门屋、殿堂、佛塔等建筑物的入口大门，其形制在南北朝时已经成熟。版门门钉的数量与礼制有关，等级最高者，应用"九五"之数。山西运城唐代寿圣寺小塔上已发现有格子门，北宋绘画及《营造法式》小木作制度中也有形式多样的格子门。

隋唐木构建筑中窗的形式，以直棂窗与闪电窗为主。直棂窗中又分破子棂、板棂二种，做法均为竖向立棂，棂间留空。板棂窗的棂间空隙与棂宽相同，双层板棂窗内外棂条相重则开、相错则闭，单层的则在内侧糊纸。破子棂窗的棂条是用方木沿对角线锯开，并因此形成可以推拉开合的内外两层，其形象在宁夏固原出土的北魏建筑模型中已可见到，唐代实例如净藏明惠禅师墓塔中的窗式。建筑物正面次梢间通常用破子棂或板棂窗，窗口宽广与版门相适配；山墙、后壁以及正面门窗之上，通常开扁长的横窗和高窗。

两宋时期的门窗就其形式的丰富性、装饰纹样的精美而言远远超过前代。与唐代主要使用简单的版门、直棂窗不同，宋代大量使用格子门、落地长窗、栏槛钩窗等，同时门窗的棂格花纹也由直棂或方格的单一形式转变为直棱、柳条框、球纹、三角纹、古钱纹等多种形式。如山西侯马董氏墓内的仿木砖雕，其各面三对门扇的雕饰纹样就各不相同。与此相应，此时广泛使用的栏杆也由唐代的勾片造发展为各种复杂的几何纹样的栏板。此外，一些现存的小木作装修实例，如山西太原晋祠圣母殿的圣母座、应县净土寺大雄宝殿的室内藻井、大同下华严寺薄伽教藏殿的壁藏、晋城二仙庙的道帐，四川江油云岩寺的飞天藏等，都是模仿木构建筑形式而制作精美的装饰佳作，反映了该时期小木作装修艺术的较高水平。

在小木作装修中，除结合构件作装饰性加工外，纯装饰性的附加木雕或木刻的施用也是此时装饰艺术的一个特点，如门窗扇的裙板，在唐代还多为素平，宋、金时期则多施以花卉或人物雕刻，成为整个扇面装饰的重点，实例如山西崇福寺的隔扇。天花的使用与建筑物的功能及结构方式有

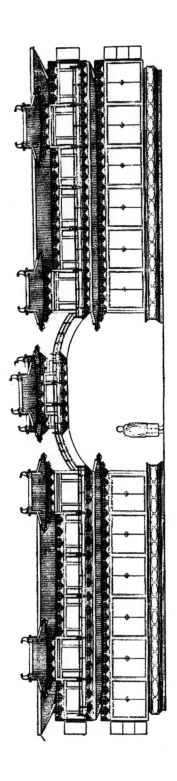

薄伽教藏殿壁藏

0　1　2　3米

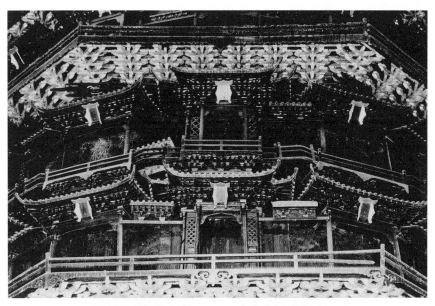

江油飞天藏

隆兴寺转轮藏殿
内景

直接的关联，有大方格的平綦和小方格的平闇两种做法。一般说来，只有采用殿堂结构的建筑才可设置天花，而厅堂结构的建筑，即使是宫中便殿，也不用天花，而用完全暴露梁架结构的彻上明造做法。另外，在一些建筑物中，也出现依不同空间采用不同做法的情况。如福州五代华林寺大殿，前廊顶部作平闇，而殿内为彻上明造。这种情形在浙闽一带的宋代建筑中也比较常见。藻井是对室内重要空间部位的天花进行特殊处理的装饰形式，一般设置于殿内明间顶中。其余部分及次梢间，皆应作平綦，佛殿中也有依主像数量及位置设置多个藻井的做法。唐代藻井实物不存，据石窟中叠涩天井的形式推测，仍以斗四或斗八的传统形式为主。宋代室内天花多以大方格的平綦和强调主体空间的藻井代替唐代的小方格子平闇。在宋《营造法式》中还将藻井作了大、小之分，大藻井用于殿内，小藻井用于副阶。

5. 色彩与彩画装饰

在木构件上施以彩绘已是隋唐建筑普遍采用的装饰做法，一般是在木构件上刷土朱色，有的把木构拱、枋的侧棱涂上黄色，以增加木构件部分的立体感。墙壁刷白色，配以青灰色或黝黑色瓦顶，鲜明而素洁。在敦煌壁画中可以间接看到建筑各部分构件的色彩，如敦煌莫高窟第148、172窟经变画所表现的建筑，画中殿阁的檐柱、枋楣、椽、拱等构件，表面一般作赭色或红色，廊柱有的用黑色。椽头、枋头、拱头、昂面等构件的端面用白色或黑色。栌斗与小斗多用绿色。构件之间的壁（板）面，如重楣之间、椽间、枋间、窗侧余塞板、窗下墙等，一般作白色，也有作黑色或青绿相间的。白色的拱眼壁中央，常绘有青绿杂色的忍冬纹。门扇的颜色多为红色，窗棂则多作绿色。在敦煌初唐壁画中，楼阁平坐开始出现装饰性的雁翅板，其形式为在通长水平立板上，饰有连续的半圆弧或三角纹，将板面分为上下两部分，敷色方式为上黑（红）下白。在敦煌宋初窟檐内部的构件表面还保留有宋代彩绘原作，柱身绘联珠束莲纹，梁枋表面满绘联珠纹带饰与团花、龟纹、菱格等唐代流行的纹样；拱身侧面绘团花，拱底作白色燕尾纹。

山西五台山南禅寺和佛光寺大殿的内外檐斗拱及枋额上，都残留有彩

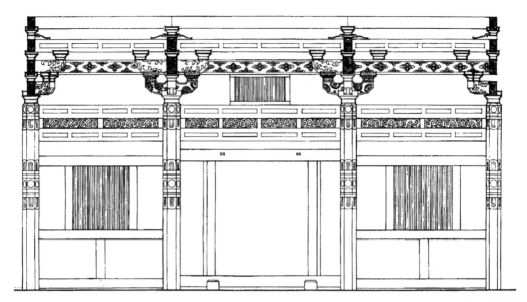

甘肃敦煌北宋窟檐

绘的痕迹。佛光寺大殿拱底绘有紫地白燕尾与白地紫燕尾。南禅寺大殿的
阑额与柱头枋内面，绘有直径约 10 厘米的白色圆点。据史料记载，唐代
佛寺殿阁，也多采用内外遍饰的做法。如五台山金阁寺中的金阁，"壁檐
椽柱，无处不画"。敦煌中唐第 158、237 诸窟壁画中，也有檐柱上绘有团
花、束带的建筑形象。五代南唐二陵墓室中，砖构仿木的斗拱、楣、柱皆
施彩绘，也说明唐、五代时期木构件表面彩绘做法之流行。

　　室内的木质天花以及室外的木质钩栏也同样被加以彩绘装饰。平棊
（包括闇）的格条一般饰红色，格内白地，上绘花饰，峻脚椽及椽间板做
法亦同。敦煌唐代窟室内的龛顶，也见有绿色格条、格内青绿相间绘饰团
花的平棊图案。钩栏的望柱、寻杖、唇木、地栿等多作红色，栏板用青绿
间色。间色是唐代彩绘中流行的手法，即色彩呈现有规律地间隔相跳，一
般以青绿二色相间，也有用多色相间的。甚至壁画中的城墙与建筑物基座
的表面，也表现为条砖平缝间色的形象。

　　等级较高的建筑物中，梁柱等主要构件表面还有用包镶（古称"帖"）木
皮的装饰做法，材料一般用沉香、檀香等具有特异香气的木料，或是纹理优
美的柏木等。隋开皇年间造荆州长沙寺大殿，"以沉香帖遍"，寺内东西二殿，

"并用檀帖"。由此也演变出在木构表面彩绘木纹的做法,宋《营造法式》彩画作制度中称之为"松文装"和"卓柏装"。另外,木构件表面还有包裹锦绮类织物的做法,前述彩绘纹样中,有不少是织物纹样,即可视为一种替代性的表现方式。建于五代后期的福州华林寺大殿,阑额、柱头枋及撩檐枋的外表面,分别镌刻海棠瓣形、菱花形与圆形纹饰。

两宋时期,建筑彩画有了更大的发展,不但应用普遍,而且日趋绚丽,前代那种较为生硬的彩饰逐渐被因采用退晕方法而趋向柔和细腻的彩饰所取代,同时在构图上也减少了写生题材,更趋装饰性和图案化,从而更适合于建筑整体感的要求,也适用于提高设计、施工速度的要求。两宋时期的彩画按照建筑等级差别和制作工艺可划分为三类,即五彩遍装、青绿彩画和土赤刷饰。细分则可划分为九种,即五彩遍装、碾玉装、青绿叠晕棱间装、三晕带红棱间装、解绿装、解绿结华装、丹粉刷饰、黄土刷饰和杂间装。第一类五彩遍装是宋代彩画中最华丽的一种,特点是以青绿叠晕为外缘,内底用青。其选用的图案式样也极繁多,有花卉、飞禽、走兽等,仅花纹一类就有海石榴花、宝相花、莲荷花、团科宝照、圈头合子、豹脚合晕、玛瑙地、鱼鳞旗脚诸品;琐纹一类则有琐子、簟纹、罗地龟纹、四出、剑环、曲水诸品。这种华丽的装饰图案多用于宫殿、庙宇等重要建筑,现存实例如辽宁义县奉国寺大殿、江苏江宁南唐二陵和河南白沙宋墓墓室内彩画。

第二类是包括碾玉装、青绿叠晕棱间装在内的以青绿色为主的彩画。前者以青绿叠晕为外框,框内施深青底描淡绿花;后者则用青绿相间的对晕而不用花纹,这种彩画多用于住宅、园林及宫殿、庙宇中的次要建筑。

第三类即解绿装、解绿结华装和丹粉刷饰等,是以刷土朱暖色为主的彩画,主要承袭前代赤白彩画的旧制。其中通刷土朱,而以青绿叠晕为外框的是解绿装;若在土朱底上绘花纹,即是解绿结华装;遍刷土朱,以白色为边框的是丹粉刷饰;以土黄代土朱的是黄土刷饰。《营造法式》中的"七朱八白"也是丹粉刷饰的一种。刷饰彩画一般都用于次要房舍,属彩画中最低等级。此外,还有将两种彩画类型交错配置的做法,称为杂间装,如五彩间碾玉、碾玉间画松文等。

宋代彩画施用的部位主要是梁、枋、柱、斗拱、椽头等处。比如斗拱彩画常是满绘花纹，或是青绿叠晕，或是土朱刷饰；柱子彩画或土朱，或于柱头、柱中绘束莲、卷草，柱桄绘红晕莲花；梁和阑额等构件端部使用由各种如意头组成的藻头，称为角叶，从而改变了过去用同样的花纹作通长构图的格局，代之以箍头、藻头和枋心的新形式。两宋的建筑彩画较前代更加绚丽，宋《营造法式》阐述彩画设计思想时说："令其华色鲜丽"，"取其轮奂鲜丽，如组绣华锦之文"，体现了当时彩画装饰功能的增强，但由具体的设色原则和色彩关系来看，应该说其总体风格还是以清新淡雅为基调，如规定"五色之中惟青、绿、红三色为主，余色隔间品合而已"，并"不用人青、人绿、深朱、雌黄、白土之类"，同时大量用晕，极少用金，故风格清丽。此外，《营造法式》中又强调要注意"随其所写，或浅或深，或轻或重，千变万化，任其自然"[1]，这无疑反映了当时彩画技法的纯熟和艺术构思的高妙。

6. 石作装饰

传统的建筑装饰雕刻在唐代已达到相当高的水平，至五代、两宋时期，工匠们不但全面掌握了石作雕刻的各种技法，而且成功地把握了装饰雕刻与建筑主体的相互关系，做到驾驭技法而不沉溺于技法，根据建筑的风格、雕刻的位置特点及所附丽的结构构件的内在逻辑要求，选择不同的雕刻类型和形式，从而使装饰雕刻与建筑浑然一体。

建筑上的装饰雕刻不外乎高浮雕、浅平雕、平雕、线刻几种，这在宋时均已齐备，如根据难易繁简程度和艺术特征划分为剔地起突、压地隐起、减地平钑、素平四种形式及方法，并从技术与艺术方面进行了全面总结。

剔地起突是建筑装饰雕刻中最为复杂的一种，类似今天所说的高浮雕，其特点是装饰主题从建筑构件表面突起较高，"地"层层凹下，各层面可重叠交错，最高点不在同一平面上。河南巩义市宋神宗永裕陵的上马台是其典型实例之一，该上马台选用龙作为装饰题材，突起的龙身圆滑有力，鳞角逼真动人，同时以起伏涌动的几何纹为背景装饰，渲染意境和均

---

[1]　[北宋] 李诫：《营造法式》。

衡画面，做到既富装饰效果又不破坏构件的整体性。如上马台的南侧面为正方形，故而龙的躯体呈卷曲状，龙头与前爪都向后转180度，龙的姿态生动活泼，画面结构也统一；上马台的顶面雕有一盘龙，"地"的处理用龙的头、脚、尾来充满画面，龙的周围有云纹花环，在花环外又有浅浅的牡丹花补白四角，最外侧是作为方形画框的卷草纹饰带，整个画面取得了一种匀称中的均衡和对比中的变化；此外，在东西两面，龙体曲转呈行龙状，龙尾拖上摆动，也与梯形画面取得了很好的呼应。剔地起突适合于表现有构图中心、主题明确的雕刻形象，同时雕刻面不宜过大，雕刻部位适于醒目处或视线集中的位置。正是根据这一原则，《营造法式》石作制度中列举了剔地起突的施用部位，如柱础的覆盆、台基的板柱、石栏杆的华板、井口石等。

压地隐起类似浅浮雕，其特点是各部位的高点都在同一平面上，若装饰面有边框，则高点均不超出边框的高度，画面内部的"地"大体也在同一平面上。装饰面与"地"之间，雕刻的各部位可以相互重叠和穿插，使整幅画面有一定的层次和深度。南京栖霞山舍利塔塔基上的五代石雕是压地隐起的典型实例，工匠在深浅仅一二厘米的石面上做出清秀多姿的花纹和展翼欲飞的凤鸟，手法简括而形象鲜明。压地隐起的特点是在保持建筑构件平面效果和线脚外轮廓的前提下，顺势雕刻较浅的立体纹饰，因而适用于基座的束腰、柱础等构件上，许多宋代建筑的柱础都喜欢采用这种手法来装饰覆盆。适用于该手法的各种花型有海石榴花、宝相花、牡丹花草、铺地莲花、仰覆莲花、宝装莲花等。在木构建筑中，这些经过花饰处理的柱础与绘制着鲜丽如绣的彩画的木构梁柱椽枋和纹饰精致的格子门窗相互配合，使整座建筑物显得富丽堂皇。

减地平钑近于平雕，其特点是一般只有凸凹两个面，且凸起的雕刻面和凹下去的"地"都是平的，从而使雕刻面在"地"上形成整齐而有规律的阴影，反衬出雕刻主题棱角清晰的外轮廓，有如剪影一般。现存河南巩义宋太宗永熙陵的望柱为采用减地平钑手法的装饰雕刻精品，人们远观时并不见具体的装饰内容和纹样，但能感到是经过装饰处理的；而随着观赏距离的接近，这些优美的纹样自然映入眼帘，原本是单调的石面也就变成了生气盎然的艺术品。减地平钑与素平因其效果含蓄，且不损伤石面的整体感，故可作大面积处理。实例中，它们常常被应用于柱子、券面、墙裙等部位，如苏州罗汉院大殿石柱就采用了减地平钑的处理，而登封少林寺初祖庵大殿的外墙裙则采用了素平处理，都取得了良好的装饰效果。

素平即阴纹线刻，它不是以雕刻的体积取胜，而是以线条的优美见长，凹下的刻线所显露出的粗涩石质与磨光的构件表面可形成对比，装饰效果最为含蓄。山西长子县法兴寺大殿的门框及内柱表面就都是采用了流畅舒展的线刻莲花纹作装饰，在抹棱八角柱的柱面上通身刻满花纹，布局匀称，刻线的深浅、宽窄也很得体，用阴线精心勾勒出来的花、叶、枝赋予了石柱以妩媚的装饰效果，并减少了石构件的沉重感。

古代的建筑雕刻都是依附于建筑物而存在的，是建筑艺术的一个组成部分，很多优秀作品并不是脱离建筑来表现自身，而是与建筑总体形象取得有机的联系和风格的统一，任何一种雕刻手法虽然有其独特的表现力，但在建筑构件上运用时必须符合构件本身的性格。在唐宋时期，特别是两宋时期，人们已经认识到建筑装饰雕刻的运用必须服从于建筑物的总体要求，必须处理好建筑与装饰雕刻的主从关系，把握住构件性格和雕刻手法的一致性。只有如此，才可能使装饰雕刻发挥其艺术功能，给人以审美的享受，并增加整个建筑物的艺术价值，同时也增加其自身的艺术价值。

7.《营造法式》

北宋崇宁年间，政府颁布了一部称为《营造法式》的建筑法典，书中详列了13个建筑工种的设计原则、建筑构件加工制造方法，以及工料定额和设计图样，成为中国古代木结构建筑体系发展到成熟阶段的一次全面而细致的总结。此书颁行之际正值北宋中后期，由于政治腐败，宫廷生活日趋奢靡，皇族及显贵竞相兴建豪华精丽的宫殿、园囿、府第、官署及寺观、园林等。而官吏又贪污成风，致使国库拮据，入不敷出。王安石执政期间，曾制定了各种财政、经济的有关条例，《营造法式》就是此时由将作监编修，于元祐六年（1091年）成书的。但由于缺乏用材制度，以致工料太宽，不能防止各种弊端，故绍圣四年（1097年）又由将作监少监李诫奉敕重修，于元符三年（1100年）编成，崇宁二年（1103年）刊印颁发。

由此书颁行的社会背景及内容中可以明显看出，该书编修的主要目的是在人力、财力、物力日趋匮乏，而上流社会又日趋铺张这一矛盾的情况下，力图防止贪污浪费，同时保证设计、材料和施工质量，以满足社会需要的一种努力。

《营造法式》全书共三十四卷，分为释名、各作制度、功限、料例和图样五大部分。其中第一、二卷是《总释》和《总例》，考证了当时每种建筑术语在古代文献中的不同名称以及该书中所用的正式名称，求得语言统一。第三至十五卷为壕寨、石作、大木作、小木作、雕作、旋作、锯作、竹作、瓦作、泥作、彩画作、砖作、窑作等 13 个工种的制度，并说明每一工种如何按建筑物的等级和大小，选用标准材料，以及各种构件的比例尺寸、加工方法及各个构件的相互关系和位置等。第十六至二十五卷按照各作制度的内容，规定了各工种的构件劳动定额和计算方法。第二十六至二十八卷规定了各工种的用料定额和有关工作的质量。最后第二十九至三十四卷是图样，包括当时的测量工作和石作、大小木作、彩画作等平面图、断面图、构件图、各种雕饰纹样与彩画图案。此外，全书开卷处还设有看样和目录各一卷，其中看样说明了若干规定和数据，如屋顶坡度曲线的画法，计算材料所用的各种几何形比例，定垂直和水平的方法，按不同季节订定劳动日的标准等。难能可贵的是，该书在制定各种规章制度的同时，还强调了另一条规则，即"有定法而无定式"，各种制度在基本遵守的大前提下可"随宜加减"，这样就使设计与施工既有典可依、有章可循，又可根据具体情况灵活变通。

《营造法式》虽是一部官书，主要是讲述统治阶级的宫殿、寺庙、官署、府第等建筑的构造方法，但据统计数字来看，全书 357 篇、3555 条中有 308 篇、3272 条是来自工匠世代相传的经久可用之法。因此，《营造法式》在一定程度上反映了当时整个中原地区建筑技术的普遍水平，直接或间接地总结了我国 11 世纪建筑设计方法和施工管理的经验，反映了工匠对科学技术掌握的程度，是一部闪烁着古代劳动工匠智慧和才能的巨著，也是迄今所存我国最早的一部建筑专著，对研究唐宋建筑乃至整个中国古代建筑的发展，特别是中国古代建筑技术的成就，具有重要意义。

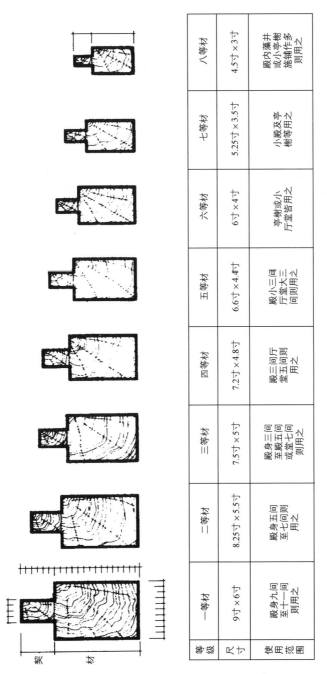

等级	一等材	二等材	三等材	四等材	五等材	六等材	七等材	八等材
尺寸	9寸×6寸	8.25寸×5.5寸	7.5寸×5寸	7.2寸×4.8寸	6.6寸×4.4寸	6寸×4寸	5.25寸×3.5寸	4.5寸×3寸
使用范围	殿身九间至十一间则用之	殿身五间至七间则用之	殿身三间至殿五间或堂七间则用之	殿三间厅堂五间则用之	殿小三间厅堂大三间则用之	亭榭或小厅堂皆用之	小殿及亭榭等用之	殿内藻井或小亭榭施铺作多则用之

八等材分制度

宋代建筑的比例

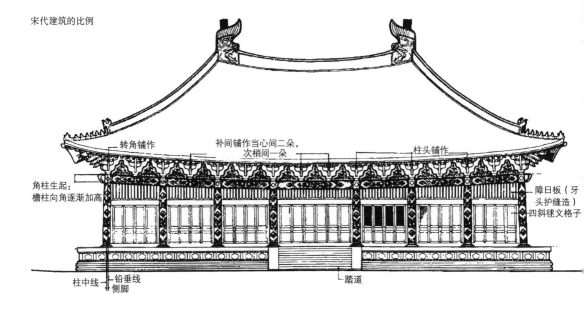

转角铺作　　　补间铺作当心间二朵，　　　柱头铺作
　　　　　　　　　次梢间一朵

角柱生起：　　　　　　　　　　　　　　　　　　　　　　障日板（牙
檐柱向角逐渐加高　　　　　　　　　　　　　　　　　　头护缝造）
　　　　　　　　　　　　　　　　　　　　　　　　　四斜毬文格子

柱中线—铅垂线　　　　　　　　　　踏道
　　　　侧脚

二、组合形体

　　随着组合空间的发展，唐至两宋建筑的组合形体也日趋丰富。对于以屋顶为主要造型手段的传统木构建筑，组合形体无疑为形体的丰富与变化提供了极大的可能性。简单的组合体是在建筑主体的四周或几面附建较小的建筑，形成大的组合体。如大明宫麟德殿为前、中、后三殿聚合而成，故唐代俗称其为"三殿"。史载唐洛阳宫有"五殿"，称"下有五殿，上合为一"，其形式是主体为二层楼，四面各附建一单层殿，外形有如汉代明堂。一般在殿宇或楼屋一侧或两侧附建与之平行相接的较小建筑称"挟屋"。"挟"有扶持之义，因附建者外观似扶持主体之象，因而得名。若建于楼两侧之小楼，则称"挟楼"。敦煌第148窟东壁北侧壁画主体建筑后楼的左右即画有挟楼之形象。若在殿宇或楼屋正面垂直接建外突的附属建筑，使山面向外，则此附加之突出部称"龟头屋"，其形象可在重庆大足石刻北山第245窟晚唐观无量寿经变壁画中看到。聚合的建筑大多是主体高大，附建部分相对低小，处于主体屋檐覆盖之下，如唐懿德太子墓阙楼三

个屋顶的关系，也可以是小屋顶插入大屋顶下部，脊及檐口层层叠下。

　　唐宋时期，更具造型意义的是其将各种屋宇组合在一起的做法，或互相叠压，高下错落，或势合形离，翼角交叉，从宋画《明皇避暑宫图》《晴峦萧寺图》均可看出当时建筑群的绚丽风貌。以宋画滕王阁为例，它的主体采用倒"T"字形重檐重楼，然后四围配合以双层单檐楼座和单层单檐抱厦及回廊，形成集中式的构图，且主次得当、完整又变化多端，特别是一色的歇山式屋顶，纵横交错，此长彼消，更渲染和夸张了组合建筑的造型效果。再如宋画黄鹤楼，它是以十字脊屋顶的主楼为中心，两侧展出单层廊檐，前面两隅接单层重檐的小阁，后面再连以单层的小殿，所有屋顶均采用歇山式，造型丰富，风格纤巧。另如宋人张敦礼所绘《松壑层楼图》，二层重檐的主阁居中，四隅分峙单层重檐的朵殿，正前方又连以

仙山楼阁图

明皇避暑宫图

一座屋顶呈圆拱状的水榭，整体造型在高下、大小及疏密安排方面都较合宜。主阁的屋顶为与朵殿的歇山式顶取得呼应，在攒尖顶的两侧伸出悬山面，既加强了组合体造型的统一，同时又强调了组合体的轴线和朝向。在宋画《寒林楼观图》中，建筑的主体横向展开，在第二层屋顶上拔出第三层，同时在正立面凸出一座二层楼阁，使造型更具整体感。传为南宋赵伯驹的《仙山楼阁图》表现了另一种组合形式，主阁平面成十字形式，立面双层重檐，屋顶为歇山十字式。主阁四周绕以游廊，四正面凸出单层歇山小殿，整座建筑组合体立于高大华丽的台基之上，使其成为一个整体。在主体建筑左前方，作为呼应和陪衬，又有一座单层重檐方殿，这座方殿为不与主阁争雄竞胜，而采用了十分少见的重檐歇山式屋顶，其上再装饰一个宝顶，与主阁组成既呼应又对比的构图，表现了古代匠师自觉的艺术旨趣、造型意识和娴熟的设计手法。至于宋人《明皇避暑宫图》，则更以雄伟恢宏的气势，再现组合群体富于韵律变化的造型美。与一般作品不同，这里有序曲，有高潮，有铺垫，有悬念。既有低矮平和、神态娴静的临水台榭，也有嵯峨崔嵬气宇轩昂的十字高阁，是一曲融自然、空间、造型于一体的雄浑壮美、典丽优雅的交响乐章。

中国古代建筑，就单体而言，形式不多，屋顶也主要有五种基本样式，但一旦形成群组，就会出现多样的变化，既能满足不同的使用要求，也可创造出瑰丽多姿的建筑景观。

三、内部空间

随着功能要求的变化，单体建筑的室内空间也有了更精细的处理，以现存佛殿为例，可以看到这方面的匠心运筹。由于殿堂内一般都供奉佛和菩萨造像，因而建筑如何与雕塑相互配合，创造能满足人们观瞻膜拜的使用要求及相应的精神需求，自然成了佛殿室内空间处理的突出问题。概括起来，唐宋佛殿有以下特点：首先是使佛像所处的空间相对高大，以空间对比来强调雕塑的相对重要性；其次是尽可能使雕塑处在一个相对独立、完整的空间内；最后是使雕塑前景更开阔，减少遮挡，以便于瞻视，同时提供宽敞的膜拜场地。其具体手法有如下几种：一是广泛采用佛坛，佛坛抬高了雕塑，从而也就抬高了瞻仰佛像的视角，增加了佛像的庄严感。与此同时，佛坛限定出一个与凡人活动区域相对独立的特殊空间，这个空间在建筑进深的中部而略偏后，它是室内空间最高大和前景最开阔的部分，如佛光寺大殿。佛坛后侧一般都建有扇面墙，扇面墙的两侧常向前围合，从而使佛像所占空间更加完整。

二是配合功能要求，合理安排柱网，并适当减少前柱，以便留出较为宽敞的瞻仰空间。在进深只有3间的小型佛堂，往往前部完全无柱，如河北新城县开善寺大殿，河南少林寺初祖庵也是3间进深，虽有前柱，但其后部两柱又向后移了半间，同样起到了开阔前景的作用。山西大同善化寺三圣殿进深4间，前部也没有柱子。面阔3间、进深4间的宁波保国寺大殿，中间只有两根前柱，并且这两根立柱之间的当心间面阔为5.7米，比3.1米的次间长近一倍，其意在于尽量使这两根柱子向左右让开。此外，面阔5开间的山西崇福寺弥陀殿与面阔7开间、进深4开间的文殊殿也都只有两根前柱。即便是进深大于4间的佛殿，前部柱子一般也不超过一列，如辽宁奉国寺大殿进深5间，前部柱列使大梁进深不超过两间。山西大同华严寺大殿也是进深5间，前部内柱虽在进深的一间半处，但后部柱列也在对应的位置，大梁亦不超过两间，以避免出现结构问题。另外，与减柱相应的还有移柱的做法，如大同华严寺大雄宝殿，靠近中部的两列横柱均向内错入半个开间，打破了严格的方格网布局，使前、中、后三个空间都有较为合适的尺度，前部入口空间使人不感到局促，后部的进深则提供了足够观赏后沿佛龛造像的距离，中部空间高大轩敞，这种处理与唐代佛光寺相比较，无疑更进了一步。

三是随着佛寺供奉的佛像体量不断增大，出现了以佛像为中心来组织空间的楼阁建筑。具有代表性的实例是天津蓟州区独乐寺观音阁。这座面宽5间、进深4间的楼阁，在正中偏后安置着一尊高达16米的观音塑像，为容纳这尊塑像，室内中部空间通贯三层，围绕着中部空间，二、三层由内柱挑出钩栏，人们可围绕着钩栏瞻礼佛容。在由下向上的空间和结构造型上，设计者采用了一系列手法，如二层的钩栏较大，井口为长方形，三层井口平面缩小，呈长六角形，在佛像顶部上方又有更小的八角形藻井，这种几何形状的变化和尺寸的递减，强调和夸张了向心力和崇高感，由下向上仰视，富有变化和韵律感的空间构图产生了强烈的透视效果。

由于传统木构建筑材料和技术的限制，单体建筑的内部空间一般不可能十分高大宽敞，为了弥补这一缺陷，唐宋以来特别注重发展组合式内部空间，从而为室内空间的造型提供了变化、对比的可能性。组合式内部空间在形式构成上主要表现为集中式和流通式两种。前者如武则天明堂、滕王阁、黄鹤楼，以及宋画《寒林楼观图》《松壑层楼图》《仙山楼阁图》中的空间形式。在集中式空间组合中，由于建筑的整体结构是由不同开间、不同进深、不同柱网布置及不同层高等各方面集合而成，使得建筑的内部空间出现了变化非常丰富的景象。以滕王阁为例，该建筑的底层主体空间呈 T 字形，高大宽敞，但朝向江面凸出的一翼面积稍小，难以形成观景面，故而在临江一侧增加了一条横向的单层歇山式抱厦，并以侧廊与主体空间互相啮合，使内部空间延通。抱厦与回廊在尺度上远逊于主体，从而更适于游客驻足凭借，同时反衬主空间的高大。在主空间的两侧是横向凸

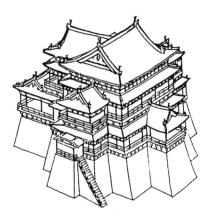

宋画滕王阁、黄鹤楼

宋画《滕王阁图》中的滕王阁

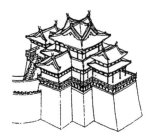

宋画《黄鹤楼图》中的黄鹤楼

出的楼阁及门罩，起到强调主空间中心位置的作用，同时也强调了整个组合空间的朝向。由于它的首层高度与前面的抱厦及回廊的高度相接近，因而很自然地使人把它们看作环绕主空间的次空间。在组合体的二层部分也采用了相似的处理手法，形成了既主次有序又变化多样的有机空间组合。比滕王阁更为常见或较为简单的集中式空间是对称地在正殿的一侧或各侧设龟头殿或抱厦，形成有大小及主次对比的室内空间。如隆兴寺摩尼殿，即在歇山顶的正殿四面设龟头殿。此外，唐宋时期流行的工字殿也是随着室内空间要求的增加而发展起来的组合空间形式。

　　与有主次构图的集中式不同，流通式空间主要是靠体量相近的建筑物相互贯通或交错而成，殿、阁、廊、庑或彼此相通，或以台院相连，曲折凹凸，从而创造出委婉流转、步移景异的内部空间。另外，流行于园林中的迷宫一类建筑，也可视为流通空间的一种。

四、唐宋时期的塔幢

　　唐宋期间遗存下来的塔幢不但数量大，而且形式多样，成为这一时期反映建筑艺术成就的特殊类型，从中可以发现唐宋建筑单体造型的审美特点和演化大势。按照结构类型和造型特点，这一时期的塔可以归结为楼阁式塔（可细分为木结构、石结构、砖木或砖石混合结构三种）、密檐式塔、单檐砖塔、花塔、藏传佛塔等。总体来讲，唐宋时期的塔幢风格上渐趋挺拔端丽，其中很多实例都是中国建筑史上独一无二的佳作，在造型艺术上具有一定的代表性。

　　楼阁式塔是中国古塔中尤具特色的一种类型，这种塔体量庞大，细部精美，是传统木构建筑的竖向发展，建于辽清宁二年（1056年）的佛宫寺释迦塔为这一时期最著名的楼阁式木塔。佛宫寺释迦塔俗称应县木塔，坐落于山西省应县城内西北佛宫寺内，塔的总高度为67.3米，是世界上现存体量最大、最高的木塔，也是我国保存最完整的木塔。

　　木塔坐落在二层4米高的台基上，平面为八边形，底层直径30.27米，是古塔中直径最大的一座。塔的外观为五层，因底层加有一圈称为副阶的

应县木塔

外廊，故有六层屋檐。在塔的内部各层之间均设有一道结构暗层，故室内为九层。木塔的结构形式独特，采用内外两槽立柱布局，构成双层套筒式结构，柱头间有阑额和普拍枋连系，柱脚间有地栿等水平构件连系，内外槽之间有梁枋相连接，使得双层套筒能紧密结合。木塔的暗层中使用了起圈梁作用的斜撑构件，加强了木塔的整体性。

应县木塔的造型设计充分反映了当时建筑匠师构思的精湛，首先是木塔有符合自身木构特点的合恰比例，塔的总高度（地面至塔顶）恰等于中间层（第三层）腰围内接圆的周长；其次是塔身自下而上有节制地收分，每一层檐柱均比下一层向塔心内收半个柱径，同时向内倾斜成侧

应县木塔剖面

脚，造成总体轮廓向上递收的动势。与此相应，各层檐下的斗拱由下至上跳数递减，形制亦由繁化简，全塔内外檐斗拱共有 54 种，集各式斗拱之大成。同时依照总体轮廓所需，以华拱和下昂调整各层屋檐的长度和坡度，不但创造了优美的总体轮廓线，而且檐下构件组合也丰富多变。最后是木塔的立面划分富于匠心，六层出檐与四层平坐栏杆把塔身划分为十道水平线，使木塔在仰视中极富层次，平坐与屋檐有规律地一放一收，产生了强烈的节奏感和韵律感，使得外轮廓线也更为丰富。底层副阶所伸出的屋檐远较其上各层深远，从而在视觉上把高大的塔体过渡到两层水平展开的平台上，再通过后者过渡到地面，使整座木塔极富稳定感和力量感。木塔各层的出檐虽然深远，但起翘并不十分显著，这与该塔的整体造型比例和所处的地域环境非常谐调，有唐代建筑敦厚浑朴的遗风。除此之外，该塔顶部的塔刹形制也极坚实有力，高度与塔的比例吻合，平添了木塔的气势与壮美。

　　早期的楼阁式塔均为木造，唐以后则多为砖石塔所取代，目前中国保存下来的唐代楼阁式塔全是砖石塔，著名者如大雁塔、玄奘塔等。大雁塔位于西安市南郊的慈恩寺内，初建于唐高宗永徽三年（652 年），长安年间（701—704 年）改建，后又经历代修葺。该塔原为安置玄奘由印度带回来的佛经而建造的，因坐落在慈恩寺，又名慈恩寺塔。大慈恩寺原是唐长安城内最著名、最宏丽的佛寺，是唐贞观二十二年（648 年）太子李治为了追念他的母亲文德皇后所建。唐三藏玄奘当年曾在这里主持寺务，领管佛经译场，创立佛教宗派，寺内的大雁塔为其亲自督造。

　　大雁塔初建时只有五层，武则天

应县木塔立面

0　　5　　10　　15　　20米

时重修，后来又经过多次修葺。现存的大雁塔为七层，高约 64 米，呈方形角锥状，逐层向内收分，造型简洁，气势雄伟。塔身为青砖砌成，磨砖对缝。塔的各层壁面作柱枋、栏额等仿木结构，每层四面都有券砌拱门，内有塔室，可盘旋而上，凭栏远眺四方，北面的西安城区，南面的

唐大雁塔

曲江风景区、终南山，可以尽收眼底。唐代学子考取进士后，都要登上大雁塔赋诗留名，号称"雁塔题名"。现大雁塔底层还保留有唐代的线刻画，是唐代建筑的真切写照。底层南门两侧镶嵌着唐代著名书法家褚遂良书写的两块石碑，一块是《大唐三藏圣教序》，另一块是唐高宗撰写的《大唐三藏圣教序记》，碑侧有蔓草花纹，图案优美，造型生动，是研究唐代书法、绘画、雕刻艺术的重要文物。

两宋时期的仿木楼阁式砖石塔在技术上更为成熟，造型朝两个方向发展，其一是模仿木塔的结构和比例，但细节简化，突出砖石塔高耸挺拔的总体形象，如建于宋真宗咸平四年（1001 年）的河北定州开元寺塔，又称料敌塔，塔的平面为八角形，高十一级，84 米，是中国现存最高的古塔。该塔第一层较高，上设腰檐平坐，以上十层则唯有塔檐而无平坐，塔檐的形式是用砖层层叠累挑出短檐，短檐的断面呈凹曲线，塔的四正面均辟有门，其余四面则饰以假窗，假窗上用砖雕出各种几何纹样，门券上则绘饰彩色火焰图案。顶部的塔刹是在刹座上施以硕大的忍冬叶，上置覆钵，覆钵上安置铁制相轮和露盘，最上为青铜宝珠两枚。此塔比例适度，外观挺拔秀丽，而细部处理又极为简洁，较为成功地塑造了砖石楼阁塔的艺术形象。

另一类仿木楼阁式砖石塔是追求细部的惟妙惟肖，如福建泉州开元寺双塔，该东、西塔分别建成于宋理宗淳祐十年（1250 年）和嘉熙元年（1237 年），二者平面均系八角形，其中东塔高 48 米，西塔高 44 米，建筑形式都是典型的仿木结构，檐柱、梁枋、斗拱、挑檐等构件均用石头精雕而成。设计者着力模仿木构建筑的细部，未在塔的造型、比例、气韵构思及艺术形象方面有所创新。

除纯粹的木结构和砖石结构外，这一时期还出现了混合结构的楼阁式塔，其特点是内部塔心为砖石结构，而外部的平坐、腰檐等均为木构，此类塔结构上虽与木塔相异，但外观上并无二致，只是由于砖石塔心较木构更为坚固，所以往往更为瘦高干挺。建于北宋太平兴国二年（977 年）的上海龙华塔是混合结构楼阁式塔中年代较早的一座，现存塔身和基础还是千余年前的原物，塔檐和平坐栏杆虽经历代修复，但仍保持着宋风。该塔的平面内为四方形，外为八边形，高七级，41 米。与辽代的木塔相比，比

定州开元寺塔

泉州开元寺塔

苏州北寺塔
（报恩寺塔）

例更为纤细高耸，体态更为秀丽玲珑。江苏苏州瑞光塔、报恩寺塔，浙江杭州保俶塔、雷峰塔等也是这一时期混合结构楼阁式塔的重要作品。此外，还有一种极为特殊的铸铁楼阁式塔，如广东广州光孝寺东西铁塔、湖北当阳玉泉寺铁塔、江苏镇江甘露寺铁塔、山东济宁和聊城的铁塔等，均雕模铸制，十分精美，具有很高的技术和艺术水平。

在楼阁式塔发展的同时，唐宋时期的密檐塔也取得了很大发展，著名的唐代小雁塔即为密檐式砖构建筑，小雁塔位于西安市南门外友谊西路南侧，是唐代著名佛教寺院荐福寺的佛塔。唐高宗李治死后百日，唐中宗李显于景龙元年（707 年）为他"献福"而建此塔。因塔的规模较小，外形秀丽玲珑，与慈恩寺大雁塔的雄伟气势相互辉映，故俗称小雁塔。塔共 15 层，高约 45 米，平面呈正方形，底层边长 11.38 米，塔身由下向上，每一层皆依次收缩，愈上愈小，呈锥状。塔内设楼板旋梯，可攀登至塔顶，每层有塔室，塔室南、北中央各开拱洞门一个，可通风和透进光亮。

江苏南京栖霞寺石塔是密檐式石塔的代表，建于五代时期，平面八角形，五重檐，通高 15 米。塔的下部为一雕饰精美的须弥座，上刻三重仰莲，用以承托塔身。第一层塔身较高，是一般密檐塔的典型做法，其上密施五层塔檐，塔檐的挑出与塔身比例相比显得颇为深远，是早期楼阁式塔的遗风，各层檐下较简化，以混枭线脚代替了繁复的斗拱装饰，柱枋雕刻也很有节制，特别是整体比例设计合恰，尽管仍夹带早期木构的痕迹，但已显露出砖石结构应有的简括、洗练、刚健，富有力度感，展示了砖石塔所独有的风格。栖霞寺舍利塔的艺术价值除上述特点外，精美的装饰雕刻也是它成为一件完美艺术品的重要因素，石塔基座上的海浪和鱼、蟹、虾类，须弥座上束腰部分的"释迦八相"，以及塔身上的金刚力士、小佛、檐椽、瓦垄、脊饰和刹上花纹等雕饰均极生动有力，具有很高的水平，是五代石刻的精品。

唐宋时期的密檐砖塔具有较鲜明的时代风格，其中又以辽、金的密檐塔尤具特色，其形制一般是下为须弥座，座上设砖石斗拱与平坐，平坐上饰以门窗及天神等，上部以斗拱支撑各层密檐，塔多实心，不能登临，是

陕西西安小雁塔

栖霞寺石塔

古代一种较典型的造型艺术，实例如山西灵丘县的觉山寺塔与北京的天宁寺塔。觉山寺塔建于辽大安五年（1089年），是一座至今完好的辽代密檐砖塔。塔平面为八角形，高十三层，下部是方形和八角形的两重基座，上有斗拱和平坐，须弥座的束腰部分在壸门处雕刻力士，平坐栏杆饰以几何纹样和莲瓣，其上承托八角形塔身。塔身平整舒展，上托重重叠落的密檐。从第二层起，层高与出檐均有递减，其递减率与高度成正比，从而使塔檐轮廓形成和缓的卷杀，同时顶部以高耸的塔刹结束，使塔的气势得到很好的渲染。在装饰方面，塔的砖雕也很精致，在底层塔身部分的转角处，设置了圆倚柱，并隐出阑额、普拍枋、斗拱等装饰构件。正向四面设门，但东西两面为假门，其余四面为假窗。此外，在塔身以上的各层檐下还装饰有砖砌的额枋和斗拱，从体形设计及细部装饰上看，较北魏及唐代的密檐塔更为精美和华丽。

天宁寺塔位于北京广安门外，传为5世纪北魏孝文帝时创建，初名光林寺，隋仁寿二年（602年）改名宏业寺，唐代称天王寺。现存的寺塔是一座密檐式塔，建于辽代末年（12世纪），明清曾有所修葺，是北京市区内现存建造年代最早的古代建筑。

塔的平面为八角形，砖砌实心，总高57.8米，飞檐叠涩13层，立于方形平台上。塔座为须弥座式，座上砌束腰，以斗拱挑出平坐、栏杆，其

觉山寺塔

上以三重仰莲承托塔身。塔的四个正面砌半圆拱门，门内用砖雕出仿木构门扇，四斜面砌出破子棂窗，门窗两侧刻有浮雕，转角处砌有角柱，柱间砌有阑额、普拍枋，柱枋上以精确仿木结构的砖砌斗拱挑出塔檐，檐下亦刻出仿木结构的椽和望板，檐上覆瓦。13 层塔檐之上是比例壮硕的塔刹，以两层砖刻八角仰莲托起须弥座，上承宝珠。天宁寺塔依层高渐次内收，轮廓略呈梭形，造型极为丰满。高大的基座、劲挺的塔身、线形刚直的层檐和壮健的塔刹都上承唐风，显示了一种雄伟豪壮的气质。然而，其构图上轻重、长短、疏密相间的处理手法和繁密细腻的细部又表现出辽末建筑风格的明显变化，应是受到北宋建筑华丽细美的风格影响。

辽、金密檐塔遗存下来的数量很大，其中很多都有较高的艺术价值，实例如北京通州燃灯塔、河北昌黎源影塔、正定临济寺塔、辽宁锦州广济寺塔、北镇崇兴寺双塔、辽阳白塔等。从这些密檐塔总的风格上可以看到时代变迁所镂刻下的痕迹，一方面是高大的基座、挺拔的塔身、简朴的叠涩塔檐以及整体敦厚雄浑的风格都有前代古塔的遗韵；另一方面其细部的精美、装饰手法的多样又恰恰展现出位于风格嬗变时期的时代特征。

除楼阁式塔、密檐式塔外，这一时期，还出现了一些富有特色和个性的塔，诸如单层的砖塔、花塔、土塔，著名者如山东济南四门塔与九顶塔、河南登封净藏禅师塔、甘肃敦煌城子湾花塔、河北正定广惠寺花塔等，以及自元代起开始流行的藏传佛塔，如北京妙应寺白塔、山西五台山白塔寺白塔等。

四门塔是一座高 15 米的单层石塔，位于山东省济南市历城区的青龙山麓，始建于隋大业七年（611 年），是中国现存最早的石塔。塔身由巨大的青石砌成，平面正方形，边长 7.4 米，四面各开辟一个拱门，故而俗称"四门塔"。塔以造型简洁明快见长，塔身上部以石块叠砌出五层塔檐，层层增大，再上是呈四角攒尖式的锥形顶，上边是石刻的塔刹。塔的内部正中砌有硕大的四方形塔心柱，四周有回廊环绕。塔的顶部以三角形石梁搭接在中心柱与外墙上，以此承托上层的屋顶。柱上刻有四尊石佛，螺发高髻，结跏趺坐，面容端庄秀丽，佛身上还刻有东魏武定二年（544 年）的题刻。

天宁寺塔

天宁寺塔细部

　　旧时四门塔的四周佛堂殿宇林立，现在保存下来的文物古迹有祖师林、神通寺殿基、大小龙虎塔等，都具有很高的历史、艺术价值。在附近的灵鹫山九塔寺遗址内，尚保留有一座造型奇特的唐塔，单层八角，顶部有小塔九座，俗称"九顶塔"，塔通高 13.3 米，塔身上部有砖砌的挑檐，顶上叠涩收进，形成八角形平坐。平坐上的小塔高 2.84 米，正中一塔高 5.3 米。塔的南边开辟有佛室，室内的天花藻井和壁画至今尚存。

　　花塔是出现和流行于宋、辽、金时期的一种古塔类型，其典型特征是：塔的上半部装饰着各种繁复的花饰，宛如花团锦簇，令人眼花缭乱，故称"花塔"。其中所装饰的内容又极为丰富，有巨大的莲瓣，有密布的佛龛；有的雕饰出各种佛像、菩萨、天王力士、神人，有的则塑制了狮、象、龙、鱼等动物形象及其他图案，有的花塔原来还涂有鲜艳的色彩，十分华丽。花塔的出现和流行可以归结为两方面的原因：其一是古塔由功能性向装饰性过渡，由质朴向华丽演变；其二是越来越多地受到印度、东南

亚一些国家寺塔装饰雕刻的影响，花塔逐渐成为一种纯粹的造型和雕刻艺术品。现存的十余座花塔多为单层砖造，个别为土塔，其中最著名的为河北正定广惠寺花塔，建于金代，为现存花塔的佼佼者。该塔形制为三层八角楼阁式，高 40.5 米，通体砖造。塔体造型极丰富多变，第一层塔身为八角形，四斜面附有扁平状六角形单层小塔，塔身正面及四小塔正面均有圆形拱门，塔身及小塔檐下均设有砖制斗拱。第二层塔身亦为八角形，四个正面辟方形龛门，门侧设格子假窗，四个斜面正中设直棂假窗，第二层塔身上挑出斗拱承托塔檐，檐上设八角形平坐，其上再置第三层塔身，塔身正面辟方门，其余三面设假门，四斜面隐出斜纹格子窗。第三层塔身之上即是花塔的上半部花束形塔身，约占塔身全高的 1/3。花束形塔身上按八面八角的垂直线，塑刻出虎、狮、象、龙和佛、菩萨等形象。花束状塔身以上用砖刻制出斗拱、椽、飞檐和枋子，上覆八角形塔檐屋顶，顶上冠以

九顶塔

塔刹。无论是造型还是装饰，该花塔都是这一时期的代表作品，端庄稳重中包含着挺峻秀美。当初该塔表面曾绘有彩画，富丽异常。

位于甘肃敦煌莫高窟旁的敦煌城子湾花塔亦属于花塔类型。城子湾花塔是一对土塔，两塔一大一小，小塔现已残破，大塔尚保存完整。大塔的建造年代约在宋乾德四年（966年），是现存花塔最早的实例。塔的形制为八角单层，通高约9米，下为高大的须弥座，上为八角塔室。塔室上面建高大的圆锥状莲花塔身，成七层相叠，在莲花中间设有小塔龛和佛像。塔的最上部便是塔刹，其形制是以一座小方塔立于最上一层莲瓣之上。方塔上当初还应有相轮、宝珠之类的装饰，现已无存。塔室东面辟真门，其余三正面作假门，拱券式门顶上有火焰纹饰，有隋唐石窟龛门的风格，门顶两旁用泥塑出双龙戏宝的图案，颇为生动。四斜面原有附壁天王泥塑，现已不存。此外，塔室转角处塑有八角柱子，檐下隐塑简单的人字形斗拱。城子湾花塔均为土坯砌筑，外部涂以草泥，表面再抹以细泥，造型古拙又不失端丽，装饰大方又不失华美。

除上述花塔外，现存较著名的花塔还有河北井陉花塔、丰润车轴山花塔，北京房山坨里花塔，山西太原日光和月光佛塔等。花塔保存下来的数量虽然不多，但因形式特异而弥足珍贵，特别由于它仅仅流行于宋、辽、金这一建筑风格变异时期，元以后即绝迹，因而对阐释这一时期的建筑风格有着重要意义。

藏传佛塔的原型是印度的窣堵坡，元代时，窣堵坡经尼泊尔、西藏、内蒙古再度传入内地，成为当时佛塔的一种主要类型，因为藏、蒙藏传佛教建筑多采用这种形式，故又称藏传佛塔、藏式塔，其中最有代表性的为

北京的妙应寺白塔，为中外文化交流及汉藏文化交流的一个见证。该塔位
于北京西城区阜成门内大街，原称圣寿万安寺浮图，始建于元至元八年
（1271 年），元至元十六年（1279 年）建成，为元大都最重要的建筑遗存，
也是现存中国最大的藏传佛塔建筑。

　　白塔由台基、塔身和相轮塔刹三部分组成，台基高 9 米，分三层，底
层为平面方形的石基，上面两层为平面亚字形的须弥座，须弥座上用砖砌

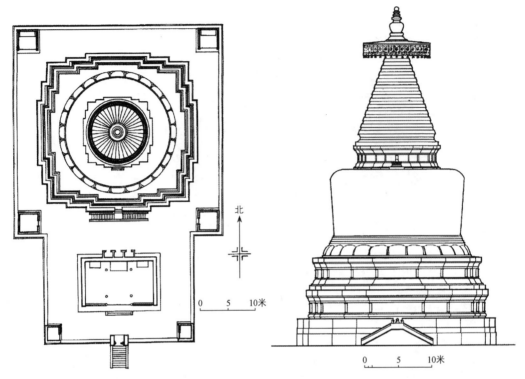

北京白塔寺白塔
平、立面

北京白塔寺白塔

筑出巨大的莲瓣，构成形体雄浑的莲座，用以承托塔身。塔身平面圆形，覆钵状，形似宝瓶，塔身比例粗壮，肩部圆转，下部斜向内收，表面原有宝珠、莲花雕刻，并垂挂珠网璎珞，现均不存。塔身之上为缩小的折角亚字形须弥座，座上矗立着下大上小急剧收缩的13层砖砌实心相轮，即所谓"十三天"。相轮之上置高达9.7米的铜制宝盖，亦称华盖，宝盖四周垂挂流苏状的镂刻铜板和铜铎。宝盖上原安放有一宝瓶，现为一高5米的小藏传佛塔。全塔总高50.9米，塔体比例匀称，造型古拙，气势雄壮。塔体通饰白色，塔顶则显金色，金白相衬，显得圣洁而崇高。时人赞曰："谁建浮图礼大千，灵光遥与白云连……"

这一时期，还留传下来一种石刻建筑物，即镂刻佛教经文的柱状经幢，始见于唐，盛行于五代、两宋、辽、金时期。唐代的经幢形休多粗壮，最早只是一根八角或六角形的石柱，上面刻有咒语或经文，叫作幢身；下面加基座，上面有幢顶，构造和式样都比较简朴。唐中期以后，净土宗佛寺里的经幢增多，形式也有了变化，代表作如位于上海市松江区的经幢，建造年代为唐大中十三年（859年），是上海地区最古老的建筑。经幢高21级，9.3米，幢身八角形，分为上下两段，上段刻《佛顶尊胜陀罗尼经》的全文，下段刻有捐助人的姓氏。整个幢体构造可以分为托座、束腰、华盖、腰檐等多个部分，幢身下面的台基上刻有海水纹，侧面刻着波涛汹涌之状的纹饰，线条细腻。台基上面有三重托座，刻有莲瓣、卷云等纹样。承托幢身的一级为八角形，每面有钩栏。托座与托座之间有三重"束腰"，上面刻有盘龙、蹲狮和菩萨。蹲狮雄健有力，菩萨则坐于壶门内，神态自若，面形圆满。幢身上面的十级变化更多，形状有华盖、腰檐、联珠、托座、圆柱束腰、八角攒尖盖等，其中刻有卷云、莲瓣纹，还有横眉怒目的四天王、口衔璎珞的狮子头。第19级是高40厘米、直径65厘米的圆柱，刻有佛像、菩萨和供养人的礼佛图。

五代以后，经幢的风格开始向修长娟秀的方向发展，雕刻日趋华丽和精细，至两宋达到艺术的最高峰，如河北赵县陀罗尼经幢，建造年代为宋景祐五年（1038年），形制为八角七级，高约16.4米，通体石造。整个幢

上海松江区唐代经幢　　　　　　　　河北赵县陀罗尼经幢

体分为基座、幢身、宝顶三段，下段为基座，由三层台座组成，最下面为方形须弥座，由莲瓣、束腰及两道叠涩构成。在束腰部位用束莲柱将每面划分三间，每间内刻有火焰式拱门、佛像、力士及仕女等雕饰。其上第二层基座为八角须弥座，转角刻束莲柱，柱间刻有坐于莲上的歌舞伎乐。第三层基座亦为八角须弥座，只是装饰雕刻更为丰富，如用宝装莲瓣与束腰做成回廊，回廊每面划为三间，分别刻有柱础、收分柱和斗拱，当心间刻有台阶，其他各间刻有佛陀本生故事。在这三层基座之上便是中段幢身，亦一分为三，下层包括有宝座、刻镂经文的八角幢柱和有璎珞垂帐的宝盖，中层包括有狮象首和仰莲的须弥座、八角幢柱和垂璎宝盖，上层则由二重仰莲、八角幢柱、有显著收分的城阙（刻有释迦游四门故事）组成。幢身之上即幢体上段宝顶部分，其中包括有带屋顶的佛龛、蟠龙、八角短柱、仰莲、覆钵及宝珠等。

从整体来看，这座经幢比例匀称，姿态端秀，细部构思尤见功力，装饰虽繁多，但由于幢身与装饰部分进行了分段分层处理，因而疏密相间，繁简有致，不但未削弱幢体的总体效果，反而以一重重悬出的装饰丰富和夸张了幢体的轮廓。加之经幢上各部雕刻精美细致，艺术水平很高，除具造型价值外，也无愧为古代石刻精品。

五、桥梁艺术

伴随着木结构技术的高度成熟，其他一些结构类型和形式在唐宋时期也有了很大的发展，如该时期建造的一些石桥就反映了砖石结构的成就，如隋大业年间（605—617 年）建造的河北赵县安济桥（又名赵州桥）是世界上现存最古老的敞肩拱桥，具有极高的技术成就。该桥形制为单孔圆弧弓形石拱桥，南北长约 51 米，桥面宽约 10 米，桥跨 37 米，拱矢高度达 7 米。在大拱的两肩，对称地踞伏着四个小拱，用于增加泄洪能力，同时也大大减轻了桥梁的自重，并且省工省料。这种在大拱拱肩上垒架小拱的形式称作敞肩式，这种敞肩式桥梁技术在西方迟至 14 世纪才出现，而与赵州桥形式相近的敞肩式桥，在欧洲迟至 19 世纪才出现。赵州桥不但建造

安济桥

技术高超，而且造型美观，柔和的线形使桥身显得既稳重又轻盈，既雄伟
又秀逸。位于圆弧上的桥面也呈现为弧线，且更为舒展，与拱券的弧形成
天然的配合。桥面两旁设有扶栏和望柱，栏板上饰有蟠龙石雕，望柱上饰
有狮首雕像，并有大量精美的卷叶、花瓣等装饰雕刻。

　　位于广东省潮州市东的广济桥又名"湘子桥"，是中国古代著名的桥
梁之一。此桥始建于南宋孝宗乾道六年（1170 年），前后历时 57 年才建
成。桥全长 517.9 米，东西两段共有 20 座桥墩，中间的一段宽约百米，因
为水流湍急不能架桥而采用小舟摆渡，当时取名"济川桥"。明宣德十年
（1435 年），叠石重修，并增建桥墩，更名为"广济桥"，并在桥上立亭屋
126 间，环以栏槛。后来又经过五次大修，并在桥墩上建起 24 组形式不同
的"望楼"。明崇祯十一年（1638 年）遭火灾，桥上的楼阁建筑遭焚毁。

　　广济桥的 24 座桥墩是以花岗石块卯榫砌筑而成，大小不一，各具形
态，是中国桥梁建筑的一份宝贵的遗产。桥的中段后改用 18 艘梭船联成
浮桥，能开能合，是中国最早的一座开关活动式的大石桥。清雍正元年
（1723 年）曾在浮桥两端的石桥墩上放置两只铁牛，牛背原来镌刻着"镇
桥御水"四个大字，今已不存。

广济桥

　　位于北京城南永定河上的卢沟桥是我国北方现存最大且年代较早的古桥，初建于金世宗大定二十九年（1189 年），建成于金章宗明昌三年（1192 年），意大利旅行家马可·波罗曾游历此桥，誉其为"世界上最好的、独一无二的桥"。

　　桥的形式属多孔厚墩联拱石桥，全长 266.5 米，宽 7.5 米，高约 10 米。整个桥身共计 11 孔，除两岸金刚墙外共有 10 个桥墩，桥墩由巨大的条石砌成，横断面呈梭形，迎水部分砌成分水尖，好像船头，并安装了三角铁柱，用以消解洪水和春冰，人称"斩龙剑"。顺水的一面砌成利于泄水的形状，向内微微收进，好像船尾，使水流一出桥洞便可分散，减少洞内的水压力。各券的跨度自两岸向中间递增，中心孔最大跨度为 13.45 米。两岸砌有金刚墙，用以支撑桥体。桥面根据位置不同分为河身桥面和雁翅桥面，河身桥面坡度平缓，雁翅桥面作喇叭口状，坡度略大。在桥面两侧设有雕刻精美的石栏杆，栏杆的望柱头上雕有形态各异的石狮子，桥头各立有两根形制古朴的石制华表，在雁翅桥面上另有清康熙、乾隆关于修葺此桥的碑记及乾隆所题"卢沟晓月"碑和"过卢沟桥记事"碑。卢沟桥整体造型简洁明快，虚实相应，富于节奏变化，同时精湛的石刻艺术也为拱桥增色良多。

在福建沿海地区，两宋时期曾建造了若干巨大的石梁桥，多位于江河入海处的宽阔水面上，如泉州洛阳桥和安平桥。洛阳桥是中国古代著名的梁式石桥，坐落于泉州市东约 10 公里、与惠安县分界的洛阳江上，由于桥坐落在古时的万安渡，故又名"万安桥"。洛阳桥始建年代为北宋皇祐五年（1053 年），嘉祐四年（1059 年）竣工，工程历时 6 年。桥原长 1200 多米（现 834 米），宽约 5 米，有 46 座桥墩，500 个扶栏，28 个石狮，7 座石亭，9 座石塔，规模宏大，为海天一景。洛阳桥的最大特点是桥基的建造，做法是先沿桥梁的中线抛置大量的石块，在江底形成了一道矮石堤，然后在上面建造桥墩，并在桥下养殖了大量牡蛎，使得桥基和桥墩石之间胶结牢固，被称为"种蛎固基法"，这种巧妙且充分利用自然资源建桥的做法，是中国古代一项重要的创新实践。在洛阳桥的中亭附近立有许多古代的碑刻，其中以宋代石刻"万古安澜"最为有名。桥头另有石塔、武士石像等石雕。桥北有昭惠庙、真身庙等庙宇遗址，桥南有蔡襄祠。祠内立有著名的蔡襄《万安桥记》宋碑，碑刻文字精练，书法遒劲有力，刻工精致，世称"三绝"之碑，碑有两通，一通是原碑，一通是 1949 年后摹刻的。

安平桥横跨在福建省晋江、南安两市交界的安海镇海湾上。安海镇又名"安平镇"，安平桥也由此得名。该桥始建于南宋绍兴八年（1138 年），历时 14 年建成。初建时长 801 丈，宽一丈六尺，长度约合 5 里，故又称"五里桥"。现在桥长 2100 米，宽 3—3.8 米，有"天下无桥长此桥"的美誉，是中国古代最长的梁式石桥。桥体用巨大的石梁铺架，石梁最重的达 25 吨。桥墩用条石砌筑而成，原有桥墩 361 座，有长方形、半船形、船形三种形式。桥上原有水心亭、中亭、官亭、雨亭等桥亭，并有护栏、石将军、狮子及蟾蜍杆等雕刻，现在桥亭中仅存有 1 座水心亭，亭的四周另有 13 块历代修桥的碑记。桥两侧的水中筑有 4 座对称的方形石塔。桥头入口处另有一座 20 余米高的六角形白塔，建筑风格十分古朴。

卢沟桥

洛阳桥

安平桥（姚洪峰
提供）

第四节　造园艺术

　　得益于文化兴盛与经济发展，唐宋时期的中国造园艺术出现了前所未见的勃勃生机。隋唐时期的皇家园囿继承了汉以来皇家园林恢宏、华美的特点，将自然景观与人工造景相结合，景色开阔，风格富丽。贵族显宦和富豪商贾也竞相造园，一时名园迭出。著名的如太平公主的山池院，唐代诗人宋之问所撰《太平公主山池赋》中描写道："列海岸而争耸，分水亭而对出。其东则峰崖刻划，洞穴萦回……图万重于积石，匿千岭于天台。"[1] 宋之问在《奉陪武驸马宴唐卿山亭序》中又提及该园："林园洞启，亭壑幽深。落霞归而叠巘明，飞泉洒而回潭响。灵槎仙石，徘徊有造化之姿，苔阁茅轩，仿佛入神仙之境。"[2] 当时的园林除自赏外，更多的还兼及宴客和听歌观舞，园林实际上已成为交际场所和主人社会地位的象征。园中大都要有山有池，有宴饮的厅堂亭轩和供歌舞表演的广庭。较大的园子大多堆叠巨大的山石，凿池筑岛，建歌堂舞榭，步廊回环，钩栏屈曲，追求绮丽富贵之风。降至两宋时期，园事尤盛，上自皇亲国戚，下至文人商贾，兴土木，营园圃，历 300 余年未有间断，数量之多，范围之广，均创造园史上的纪录。在大兴园囿的同时，游赏园林也成为一时风尚。《东京梦华录》记载，北宋汴京居民每逢清明时节，"就芳树之下，或园囿之间，罗列杯盘，互相劝酬。都城之歌儿舞女，遍满园亭，抵暮而归"[3]。《岁时广记》云："立春……民间亦以春盘相馈，有园者，园吏献花盘。"[4] 中秋节，"贵家结饰台榭"赏月，一般的平民也多"欲就园馆亭榭寺院游赏命客"[5]。当时有很多名园逢节日对外开放，邀人游览。有的园主甚至还把自己的园囿租借给他人用以款待宾友，由此可见当时游赏风习之盛。这种造园和赏园的风气给造园艺术的发达提供了必要条件，一方面是造园技巧的完备，一方面是写意风格的成熟，最终奠定了宋代园林在中国古典园林艺术史上的重要地位。

一、皇家园林

唐贞观、永徽年间，朝廷励精图治，国力渐强，宫苑建筑也日有兴

---

[1]　[清]董诰等纂修：《全唐文》卷二百四十，宋之问《太平公主山池赋》。

[2]　[清]董诰等纂修：《全唐文》卷二百四十一，宋之问《奉陪武驸马宴唐卿山亭序》。

[3]　[北宋]孟元老：《东京梦华录》卷七。

[4]　[南宋]陈元靓：《岁时广记》卷八。

[5]　[北宋]孟元老：《东京梦华录》卷八："中秋夜，贵家结饰台榭，民间争占酒楼玩月。"《东京梦华录·筵会假赁》卷四。

建，如在西京长安建西内苑、东内苑、禁苑和曲江芙蓉园，郊外则有玉华宫、仙游宫、华清宫、九成宫等。宫苑的规模都十分宏大，其中禁苑一地就合155平方公里，面积为长安城的两倍，内有宫馆园池24所，著名的如望春宫、鱼藻宫、临渭亭、梨园等，还有九曲池、葡萄园等众多景观。

由五代而至两宋，皇家园林在风格上有了巨大转变，从以往追求宏大、壮阔之美，转而追求细腻、幽深和自然之美，设计手法也由简单的模仿走向高度的提炼。这一时期的著名皇家园林有北宋的琼林苑、金明池、玉津园、宜春苑、瑞圣园、延福宫和艮岳；南宋时期有大内小西湖、德寿宫飞来峰、玉津园、富景园、樱桃园、聚景园、屏山园（又名翠芳园）、延祥园、玉壶园、胜景园（又名庆乐园）；金代有琼林苑、广乐园、熙春园、芳园、北园、东园、同乐园、南园和大宁宫等。所有这些宋金帝王宫苑中，以宋徽宗时的寿山艮岳（又名万岁山）为最，其东有书馆、八仙馆、紫石岩、祈真磴、揽秀轩、龙吟堂；其南有寿山两峰并峙，有雁池嘹嘹亭；北有绛霄楼；其西有药寮、西庄、巢云亭、白龙渊、濯龙峡。四方奇竹怪石悉聚园中，楼台亭馆月增日益，不可数计。当时为建艮岳，江南珍异花木竹石多被征运到汴京，劳民伤财而激起民怨，以致成为梁山起义的导火线。艮岳不仅集中了天下名花异草，珍禽奇兽，而且园中景致也极为丰富，有"长波远岸"的壮美，有"周环曲折"的深幽；有好比蜀道的天梯之险，有"山间酒肆，筑室若农家"的村野之趣；更有"苍翠蓊郁，仰不见天"的万竿青竹，展示了宋人造园力图再现自然真趣的艺术追求。

唐宋时期的皇家园林不仅造园思想趋于成熟，园林的内容也有所更新和充实，如这一时期的宫苑中出现有马球场、蹴球场、温泉浴池等体育游嬉之类的实用内容。在园林类型上，唐宋时期发展起来的带有近世城市公园性质的园林如唐长安的曲江、宋临安的西湖等，对于当时城市居民的休闲生活产生了重要影响。每逢佳日，这些风景点引得城中官绅士庶倾城游赏，人们在这里可踏青、看花、荡舟、纳凉、赏月、登高，以及观看杂技歌舞，使园林在功能和形式方面都出现了前所未有的变化。

艮岳的营造有着明确的总体构思和安排，由文献记载中对景观及景物

金明池夺标图

的描绘可知，艮岳已有明确的景区划分，各景观有其意境，各景物有其主题。整个万岁山园林区的规模与气魄虽十分宏大，但构思却极为缜密。从大景区划分来看，山景区、水景区、林景区、石景区、建筑景区及综合景区，应有尽有，相映成趣。每一大景区中又包括有不同的小景区直至不同的景物，如山景区内包括有"天台、雁荡、凤凰、庐阜之奇伟，二川、三峡、云梦之旷荡，四方之远且异，徒各擅其一美，未若此山并包罗列，又兼其绝胜，飒爽溟滓，参诸造化，若开辟之素有，虽人为之山，顾岂小哉"[1]。这就是说，艮岳之山将各地名山大川的雄伟、奇秀、险峻、幽寂诸特色都体现了出来，而这种体现绝非简单的模仿，而是高度的提炼和概括。此外，山景区内的各山体亦各有主题，构成不同的景观和意境，如梅岭、杏岫、黄杨巘、丁嶂、椒崖、龙柏陂、斑竹麓、万松岭、漾春陂等，均为各具特色的主题景观。如祖秀《华阳宫记》中所记："山骨暴露，峰棱如削，飘然有云姿鹤态，曰飞来峰。高于雉堞，翻若长鲸，腰径百尺，植梅万本，曰梅岭。接其余冈，种丹杏、鸭脚，曰杏岫。又增土叠石，间留隙穴，以栽黄杨，曰黄杨巘。筑修冈以植丁香，积石其间，从而设险，曰丁嶂。又得赪石，任其自然，增而成山，以椒兰杂植于其下，曰椒崖。接水之末，增土为大陂，种东南侧柏，枝干柔密，揉之不断，叶为幢盖、鸾鹤、蛟龙之状，动以万数，曰龙柏陂。"与山景相应，水景区中则有"雁池""白龙渊""濯龙峡""席渚""梅渚""海棠川""桃花闸"等；又如石景："大石皆林立……或若群臣入侍帷幄，正容凛若不可犯，或战栗若敬天威，或奋然而趋，又若伛偻趋进，其怪状余态，娱人者多矣。"[2] 在各景区中，建筑与自然景物的关系也有很好的默契，因题设景、因景构筑已成为设计的原则，诸如绿蕚华堂、倚翠楼、浮阳亭、云浪亭、掀玉轩、消闲馆等，都是依据景观的特点设置建筑，既作为观景处，又对景观起到画龙点睛或提示的作用。从建筑的位置、风格及题署上可以看出，景观已成为园林的主角，有目的、有特色、有意境追求的景观创造已成为园林艺术的宏旨所在，皇家园林从畋猎、农作、休闲、游乐等功能需求向艺术创造的转变也在此时趋于完成。

二、文人园林

经过南北朝的发展，由文人开创的写意园林至唐、宋时期达于大成，

---

[1]　[南宋] 王明清：《挥麈后录》卷二，《艮岳记》。
[2]　[南宋] 张淏：《艮岳记》，载祖秀《华阳宫记》。

此时不但出现了很多著名的写意园林，同时也出现了一大批著名的园林艺术家，并产生了相应的园林理论和著述。园林作为古代与诗画并列且兼容诗情画意的艺术门类，正是在这一阶段确立了它的历史地位和艺术地位的。

自隋唐以来实行科举制度后，大量庶族通过苦读入仕为官，这些人都是工于诗文的文士，他们以诗情注入园池的鉴赏，丰富了造园艺术的文化内涵，使园林具有了诗意。唐代在大量兴建池馆富丽的山池院外，也出现了一大批平淡天真、恬静幽雅的士大夫园林，南朝时在山水诗影响下的以陶冶性灵为主的私园特点，在唐代士大夫园中得到继承和发展，使造园艺术步入更高的境界。

作为园林艺术创作的主要内容，唐宋文人明确地提出了园林的精神功能和社会功能。潜说友在《咸淳临安志》中云："昔人有言，天下之治乱候于洛阳之盛衰。洛阳之盛衰，候于园圃之兴废。夫善觇人国者，乃或于是得之。所谓不知其形视其景非邪，然园圃一也。有藏歌贮舞流连光景者，有旷志怡神蜉蝣尘外者，有澄想暇观运量宇宙而游特其寄焉者。嘻！使园圃常兴而无废、天下常治而无乱，非后天下之乐而乐，其谁能叙园亭。"[1] 依文中所言，唐宋时期的园林除满足人们居憩游赏的功能之外，已更注重园林陶冶情性、抒发襟怀的功效。这方面的典型实例有王维的辋川别业、白居易的庐山草堂和履道里宅园，以及李德裕的平泉庄、牛僧孺的归仁里宅园、裴度集贤里宅园等。其中辋川别业和履道里宅园之所以尤为后世所推崇，就在于他们把意境的追求与创造提升到园林艺术的首位。王维在辋川中创孟城坳、华子冈、文杏馆、斤竹岭等 20 景，均是以景写意，寓意景中。王维以画设景，由景得诗，以诗入画，可谓到了融会贯通的境地，这种由诗与画的艺术实践出发，将诗画意境手法用之于园林创作，换言之，这种身兼造园艺术家的诗人画家，在唐以前是未曾见的。

诗人白居易的履道里五亩宅园是城市园林的典范之一。其立意、布

---

[1]　[南宋] 潜说友：《咸淳临安志》卷八十六。

局和设景说明了园林生活此时已成为士大夫整个生活的一部分，甚至成了他们的半个精神世界。如白居易言其与园林的关系时说："如鸟择木，姑务巢安。如龟居坎，不知海宽……优哉游哉，吾将终老乎其间。"[1] 作为形与意的统一，此园在意境创造方面也已颇有造诣，园主自赋诗赞云："浦派萦回误远近，桥岛向背迷窥临。澄澜方丈若万顷，倒影咫尺如千寻。"[2]

园林审美的这一意向和特征至宋更为大规模、大范围、高水平的园林实践所完善。作为写意园林的主要成熟标志，此时形成了一整套中国古典园林的符号语言，从园内的物质内容到精神功能，从园林的立意布局到园内景区的主题分配，从景物本身的表意内涵到景物之间的符号关系都有了深刻独到的见解和相应的表现原则。无论是皇家贵胄的禁苑，还是文人百姓的宅园，都存在着一套彼此相通的语言代码。只不过各有各的语句特色，在句法一致的基础上又各有句式上的千秋，各有独自的意味深长之处。正如《爱日斋丛钞》中所言："各家园池自有各家景致，但要得语言气味深长耳。"[3] 譬如司马光的独乐园，园中之景有见山台、钓鱼庵、弄水轩、读书堂、浇花亭，分别取意于陶潜、严子陵、杜牧之、王子猷、白乐天，借此抒其鹪鹩巢林、鼹鼠饮河、曲肱而枕、唯意所适之乐。即使园子本身"在洛中诸园最为简素"，但因景真意足，而使洛人"春时必游"。宋人晁无咎所建"归去来园"，内有以松菊、舒啸、怡赋、暇观、流憩、寄傲、倦飞、窈窕、崎岖命名的景观及登临游息之地，其中一户一牖，"皆欲致归去来之意"，旨在"日往来其间则若渊明卧起与俱"。洪适于盘洲园中所建的"洗心""啸风""践柳""索笑""橘友""花信""睡足""林珍""琼报""绿野""巢云""濠上""云起"等景观也均是寓情于景，情景交融，如"云起"一景，园主自谓："行水所穷，云容万状，野亭萧然，可以坐而看之"，使人不禁

---

[1] ［清］曹寅、彭定求编纂：《全唐诗》卷四百六十一，白居易《池上篇》。

[2] ［清］曹寅、彭定求编纂：《全唐诗》卷四百五十三，白居易《池上作（西溪、南潭，皆池中胜地也）》。

[3] ［南宋］叶寘：《爱日斋丛钞》卷三。

唐辋川图摹本

想起王维的"行到水穷处，坐看云起时"的名句，油然感受到一种超然物外、心无挂碍的禅境。

文人园林的产生虽然可追溯到南朝，但作为一种蔚然成风的崇尚则是成于唐宋，其原因来自三个方面：首先是日趋文人化的社会结构使文人的地位有了空前的提高。其次，从整个造园主体来看，存在着一个从皇胄依次向官豪、文人、商贾、士庶逐渐扩展的过程，就唐宋时期来说，园林的拥有者正处于由少数门阀贵族及官宦向大批的庶族地主和文人过渡转移的时期，而后者又多是经科举而朝，并具有一定的文化身份，这一特征自然要在园林艺术中寻求表现。最后，大量的诗人画家参与并领导造园，必然使魏晋以来孕育于园林中的文人风格得以深化和发展。

概括说来，文人园林的典型风格是讲究文采，其中包括立意、景观主题的构思、景物的取材和寓意、景观和景物的题署方式等各个方面。

唐宋时期的文人园林把人的思想情感，特别是封建文人的种种情操和品格融入景观对象之中，咏月、吟桂、拜石、敬竹，其感物伤情秉承离骚美学之遗风。

此时的文人士大夫之所以这般多情善感，是因为他们同时受着入世与出世两方面思想的影响和磨砺。此前，人们通常是以世袭的贵族门阀地位为荣，此时则转为以爵为荣，而科举制度更为文人士大夫阶层获取这种荣耀提供了可能性。于是，中科入举及"出处进退"成了他们一生的中心问题，未做官的梦想着做官，做了官的又想着飞黄腾达不断升迁。而一旦身居官位又忧心忡忡，生怕一朝醒来丢了乌纱，所谓"退亦忧，进亦忧"。作为出仕、贬谪、去官种种忧虑的安慰和心理平衡，文人士大夫于是故作"高蹈"，退而"隐逸"，自命"清高"。在这种思想背景下，文人士大夫中遂滋生出所谓"坚贞不屈""屈而不辱""偃而犹起"以及"凌云""清拔"等节操美和品格美的审美取向。文人士大夫进而把这种节操和品格物化于园林景物之中，或把在形貌上与这种节操品格相吻合的自然景物对象化、典型化而引入园林，给此时的文人园林景观蒙上了一层文采。比如此时养竹赏竹在文人园中蔚然成风，苏舜钦的沧浪亭中"前竹后水，水之阳又竹，无穷极"；叶梦得在《避暑录话》中说："山林园圃，但多种竹，不问其他景物，望之自使人意潇然。"[1]在某种程度上，竹子似乎成了园林中风雅的代名词，故苏轼有诗云："可使食无肉，不可居无竹。无肉令人瘦，无竹令人俗。"[2]竹子雅在何处呢？不外乎是因为被人格化的竹子有文人士大夫心中的节操美和品格美，所谓"苍然于既寒之后，凛乎无可怜之姿"。与之相似，园林植物中的松、梅、菊、桂、榉、梧桐、银杏以及莲、萱草等也同样都有寓意和品格。此外，品石、流觞、投壶等活动也都盛行于唐宋园林，并成为园林的一般性语汇。

[1]　[北宋]叶梦得：《避暑录话》。

[2]　[北宋]苏轼：《东坡集》，《于潜僧绿筠轩》。

三、唐宋园林的风格特征

唐宋园林的艺术风格是它的写意性，与前代相比，这一写意风格可具体表现为雅逸与奇巧两大特征。雅逸主要表现在两方面，首先是意境的高雅，这在景观的题署中有很好的体现。比较而言，唐代园林的园景及亭榭立名还比较平素，基本上是景观环境的白描，或是景物及建筑方位和功能的标定，比如裴度的宅园，其景曰："南溪""北馆""晨光岛""夕阳岭""水心亭""开阔堂""杏花岛""樱桃岛"等。柳宗元别业中的景物则通以愚字命名，诸如"愚溪""愚丘""愚泉""愚沟""愚池""愚堂""愚亭""愚岛"等。降至宋代，追求雅逸渐趋自觉，如洪适的盘洲园，其景物题署有"洗心""啸风""践柳""索笑""橘友""花信""睡足""林珍""琼报""绿野""巢云""濠上""云起"等。这些题署不仅起着一种提示作用，同时还起到一种赋予甚至增强景观情趣的作用，所谓寓情于景、情景交融，这在园林中通过题署体现得十分明显。上述"花信"一景，似锦繁花、"涌地幕天""蝶影交加""生意如鹜"，题之为花信，使人临观中不难嗅出芬馥鼎来的阳春气息。"濠上"一景，是以一座溪桥为景物主体，桥下溪中，"游鱼千百，人至不惊"，题名为"濠上"，是取意于《庄子·秋水》，让人俯栏观鱼时，油然产生一种遣逸的理趣 [1]。园林意境正是经过题署而得到了升华。从文人笔记中，也可以看到有关园林题署的直接论述，如洪迈的《容斋四笔》卷一中云："立亭榭名最易蹈袭，既不可近俗，而务为奇涩亦非是，东坡见一客云：'近看晋书。'问之曰：'曾寻得好亭子名否？'盖谓其难也。"[2] 由此亦可见对园景题署的讲究。

雅的另一方面是景物题材的风雅。园林不仅是为了抒情、咏志、游赏，同时也是为了使园宅取得一种"文化身份"，为此，园林中的景物往往要有能体现出封建士大夫"身份"所需要的"标记"作用。换句话

---

[1] 《庄子》第十七篇，《外篇·秋水第十七》记庄子与惠子游于濠梁之上见鲦鱼出游从容因辩论鱼知乐否。后多用"濠上"比喻别有会心、自得其乐之地。

[2] ［南宋］洪迈：《容斋四笔》卷一。

说，园林景物的题材要风雅，以便和封建士大夫的自我标榜相吻合。在唐宋园林中比较典型的风雅题材有流觞曲水、敬竹、品石、赏花等，虽说这些题材自南北朝以来一直被沿用，但在范围、规模、风气上都远不及唐宋。

流觞曲水：曲水的形制主要有两种，一种是模仿溪涧，自然曲折，富于野趣；另一种是在整齐的石面上凿成对称状的水渠，其上往往再构筑亭、阁、榭等建筑。宋绍兴府西园的曲水可谓汇曲水之大观。《嘉泰会稽志》中记载：园中有曲水阁，凿渠引湖水入，曲折萦纡，激为湍流，阁踞其上[1]；又有流觞亭，"取永和兰亭故事"；在园东有流杯岩，北又有曲水，而觞咏尤以园北曲水为最胜。由此可见，曲水除了觞咏抒情之外，已开始成为园林中的一种理水形式。如盘洲园，"规山阴遗迹，般涧水，剔九曲，荫以并闾之屋，垒石象山，杯出岩下，九突离坐，杯来前而遇坎者，浮罚爵"[2]。园主在曲水左侧凿方池，右掘圆沼，曲水流入圆沼，再西行汇于方池，池水又北流，过澹卜涧，再西入北溪，有曲有折，有开有闭，是一种曲水与池沼、溪涧相结合的理水形式。洛阳园池中以曲水称著者为杨侍郎园，水虽急，但流杯不旁触，号洛阳园林一奇，其实这与设计者周密的勘测和巧妙的构思不无关系。

作为一种构景方法和园景题材，园林中的曲水形式一直流传下来，同时也对朝鲜、日本的园林产生了影响，如朝鲜庆州金鳌山西麓的鲍石亭，是新罗时代的遗迹，其鲍形曲回的沟石还保留着昔日的遗风。曲水宴的形式在日本园林中更风靡一时，早在5世纪末，显宗天皇的后苑就常举行曲水宴，有诗云："锦岩飞瀑激，春岫晔桃开；不惮流水急，唯恨盏迟来。"

敬竹：园中植竹并以竹为题，在唐时已然成为风尚。比如王维的辋川别业和白居易的履道里宅园。到了两宋，竹子更成了园林不可或缺之景，皇家园林如艮岳，"北岸万竹，苍翠蓊郁，仰不见天，有胜云庵、蹑云台、

---

[1]　[南宋]沈作宾修：《嘉泰会稽志》载。

[2]　[南宋]洪适：《盘洲记》。

消闲馆、飞岑亭，无杂花异木，四面皆竹也"[1]。私家园林如司马光的独乐园虽仅五亩，但却有竹林三处；沈括梦溪园的"竹坞"，"有竹万个，环以激波"；许昌贾文元的曲水园"有大竹三十余亩"[2]；洛阳归仁园更"有竹千亩"；另如张氏园"绕水而富竹木"；吕文穆园"木茂而竹盛"；富郑公园广植竹林，在竹林中引水成溪，作洞设亭，形成别致的竹林景观。吴兴叶梦得的石林园也以竹盛而著称，他曾说："吾始得此山，即散植竹略有三四千竿，杂众色有之，意数年后所向皆竹矣……"并总结说：人家住屋须是"三分水，二分竹，一分屋"[3]，一时成为宜居与雅居的时尚，可见竹在唐宋园林中的地位。

早在魏晋时期，爱竹、咏竹已成一种风尚，阮籍、嵇康等人终日以竹为友，饮酒清谈于竹林间，号称"竹林七贤"。东晋的王徽之更是一位嗜竹成癖的雅士，即便在寄宿时，也还要栽竹吟咏，一往情深地说："何可一日无此君。"到了唐宋时期，文人好竹更是有增无减，文人士大夫们"朝与竹乎为游，暮与竹乎为朋，饮食乎竹间，偃息乎竹阴"[4]，这时的竹已是雅的一种象征符号，所谓"虚心异众草，劲节逾凡木"[5]。与此同时，竹不再仅仅作为园林景观的题材，也成为绘画和咏物诗词的一个重要对象，画竹也逐渐形成一个独立的画科，并出现了一大批专门画竹的名家。

品石：从文献记载和绘画中可以发现，石也是唐宋园林的风雅题材之一。从石史来看，嗜石兴于唐朝，其中以白居易最为知名，不过，当时人们更多的还是雅好书、琴、酒，而少有人嗜石。但到了五代、两宋，嗜石渐成风尚。皇家园林中，艮岳的石品当推历代之最，除"左右大石皆林立"的园中驰道外，其他轩榭庭院，各有巨石，棋列星布，并与赐名，其略曰：朝日升龙、望云坐龙、矫首玉龙、万寿老松、栖霞扪参、

[1] [北宋]宋徽宗，御制《艮岳记》。

[2] [北宋]叶梦得：《石林诗话》。

[3] [北宋]叶梦得：《避暑录话》。

[4] [北宋]苏辙：《栾城集》卷十七。

[5] [北宋]苏轼：《东坡集》。

衔日吐月、排云冲斗、雷门月窟、蟠螭坐狮、堆青凝碧、金鳌玉龟、叠翠独秀、栖烟弹云、风门雷穴、锐云巢凤、雕琢浑成、登封日观、蓬瀛须弥等等，不一而足。同时，以石叠掇为山，增其险峻，夸其壮伟，也称空前绝后："筑冈阜高十余仞，增以太湖、灵璧之石，雄拔峭峙，巧夺天造。石皆激怒抵触，若蹲若啮，牙角口鼻，首尾爪距，千态万状，殚奇尽怪。"[1]

文人士大夫中嗜石闻名者首推米芾，据说米芾尝得奇石，具衣冠拜之，呼为"石兄"。他在涟水任官时，因其地比邻盛产怪石的灵璧，故所蓄甚富，竟日品赏，以致因石费事而受到上司的指责。其次是苏轼，他不但爱石，而且还创立了竹石画体。有一次苏轼路过安徽泗县灵璧，见刘氏园中有一石状如麋鹿弯颈，一般的灵璧石只一面可观，而此石四面皆成气势，为了求得此石，便在墙壁上画了一幅《丑石风竹图》赠予刘氏，园主很高兴，便以此石相赠。

从欣赏角度来讲，唐宋的文人是把品石当作一种具有象征意义的天然雕刻来看待和处理的，所谓缩千山万壑于咫尺间。《建康集》卷一曾记载："西斋初成，廊中旧有太湖石数十枚，因垒之庭下"，赋诗云："万壑千岩不易求，壶中聊寄小瀛洲。稍看砑兀云峰出，便有檀栾桂树幽。绝境自知难遽忘，奇踪争怪独能留。"[2]

由于唐宋以来嗜石之风尤盛，因而出现了一批以研究石头闻名的"专家"，他们对石的产地、习性、品貌及开采方法作了大量的考察，并把石头分类定品，很多人继而从艺术或品鉴角度专门研究这一类知识，其中较有影响的著作是杜绾的《云林石谱》。

赏花：唐宋赏花之风极盛，一年中有诸多名目的花会、花市、花节，每逢花日，市民出游赏花，热闹异常。《吴中旧事》云："……至谷雨，为花开之候，置酒招宾就坛，多以小青盖或青幕覆之，以障风日，父老犹能言者，不问亲疏，谓之看花局。"[3]《梦粱录》中记载："仲春十五日为花朝节，浙间

[1]　[南宋]张淏：《艮岳记》。
[2]　[北宋]叶梦得：《建康集》卷一载。
[3]　[元]陆友仁：《吴中旧事》。

风俗，以为春序正中，百花争放之时，最堪游赏，都人皆往钱塘门外玉壶、古柳林、杨府、云洞、钱湖门外庆乐、小湖等园，嘉会门外包家山王保生、张太尉等园，玩赏奇花异木。最是包家山桃开，浑如锦障，极为可爱。"[1]《邵氏闻见录》记："岁正月梅已花，二月桃李杂花盛开，三月牡丹开，于花盛处作园圃，四方伎艺举集，都人士女载酒争出，择园亭胜地，上下池台间引满歌呼，不复问其主人。抵暮游花市，以筠笼卖花，虽贫者亦戴花饮酒相乐。"[2] 除赏花外，市民们还竞相赛花、斗花。

　　这种嗜花的习俗和风气给园林带来的直接结果就是园林的花圃化。在唐宋园林中，一般都有较大面积的花园。同时，以花为园景主题也十分普遍，比如盘洲园中的"花信"一景，实际上就是一个花卉汇展："禁苑、洛京、安、蕲、歙之花，广陵之芍药，白有海桐、玉茗、素馨、文官、大笑、末利（茉莉）、水栀、山樊（矾）、聚仙、安榴、衮绣之球，红有佛桑、杜鹃、赪桐、丹桂、木槿、山茶、看棠、月季，葩重者石榴、木䕡、色浅者海仙、郁李，黄有木犀、棣棠、蔷薇、踯躅、儿莺、迎春、蜀葵、秋菊，紫有含笑、玫瑰、木兰、凤薇、瑞香为之魁，两两相比，芬馥鼎来。卉则丽春、剪金、山丹、水仙、银灯、玉簪、红蕉、幽兰、落地之锦、麝香之萱，既赤且白：石竹、鸡冠、涌地幕天……"[3]。其他如梦溪园、归仁园、莲花庄、赵氏松坡园等等，俱以花卉之盛闻名，其他名园也莫不百花争艳。在洛阳甚至还形成了以经营花卉为主要目的的"花园子"，《洛阳名园记》"天王院花园子"条中记："凡园皆植牡丹，而独名此曰'花园子'，盖无他池亭，独有牡丹数十万本。"[4]

　　至于园中赏花，唐宋时人未免过事讲究，其中自然又以皇家园林尤甚。周密所撰《武林旧事》载："禁中赏花……凡诸苑亭榭花木，妆点一新……起自梅堂赏梅，芳春堂赏杏花，桃源观桃，粲锦堂金林檎，照妆亭海棠，兰亭修禊。至于钟美堂赏大花为极盛，堂前三面，皆以花石为台三

[1]　[南宋] 吴自牧：《梦粱录》卷一，《二月望》。
[2]　[北宋] 邵伯温撰：《邵氏闻见录》卷十七。
[3]　[南宋] 洪适：《盘洲文集》。
[4]　[北宋] 李格非：《洛阳名园记》。

层，各植名品，标以象牌，覆以碧幕，后分植玉绣球数百株，俨如镂玉屏，堂内左右各列三层雕花彩槛……至春暮则稽古堂、会瀛堂赏琼花，静侣亭、紫笑净香亭采兰挑笋，则春事已在绿阴芳草间矣。"禁中赏荷的排场更令人咂舌："池中红白菡萏万柄，盖园丁以瓦盆别种，分列水底，时易新者，庶几美观。又置茉莉、素馨、建兰、麝香藤、朱槿、玉桂、红蕉、阇婆、蒨葡等南花数百盆于广庭，鼓以风轮，清芬满殿。"[1] 此时的赏花实已偏离了雅逸的本意，而近侈靡了。

自宋代宣和以后，园林风格渐趋细腻而着意奇巧，如艮岳之堆山"随其斡旋之势，斩石开径，凭险则设磴道，飞空则架栈阁"，山腰用石筑成峭壁，"山绝路隔，继之以木栈，倚石排空，周环曲折，有蜀道之难"[2]。这种用仿造古代栈道形式以造成雄奇山景的做法，在造园史上还是空前的。又如从延富宫引景龙江水直到艮岳山顶的介亭，做成蓄水池，并以闸门控制水势，"水出石口，喷薄飞注如兽面"，这在当时也是创举。溪水始作喷泉，而后飞流直下宛若瀑布，再注入各个池沼和花圃，实为人造奇观。此外，在营建艮岳时，山洞内"皆筑以雄黄及卢甘石，雄黄则辟蛇虺，卢甘石则天阴能致云雾，滃郁如深山穷谷"[3]，这种机巧可谓闻所未闻。至于园内亭堂轩榭，也多有特色，如书馆"内方外圆如半月"，八仙馆"屋圆如规"等。

私家园林竞出新意，争奇斗胜之举更比比皆是，如洛阳杨侍郎园的"流杯"，以渠水急但杯不旁触，号洛阳一奇；董氏西园的"迷楼"，"屈曲甚邃，游者至此，往往相失"；董氏东园的"醒酒池"，"水四面喷泻池中，而阴出之，故朝夕如飞瀑，而池不溢，洛人盛醉者，走登其堂，辄醒"。他如环溪园之"宏大壮丽，洛中无逾者"的"泗榭""锦厅"；刘氏园中"尤工致"的"刘氏小景"；富郑公园的"四筠洞"；大隐庄的"梅树"；狮子园的狮子，都是"有一物特可称者"[4]。此外，如临安杨和王园的白云

[1]　[南宋] 周密：《武林旧事》卷二、卷三。

[2]　[南宋] 张淏：《艮岳记》。

[3]　[南宋] 周密：《癸辛杂识前集·艮岳》。

[4]　[北宋] 李格非：《洛阳名园记·吕文穆园》。

洞，"盖以坡陁拥土成之，此夺天之奇巧也"[1]。郭从义宅园，"巧匠蔡奇献样，起竹节洞，通贯明窈，人以为神工"[2]。吴兴俞澄园的假山可作为私家园林追求奇巧的代表：峰之大小凡百余，高者至二三丈，奇奇怪怪，不可名状，众峰之间萦以曲涧，甃以五色小石，旁引清流，激石高下，有声淙淙然，下注大石潭，上荫巨竹寿藤，苍寒茂密，不见天日。旁植名药奇草，薜荔、女萝、菟丝，花红叶碧。潭旁横石作杠，下为石渠，潭中多文龟、斑鱼，夜月下照，光景零乱，如穷山绝谷间。故人称此山乃"出心匠之巧"[3]。

---

[1]　[南宋] 吴自牧：《梦粱录》卷十一。

[2]　[北宋] 陶谷：《清异录》卷下，居室门。

[3]　[南宋] 周密：《癸辛杂识》："胸中自有丘壑，又善画，故能出心匠之巧。"

第五章　持续与发展

（明、清，1368—1911 年）

明清两朝，是中国历史上在社会经济与文化诸方面持续发展的时期，至清王朝中期，中国作为一个包括现今全部版图在内的多民族的统一国家已经确立。农耕文明更臻成熟，城市文明再现繁荣。该时期中国与欧陆文明的关系，在起伏曲折的发展中，也已经产生了多方面的联系，西方建筑伴随着西方文化进入了中国，而中国建筑也走进西方，为世界所了解。通过漫长的历史积淀，至明清时期，中国传统建筑文化自身已形成超稳定的体系和形态，并向着程式化和精密化方向发展，最终在外来建筑文化的影响和冲击下发生了变革和转型。

明代初期和中叶，社会经济迅速恢复和发展，社会内部已孕育了资本主义萌芽，许多城市逐渐成为手工业制造中心，例如：苏州、杭州之于丝织业，松江之于棉织业，景德镇之于陶瓷，芜湖之于染业，遵化之于冶铁，广州之于外贸口岸，常熟之于粮食加工与贸易等。城市文化异常繁盛，成为城市发展的时代特征，以明北京为代表的都市建设更是掀起了中国古代城市建设与建筑发展的又一高潮。明清北京城在规划思想、布局方式和城市造型艺术上，继承和发展了中国历代都城规划的传统，是中国古代城市艺术的总结。这一时期营建的北京故宫、明十三陵、天坛等大型皇家建筑是中国古代皇家建筑的精华，也是现存中国古代建筑群体艺术的典型代表。明清时期园林艺术也更趋精致，一方面是向对象化和程式化方向发展，许多留存的园林佳作都成为了中国园林艺术的标本；另一方面是向实用性和生活化方向发展，使园林艺术较以往更加普及。此一时期造园思想越来越丰富，造园手法也越来越巧妙，创造了圆明园、颐和园、拙政园、网师园等园林艺术精品。与之同时，也涌现出了一大批造园名家和造园著述，如计成的《园冶》。

明清时期，中国少数民族建筑有了相当的发展，现存著名的建筑有西藏拉萨的布达拉宫、日喀则的扎什伦布寺、江孜的白居寺，新疆霍城的秃黑鲁帖木儿麻扎，以及云南傣族的缅寺，贵州侗族的风雨桥等，形成了中国各族建筑群芳吐艳、异彩纷呈的景象。

丰富多彩的民居建筑是明清时期建筑艺术的重要组成部分，中国地域广袤，不同地区、不同民族的民居建筑呈现出不同的特色，为文化的多样性提供了丰富的见证。传统的生活方式，人与自然的依存关系，特殊的历史环境，巧妙的生存技巧，原始的生态理念，朴素的审美追求，都在民居建筑中或大胆或曲折地表现出来，其原创的艺术手法至今仍是我们进行艺术创作的重要源泉。

第一节　城市文明

明清是中国古代城市建设再度繁荣的时期，建造了明南京城、明凤阳城和明北京城三座都城，同时在各地兴建了一批不同类型和规模的地方城市，其中较典型的有作为地方行政中心的府城或县城，如明代西安城、山西平遥古城、辽宁兴城、江苏常熟等。这些城市的中心大多是由衙署、官邸、僚属住宅、吏舍、谯楼、监狱、仓库、土地祠等组成，另有涉及文化方面的文庙、学宫、书院、坛庙，以及街市和居住区；也有一些作为地区性经济中心的城市，如明朝物资集散与转运枢纽的山东临清和海港城市江苏太仓等；此外一些海防和边防重镇也有其独特的城市形制，如以西北的嘉峪关和山东的蓬莱水城为典型代表。城市的风格因地域和功能不同而呈现出多种形式，如松江府城是一座典型的江南水城，气质婉约；重庆府则为典型的山城，风姿飒爽；江西瑞州城与浙江余姚城均为半城相和的形式，形制特异；而河南内黄县、长垣县则是重垣环套的城市，古意犹存。明清时期亦有大量商城、集镇、古村落遗

蓬莱水城平面图

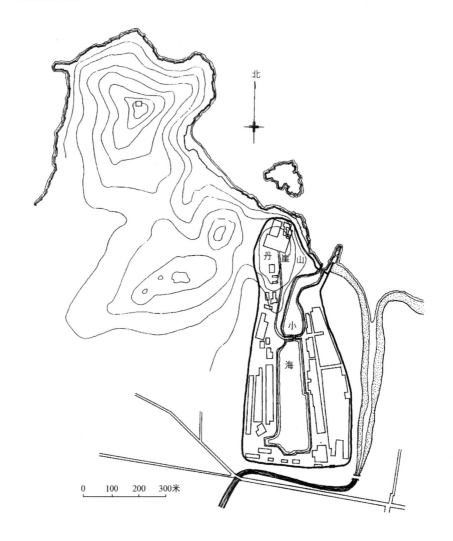

存，构成了中国大地上绚丽的文化标本。

一、帝都王城

元至正二十六年（1366 年），朱元璋统一江南已成定局，于是开始了吴王新宫的建造和应天城的扩建。工程内容包括修筑城墙 50 余里，新建

明代长垣县城平面

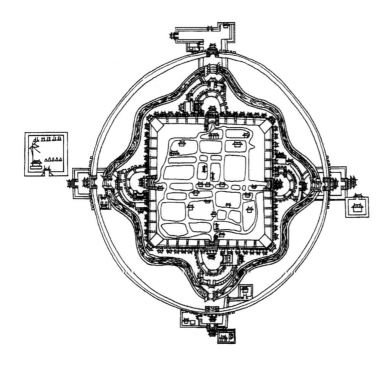

明代淮安府城平面

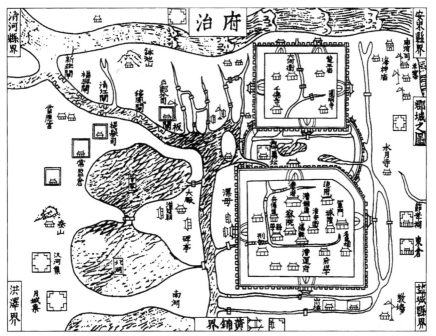

明代内黄县城平面

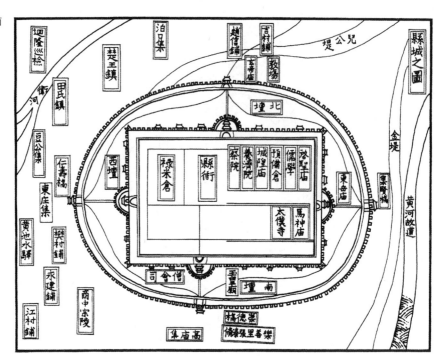

明代瑞州府城平面

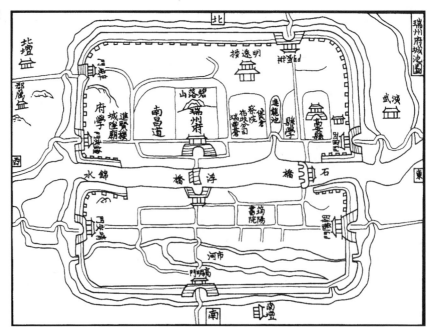

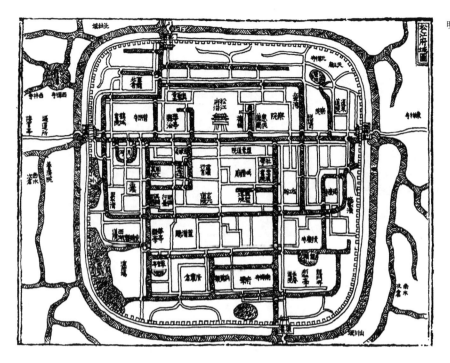

明代松江府城平面

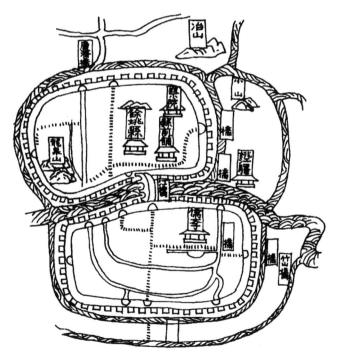

明代余姚县平面

明代州城平面

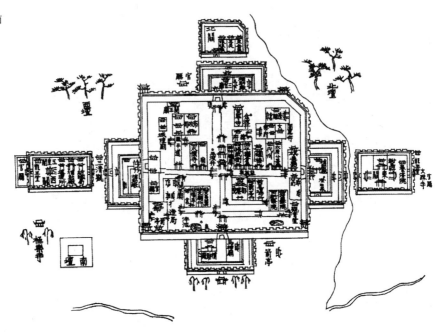

宫城 [1] 及宫殿、圜丘、方泽、太庙、社稷坛等礼制建筑。整个工程前后历时不到一年而成。明朝建国后，随着国家逐步统一，明太祖洪武八年（1375 年）定南京为京师，开始了南京的规划建设高潮，修筑城墙，疏浚河道，改造皇宫，新辟街衢，建造寺观、庙宇、营房、民舍，至洪武末年形成了明代南京城的城市规模与市区格局。

　　建都后的明南京城被规划为三大区域：市区、军事区、宫城区。按照元末的城市布局，旧城区域以大市街为界，街南是旧市区，是历代延续的主要商市，街道纵横，房屋密集；街北是南唐宫城故址和六朝宫城故址。旧城之东为新建皇宫，这里原是一片农田和面积不大的燕雀湖，填湖后把皇宫建此新基上，既保留了旧城，又与旧城区和军事区相联系。南京城墙是上述三区外缘的围合，市区的城墙从东水关经聚宝门到石头山，沿旧城走向新筑或在旧城墙基上增高加固；军事区的城墙从石头山到太平门一带，依山傍湖，据险而设；围护皇宫的城墙则是从朝阳门到通济门段。城

---

[1]　当时只筑宫城而未筑皇城，故泛称宫城为皇城。

墙周长 33.68 公里，共设城门 13 座，门上均有城楼，重要的城门还设有瓮城 1—3 道，每道瓮城设有闸门，以加强防卫能力，但至今只留有聚宝门一处瓮城遗迹。城墙高 14—20 米，大部分用条石作基础，用砖或条石两面贴砌。砖缝黏结料采用石灰浆，局部墙心系用黄泥砌筑。

南京地形复杂多变，"江左地促，不如中国，若使阡陌条畅，则一览而尽。故纡余委曲，若不可测"[1]。宫城区交通最畅，四面各有一条通道直达江边或城外，使皇家活动与市区互不干扰。市区内的官街路面"极其宽廓，可容九轨，左右皆缭以官廊，以蔽风雨"[2]。城中河道主要有京城、皇城、宫城三道城濠以及上新河、龙湾、玄武湖、内秦淮、青溪、进香河与小运河等。至洪武中期，水系已网络全城。市区内秦淮河流经繁华地段，沿河设市，河上穿行各种灯船、游船，除了运输以外，还是一条城市性的游览水道。

皇城之内主要布置为宫内服务的内宫诸监、内府诸库和御林军。皇城之南沿御街两侧则布置着五部、五府以及其他各种衙署。其中刑部和大理寺、都察院、五军断事司等司法机构布置在皇城以北的都城太平门之外。把刑部等司法机构和礼、户、吏、兵、工五部分开，单独置于城外，这种异乎寻常的布置方式是源于对天象的模仿，因为朱元璋以"奉天承运"自命，自称是"奉天承运皇帝"，处处以天命标榜，而天象中的天牢星（又称贯索星）位于紫微垣（帝星所在的星座）之后，所以把主管刑事的机构也仿照天象置于皇宫以北的城郊[3]。皇城南面衙署的布置，也有理论依据："南方为离，（光）明之位，人君南面以听天下之治，故殿廷皆南向，人臣则左文右武，北面而朝礼也，五府六部官署东西并列。"[4] 如此布局，就形成了沿轴线严格对称的官署建筑群。

市区内明确地分为手工业区、商业区、官吏富民区、风景游乐区等区域，市民基本上按职业分类而居。手工业区的规划布局由官府划定街坊地

[1]　[南朝·宋]刘义庆:《世说新语·言语》。

[2]　[清]甘熙:《白下琐言》。

[3]　[明]明官修:《明太祖实录》。

[4]　[明]明官修:《明太祖实录》。

南京聚宝门

点，多以职业作为坊名，如银作坊、织锦坊、弓箭坊等。作坊的选点在一定程度上考虑了环境因素，如染坊排污，机织业通风等都要予以考量和安排。明初尚处于手工业发展高潮的前期，匠户多是家庭手工业形式，作坊规模很小，多设在住宅内，一些自产自销的匠户，或于街市中另设摊头、店面，或邻宅开店。兴旺发达的商业是明代南京繁华的重要标志，当时仅江宁一地就有一百零四种铺行，仅当铺就有五百家之多[1]。酒楼也是南京繁华的标志，号称"十六楼"，每座楼皆六楹，高基重檐，栋宇宏敞。官吏、富民的居住区则集中于沿秦淮河风景优美的西半段两岸和广艺街以东靠近皇宫和府衙的地段，便于就近朝觐。

明代南京地貌多变，水源充足，自然景观资源丰富，因而也是一座风景园林城市，一方面是大量的公共风景区，主要分布在城西与城南、城北诸山，依山傍水，寺观错落，古木参天，风景优美。著名者如狮子山和卢龙观、天妃宫、静海寺、四望山、马鞍山和金陵寺、古林庵、吉祥寺、清

---

[1]　[明]周晖：《金陵琐事剩录》。

明南京复原图

1. 太角
2. 社稷
3. 翰林院
4. 太医院
5. 鸿胪寺
6. 会同馆
7. 乌蛮驿
8. 通政司
9. 钦天监
10. 山川坛
11. 先农坛
12. 净觉寺
13. 吴王府
14. 应天府学
15. 大报恩寺
16. 大理寺、五军断
　　事官署、审刑司
17. 刑部
18. 都察院
19. 黄册库
20. 市楼

凉山和清凉寺、鸡鸣山和鸡鸣寺等，城南的聚宝山周围更是集中了数十座庙宇，著名的有报恩寺、天界寺、能仁寺等。这些风景区中的寺观既可眺览大江风光，又能俯瞰全城景色。

　　明初南京城的规划摒弃了隋唐以来追求方整规则的城市布局形式，根据当时的地理、经济、军事等因素，结合复杂多变的地形，自由而有机地布置城市各要素，着意追求功能的完美，创造出山水城市的壮丽景象，是都城规划思想上的一次突破。

　　北京是有千年历史的大都市，自辽代会同元年（938 年）将唐幽州改为陪都开始，金、元、明、清均在北京建都。明永乐四年（1406 年）朱棣诏命动工兴建明北京城，永乐十八年（1420 年）基本完成，首都亦由南京迁至北京，自此北京成为明清两代的都城。明清北京城是在元大都基础上扩建改建而成，同时借鉴了明南京的经验，在规划思想、布局方式和城市造型艺术上继承和发展了中国历代都城规划的传统，是中国古代城市艺术的总结。

初建的北京城平面原近方形，明嘉靖时（1522—1566 年）为加强城防和保护城南业已发展起来的手工业区和商业区，在城南加筑了外城，原城改称内城，总平面遂呈"凸"字形，其中内城东西长 6635 米，南北宽5350 米，南面三座门，东、北、西各两座门，每门均建有城楼和箭楼，内城的东南和西南还建有角楼。外城东西长 7950 米，南北宽 3100 米，北面除通内城的三座门外，东西又增设有角门。

北京城的平面格局是典型的宫城、皇城、郭城三环相套的都城形式，皇城布置在内城中心偏南，东西宽 2500 米，南北长 2750 米，城门四开，南门称天安门，天安门前加设了一座皇城前门，明朝称大明门，清代称大清门。皇城中心是宫城，又称紫禁城，是皇帝听政和居住的宫殿，采用前朝后寝制度，布局上采用了"左祖右社，面朝后市"的传统王城形制。宫城周围布置有太庙、社稷坛、五府六部、内市等。皇城周围是居住区，以胡同划分为长条形的住宅地段，商业区则主要集中于南城。

明清北京城的布置鲜明地体现了中国封建社会都城以宫室为主体、突出皇权和唯天子独尊的礼制规划思想。以一条自南而北、长达 7.8 公里的中轴线为全城骨干，所有城内宫殿和其他重要建筑都循轴线布置，轴线前段自外城南墙正门永定门起，经内城南垣正门正阳门，轴线东面设天坛，西面设先农坛，此段轴线上建筑较少，节奏舒缓，为其后的高潮起着铺垫作用。中段由大明门经天安门，穿过宫城至全城制高点景山，此段布局紧凑，高潮迭起，空间变化极为丰富。在大明门与天安门之间的御街两侧布置了整齐的廊庑，称千步廊，形成了狭长的导向空间，直抵天安门。御街至天安门前横向展开，形成 T 字形平面，门前布置有金水桥、华表、石狮，突出了皇城正门的雄伟。进入天安门、端门，御路导入宫城，整个轴

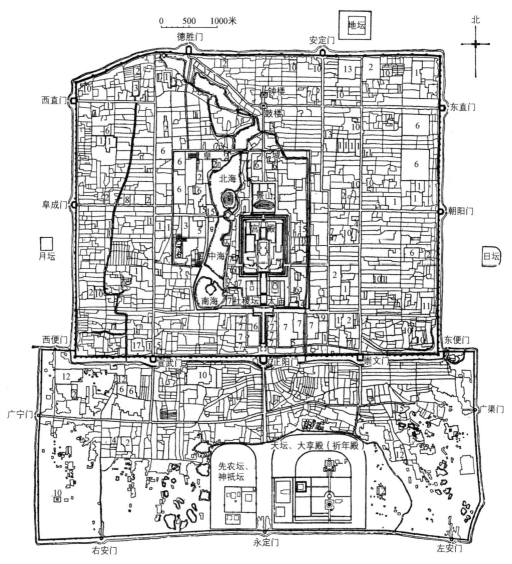

0 500 1000米

北

地坛

德胜门　　　　安定门

西直门　　　　　　　　　　　　　东直门

皇

北海

城

阜成门　　　　　　　　　　　　　朝阳门

月坛　　　　　　　　　　　　　　日坛

宫殿

中海

南海　　社稷坛

庙

西便门　　　　　　　　　　　　　东便门

宣武　　正阳　　　崇文

广宁门　　　　　　　　　　　　　广渠门

天坛、大亨殿（祈年殿）

先农坛、
神祇坛

广安门　　　　　　永定门　　　　　左安门

1. 亲王府　2. 佛寺　3. 道观　4. 清真寺　5. 天主教堂　6. 仓库　7. 衙署　8. 历代帝王庙　9. 满洲堂子
10. 官手工业局及作坊　11. 贡院　12. 八旗营房　13. 文庙、学校　14. 皇史宬（档案库）　15. 马圈
16. 牛圈　17. 驯象所　18. 义地、养育堂

明清北京城平面

明清北京前门箭楼

明清北京钟鼓楼

线上门、殿接踵交叠，节奏紧促。宫北为高近 50 米的景山，是轴线布局的竖向最高点，由景山经皇城北门地安门至鼓楼、钟楼，鼓楼体量高大，构成高潮后的收束，显出轴线结尾的宏大气度。整个轴线上建筑的起承转合，相互映衬，节奏张弛有序，旋律起伏跌宕，宛如一曲立体交响乐章。

在城的东西南北四面布置有日月天地四坛，与城中轴线上的建筑构成有力的呼应，在内城有在金元时期修建的太液池和琼华岛基础上扩建的三海（北海、中海、南海），以及什刹海等园林湖泊，其自然风景式的园林景观与严谨规整的建筑布局形成对比和补充。在清代，城西北郊兴建了大批宫苑，形成了著名的三山五园（万寿山、香山、玉泉山、圆明园、畅春园、静宜园、静明园、清漪园）景区。此外，在北京城内外，散置有大量的寺观庙宇、府第衙署，大多是形体高大、造型精美的建筑群，为北京城增添了丰富的色彩。

北京的城门和城垣是构成明清北京城市景观艺术的重要组成部分，内外城共 16 座城门，原都设有城楼、瓮城和箭楼，内城东南、西南两角还有曲尺形角楼。现存的正阳门是北京内城正门，又称前门，建于明永乐十九年（1421 年），清康熙十八年（1679 年）地震后重建，1900 年城楼又被八国联军毁坏，1906 年重建，瓮城及左右侧门于 1915 年被拆毁，唯余箭楼。正阳门城楼立在宽厚的城台上，木结构，高两层，平面 7 开间，周围回廊，下层上有腰檐平坐，上层覆重檐歇山顶。正阳门箭楼亦坐于城台上，平面凸字形，内为木结构，外墙砖砌，前横长部分外观高 4 层，第 3 层上起腰檐，第 4 层覆单檐歇山顶，后突出部分为 3 层，覆单檐歇山顶，墙面有显著收分，开方形箭窗，形象坚实稳定。环城连绵而高大的城墙、雄伟的城楼和瓮城上的箭楼及城隅的角楼构成了全城外围防御体系和景观环廊，这些城楼无一不是街衢大道的对景，同时也成为城内广场空间的构图中心，显示出帝都的磅礴气势。

二、府城与县城

明代西安府城是至今保存最完整的中国古代城垣建筑，也是世界上现存规模最大、最完整的古代军事城堡设施。西安的内城围墙建于明洪武年间（1368—1398 年），以公元 6 世纪时隋唐皇城城墙为基础扩展而成。明隆庆四年（1570 年）又加砖包砌，留存至今。

明西安城的平面呈长方形，城墙周长 13.7 公里，设有 4 座城门。城墙的外侧环有护城河，在 4 座城门外各建有 1 座半圆形瓮城。每门有阙楼、箭楼、正楼门楼三重。阙楼在外，箭楼在中，箭楼与正楼之间的围墙即为瓮城，又称月城，楼下设拱形门洞。墙顶内、外沿筑矮墙，城墙上隔 120 米有延伸出城墙的墩台，俗称马面，上建墩楼。其作用是便于观察敌情，作战时能三面杀敌。城墙上还有垛口，作瞭望射击之用。城的四角各建角楼一座，南门东侧有魁星楼，另外还有登城马道，整个城墙气势雄伟，构成严密的军事防御体系。该城墙高 12 米，顶宽 12—14 米，底宽 15—18 米，最初用黄土分层夯打而成，最底层用土、石灰和糯米混合夯打，异常坚硬。明隆庆时开始包砌青砖，清乾隆时又进行大规模补修，1983 年省、市政府又开始了大规模城墙修复工程，重现了明代西安城的宏伟气势。

钟楼、鼓楼是西安古城标志性的建筑，钟楼位于西安市中心，东西南北四条大街的交会处，始建于明太祖朱元璋洪武十七年（1384 年），钟楼从下向上由基座、楼身和楼顶三部分组成，总高 36 米。基座呈正方形，高 8 米，四面开券洞门，楼高两层，三重檐，四角攒尖顶，深广各 5 间，环以回廊，凭栏四望，可饱览古城全貌。

鼓楼位于城内西大街南端，始建于明洪武十三年（1380 年），迄今已有六百多年历史。鼓楼高 34 米，高大雄伟，基座为青砖砌成，楼体平面呈长方形，上下两层面阔各为 7 间，进深均为 3 间，环绕回廊。第一层楼上置腰檐和平坐，第二层楼上覆重檐歇山顶，一层北设巨鼓一面，古时击鼓为全市居民报时。

山西平遥古城是中国现存最为完好的古城之一，城墙、街道、民居、店铺、庙宇等建筑至今保存完好，原有建筑格局与风貌特色大体未改动，是中国汉民族中原地区古县城的典型代表。清道光三年（1823 年），在平遥古城内诞生了中国第一家票号"日昇昌"，标志着中国近代金融业的出现。

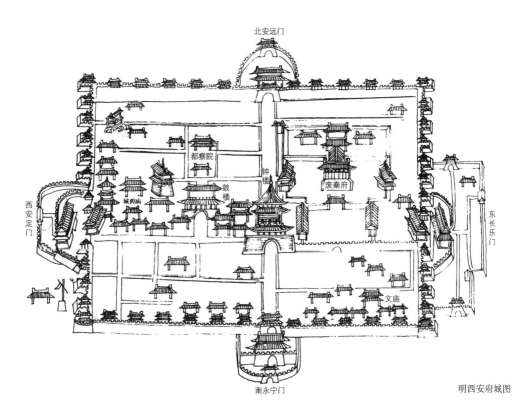

明西安府城图

陕西西安城

陕西西安钟楼

陕西西安鼓楼

平遥古城

平遥古城　　　　　　　　　　平遥古城

城内及近郊古建筑中的珍品大多保存完好，它们同是平遥古城现存历史文物的有机组成部分，成为研究中国政治、经济、文化、军事、建筑、艺术等方面历史发展的活标本。

平遥城始建于西周宣王时期（公元前 827—前 782 年），明洪武三年（1370 年），为防御外族的武装南扰，在旧城垣基础上进行了扩建。中都河分两支绕过城南与城东而注入汾河，为城市供水提供了有利条件。古城的平面为方形，城内道路以东西南北四门大街为骨干组成不规则方格网路。县衙及察院等行政中心位于城中偏南，南门内大街上建有市楼称"金井楼"，是全城商贸中心，现存市楼为清代重建。儒学、文庙、城隍庙分

明代平遥县城

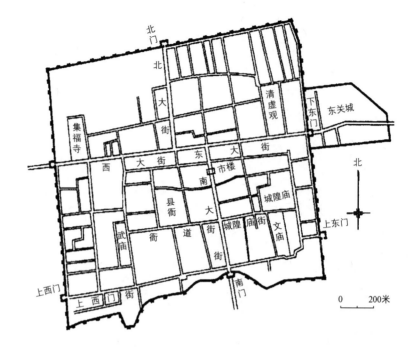

布于县衙前东侧，武庙在西侧。仓库与驿站靠近东门，说明此门是对外交通的重要出入口。山川、社稷、邑厉三坛分别在城外东南、西北、东北三方。在城南高地上建有凌霄塔，与城中过街楼遥相呼应。

城墙"因地制宜，用险制塞"，南城墙沿中都河的走向筑造，缩如龟状，因而又有"乌龟城"的称谓。其余三面城墙都是直列砌筑，周长6.4公里，墙高12米多，顶部宽3—5米，城的外表全部以青砖砌筑，内为土筑，四周开辟六座城门，东西各有两门，南北各一门，东西门外分别筑有瓮城，以利于防守。城门上原均筑有高达数丈的城门楼，四角各筑两丈多高的角楼，每隔50米筑城台一座，墙顶的内侧筑有女儿墙，外侧筑3000多个垛口，原城墙上有72个小敌楼，传说是象征孔子的三千弟子中七十二贤人。城外环绕护城河，城内的街道、市楼、商店等均保留原有的形制和风格，是研究中国明代县城建置的重要实物资料[1]。

---

[1]　1997年12月3日，联合国教科文组织在意大利那不勒斯召开的世界遗产委员会第21届大会决定，将平遥古城以古代城墙、官衙、街市、民居、寺庙作为整体列入《世界遗产名录》，其报告中有对平遥古城的评语。

三、集镇

　　明清时期发展并存留下来大量的集镇，构成带有深厚文化内涵和鲜明地方特色的丰富遗产。明清时期人口迅速增长，导致大量集镇居民点形成或扩大，容纳了大量工商业及其他人口。例如，上海地区在宋代仅有 9 个城镇，到明代已发展成 63 个城镇，而清代在明之基础上又产生了 82 个城镇。早期封建社会集镇多以定期集市贸易为成长点，而明清两代集镇的孕育发展却有多种因素，例如，处于地区货物集散地的批发行业，常年的交易往来，都促成集镇的发展，如四川成都黄龙溪为川西粮食、辣椒的集散地，犍为罗城为牛肉、酒、米的转运场所；江西樟树镇为药材市场；湖南怀化为桐油、烟草集散地。也有的是借地方物产发展起来，如江苏吴江盛泽的丝织业，四川乐山五通桥的盐业等，都是有特色的产业。还有的是以优越的交通地位发展起来的，如浙江绍兴的斗门镇、宁波鄞江镇等。在少数民族地区，大型的宗教寺庙亦是形成集镇的主导因素，如甘肃夏河是因拉卜楞寺而发展起来的，青海湟中鲁沙尔镇是依塔尔寺而建。其他如贵族庄园、头人官寨附近也通常会形成大居民点。

　　明清时期集镇的布局形式是多种多样的，虽然大部分是自发形成，带有一定的随意性，但其结构形态也反映了地区特色及某种规律性。例如北方地区地形平坦，盛行四合院式布局，建筑多坐北朝南，注意纳阳避风。其集镇布局多为棋盘形的大街小巷组合，街巷间距为两个标准住宅院落的长度，以使每个住宅都可临街。如吉林船厂镇为满族聚居的住宅区，为东西向的胡同布置。陕西关中集镇也多呈东西向街道布局，住宅成排列置。南方水道纵横，亦多山岗丘壑，地形复杂，集镇布局多取自由式配置，沿山滨水，顺应地势，自然伸展，不拘一格。如成都黄龙溪、绍兴斗门镇都是傍水而建的集镇。自由式布局的集镇具体形制又各不相同，例如水乡地区，河滨湖渠为交通的主要通道，所以街巷多滨水而建，沿河设码头，跨河建桥，互通两岸。河街一般设宽敞的路廊，店面开设在廊内，镇内都有一个或多个广场，成为货物交易集散之处。这类小镇的建筑多为二层，集镇立体轮廓变化不大，但因水曲路折，桥廊穿插，粉墙青瓦，倒影涟漪，

苏州吴江同里

浙江乌镇

浙江西塘

具有十分美妙的景观变化及空间动感。湖、广、川、黔沿河而建的集镇亦是水陆结合，廊道宽阔，且因地形高差变化甚大，形成高低起伏的巷道、廊屋，空间变化丰富，如四川犍为罗城镇、重庆磁器口等地。犍为罗城镇是一个很特殊的山区集镇，坐落在山冈之上，沿等高线布置成一个梭状船形平面。镇中主街长约 200 米，宽 10 米，在街道中腹位置扩为 32 米，居中设戏台、牌坊及水池，相当于船的中舱。梭形广场随地形变化扩展为层层台地，形成天然的观剧场地。街的东端以灵官庙为对景，是为船头，主街两侧有 5 米宽的行廊，一般行路、交易、休息皆在廊下，类似广东的骑楼，这个条形广场构成了全镇的"活动带"。罗城镇布局不但在有限的用地和特殊的地形条件下，综合了商业、生产、休闲、文娱、宗教各种活动于一个街区空间，而且以其独特的向东行驶的船形平面，寄托了清代迁居四川的移民某种思乡之情，构成独特的城镇历史文化。

广东沿海地区集镇的梳式布局亦富有特色，它将房屋南北向排列成行，每行并排两户，长度不限，可接建许多户，行间有 2 米宽的南北巷道，总体看来像一把梳子，住宅多采用高密度的单开间竹筒屋或双开间的"明"字屋组成。梳式布局的形成是因为广东沿海地区夏季炎热，季节风向为南风，布置南北向巷道可引风入居住区，调整小气候。这种布局也用于村落中，但住宅多用三合院式的爬狮类型，村前有池塘，背后有岗地、树木，村中以祠堂为布局中心，反映宗族村落的特征。

西北、西南民族地区的集镇，很多与宗教及社会组织结构有极大关系，如藏、川、青、甘的藏族集镇即是如此。藏族以游牧为主业，逐水草而居，故集镇不发达，规模较大的居民点较少，其城镇的形成主要有两类：一类为以寺院为主体的城镇，如拉萨、日喀则、江孜等地区的中心城市，又如拉萨哲蚌寺、青海塔尔寺、夏河拉卜楞寺、四川甘孜寺等寺庙集镇，都是由一座或几座大寺庙及若干农户或手工业者的住房形成的。另一类为官寨或庄园，如西藏拉萨的雪康庄园、山南的凯松庄园，四川马尔康的松岗土司官寨、卓克基土司官寨等。

以宗教建筑为集镇主体的布局也反映在伊斯兰民族集镇上，如甘肃临夏南关外的八坊，为回民聚居区，以八座清真寺为主干而形成，由各寺所

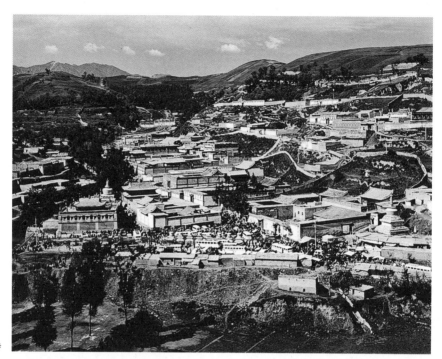

青海塔尔寺

甘肃拉卜楞寺

属教民住宅组成为一坊。此外，傣族的村寨也通常是以佛寺为主导的集合
式布局。

第二节　建筑群和外部空间艺术

明清两代创造了一批无与伦比的优秀建筑群，如北京紫禁城宫殿、
昌平明陵、天地日月四坛，山东曲阜孔庙，河北承德外八庙等，无一不
是中国古典建筑艺术的巅峰之作。北京紫禁城宫殿是在总结了明洪武时
期吴王新宫、凤阳中都新宫和应天南京宫殿三次建宫的经验而建成的，
在使用功能、空间与造型艺术、防火、排水、取暖、安全等方面，都取
得了很高的成就。昌平天寿山十三座明代帝陵组成的陵园，是在继承凤
阳明皇陵和南京明孝陵布局的基础上，经历了 200 余年不断扩充、完善
后完成的。凤阳明皇陵平面布置受唐、宋陵墓格局影响，尚未创造出新
的陵制。南京明孝陵则完成了一代陵制的改型，但受地形限制，气势稍
逊。较之凤阳明皇陵和南京明孝陵，北京的明十三陵则更加恢宏而壮丽，
利用地形和大片森林形成纪念性建筑肃穆静谧的环境和气象，是陵墓建
筑群的成功范例。大型建筑群的选址与规划设计，往往受堪舆学说的深
刻影响，陵墓就是突出的例子，几乎明代每个皇帝都亲自选择墓址，先
由精通堪舆的人会同钦天监反复勘察几经比较，然后确定。陵区建筑也
要受风水理论的指导而修改布局，堪舆理论使建筑群在人工与天然、建
筑与环境、单体和总体之间取得了高度和谐统一。

北京的天坛是用中国传统的"天圆地方"概念布置的一组建筑群，采
用简单明了的方、圆组合构图，创造了优美的建筑空间与造型。布局中以
大片柏林为衬托，渲染祭祀天神时的神圣崇高气氛，达到形式与内容的高
度统一，成为中国古代建筑群的优秀代表作品。山东曲阜孔庙是在 2000
多年前孔子故宅的基础上经过数十次改建、扩建而成的一组纪念性建筑

岳阳楼

岳麓书院

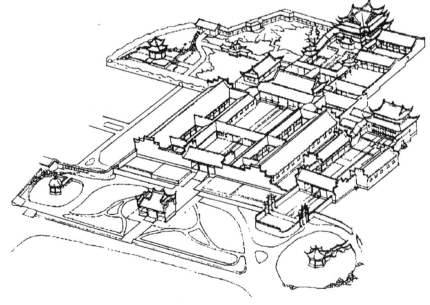

群，现存的基本布局是明代弘治年间完成的，清代进行了局部修改。由于儒家礼制思想的影响，曲阜孔庙布局的发展是和历代孔子受尊崇的程度和朝廷的封谥密切相联系的，设计上采用了中国传统的院落组合手法，沿纵轴方向层层推进，充分发挥空间和环境陪衬的作用，创造了肃穆、幽深、神秘的气象。

嵩阳书院大唐碑

除宫殿、庙宇、陵寝等皇家建筑和宗教建筑外，这一时期在全国各地还兴建了大量文化类公共建筑，如衙署、书院、会馆，以及商业娱乐、景观类建筑，不但成为了城市及乡镇中的文化活动中心，同时也因富有地域和环境特色而成为城市及区域景观的标志。这些公共类建筑一般规模相对较大，布局灵活，用料讲究，装饰华丽，做工精细，具有很高的艺术成就。

一、宫殿建筑

明永乐四年（1406年），朱棣下诏建北京宫殿，永乐十八年（1420年）基本建成，其规划是以明初南京（今南京）、中都（今安徽凤阳）两处宫殿为蓝本的，是宋、金、元历代宫殿的继承和发展，也是中国古代皇宫建筑的总结，同时也是中国现存规模最大、保存最完整的古建筑群，被视为现有中国古代建筑群体艺术的代表。清朝所建的盛京宫殿则是除北京宫殿之外另一处最为完整的宫殿建筑群，位于西藏拉萨的布达拉宫则展示了雪域高原藏式宫殿建筑艺术。

北京宫殿又称紫禁城、北京故宫，是中国明清两代的皇宫，南北长961米，东西宽753米，外绕52米宽的护城河，四面各开一门，上建城楼，四角建角楼。皇宫内布局采用严格的轴线对称手法，其轴线与北京城轴线相重合，宫内主要建筑依南北轴线分为前朝、后寝和御花园三大部分，南门午门是宫城正门，俗称五凤楼，平面凹形，形似宫阙，高大的城台上正中建重檐庑殿顶大殿，左右凹字转角及前伸尽端各建一座重檐方亭，亭殿之间有廊庑相连，轮廓错落，巍峨雄壮。其三面围合的内聚空间、红墙黄顶的强烈色彩以及异乎寻常的体量给人一种森严肃杀的威慑感，这正符合午门前举行班师凯旋、献俘典礼和廷杖朝臣的功能要求。进入午门即为外朝，外朝以太和殿、中和殿、保和殿为中心，以文华殿、武英殿为两翼，为皇帝行使权力的场所。太和殿曾名奉天殿、金极殿，是故宫最大的建筑，也是封建社会最高等级的建筑，其面阔11间，进深5间，面积2380平方米，重檐庑殿顶，高约30米，体量宏伟，造型端庄，象征皇权的稳固。大殿的细部如斗拱、脊饰、彩画、石雕等亦相应采用了最高

北京故宫平面图

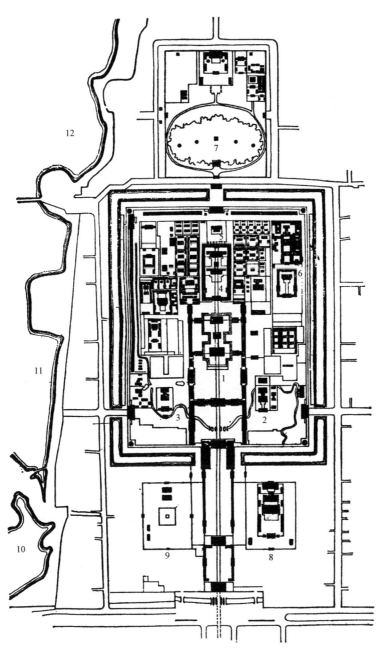

1.太和殿　2.文华殿　3.武英殿　4.乾清宫　5.钦安殿　6.皇极殿、养心殿、乾隆花园　7.景山
8.太庙　9.社稷坛　10、11、12.南海、中海、北海

故宫午门

故宫太和殿

等级做法，并于殿前月台上陈设了象征皇帝身份的铜龟、铜鹤、日晷和嘉量。中和殿曾名华盖殿、中极殿，是皇帝临朝前休憩之所，平面呈方形，开间进深各 3 间，四方攒尖顶。保和殿曾名谨身殿、建极殿，是举行殿试和宴会宾客之处，其广 9 间，深 5 间，重檐歇山顶。三大殿依前后次序坐于一个工字形汉白玉台基上，台基高三层，8.3 米，前临巨大的广场，气势极为宏伟。内廷部分以乾清宫、交泰殿和坤宁宫为主，三殿亦共立于工字形台基之上，其中乾、坤二宫均面阔 9 间，重檐庑殿顶，为内廷正殿和正寝，交泰殿面阔 3 间，单檐攒尖顶。此外，故宫内的重要建筑还有皇帝听学的文华殿、斋居的武英殿、嫔妃居住的东西六宫、乾隆居住的宁寿宫、皇太后居住的慈宁宫和皇帝办理政务的养心殿等。内廷后面的御花园是现存皇家园林的重要范例，宁寿宫西侧的乾隆花园则是故宫中著名的小型皇家园林。

故宫的建筑艺术成就主要表现在外部空间组织和建筑形体的处理上，其中用院落空间的大小、方向、开阔和形状的对比变化来烘托与渲染气氛是其最显著的特点。由大清门到天安门用千步廊构成纵深向的狭长庭院，至天安门前则展为横向的广场，对比十分强烈，气氛由平和转而激昂，突出了皇城正门天安门的宏伟。天安门至端门的方形广场狭小而封闭，为过渡性空间，经此至凹字形的午门广场，广场前的庭院用低矮的廊庑形成狭长的空间，产生了强烈的导向性，同时廊庑平缓的轮廓又反衬了午门形体的高大威严。太和门广场呈横向长方形，是太和殿广场的前奏，起着渲染作用。太和殿广场形状略近方形，面积约 3 万平方米，周绕廊庑，四角建崇楼，气氛庄重，体现了天子的威严和皇权的神圣。至乾清门广场，空间体量骤减，寓含空间性质的变化，由此进入内廷区，空间紧凑，气氛宁和，至御花园则又转为半自由式园林空间，气氛变为自由幽静闲适。这种变化丰富、节奏起伏、首尾呼应的空间有机组合不愧为空间艺术的典范。

在建筑单体造型上，故宫建筑采用了形式相近、色彩相同的处理手法，以形成统一、和谐、完整的环境效果，主要是通过体量和屋顶形式，以及细部装修等级差别，强化轴线，主从分明，在统一中求得变化。在用

故宫御花园平面图

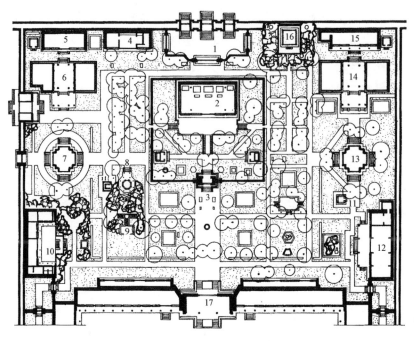

1.承光门　2.钦安殿　3.天一门　4.延晖阁　5.位育斋　6.澄瑞亭　7.千秋亭　8.四神祠　9.鹿囿　10.养性斋　11.井亭　12.绛雪轩　13.万春亭　14.浮碧亭　15.摛藻堂　16.御景亭　17.坤宁门

故宫乾隆花园流杯亭

故宫鸟瞰

故宫角楼

色上，建筑的台基与栏杆是白色，琉璃屋顶是黄色，墙和柱子是红色，大面积原色的对比使庞大的建筑群更具视觉冲击力和艺术感染力。

沈阳故宫是北京故宫之外现存的另一处著名宫殿建筑群。后金天命十年（1625年）努尔哈赤定都沈阳，改名盛京，一方面扩展旧城，一方面在沈阳城中心偏北处建造宫室，历史上称之为盛京皇宫。清兵入关以前，盛京皇宫是施政中心和肇业重地。清兵入关以后，盛京改为留都，盛京皇宫改称为留都宫殿，又称奉天行宫，现俗称沈阳故宫，距今已有390多年的历史。

沈阳故宫占地面积6.3万余平方米，共有房间419间，其总体布局分为东、中、西三路，东路为努尔哈赤时代建造的大政殿及十王亭，始建于天命十年；中路是建于皇太极天聪六年（1632年）的大清门、崇政殿、凤凰楼与后五宫，及建于乾隆十年（1745年）的中路两侧的东西两所行宫及崇政殿配套建筑；西路为建于乾隆四十六年（1781年）的文溯阁及嘉荫堂戏台。沈阳故宫东、中、西三路的规划布局及建筑各有特色，反映了不同历史时期的建筑思想。整个建筑群布局完整，楼阁林立，殿宇巍峨，雕梁画栋，富丽堂皇。

东路建筑为早期皇帝临朝举行大典之处，主体建筑为大政殿，原称"大殿""八角殿"或"大衙门"，皇太极崇德元年（1636年）被命名为"笃恭殿"，康熙时敕令改为今名。殿前为南北长195米、东西宽80米的空地，东西排列十座方亭，即"十王亭"，自北而南，东边为左翼王亭、镶黄旗

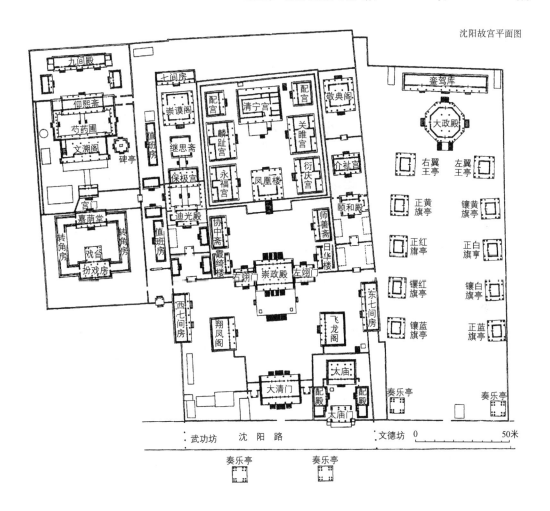

沈阳故宫平面图

亭、正白旗亭、镶白旗亭、正蓝旗亭；西边是右翼王亭、正黄旗亭、正红
旗亭、镶红旗亭、镶蓝旗亭，它们是左右翼王和八旗大臣办公的地方，其
布局也是按照八旗制度和方位排列的，是沈阳故宫建筑布局的特色。大政
殿为八角形结构，殿身八面都用木槅子门组成，下有须弥座台基，周围绕
以青石围栏，围栏上有各种精美的雕刻。殿内斗拱、藻井、天花等都极其
精美别致。殿顶为重檐攒尖顶，黄琉璃瓦镶绿剪边，十六道五彩琉璃脊，
中间为宝瓶火焰珠。大殿正门前有木雕双金龙蟠柱，造型极为生动。

中路建筑体量虽小，但布局紧凑，尺度合宜，以大清门为正门，门前

沈阳故宫

有文德、武功二坊，街对面有左右对称的奏乐亭和朝房、司房等。中路的前院有崇政殿，又称"正殿"，创建于后金天聪年间（1627—1636年），崇德元年（1636年）改名为崇政殿，俗称"金銮殿"。在大殿前有飞龙、翔凤两阁，三者围合成殿前广场。在飞龙、翔凤两阁后面还有东、西7间房，崇政殿两侧则有左、右翊门，可通后院的凤凰楼和清宁宫。凤凰楼，原名"翔凤楼"，是清宁宫的门楼，此处是皇帝计划军政大事和宴会群臣的地方。凤凰楼高三层，最下一层是通往高台上的孔道，以这座高台为界，其台上的后妃五宫形成了一座相对独立的内宫建筑群城堡。凤凰楼的屋顶是三滴水歇山式，平面呈方形，深广各3间，四周围有长廊，顶盖琉璃瓦，镶绿剪边，梁架采用彻上明造，椽望上绘有"和玺"彩绘。此楼原为盛京城内最高的建筑，高耸的造型成为联系前朝与后寝的过渡点，"凤楼晓日"被誉为沈阳八景之一。清宁宫原名"正宫"，建在3.8米高的台基上，面阔5间，进深11檩，前后出廊，黄琉璃瓦顶绿剪边硬山顶。清宁宫四周高墙围绕，其前面是作为门楼的凤凰楼，左侧有关雎宫、衍庆宫，右侧有麟趾宫、永福宫，均为清宁宫的配宫。

在中路两侧还有东所、西所两处行宫建筑，为皇帝巡视盛京驻跸之所。东所有颐和殿、介祉宫、敬典阁，为皇太后居住及收藏玉牒的处所；

西所有迪光殿、保极宫、继思斋、崇谟阁，是皇帝及后妃居住的地方。其中尤以介祉宫及继思斋的装修最为精丽，继思斋面积不大，进深面阔均为 3 间，内部分成 9 个小间，中间为皇帝寝处，后妃寝处及书房、佛堂、盥洗等休闲用房环列四周，小巧玲珑，居住气氛颇佳。

西路建筑群是以庋藏《四库全书》副本的文溯阁为中心。南部为嘉荫堂、戏台，与两侧转角房共同组成闭合院落，是皇帝观戏之处；北部为文溯阁、仰熙斋及梧桐院一组书房建筑，为读书之所。文溯阁建于乾隆四十六年（1781 年），是存放《四库全书》及《古今图书集成》两大部类书的地方。文溯阁建筑仿宁波天一阁形制，6 开间，高两层，黑琉璃瓦硬山顶，青绿色彩画，意寓以水制火，灭灾护书。阁的东边有一座碑亭，亭中立有一通石碑，刻着用汉、满两种文字书写的《御制文溯阁记》和《宋孝宗论》，为珍贵文物和书法佳品。

西藏拉萨布达拉宫是现存西藏规模最大、形制最完整的建筑群。整个宫殿建筑群集城堡、宫殿、灵塔、藏传佛教寺院、佛学院等为一体。占地约 36 万平方米，建筑面积达 14 万平方米，覆盖了红山整个山体，气势雄浑，景象壮观。布达拉是梵文的音译，意为脱离苦海之舟，藏族僧众将其比作观音菩萨的法场普陀罗山，视为心目中的圣地。在无数藏传佛教建筑中，布达拉宫最让人赞叹，令人倾倒，它所凝聚升华出的威慑力量，驱动着无数善男信女匍匐在其脚下。

据藏文史籍记载，公元 7 世纪初，松赞干布继任藏王，在拉萨的红山上建造了红山宫殿，即布达拉宫的前身，自此拉萨就成了西藏吐蕃王朝的政治、宗教和经济中心。据称当年建造红山宫殿时，来自大唐的文成公主和来自尼泊尔的尺尊公主都参与了建设前的选址勘察工作。清朝初年，五世达赖喇嘛在拉萨建立起噶丹颇章地方政权，重建布达拉宫并将其作为西藏政治、宗教和军事防御的中心。布达拉宫的构思设计充分融合了西藏宗教建筑和世俗宫殿建筑的风格，是西藏佛教审美观念的形象体现。布达拉宫是依照佛教想象中的世界图像进行设计的，它将宗教的想象和痴迷的情感倾注到象征佛国净土的建筑中，通过繁复的平面组合、纵深的空间序列和富有震撼力的建筑形式，最终将幻景化为现实，为佛祖在人间安置了一

布达拉宫总平
面图

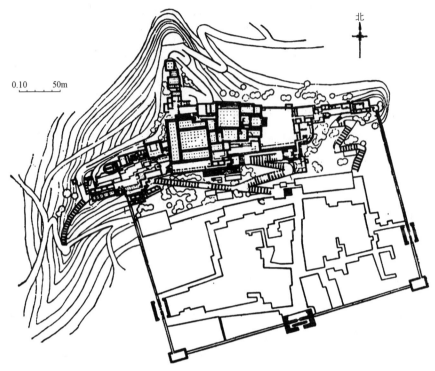

块天国般的净土。

　　与自然环境的完美结合是布达拉宫最重要的特点之一。在整体布局
上，布达拉宫巧妙地利用自然地形，将大小不同、类型各异的建筑有序地
组织在一起，高下错落，楼宇层叠，并同时取得了主次分明、重点突出的
艺术效果，烘托出了白宫、红宫的主体地位，既表现出对世俗王权及达赖
喇嘛的敬畏，也传递出对佛教圣地和人间天国的憧憬。布达拉宫没有将红
山山头铲平，而是在开出的大片平地或台地上进行建造，继承了藏式宗山
建筑的传统手法，将高低错落的建筑与自然起伏的山体紧密地结合在一
起，建筑好像是鬼斧神工，与山岩浑然一体，这正是布达拉宫的伟大和感
人之处。从外观上看，具有显著收分效果的石墙墙身似乎是从山底下自然
生长出来一般，自然凸凹的山顶被组织到了布达拉宫的内部，建筑则成了
红山的延续。布达拉宫以红山作基础，予人以坚固稳定的视觉印象。建筑
墙体本身的显著收分更强化了这种印象，使得建筑与下大上小的红山山势

取得了呼应，建筑的下部坚实粗重、窗洞既小且少、向上逐渐空透轻盈加上透视的变形等特点，更增加了建筑伟岸与高耸的气势，获得了极为强烈的艺术效果。

　　布达拉宫的总体布局在充分反映建筑与自然完美结合的同时，还吸取了西藏宗教建筑常用的"都纲法式"构图，同时借鉴西藏古代宫堡建筑的经验，并满足"政教合一"的特殊功能需求。在布达拉宫建筑平面和形体设计中，设计者采用了许多人们熟知的形象，借助人们的联想来表达某种思想内容，如红宫的设计采取了坛城曼荼罗的模式，曼荼罗为梵语，旧译坛场，新译轮圆俱足，意思是意想中的主尊天堂和所追求的精神境界。

安排巡礼路线和设置转经道，是藏传佛教建筑中非常重要的内容，布达拉宫内部复杂的建筑单元也正是用严密的巡礼（转经）路线，将上下层和各殿堂组织成统一的整体，空间组合也是运用巡礼路线进行贯穿联系，朝圣者进入布达拉宫，一切活动都遵照巡礼路线进行。布达拉宫的主要交通流线是引导朝圣者进入"圆满汇集道"大门，这是进入布达拉宫的主门，门楼外观为四层楼房，下部是坚实的墙壁，上部三层为通长的大窗，虚实对比十分强烈，突出了主入口的地位和重要性。进入大门是一条光线昏暗、空间幽闭的磴道，使人自然而然产生一种强烈的压抑感和期待感。待穿过这条通道后，便到达一个明亮的天井，迎面是华丽庄严的二层宫门，门前是陡峻的叠落式台阶，门廊内的墙壁上绘有四大天王的巨幅画像，天王们个个怒目圆睁，面目狰狞，气势威严。进入这道宫门后，便又进入一条黝黑的通道，几经曲折，到达东欢乐广场，这是行进路线中的一个停顿和喘歇的地方。穿越东欢乐广场向西，即到达白宫门厅，沿梯可直至白宫顶层，再由东北隅的入口进入红宫，按顺时针方向从上往下回转，进入红宫的西大殿，经菩提道次第殿、持明佛殿、五世达赖灵塔殿，至达赖世系殿，最后出北门，沿僧舍区的山道下山。

布达拉宫是由许多不同体量、不同形貌的建筑组合而成，通过建筑之间大小形状的变化，高低错落的布置，使得建筑形象既统一又不失丰富，在这当中，红宫的设计起到了统领全局的作用。红宫位置居中，高度又居全宫之首，本身体量极大，达 1/6 左右的墙面收分亦极显著，透视效果尤为强烈。加之红宫采用了较为严整的轴线构图，巧妙地安排了各个部分的相对位置，使红宫在周围众多体量较小的、采用无轴线自由布局的建筑群中形成了向心力，而红色的宫墙在以白色为主基调的周边建筑对比下更加突出和夺目，具有控制全局的力量。

布达拉宫的建筑形象蕴藏着一种强烈的宗教热情，这种热情除了通过平面布局和空间结构来加以展现之外，还运用了轴线、尺度、比例等造型手段来增强其感染力。通过体量上的悬殊对比和尺度上的反差夸张，充分显示藏传佛教建筑特有的审美意念，例如，连续而平展的殿堂立面与深陷于墙面上的小窗洞构成强烈对比，夸张了建筑的纪念性与内部空

布达拉宫金顶

间的神秘性；庞大的主体殿堂与簇拥在周围的低矮的僧房构成对比，烘
托了佛界的崇高和佛法的威严；厚重的墙壁和狭窄湿暗的甬道、过廊相
互结合，产生了宗教建筑所需要的凝重、沉寂和压抑的气氛；殿堂内部
开阔恢宏的空间与密布如林的粗大立柱组合在一起，使人们对内部空间
产生了一种若断若续、若分若合、若开若闭的幻觉。布达拉宫的主要建
筑，如红宫、白宫、僧官学校、天王堡、凯旋堡等，平面均为"回"字
形，其外圈楼房均内向布置，中部是天井庭院或纵横排列的柱网，中部
升起形成天窗阁，也有用屋顶覆盖天窗的做法，由此产生了室内空间的
丰富与变化。在布达拉宫的内部空间设计中，设计者常常借助光影变化，
造成神秘、昏冥的气氛，以适应宗教上的需要，佛殿内的光线大多微弱
幽暗，从回廊的落地窗中透进来的光线恰好照在鎏金佛像上，形成"举
世浑暗，唯有佛光"的艺术效果。

　　布达拉宫外部的用色基本上呈红、白、黄三色，并各有其传统寓意。
大部分墙面以白色为主，这是布达拉宫色彩的主基调，取其和平、宁静之
意，在湛蓝的天空和群山的掩映下十分明亮耀眼。红宫墙面为色泽含蓄而
凝重的赭红，富丽堂皇，取其尊严、庄重之意，使红宫的地位更加突出。
红宫和白宫之间几栋小体量的建筑物施以中铬黄，取其兴旺发达之意。这
些色彩组成了统一的暖色调，欢快而热烈；高耸于红宫之上的金顶以及金

布达拉宫斗拱装饰

黄色的经幢和各类鎏金装饰则锦上添花，光耀夺目，起到了画龙点睛的作用，营造了吉祥天国的景象。宫殿中的柱、梁、椽、枋、斗拱等木构件遍施彩绘，多用朱红衬底，青绿彩绘，间装金色，极为艳丽。布达拉宫的所有门窗均被饰以梯形的黑色边框，其功能首先是为了保护窗台，以免受到雨水的冲刷和侵蚀，同时具有宗教含义，传说黑色窗框起源于本教，形似一对牛角，象征着护法神祇，守护门窗洞口，借以辟邪驱魔。从艺术效果看，这种梯形的黑色窗套很有装饰意味，上窄下宽的外形，与墙面的收分有着内在的联系和呼应，黑色同时也起到了扩大碉房上窗洞尺度的作用，增加了窗户这个重要构件的深度，与红、白色墙面的对比效果十分强烈。

二、祭祀建筑

祭祀建筑自古在中国建筑中占有重要地位，明清时期的祭祀建筑可分为两大类，一类为自然神崇拜，如北京的天地日月四坛、社稷坛、先农坛，以及各地祭祀山岳江河的建筑；另一类为祭祀祖先和古代圣贤的建筑，有孔庙、祖庙、祠堂等。自然神崇拜中以天坛祭天活动最为隆重，明清北京天坛为其代表。天坛位于北京永定门内，始建于明永乐十八年（1420 年），是明清两代皇帝祭天和祈祷丰年的地方，是现存最完整的中国古代祭祀建筑群。

明代天坛初建时采用的是天地合祭形式，在今祈年殿位置设了主体建筑大祀殿，原为矩形殿堂，明嘉靖九年（1530 年）在殿南轴线位置上建圜丘祭天，原大祀殿改建为三重檐的圆形建筑，名大享殿，用以祈求丰年。明代大享殿形制虽与今祈年殿相近，但三檐颜色不一，上檐青色象征天，中檐黄色象征地，下檐绿色象征万物。清乾隆十六年（1751 年）改大享殿为祈年殿，三檐均改为蓝色。光绪十五年（1889 年）祈年殿被焚于雷火，次年循旧制重建。

现天坛占地 273 公顷，设有两重坛垣，平面分为内外两坛，外垣南北

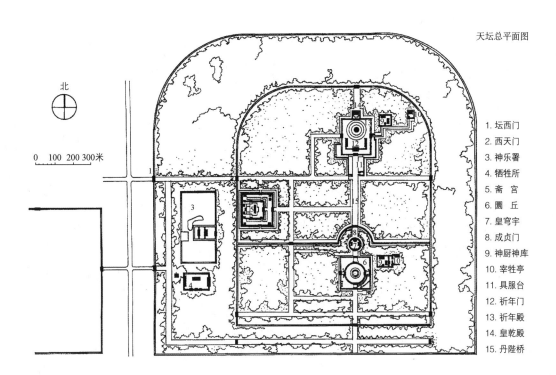

天坛总平面图

北

0　100　200　300米

1. 坛西门
2. 西天门
3. 神乐署
4. 牺牲所
5. 斋宫
6. 圜丘
7. 皇穹宇
8. 成贞门
9. 神厨神库
10. 宰牲亭
11. 具服台
12. 祈年门
13. 祈年殿
14. 皇乾殿
15. 丹陛桥

1650 米，东西 1725 米，内垣南北 1243 米，东西 1046 米，两坛平面形状均呈南方北圆，附"天圆地方"之说。主要建筑设于内坛，南有圜丘、皇穹宇，北有祈年殿、皇乾殿，中有丹陛桥，西侧有斋宫。外坛的建筑物主要为位于西侧的神乐署和牺牲所等。

圜丘是汉白玉石砌的三层露天圆台，周绕石雕栏杆，四面设踏道，下层直径 54.7 米，总高约 5 米，坛外设两重矮墙，外方内圆，四面均置棂星门。圜丘通体晶莹洁白，台上空无一物，体现着"天"的圣洁空灵，两重矮墙高仅一米许，对比出坛体的高大，且不遮挡人在坛上的视线，使人举目四望唯见辽阔无垠的空间。8 组石造棂星门和圜丘在色彩上相互呼应，同时也打破了低平墙头的单调。由于古代人认为天属阳性，又以奇数为"阳数"，而 9 则为阳数之极，故圜丘踏步数、石栏数、台上铺石圈数和每圈石板数均为 9 或 9 的倍数，以表示与天的联系。

圜丘北建有一圆形院落，直径 61.5 米，墙垣内壁光滑如镜，可折射

天坛鸟瞰

声波，俗称"回音壁"。院内北端正中是圆形小殿皇穹宇，为供放"皇天上帝"牌位之所。该殿原建于明嘉靖九年（1530 年），重檐绿瓦。清乾隆十七年（1752 年）重修后改为今存式样。皇穹宇的殿身直径 15.6 米，高 19.5 米，立于圆形石基上，单檐攒尖顶，蓝色琉璃瓦屋面。建筑造型简洁雅致，殿内用 8 根金柱和 8 根檐柱承托屋顶，天花藻井层层收进，构造精巧。院外北轴设有成贞门，门北是通向祈年门的"丹陛桥"，长 359 米，宽 30 米，高出地面约 4 米，人行桥上，俯瞰林海，如履云桥。祈年门内为方院，主体建筑祈年殿雄踞院中偏后，左右设有配殿。祈年殿平面圆形，与方院合成为天圆地方的构图，殿身直径 24 米，高 38 米，结构主要由 28 根大木柱和 36 根梁枋组成，上覆三重檐蓝色琉璃瓦攒尖顶，台基为三层汉白玉须弥座栏杆，总高 6 米，底层直径 90 米，每层圆台的石栏杆望柱头与圆殿 12 根檐柱相互对位，呈放射状，使殿与台浑为一体。祈年殿的整体造型单纯简练，庄重典雅，极富纪念性。祈年殿在设计中采用了一系列象征手法，如支撑下檐的 12 根檐柱象征一天的 12 个时辰，支撑中檐的 12 根内柱象征一年中的 12 个月，两组相合又象征一年中的 24 个节气，支撑上檐的四根中心"龙柱"则代表四季等，其数字均与农业节历有关，从而取得象征意义。在祈年殿方院北侧毗连有另一封闭的小方院，院内有皇乾殿，用来存放神牌。

　　天坛的建筑布局与空间处理具有很高的艺术成就。天坛建筑群的主轴线并不居于正中，而是向东偏移约 20 米，其用意即为加长从西门入坛的距离，渲染了远人近天、超凡入圣的气氛。同时采用大面积的青松翠柏，形成绿色林海，环境肃穆，富有强烈的纪念性。建筑处理上除广泛采用象征手法以产生内在的和谐统一外，还使用了多种对比手法，以产生丰富的群体艺术效果，如轴线两端的祈年殿与圜丘以高耸的形体和低平的形象相对比，皇穹宇圆院的封闭与圜丘的开敞形成对比，以及皇乾殿小方院与祈年殿大方院的开阔对比等，都极为成功。此外，透过皇穹宇院门望皇穹宇和透过祈年门望祈年殿均有剪裁适度的完美构图，是建筑设计上的大手笔，反映了古代匠师高超的艺术修养。

　　嘉靖九年明朝改革坛庙制度，不再采用在天坛大祀殿合祭天地的做

天坛圜丘

天坛祈年殿

法，而于都城之北安定门外创建地坛，坐南面北，与天坛成南北对峙的格局。

北京地坛又名方泽坛，坛内按祭祀活动的要求，形成若干组建筑群，其中包括位于中轴线的祭祀部分——方泽坛和皇祇室；东北隅的斋宫及銮驾车库、遣官房、陪祀官房；西北隅的神厨、神库、宰牲亭、祭器库等辅助建筑。外有壝墙两道，四向各设门一座，北门为正门，东门外有泰折街牌坊，是皇帝祭前进斋宫的入口。每年夏至黎明日出之时，皇帝至此行祭礼。坛的上层设"皇地祇神"位，太祖配享，第二层设五岳、五镇、四海、四渎从祀位。按古代天圆地方观念，地坛平面为正方形，两层，上层方六丈，高六尺二寸，下层方十丈六尺，皆用黄色琉璃、青白石筑砌，每层八级台阶，各数均取双数。正如九代表天一样，六、八之数代表地。古人认为地为阴，阴者为凹陷之物，"为下必于川泽"。即地坛应建于城北郊水泽之中，故于坛周围辟水渠一道，祭祀时由暗沟引水，意为泽中之丘。其外为坛壝，有棂星门四座，仅正北方棂星门为 3 开间，其余三面各为一开间。皇祇室位于地坛之南，在方坛轴

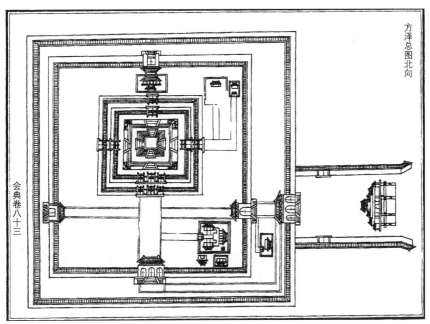

地坛总平面图

线的尽端，是一座5开间的单檐歇山顶建筑，施黄色琉璃瓦，是平时供奉皇地祇神位的地方。

与天坛采用圆形为创作母题相应，地坛在设计中也采用了一系列象征性手法。首先是以方为母题，从坛的平面、内外坛垣到各殿区围墙，直到大门均取方形，以方喻地。地为坤，属阴，故以北为上，重要建筑坐南朝北，皆取北向；斋宫等附属建筑属下位，不能逾越天地，故坐西朝东，等级森严有序。地坛的用色均为黄色，取"天青地黄""坤卦黄中"之意，如地坛的台基砖心贴的是黄色琉璃砖，内外两层坛垣和皇祇室的屋面均采用黄琉璃瓦。此外，以偶数为基数，地坛墁石及台阶级数均取偶数六、八的倍数，所有的建筑尺寸也均采用偶数，以意会地属阴的易理。总之，与天坛的以天为阳的设计构思相对，地坛的设计从总体构思到细部设计都是围绕着地为阴这一概念进行创作的。

除天地日月外，另如风雨雷云、山岳海渎也都设有祭祀建筑及活动，其中以山岳祭祀最为讲究，建筑规模也最大，如中岳、西岳、北岳、南

地坛

岳、东岳诸庙。东岳泰山岱庙是现存山岳祭祀建筑的代表，庙宇位于泰山南麓的泰安城北，为历代帝王封禅泰山举行大典之地。唐代以后，岱庙不断扩建，至宋徽宗宣和六年（1124 年）已有殿、寝、堂、门、亭、库、馆、楼、观、廊、庑合计 813 间，奠定了岱庙的宏伟规模。现岱庙建筑群总体上保持了宋元时期格局，庙城四周环以高墙，四角设角楼，南辟三门，中曰正阳门（左右为掖门）。正阳门北为配天门，门东有三灵侯殿、炳灵殿、信道堂、灵感亭一组建筑；西有太尉殿、延禧殿、环咏亭、御香

岱庙鸟瞰

岱庙角楼

亭、诚明堂、藏经堂等一组建筑。配天门北为仁安门，进入仁安门迎面有石栏，栏内置玲珑石九块。栏之北为露台，台东西两侧有水井各一口。露台北侧、月台之上即主殿仁安殿，殿内祀天齐大生仁圣帝（即东岳泰山神），殿内东、西、北三墙有巨幅壁画《启跸回銮图》，描绘东岳大帝出巡和回銮的情景。仁安殿与仁安门之间有东西回廊与主殿联系，构成封闭院落，为岱庙祭祀活动的主要空间。东回廊的中间为鼓楼，楼后为东斋房；西回廊的中间为钟楼，楼后有神器库和西斋房。仁安殿北为寝殿，再北为岱庙北门鲁瞻门，又称厚载门，出鲁瞻门，即可登泰山主峰。

明天顺至万历年间岱庙又经四次维修，其中以万历二十七年（1599年）之役规模最巨。在前代的基础上拓建了庙前遥参亭，增建了东西斋房、钟楼西侧的鲁班殿、藏经堂、鼓楼东侧皇帝驻跸的迎宾堂、炳灵殿南的信道堂等建筑。拓建后的遥参亭，丹垣周匝，亭前建"遥参坊"，实为岱庙第一门，亭后又置门，在门内建殿五间，供碧霞元君像。现存岱庙内建筑物均为清代重建，唯仁安门为明代结构。

东岳泰山之神是道教的大神，主管人间生死，是百鬼的主帅，因而获得了广泛的社会基础，各地相继建造起本地的东岳庙，如山西万荣东岳庙、晋城东岳庙，北京东岳庙等，东岳大帝成了普遍信仰的神祇。传说三月二十八日为泰山神的诞辰，此日前后各地都有庙会，去东岳庙烧香还愿也成了百姓外出郊游贸易的重要活动。

祖先与圣贤崇拜是中国传统文化的重要组成部分，历代及各地都建有大量的祖庙和圣贤庙。祖庙类型中，因主题和等级不同可分为太庙和祠堂，圣贤庙类型则按祭祀规模和普及程度可分为孔庙、武庙及一般性庙宇。太庙与祠堂同为安奉祖神之所，然太庙强调的是国家、皇帝的象征意义，而祠堂是为了敬宗联族，厚风睦伦，用以维护宗法社会的秩序。"私庙所以奉本宗，太庙所以尊正统也"。

明清北京太庙位于今天安门之东，始建于明永乐十八年（1420年），为明清两代皇室的祖庙。太庙平面为南北向，占地约 14 万平方米，由三道黄瓦红墙环绕，最外道围垣开西门 3 座，分别通天安门东庑、端门东庑和午门外阙左门。垣内为太庙外院，古柏参天，东南隅布置有牺牲所（内有宰牲亭和治牲房）、井亭、进鲜房、奉祀署等附属建筑。第二道墙垣于南墙辟正门 3 座，并于两侧增开角门。门内东西布置神厨、神库，河渠横贯院中，渠上坐落有 7 座单孔汉白玉石拱桥，中部 5 桥与南垣 5 门洞相对，两侧拱桥则与桥北的井亭相对。桥北迎面为太庙的正门，面阔 5 间，门内外原各列朱漆戟架 4 座，每架插镀金银铁戟 15 支，故又曰戟门。戟门内即为太庙的主院，从前至后，依次布置着前殿、中殿、后殿，前殿又称享殿，为太庙主殿，坐落于三重汉白玉须弥座台阶之上，以月台前临广场。主殿面阔 11 间，进深 4 间，黄琉璃瓦重檐庑殿顶，主殿左右有供奉皇族和功臣神位的东西庑。中殿又称寝殿，面阔 9 间，黄琉璃瓦单檐庑殿顶，其月台与享殿的二层台基相连，殿内存放历代帝后神主，两侧配殿内贮存祭祀用品。后殿为祧殿，规制同寝殿，是供奉皇帝远祖的场所，有墙将其与前殿、中殿相隔，相对独立，自成院落，其东西两侧亦有配殿，为存放祭器之所。明清时期，每逢四月初一、七月初一、七月十五、十月初一、皇帝生辰与祭辰、清明节、岁末等日，都要于太庙举行隆重的祭典，太庙因之成为帝王法统的象征，太庙建筑也因之成为明清两代国家祭祀设施中"庙"的最高等级的建筑。

祭奠祖先，除皇帝的太庙外，数量更多、分布更广的是按官制所设的家庙和民间祠堂，较著名的如广东陈家祠堂、佛山祖庙，安徽龙川胡氏宗祠，浙江卢氏祠堂等。在传统的祖先崇拜观念、宗法伦理观念、风水观念的影响下，人们在村镇的营建过程中，往往把祠堂建筑放在十分重要的位置，结合台亭、牌楼、水池等景观，形成祭祀中心和乡土社会的精神中心。宗祠的形制，无论士大夫家庙，还是一般的祠堂，受社会、政治、自然环境、堪舆流派以及祭祀形式、所祭神主世数和神主布置形

北京太庙平面图

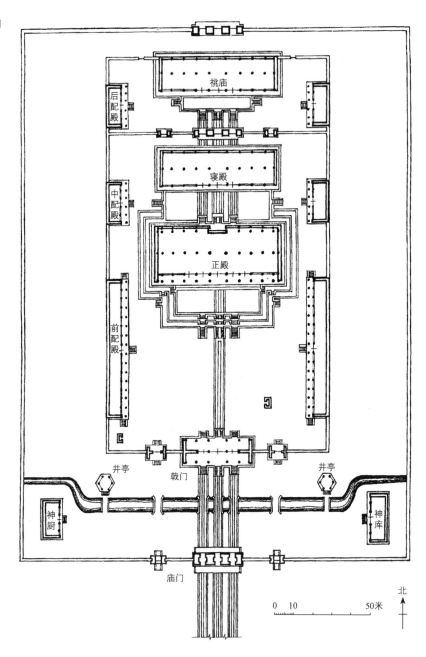

桃庙

后配殿

寝殿

中配殿

正殿

前配殿

井亭

戟门

井亭

神厨

神库

庙门

0　10　　　　　50米

北

太庙

式等因素的影响，而形成多种不同的布局和建筑形式，具有明显的地方
文化特征。

　　陈家祠堂坐落于广东省广州市中山七路，又称"陈氏书院"，始建
于清光绪十六年（1890年），光绪二十年（1894年）落成，由清末广
东72县的陈姓联合建造，是广东省著名的宗祠建筑。陈家祠堂建筑面
积达8000平方米，建筑格局可分为三路、三进，每进之间既有庭院相
隔，又利用廊、庑巧妙地连接起来，整体采用对称布局，殿堂楼阁，虚
实相间，气势雄伟。"聚贤堂"是陈家祠堂中轴线的主殿堂，也是陈家
祠堂整个建筑组合的中心，原为族人集会之所，后来改作宗祠，两边的
侧房供书院使用。堂的正面是一座宽阔的石露台，周围用嵌有铁花的石
栏板环绕。

　　陈家祠堂的建筑以装饰精巧著称，木雕、石雕、砖雕、泥塑、陶塑、

陈家祠堂

铁铸工艺等各种各样的装饰遍布在祠堂内外的厅堂、院落、廊庑之间和檐顶之上，既有大型的制作，也有玲珑的小品，装饰风格或粗犷豪放，或精致纤巧，各具特色，特别是在屋顶瓦脊的塑造上，更是广罗民间故事，搜集地方风物，琳琅满目，别具一格。祠前的壁间有 6 幅画卷式的大型砖雕，每幅砖雕长达 4 米，是用一块块青砖雕刻好了以后再连接成一体的，画面中有神话传说、山水园林、花果禽兽、钟鼎彝铭等，题材丰富，技法精湛。

　　龙川胡氏宗祠坐落于安徽省绩溪县大坑口村，是徽州祠庙建筑的代表，始建于宋代，明嘉靖年间（1522—1566 年）进行过一次较大规模的修缮，因此建筑带有明显的明代建筑风格，清光绪二十四年（1898 年）曾再次重修。

　　龙川祠堂占地 1146 平方米，坐北朝南，共三进院落。祠堂的入口是重檐歇山式的高大门楼，门楼后为以 12 根方石柱围成的回廊。中间是正厅，由 14 根圆柱和极具地方风格的 21 根"冬瓜梁"组成。后房是寝室，分为上下两层。祠堂里的梁托、灯托、额枋、云板和正厅 4 米高的落地隔扇上面布满了雕刻，有人物故事、鸟兽虫鱼、云雷如意等，雕刻精细，工

龙川胡氏祠堂

艺精湛，各具神态。祠堂虽然经过了历代的多次修葺，但仍保持了明代徽派雕刻艺术的风格，线条粗犷，作风淳厚古朴，是徽派古建筑艺术的宝贵遗产，有"木雕艺术厅堂"的美誉。

中国历代都有大量祭祀圣贤的祠堂庙，如有祭祀创造华夏文明的三皇庙、孔庙，有祭祀忠臣烈士的关帝庙、岳王庙，有祭祀泽被百姓的名宦的贤侯祠，有祭祀忠孝节悌的忠贞祠、孝子祠，有祭祀盛名天下的诗圣的文豪祠，有祭祀行业之祖的鲁班祠、药王祠等。圣贤祠庙与祭祀天地山川等自然神的坛庙以及祭祀祖先的太庙家庙不同，除少数类型如孔庙、关帝庙等由于其地位的特殊载入祀典而由官方建造外，一般多由地方、民间设立，属民间信仰，因此圣贤祠庙具有广泛的民间性与教化性。这些祠庙多设在名人的家乡，由名人故宅发展而来；或在其出生、生活或辞世的地方建立，采取祠墓合一的布局形式，其建筑造型及装饰多带有地方风格和特点。

孔庙是祭祀中国古代著名的思想家、教育家、儒家学派的创始人孔子的场所，孔子（公元前 551—前 479 年）名丘，字仲尼，春秋时期的鲁国人，他辞世后，鲁哀公把他的 3 间故宅改建成祠庙，亲自祭祀孔子，从此

以后历朝历代不断地扩建，宋真宗天禧二年（1018 年）殿堂廊庑已达 360
间，成为模仿王宫之制的庞大建筑群。由于祭孔成为古代中国传统文化的
重要内容之一，孔庙或文庙于全国也成遍布之势。各地至今保存了许多历
朝历代的孔庙，其中以山东曲阜的孔庙规模最大、时代最早，与孔府、孔
林并称"三孔"，是中国现存最大的古建筑群之一。

　　曲阜孔庙平面呈长方形，总面积 327.5 亩，南北长 1120 米。整个孔
庙的建筑群以中轴线贯穿，左右对称，布局严谨，共有九进院落，前有棂
星门、圣时门、弘道门、大中门、同文门、奎文阁、十三御碑亭。从大成
门起，建筑分成三路：中路为大成门、杏坛、大成殿、寝殿、圣迹殿及两
庑，分别是祭祀孔子以及先儒、先贤的场所；东路为承圣门、诗礼堂、故
井、鲁壁、崇圣祠、家庙等，是祭祀孔了上五代祖先的地方；西路为启圣
门、金丝堂、启圣王殿、寝殿等建筑，是祭祀孔子父母的地方。全庙共有
5 殿、1 祠、1 阁、1 坛、2 堂、17 碑亭、53 门坊，共计有殿庑 466 间，分

曲阜孔庙鸟瞰

别建于金、元、明、清及民国时期。其中最为著名的建筑为棂星门、二门、奎文阁、杏坛、大成殿、寝殿、圣迹堂、诗礼堂等。

棂星门是孔庙的大门。古代传说棂星是天上的文星，以此命名有国家人才辈出之寓意，因此古代帝王祭天时首先祭棂星，祭祀孔子规格也如同祭天。孔庙棂星门建于清乾隆十九年（1754 年），3 间 4 柱，柱的顶端屹立着四尊天将石像，威风凛凛，建筑风格稳重端庄。

二门又名圣时门，建于明代，形同城门，有 3 孔门洞，前后螭陛御道有明代的浮雕二龙戏珠，图中的游龙翻江倒海，喷云吐雾。圣时门面阔 5 间，飞檐翘角，上覆绿琉璃瓦歇山屋顶，门前有汉白玉石坊，名太和元气坊，坊名盛赞孔子如同天地一般，无所不包。门的东西两侧各立有一座木坊，两坊形制相同，3 间 4 柱，斗拱密布，檐翼起翘，柱上透雕有石狮、天禄像，造型古朴。

奎文阁位于孔庙的中部，是一座藏书阁。中国古代以奎星为二十八宿之一，主文章，故取名奎文阁。这座藏书楼是中国著名的木结构楼阁之一，始建于宋天禧二年（1018 年），明成化十九年（1483 年）改建。奎文阁面阔 7 间，进深 5 间，长 31.1 米，宽 17.62 米，高两层计 23.35 米，中设平坐腰檐，上覆重檐歇山黄琉璃瓦顶。阁的上层藏历代帝王御赐的经书、墨迹，明清两代曾专设奎文阁七品典籍官进行管理，下层藏历代帝王祭孔时所需的香帛之物。

杏坛，在大成殿前的院落正中。相传是孔子讲学之所，周围环植以杏，故命名为杏坛，以纪念孔子杏坛讲学的历史故事。杏坛是一座方亭，重檐歇山十字脊黄琉璃瓦顶，亭内藻井雕刻精细，彩绘金龙，色彩绚丽，亭内有大学士党怀英篆书的"杏坛"二字石碑。

大成殿是孔庙的主体建筑，坐落在高 2 米的巨形须弥座石台基上，殿前露台轩敞，是旧时举行祭孔"八佾舞"的场所。大殿面阔 9 间，进深 5 间，重檐歇山顶，黄琉璃瓦屋面，斗拱交错，回廊周环，雕梁画栋，巍峨壮丽。大殿环廊有擎檐石柱 28 根，两山及后檐的 18 根柱子浅雕云龙纹，每柱有 72 团龙，前檐 10 柱深浮雕云龙纹，每柱二龙对翔，盘绕升腾。殿内高悬"万世师表"等十方巨匾，三副楹联均为清乾隆帝手书，殿正中

明代曲阜孔庙平
面图

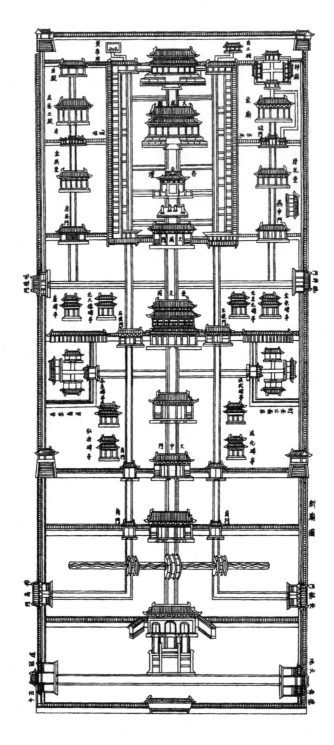

曲阜孔庙大成殿

供奉着孔子的塑像，七十二弟子及儒家的历代先贤塑像分侍左右。历朝历代皇帝的重大祭孔活动均在此举行。

　　位于山西省运城市解州镇西关的关帝庙为现存规模最大的武庙。传说解州东南的常平村是三国时期蜀将关羽的家乡，因此解州关帝庙也就成为了武庙之祖。该庙始建于隋文帝开皇九年（589 年），宋、明时曾经扩建和重修，清康熙四十一年（1702 年）毁于火，后修复。

　　解州关帝庙占地近 22 万平方米，庙址坐北朝南，布局严谨，轴线分明，殿阁峻峨，气势雄伟。庙宇的平面布局分南北两大部分，南以结义园为中心，由牌坊、君子亭、三义阁、假山等组成。北部为正庙，仿宫殿式布局，分前殿和后宫两个部分，前殿中轴线上依次排列着端门、雉门、午门、御书楼、崇宁殿，东西两侧有配殿崇圣祠、追风伯祠、胡公祠、木坊、碑亭、钟楼、官库等附属建筑。崇宁殿是供奉祭祀关羽的主殿，建于清康熙五十七年（1718 年），面阔 5 间，进深 4 间，重檐歇山琉璃瓦顶，殿内正中有一个雕刻精巧的神龛，龛内塑有关羽坐像，殿内还悬有康熙手书"义炳乾坤"横匾，咸丰手书"万世人极"额匾，檐下有乾隆钦定"神勇"二字。

解州关帝庙平面图

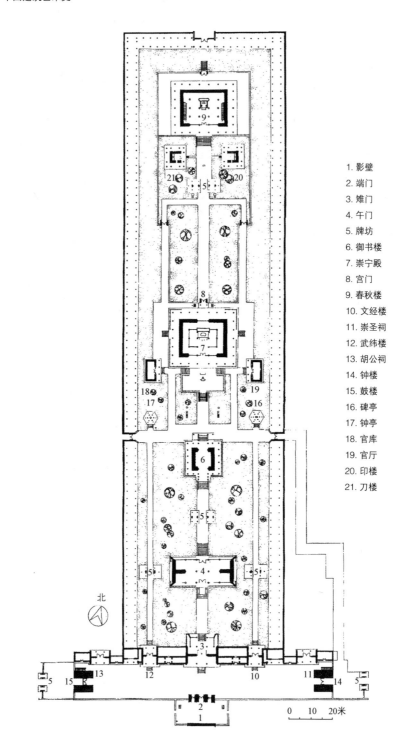

1. 影壁
2. 端门
3. 雉门
4. 午门
5. 牌坊
6. 御书楼
7. 崇宁殿
8. 宫门
9. 春秋楼
10. 文经楼
11. 崇圣祠
12. 武纬楼
13. 胡公祠
14. 钟楼
15. 鼓楼
16. 碑亭
17. 钟亭
18. 官库
19. 官厅
20. 印楼
21. 刀楼

北

0　10　20米

　　后宫以"气肃千秋"牌坊为照屏，春秋楼为中心，左右对称分布有刀楼和印楼。其中春秋楼为关帝庙的重要建筑，始建于明万历年间（1573—1620 年），清同治九年（1870 年）重建，楼面阔 7 间，高 33 米，两层三檐歇山顶，五彩琉璃瓦覆盖，气势雄伟。楼上下两层皆施以回廊，四周钩

解州关帝庙

河南周口关帝庙

栏相连，檐下木雕龙凤、流云、花卉、人物各种图案。楼内底层有木雕神龛三间，内有关羽金身坐像，龛前回廊、雀替、隔扇、钩栏等均有雕刻，雕工精细。楼上的阁形龛里塑有关羽观《春秋》侧身像，塑像右手扶案，左手捋须，神态逼真。第二层楼上，有木制隔扇108面，疏密相间，图案古朴，传说关羽一生爱读《春秋》，故此楼以此得名。该庙宇的南北两大部分自成格局，又统一和谐，既像庙堂，又似庭院。

明清时期，关羽有"武圣人"之尊，俨然与"文圣人"孔子并立。由于民间相信关帝具有司命禄、佑科举、治病除灾、驱邪避恶、诛罚叛逆、巡察冥司，乃至招财进宝、庇护商贾等多种"法力"，所以各行各业、妇孺老幼对"万能之神"关圣帝君的顶礼膜拜是远远超过孔子的。据统计，明清时期，仅北京一地就有关帝庙116座之多，全国各地更是不计其数。以规模论，除解州关帝庙号列首席外，名列亚、季者分别为河南周口关帝庙和湖北荆州关帝庙。

三、陵墓建筑

明代在建国之初，全面继承和恢复了一系列古代仪礼制度。在陵寝制度方面，沿袭了因山为陵、帝后同陵和集诸陵于统一兆域的做法，同时又改革了某些旧的制度，使明代陵寝规制在前代的基础上产生了变化，呈现出自己的时代特点。这种变化发端于明皇陵与明祖陵，形成于明孝陵。明代陵寝制度的最大变化首先在于将唐宋两代陵寝制度中的上、下二宫合为一体，一改过去那种以陵体居中，四向出门的方形陵区布局，确立了以祾恩殿（享殿）为中心的长方形陵区布局。其次在于创立了以方城明楼为主体建筑的宝城制度，并改方形陵体为圆形陵体。另外，诸陵合用一条公共神道，也是北京明代十三陵的与众不同之处。唐宋时期的陵区分设上、下二宫，上宫即陵体与献殿所在的区域，下宫即是以寝殿为主体建筑的寝宫。献殿为一年数次享献大礼的场所，寝殿则有守陵宫人每日上食洒扫。除了日常的供奉祭食活动以外，皇家各种祭享活动也在下宫寝殿进行。至明代，在陵寝祭祀活动中革除宫人守陵及日常供奉的内容，保留并加强了

明孝陵

陵寝祭祀活动中"礼"的成分，将上、下二宫合并，集上宫献殿与下宫寝殿之功能于祾恩殿一身。上、下二宫合并所带来的变化，即是明帝陵以祾恩殿居中、陵体居后的长方形平面的布局。明代陵寝规制的变化，从形式上看，只是对陵寝制度中诸元素的取舍和重新组合，然而从本质上看，这种变化表明了封建社会的陵寝祭祀中远古"灵魂"崇拜观念的逐步淡化与礼制观念的不断加强。

明十三陵在今北京市昌平区的天寿山南麓，建造于 15 世纪初至 17 世纪中叶。陵区的东、西、北三面环山，当中为盆地，面积约 40 平方公里，朝宗河经过此地东去，13 座皇帝的陵墓各背依青山，点缀在翠绿的山峦中，其中以永乐皇帝朱棣的长陵规模最大，位在天寿山主峰下，是陵墓群的中心，其左有景、永、德 3 陵；其右有献、庆、裕、茂、泰、康 6 陵；其西南方尚有定、昭、思 3 陵。

明十三陵在选址和布局上受到古代礼制和风水观的影响，反映了中国人对自然、山水的认识和把握。南面的陵区入口设在袋形山谷的山口，此处安置有一个 5 开间石牌坊，在从石牌坊至长陵约 7 公里的神道上排布了一系列纪念性建筑和雕像，神道分出支路通向其他各陵。石牌坊中轴线与大红门和远处天寿山主峰相贯，其当心间框出金字形山峰的

0   500   1000米

1.长陵　2.献陵　3.景陵　4.裕陵　5.茂陵　6.泰陵　7.康陵　8.永陵　9.昭陵　10.定陵　
11.庆陵　12.德陵　13.思陵　14.石像生　15.碑亭　16.大红门　17.石牌坊

明十三陵总平面图

景色，山峦和牌坊构成一幅对称图案，给人以肃穆的气氛。石牌坊为嘉靖十九年（1540 年）所建，形制是"五间六柱十一楼"，其上雕刻十分精美，且有阴刻彩画图形，初建时曾施彩绘，是中国现存体量最大的汉白玉石牌坊。

　　石牌坊北面的大红门坐落在龙、虎两座小山之间隆起的横脊上，是园区正门，单檐歇山顶，开有 3 个券洞，透过中间拱洞可北望远山衬托下的碑亭，大红门左右原有陵垣围护陵区。碑亭为重檐歇山顶古亭，建于明宣德十年（1435 年），其四角矗立 4 个华表，浮雕盘龙于柱身，建筑整体给人以气势雄浑的印象。自碑亭沿神道北行，道边有 18 对人物和动物雕像，即石像生，亦为宣德十年所刻。石像生末端建有龙凤门，作为陵墓前区的终点。

　　龙凤门北行 4—5 公里，神道直抵长陵，红墙黄瓦的方城明楼和祾恩殿在绿树葱郁的山峦衬托下光彩夺目。长陵建成于永乐十一年（1413 年），为明代皇陵的典型代表。陵园内由南至北依次排列着祾恩殿、明楼和宝顶

明十三陵神道

等主要建筑，采用严格的轴线对称布局。祾恩殿为祭殿，布置在第二进院子中央，面阔 9 间，进深 5 间，重檐庑殿屋顶，坐落在三层汉白玉石基上，围有石栏，正前凸出月台。殿内柱子和檐柱合计有 60 根，皆为巨大楠木制成，建筑形式颇似紫禁城的太和殿，为中国现存最大的木构单体建筑之一。祾恩殿后庭院北端为方城明楼，方城平面呈正方形，高约 15 米，正门中央有门洞，可由此登城。城上有明楼，正方形平面，重檐歇山顶，楼内立石碑。方城北与圆形坟丘相连，坟丘四周砌砖城墙，称作宝城，其下为地宫。明十三陵地宫均采用巨石发券、各墓室相连的构筑方式。已发掘的定陵墓室由主室与配室组成，沿中轴线有前、中、后三主室，中室两边对称布置配室。

明代陵寝建筑改变了以往帝王陵寝规制中突出表现高大陵体的手法，转而注重建筑与山水的协调相称。在"如屏、如几、如拱、如卫"的陵地环境中，建筑虽是中心，是主体，却又掩映在群山之中，相互交融，相互映衬。在陵园建筑的布局手法上，则充分利用地形，在长长的神道轴线上，依次设置了坊、门、亭、柱、石像生、桥等建筑物，依自然山势缓缓增高，逐步引导到享殿、宝城，把纪念性的气氛推向高潮，创造出一种流动的、有韵律的美感。在每座陵区的建筑布局与空间处理上，以享殿为主体建筑的祭祀区突出于陵区前部，轴线分明，排列有序，给人以封建礼制的秩序感。高耸的明楼和巨大的宝城突起于整个陵区建筑之上，显示了陵区主人的显赫地位与身份，以其象征封建帝业的"永垂万世"。宝顶上遍植林木，给寂静、肃穆的山陵增添了盎然生机。

清代陵寝制度是明代的继承和发展，清代皇帝登基后即派王公大臣和堪舆师赴陵区及各处卜选万年吉地，观山峦来往，察河水去留，最后选定落脉结穴的最佳场所，称为定穴，也就是棺椁埋藏的位置及陵寝布局的轴线走向。陵寝的选址程序十分严肃、慎重，依风水说，选址要素可概括为龙、穴、砂、水、明堂、近案、远朝诸项内容，结合景观因素，取得与天地同构、与大地山川永存常在、天人相通、亿年安宅的理想与效果。在陵寝建筑的布局上，清代的陵寝承继了明代的陵寝建筑思想和传统，更强调轴线感、对称感、尺度感，并运用了诸如对景、框景、转

长陵祾恩殿

定陵地宫

折、序列等等手法营造建筑景象，并使漫长的观景轴线产生张弛、动静的节奏感。比如在轴线景观设计中使轴线发生起伏曲折的变化，对景观的艺术效果起到了很好的强化作用，如孝陵神道以影壁山为转折，使方向略有改变；景陵神道在通过碑亭、五孔桥后，沿弧形通路布置石像生；裕陵在龙凤门、石桥之后，以微弯的路通过碑亭，都是以曲折达到丰富景观的作用。泰陵神道碑亭正南250米处，培植了一个凸形起坡，于是在坡南、坡顶、坡底产生出不同的景观，这些都是补充轴线艺术的巧妙手法。

清代东西陵的整体布局效仿明十三陵，但也有自身的特点，如在陵区南侧选择双峰以为门阙，即东陵的象山、天台山，西陵的东西华盖山及九龙山、九凤山。地形地貌讲求水脉分流，堂局开阔，藏风聚景，树木葱郁。有了良好的自然环境，再与轴线感、对称感、尺度感极强的陵寝建筑相配合，形成自然与人工浑然一体的环境氛围，使山川成为建筑艺术空间的一部分，并产生了强烈的纪念性，渲染了神圣、崇高、庄严、永恒的艺术效果。

陵寝建筑群的组织采用中轴线布置的手法，体现了"居中为尊"的传统观念，即将典礼制度所需要的各种不同形式、不同规模的建筑以准确相宜的尺度和空间组织在一条轴线上，按照有序的安排，渐次展开富于视觉变化的建筑与空间意象。以清东陵中的孝陵为例，其序列分为7段：入口大红门及门前五间六柱十一楼石牌坊为一段，前以山为屏，以大红门为前景，构成独立而开敞的景观；入门后的神功圣德碑及四隅华表柱为一段，北有影壁山，南有大红门，突出纪念性、标志性；影壁山北的石柱及18对石像生群为一段，以北端龙凤门为背景，是雕刻艺术的天地，各对石刻立姿卧姿交替变化，表达拱卫、朝拜的构思；龙凤门北的单孔桥、七孔桥、五孔桥、三路三孔桥为一段，以神道为背景，突出桥涵、河渠的路径感，有欲张先弛的效果；碑亭及高台上的东西朝房、东西护班房、隆恩门为一段，构成建筑的秩序感、空间感，取得渐入主景的序幕作用；隆恩殿院为一段，为仪式空间，气氛庄重，是主导全部典仪的建筑群；琉璃花门、棂星门、石五供、方城明楼为一段，以宝城

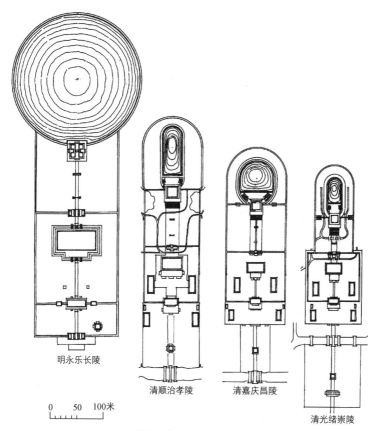

明永乐长陵

清顺治孝陵

清嘉庆昌陵

清光绪崇陵

0　　50　　100米

明清陵园布局及宝顶比较图

菩陀峪定东陵（慈禧陵）地宫剖视图

1.方城　2.明楼　3.扒道券券门　4.隧道券　5.闪当券　6.罩门券　7.门洞券

8.金券　9.宝床　10.金井　11.宝顶　12.宝城院　13.罗圈墙

作为全局的终点，背依山峦，古木参天，构成祭享沉思的空间环境，形成祭奠思想的升华。通过这一长达 6 公里、大小数 10 座建筑、空间感觉各异的空间序列组织，最终完成了陵寝建筑空间与氛围的塑造，手法简练有效，空间安排较明十三陵更为紧凑。

明清时期的陵墓除皇帝陵寝具有极高的艺术成就和审美价值外，信奉伊斯兰教的维吾尔族贵族陵寝和回族的拱北（陵墓）也是这一时期很有特点的陵墓建筑类型。伊斯兰教民传统上多实行土葬，通常做法是在地面上砌筑一个长方形的坟堆，以此作为坟墓的标识。维吾尔族的教长或汗王以及部族首领，往往建有华丽的墓祠建筑，称为"麻扎"，有穹隆顶及平顶两种形制，重要的麻扎以瓷砖镶嵌壁面，十分华丽。著名的陵墓实例有新疆喀什阿帕霍加麻扎、玉素甫·哈斯·哈吉甫麻扎、哈密王陵等。阿帕霍加陵墓坐落在喀什市东北约 5 公里的乃则尔巴格乡浩罕村，是喀什噶尔著名伊斯兰教"白山派"首领阿帕霍加及其家族的墓地。该墓是一座具有浓郁维吾尔族传统特色的古建筑群，初建于 1640 年前后，后经多次重建和修缮。陵区占地面积约 32 万平方米，由净水池、寺门、小礼拜寺、主墓室、讲经堂、大礼拜寺和园林组成。陵园正门朝南，是

清东陵

一座华丽的门楼，两侧有高大的砖砌光塔和表面镶以蓝底白花琉璃砖的
门墙。进入门楼，是一个小清真寺，前有彩绘天棚覆顶的高台，后有供
教徒日常做礼拜用的祈祷室。陵园内西部用栅墙围隔成院落，院落里是
大清真寺，每逢星期五的"居玛日"和其他宗教节日，各地教徒云集于
此，在朝谒阿帕霍加圣陵之前，先在此举行礼拜仪式。陵区内正北穹
顶大经堂是阿帕霍加及其父的讲经场所。主墓室位于陵园东部，坐北朝
南，方体圆顶，底长 36 米，宽 29 米，高 27 米。墓室四角各立一座半
嵌在墙内的巨大砖砌圆塔，圆塔顶上各有一座精雕细刻的圆筒形"唤拜
楼"，楼顶有一弯铁柱高擎的新月。墓室外壁一律用深绿色的琉璃砖贴
面，间以黄、蓝色砖镶嵌，瓷砖表面绘有彩色图饰，并有用阿拉伯文和
波斯文书写的伊斯兰教警句。墓室圆拱穹隆顶直径达 17 米，外覆琉璃
砖，顶部也有筒形塔楼，上竖一弯新月。这四楼一拱和五弯月牙错落有
序，使整个建筑显得颇有气势。墓室内宽敞明亮，正中平台上排列着高
低大小不等的坟墓 58 座，均用各色琉璃砖贴面，晶莹素洁，阿帕霍加及
其父其子的墓较大，装饰也比较讲究。传说清高宗乾隆皇帝的宠妃"香
妃"（即容妃，维吾尔语名"伊帕尔汗"）死后归葬于此，故又称此墓为
香妃墓。

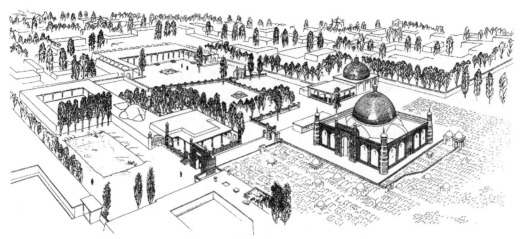

新疆喀什阿帕霍加
陵鸟瞰

阿帕霍加陵经堂

与维吾尔族清真寺不同，甘青宁一带信奉伊斯兰教的回族依据制度要求，在教长死后要建造华贵的"拱北"建筑，这类建筑多采用汉族传统建筑形式，但雕饰十分繁丽，质精工细。著名的陵墓实例有甘肃临夏祁静一大拱北、宁夏固原二十里铺拱北、海原县九彩坪拱北、西吉县沙沟拱北，四川阆中巴巴寺等。这些陵墓建筑具有民族、地域及宗教诸方面的鲜明特

阿帕霍加陵墓

征，形成了迥异于内地汉式传统的建筑风格。

四、宗教建筑

宗教建筑具有特殊的意识形态功能，故为明清两代的帝王所推崇，赖以作为精神统治的工具。这些宗教建筑中既有规模宏大、称冠一方的古刹名观，如佛寺中北京智化寺、柏林寺、广济寺，杭州的灵隐寺，开封的大相国寺，太原的崇善寺等；道观中如北京白云观、陕西的三原城隍庙等。此外，也有遍布街头巷尾的众多小庙，如观音庙、土地庙、真武庙、火神庙、马神庙、财神庙、药王庙等，这些形形色色的小庙，与社会民间活动及百姓精神生活保持着密切的联系，在城市生活中扮演着重要的角色，其规模和形象与民间百姓的普通民宅相比，也算得上高檐大脊，有的还采用黄琉璃屋顶或黄、绿琉璃剪边屋顶，加上朱红的院墙，绚丽的彩画，给以灰色为主色调的城市街区带来了靓丽和变化。

1．佛教建筑

明清时期的佛教建筑留存下来甚多，作为全国首善之区的明清北京，更是寺院林立，香火极盛，旧有内八刹和外八刹之说，内八刹为柏林寺、嘉兴寺、广济寺、法源寺、龙泉寺、贤良寺、广化寺、拈花寺；外八刹位于外城，分别是觉生寺、广通寺、万寿寺、善果寺、南观音寺、海慧寺、天宁寺、圆通寺；另有宝珠峰南麓的潭柘寺、马鞍山麓的戒台寺、房山区石经山的西域寺（今称云居寺）的所谓"三山古寺"。

位于东城雍和宫大街戏楼胡同的柏林寺是内八刹之一，创建于元至正七年（1347年），明正统十二年（1447年）重建。康熙五十二年（1713年）胤禛为其父康熙皇帝庆贺六十寿辰，对该寺大加修葺，至今保存较为完整。

该寺坐北朝南，规模宏大，占地面积约2.4万平方米。平面布局为三路五进，主要殿堂建于中路，即：山门、天王殿、大雄宝殿、无量佛殿和维摩阁（又名大悲坛）。山门为面阔3间、进深2间的歇山顶建筑，门前有一座大照壁。天王殿面阔3间，进深2间，该殿匾额题为"摩尼宝所"。天王殿北为正殿大雄宝殿，面阔5间，进深3间，重檐歇山顶，檐下绘和玺彩画，匾额题为"觉行俱圆"，内有康熙题字"万古柏林"横匾。殿前出月台，台前东西各有石碑一通，为乾隆时御制重修碑，左右配殿各面阔5间，进深3间。东配殿南有康熙四十六年（1707年）铸造的交龙纽大铜钟，铸造细致精美。正殿之后为无量佛殿，面阔5间，进深4间，单檐歇山顶，在正殿与无量佛殿两侧各有厢房15间，北端各有一间通道连接东西路。大悲坛院为一封闭式院落，院内主体建筑大悲坛又名维摩阁，又称藏经楼，高两层，东西两侧建有配楼，以叠落廊与主楼上层前廊相连，楼内原供7尊木制漆金佛像，并珍藏着18世纪初叶雕刻的全部龙藏经版。

寺西路为行宫，康熙五十二年（1713年）敕建。现有前后两组院落，各有两进，前院为典型的回廊式，建筑均为卷棚硬山屋顶，灰瓦屋面，富于居住气氛。东路主要为众僧生活区，主体建筑为平面方形的楼阁，楼阁高二层，一层开间进深均5间，外带周围廊，上出腰檐，檐下旋子彩画；二楼周绕木栏杆，通开槛窗，屋顶为攒尖式。

明清时期，佛寺的园林化及佛寺与山水景观的结合成为宗教建筑发展的一个趋势，如北京香山寺、卧佛寺、碧云寺、戒台寺、潭柘寺，宁波天童寺、阿育王寺，台州天台国清寺，福州涌泉寺，杭州灵隐寺，广州光孝寺，成都文殊院等著名寺院，均着意体现山林意境和园林趣味，环境及空间艺术有很大提高。例如北京碧云寺，在中路的尽端建造了一座金刚宝座塔作为全局的结束，右路仿照杭州净慈寺的规制增建了田字形的五百罗汉堂，左路增建了行宫及水泉院，使全寺呈现出内容丰富、空间变幻的新面貌。镇江金山寺环山而造，主要殿堂在山坡下半段，以回廊相连属，妙高台在山腰，留玉阁、观音阁在山顶，并在山巅临长江建立高矗的慈寿塔，饱览江天一色，形成对比度很强的立体构图，使金山岛四面皆可成景。此外四大佛教圣地五台山、普陀山、峨眉山、九华山也都不同程度地展示了山地寺院建筑的风景特色。例如峨眉山报国寺、伏虎寺、洪椿坪、仙峰寺均分筑在层层台地上，地形与地貌赋予建筑以雄伟气势。由于山区用地狭窄不规则，所以峨眉寺庙多为楼房，有的甚至为三层，而且布局上不强调轴线与朝向，随山势走向而定，再加上灵活的穿斗架结构，建筑穿插搭接，叠落自由，寺庙的外观造型因之突破了传统寺庙的严谨构图，显现出灵活多变的建筑风格。

作为佛教建筑的重要类型，在流行藏传佛教的地区如西藏、内蒙古、青海、甘肃、四川、河北及京畿等地出现了大量的藏传佛教寺院；在云南等小乘佛教盛行的地区，出现了具有独特风格的缅寺建筑；而在新疆、甘肃、宁夏、陕西等穆斯林聚居区则出现了伊斯兰风格的清真寺建筑。这些宗教建筑大多规模宏大，气象壮观，成为一个城市或一个地区的社会生活的中心区域，同时也成为当地标志性的景观建筑和地域文化的象征。

位于北京东城区禄米仓胡同的智化寺是京城保存下来的最古老、最完整的明代寺院，初为明英宗正统九年（1444 年）司礼监太监王振所建家庙，后赐名报恩智化寺。寺内的建筑虽经多次修缮，然而寺内建筑的梁架、斗拱却没有更换过，依然保存了原状，尤其是内部结构、经橱、佛像、转轮藏及其上面的雕刻，都保存了明代建筑的特征，有很高的艺术价值。

戒台寺

甘肃拉卜楞寺大金
瓦寺

宁波天童寺

杭州灵隐寺

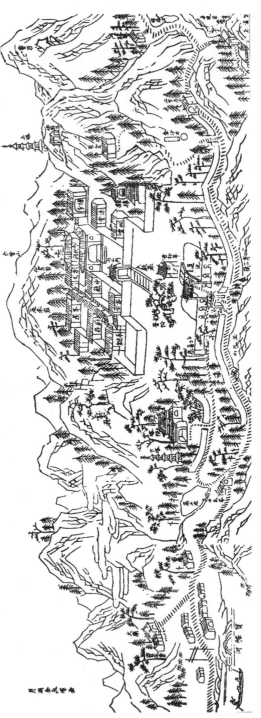

宁波阿育王寺

北京碧云寺

镇江金山寺

五台山显通寺

峨眉山金顶

　　该寺坐北朝南，规模宏大，原有五进院落。主要建筑有智化门、钟鼓楼、智化殿、如来殿和大悲堂。山门面街，为砖砌仿木结构，黑琉璃瓦歇山顶，面阔 3 间，进深 1 间，通宽 71 米，石额上刻"敕赐智化寺"。山门对面原有砖影壁，山门内东有钟楼，西有鼓楼，均为黑琉璃瓦歇山顶，明间正面有匾为"智化门"。

　　智化门后即为智化殿，为黑琉璃瓦歇山顶，面阔 3 间，后带抱厦一间，殿内为彻上明造，原明间有造型精美的天花藻井，民国时被古董商盗卖给美国人，现藏在美国费城艺术博物馆。该进院内西为面阔 3 间的转轮殿，明间设转轮藏，转轮藏下部为六角形白石须弥座，上为木雕佛龛，亦为六角形，每个小佛龛中，均有一尊小佛像。藏柜上部雕有金翅鸟、龙女、神人、狮兽等各种花饰，颇具匠心，极为精美。东为大智殿，内奉观音、文殊、普贤等菩萨像。第三进殿为如来殿，又叫万佛阁，分上下两层，上层为黑琉璃瓦庑殿式顶，面阔进深各 3 间，四周环以围廊。下层面阔 5 间，进深 3 间，殿内上下两层墙壁遍饰佛龛。万佛阁内也有一造型绚丽的藻井，藻井分三层，下层井口为正方形，中层井口为八角形，上层井口为圆形，顶部中央有一条俯首向下的团龙，八角井分别雕有 8 条腾云驾雾的游龙，簇拥着中间巨大的团龙，呈九龙雄姿。其间刻有构图饱满、线条洗练而挺秀的法轮、宝瓶、海螺、宝伞、双鱼、宝花、吉祥结、万胜幢等八珍宝，还刻有 8 个体态丰腴、姿态优美、手托宝物的飞天，衣带飘逸，呼之欲出，此藻井现藏于美国堪萨斯城的纳尔逊博物馆。殿前原有月台，现已埋于地下。第四进殿为大悲堂，旧名极乐殿，最后一进为万法堂，今已无存。

　　山西太原崇善寺、四川平武报恩寺等规模亦极为庞大，形制尤为完整。崇善寺位于山西省太原市东南隅，是洪武十四年（1381 年）明太祖第三子晋王朱㭎为纪念其母而建造的，是由 20 余座院落组成的有严格轴线对称布置的宏大建筑群，其手法和明代帝王宫殿的布局有不少相似之处。清同治三年（1864 年）大部分建筑被毁，仅后部主体建筑大悲殿仍完好无损，根据明成化十八年（1482 年）所绘制的一幅该寺总图可以了解全寺的建筑布置状况。

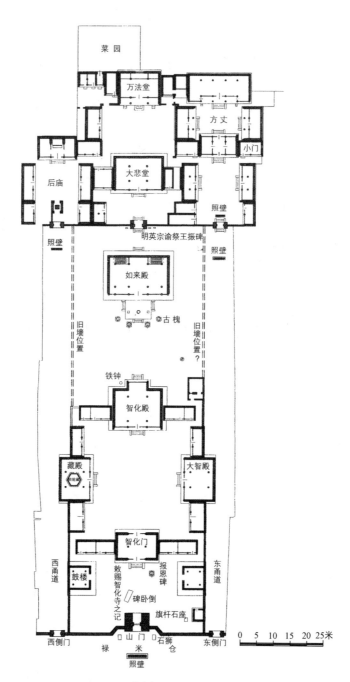

北京智化寺平面图

崇善寺南北深 550 余米，东西宽 250 余米，占地约 200 亩。分为南北二区：南区是寺庙的园圃、仓廪、碾坊等设施；北区是寺庙的主体，以正殿所在的院落为中心，组成规模宏大的建筑群体。正殿面阔 9 间，重檐歇山，周围环以游廊，廊内绘有明代佛寺常见的壁画经变故事。正殿之后是毗卢殿，两殿用穿堂连接，形成工字形平面。在同一庭院内用 3 座工字殿形成纵横相交的轴线组合，衬托出主殿的庄严，这种布局在明代建筑中较为少见。正院外的两侧自南向北各配列小院落 8 处，是僧院、茶寮、厨院等生活用房。正院后侧是大悲殿和东、西方丈院，大悲殿是除正殿之外最宏伟的一座殿堂，面阔 7 间，重檐歇山顶，木构架严整，斗拱疏朗，反映出明初官式建筑严谨、简约的气质。

四川平武报恩寺始建于明正统五年（1440 年），主体工程完成于正统十一年（1446 年），是当时龙州（平武）土官佥事王玺奏请报答皇恩而修建的，寺内碑亭中有王玺所立"九重天命碑"（敕修报恩寺碑铭）。该寺坐

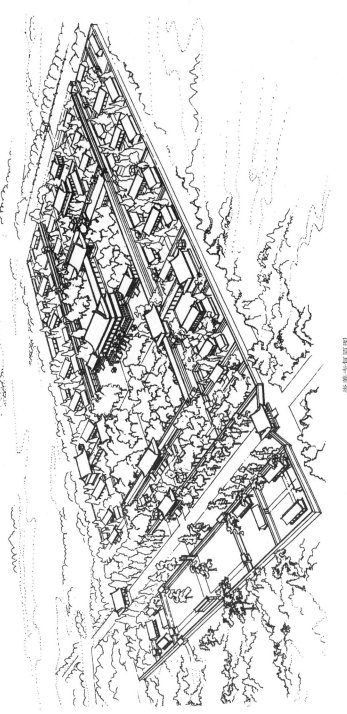

崇善寺复原原图

落在平武城南，坐西面东，占地 27 000 平方米，寺前有开阔的广场，门前有经幢、狻猊分峙左右。入寺门后沿 300 米长的中轴线依次布置有金水桥、天王殿、大雄宝殿、万佛阁、戒台，在大雄宝殿两侧有大悲殿、华严藏（转轮藏）。整组建筑群较完整地保存了明代风格，气势宏大，装饰华丽。

报恩寺的建筑均为楠木建造，寺内佛像亦多楠木雕成，有诗云"伐尽楠木万山空，壁宇金桥皆蟠龙；形胜京都智化寺，制非梵刹似王宫"。

2．藏传佛教建筑

自佛教传入西藏以后，佛教建筑就一直是在多种不同建筑文化的影响力量中发生、发展的，以藏族的建筑文化为主，并受到印度建筑文化、中原内地汉族建筑文化的影响，使西藏佛教建筑呈现出独特的风格。

元代以前，西藏佛教建筑主要受到印度建筑文化的影响。15 世纪初，宗喀巴（1357—1419 年）实行"宗教改革"，创格鲁派。宗喀巴提倡遵守佛教戒律，规定学佛次第，制定僧人的生活准则和寺院的组织体制，使西藏佛教及佛教建筑得到发展。1409 年，宗喀巴在拉萨东南达孜县境内创建甘丹寺，成为格鲁派祖庭。其后宗喀巴弟子相继在拉萨西郊建哲蚌寺（1416 年）、在拉萨北郊建色拉寺（1419 年），在日喀则城西建扎什伦布寺（1447 年）。上述四寺合称藏地格鲁派四大寺，成为西藏佛学中心。四大寺有各自的寺院经济和一套完整的组织机构，分为措钦、扎仓、康村等级，相应地在建筑类型上也就有措钦大殿、扎仓、康村，此外还有灵塔殿、佛塔、活佛喇让、喇嘛住宅、辩经场、印经处、嘛呢噶拉廊等，实际上已是相当规模的村镇。

格鲁派强调僧人戒律，规定僧俗分离，因而寺院都选择比较僻静的郊外，如甘丹寺位于旺波日和贡巴两山间的山坳至旺波日山顶处。寺中措钦大殿、夏孜扎仓、绛孜扎仓等主体建筑位居高处，低处为喇嘛住宅，沿等高线分层布置，形成群楼密布、重重叠叠的景观效果，俨若山城，蔚为壮观。色拉寺位于乌孜山南麓，早期建筑以麦扎仓、阿巴扎仓为主，以后又陆续增建了吉扎仓、措钦大殿等建筑。主体建筑分四个团组分散布置，丰富了群体外观轮廓。哲蚌寺、扎什伦布寺也有相似的布局，扎什伦布寺在日喀则城西尼玛山的南麓，其强巴佛殿、扎仓、班禅灵塔殿、班禅喇让、

色拉寺

扎什伦布寺

班禅夏宫等主体建筑自西向东布置在寺院的后部和东北部，主体建筑墙面为红色，多有金顶装饰。寺院前部主要为喇嘛住宅，体量较小，墙面为白色。主体建筑位居高处，以其庞大的体量，华丽的色彩，丰富的金顶轮廓线，同其前部以白色为基调的次要建筑形成强烈对比，突出了主体建筑的重要地位。

15 世纪，格鲁派四大寺兴建时，措钦大殿、扎仓已形成一种固定模式，由门楼、经堂、佛殿三部分组成。前部门楼二层，底层门廊进深 2 间，双排柱，于门廊左侧设置楼梯。中部为经堂，面积大小不一，开间为奇数，7 至 17 间不等，当心间稍阔，进深间数则不限奇偶，自 5 至 13 间不等。经堂屋顶的中部高起为天窗，天窗或为平顶或覆以金顶。佛殿一般设置在经堂后部，有时经堂两侧亦设有佛殿，经堂后部的佛殿为 2 至 4 层，高出经堂屋顶 2 至 3 层。顶层佛殿之上常有金顶，强调出建筑的纵轴线。

拉萨大昭寺为藏传佛教的重要寺院，始建于松赞干布时代，因为它与文成公主的传说故事联系在一起，故一直被各教派尊崇，奉为圣地，历经改建、扩建，至清代形成为规模巨大的寺院。

寺院坐东朝西，占地 1.3 万余平方米，大部分建筑为 2 层，局部为 3—4 层，高低错落、空间构图富于变化。全寺以觉康大殿为中心，沿东、西、南方向展开，觉康大殿高 4 层，平面方形，周边群楼环绕，中央庭院加顶，类似于都纲大殿（大经堂）的式样。觉康大殿内供养主尊为释迦牟尼，四周群房内配置许多小佛殿，大殿顶部的四正向皆建有一座金顶建筑，四隅各有一座方形神殿。觉康大殿高大雄伟、金碧辉煌，不但是全寺的主体，而且是拉萨旧城的标志性建筑，是城市构图的核心。觉康大殿四周有一圈转廊，周围建筑为佛殿及政府行政管理机构。大殿前方为千佛廊院，四周环以柱廊，廊子的墙壁上满绘佛教壁画。该院是举行传昭法会（大祈祷性质的聚会）的主要集会场所，每次与会僧人达万人，正月期间的大昭法会规模最大，多时可达 3 万人。千佛院前有两层高的门殿，底层供养四大天王，二层为威镇三界殿。门殿、千佛廊院、觉康大殿之间具有明确的轴线关系，一根轴线贯穿到底，成全寺的骨干。此外，在南北方向轴线的两侧，又布置了大量的库房、灶房、服务用房。在大昭寺内另外建有上拉章、下拉章等宫室建筑，供达赖及班禅或摄政王等人使用。

七世达赖时期，为了施政的需要，在寺内成立了噶厦（地方政府），于是各种行政机构也建立起来，包括行政、司法、外事等十余处，西藏地方政府的许多政务，包括社会调查、地查、法院、审讯、财政、公款管理、盐茶税务、外事、贵族子弟教育、传昭基金管理等，皆在大昭寺内举行，如决选达赖、班禅转世灵童的"金瓶掣签"仪式等，可从侧面反映出西藏实行的政教合一的政治制度。由于大昭寺在宗教上的崇高地位，成为教徒礼佛的重要对象，故传昭期间或平日有大量僧众进行转经礼拜。大昭寺有3圈朝拜道，内圈为觉康主殿周围的转经廊，中圈为大昭寺周围的八廊街，外圈为包括旧城、布达拉宫、药王山在内的城郊环路。其中八廊街因为人群集中、店铺拥聚，逐渐形成拉萨城区最著名、最繁华的商业街。

清代拉萨大昭寺平
面图

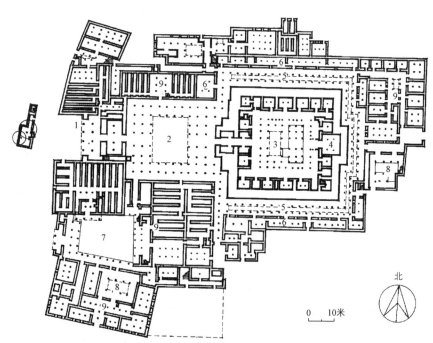

1. 寺门 2. 千佛廊院 3. 主殿 4. 释迦牟尼殿 5. 转经廊
6. 佛堂 7. 南院 8. 灶房 9. 仓库

　　藏地以外的藏传佛教建筑是伴随着藏传佛教的传入而开始兴建的，因此，在一定程度上受到了西藏佛教建筑的影响，诸如总体布局、主体建筑的形制、建筑装饰艺术等。一般而言，藏式建筑的影响随着传播距离的增加，其影响相对减弱，并往往同当地的建筑形式相结合而发生一些变化。毗邻于西藏的川西北、滇北、青海、甘南等地的藏传佛教建筑所受到的藏式影响往往更为显著，甘南的拉卜楞寺、青海的塔尔寺和瞿昙寺同前述西藏地区的四座喇嘛寺院形制相似，均为黄教的重要寺院。

　　拉卜楞寺位于甘肃省夏河县城西大夏河畔，寺院由第一世嘉木样活佛创建于清康熙四十八年（1709 年），既是学府，又是信仰中心，也是行政机构。寺院占地约 86.6 万平方米，建筑面积约 40 万平方米，设有显宗闻思学院、密宗续部上院和下院、喜金刚学院、时轮金刚学院、医学院等六大学院和十八佛寺、辩经坛、藏经楼、印经院、金塔及宗教上层府第等约 50 座大型古建筑，附设僧房 1 万余间，转经廊"嘛尼古拉"长达 1.5 公里，最盛时可容纳僧众 3000 多人。

　　寺院的整个建筑群自南向北，沿着水平线逐渐升高，建筑风格粗犷，大型佛殿顶部采用鎏金铜瓦或绿色琉璃瓦，并多装有铜质鎏金法轮、阴阳兽、宝瓶、胜幢、雄狮等，金瓦红墙，光彩夺目。闻思学院为全寺之中枢，分前殿、正殿、后殿三大部分。前殿供有藏王松赞干布像，前殿与正殿之间有大庭院，系僧徒辩经场所，正殿内悬有乾隆御赐匾额。大经堂东西计 14 间，南北长 11 间，可容 4000 余位喇嘛同时诵经。弥勒佛殿为全寺最高佛殿，外观 6 层，内部 4 层，内供弥勒佛和八侍卫菩萨。拉卜楞寺建筑自康熙四十八年（1709 年）到 1947 年，前后建造了 200 多年，总体上风格统一，浑然一体。寺内建筑高大雄伟，华丽夺目，殿宇多为下宽上窄，略呈梯形，融汇了藏汉民族建筑艺术的特点，其建筑材料全用当地特有的土、石、茼麻和木材，墙的外层用大小均匀的青灰石砌成，光滑整洁。建筑内部用木构架，雕梁画栋，殿壁周围绘有传奇色彩的壁画，题材以佛教故事、历史人物、风俗传说为多。

　　青海省湟中县塔尔寺，始建于明嘉靖三十九年（1560 年），是西北地区佛教活动的中心。寺院最盛时有殿堂 800 多间，占地达 40 余万平方米，由于该寺是先建塔后建寺，故名塔尔寺。

青海瞿昙寺平面图

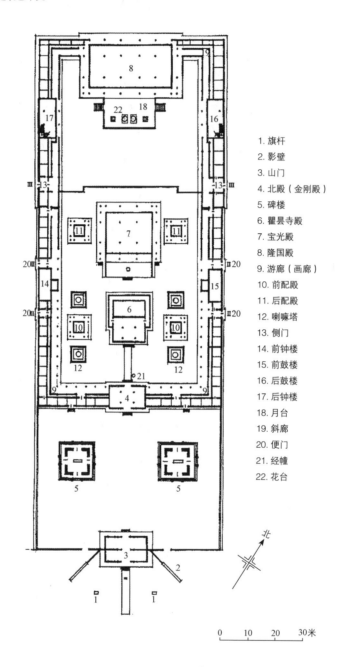

1. 旗杆
2. 影壁
3. 山门
4. 北殿（金刚殿）
5. 碑楼
6. 瞿昙寺殿
7. 宝光殿
8. 隆国殿
9. 游廊（画廊）
10. 前配殿
11. 后配殿
12. 喇嘛塔
13. 侧门
14. 前钟楼
15. 前鼓楼
16. 后鼓楼
17. 后钟楼
18. 月台
19. 斜廊
20. 便门
21. 经幢
22. 花台

北

0　　10　　20　　30米

甘肃拉卜楞寺

　　塔尔寺由大金瓦寺、小金瓦寺、小花寺、大经堂、大厨房、九间殿、大拉浪、如意宝塔、太平塔、菩提塔、过门塔等建筑组成，依山势起伏，是一组气势宏大的藏汉结合的建筑群。

　　塔尔寺的主殿为大金瓦寺，藏语称"赛尔顿"，面积约 450 平方米，琉璃砖墙，鎏金铜瓦屋顶，殿脊有"金轮""金幢""金鹿"等装饰，整个殿宇金碧辉煌，雄伟壮观。殿内有一座 11 米高的大银塔，相传是黄教创始人宗喀巴出生时埋胞衣的地方。小金瓦殿是塔尔寺的护法殿，原为琉璃瓦顶，嘉庆七年（1802 年）改为鎏金瓦。殿内回廊两侧陈列着野牛、虎、熊、野羊、猴子等兽类标本，象征着佛法的神力，能制服妖魔鬼怪，是藏传佛教的神祇护法特征。大经堂是塔尔寺最宏伟的建筑，面积 1981 平方米，殿内柱子上部雕有华丽的图案，外裹彩色毛毯，并缀以各色刺绣飘带、幢、幡等，四壁的神龛中供奉着上千尊精致的铜质鎏金佛像。大殿本身采用了藏式平顶形式，屋顶按宗教法制装饰有鎏金金幢、刹式金瓶、倒钟、宝塔、法轮等，丰富了建筑的轮廓，色彩亦极鲜艳夺目。

塔尔寺

　　塔尔寺每年农历正月、四月、六月、九月要举行四大法会，十月、二月举行两小法会。在正月十五举行的大法会期间，向世人展示寺内的酥油花、壁画和堆绣，世称"塔尔寺三绝"，均是非常精美的工艺美术品，具有很高的艺术价值。

　　内蒙古地区的藏传佛教建筑亦极昌盛，达千座之多，且有自身的风格，著名的有呼和浩特乌素图召的庆缘寺、席力图召、大召、小召，包头的五当召、美岱召等。此外，如河北承德外八庙和北京的雍和宫等也是著名的藏传佛教建筑。

　　雍和宫是北京地区规模最大的喇嘛寺，明代时这里曾是太监的官房，清康熙三十三年（1694 年）在旧址上重建雍亲王胤禛的府第，自此成为一处颇具规模的建筑群。后来胤禛即位为雍正皇帝，此府也更名为雍和宫，实际是特务衙署，为雍正帝秘密活动的中心。雍正十三年（1735 年），皇帝驾崩，灵柩就停放在宫内，因此将宫中建筑全部改换成黄琉璃瓦，以示尊贵。以后雍和宫成为清代皇帝供奉祖先的地方，有众多喇嘛常年在此为亡灵诵经，乾隆九年（1744 年）正式改为喇嘛寺。

席力图召

五当召秋景

寺院共有五进院落，前半部疏朗开阔，后半部紧凑有序。主体建筑有影壁、牌坊、山门、天王殿、正殿、永佑殿、法轮殿、万福阁等。殿阁交错，飞檐纵横，宇脊勾连，气势轩昂，建筑风格融汉、蒙、满、藏诸民族特色为一体。

宫内法轮殿以造型奇特而著称，在歇山顶上矗立有五个小阁，阁上各立有一座小喇嘛塔，这是汉族传统宫殿式建筑与西藏宗教建筑相互融合的产物。殿内正中莲花台座上供奉着宗喀巴铜像，其后是檀香木雕的罗汉山，五百罗汉均以金、银、铜、铁、锡五种金属制成。

万福阁是宫内最辉煌的建筑，为歇山式顶三层楼阁，阁内所立弥勒佛像高 26 米，用一整方檀香木雕成，是中国现存大型木雕佛之一，连同五百罗汉山、金丝楠木佛龛并称雍和宫"三绝"。万福阁左右又有悬空阁道与永康、延绥二阁相通，组成宏丽轩昂的建筑气象。

3．缅寺

缅寺是小乘佛教的建筑，也是云南傣族村寨中最重要的公共建筑，多布置在村寨的显要位置或风景最佳处，形体高大，装饰华丽，屋顶错落，塔刹高耸，在绿树衬托下，与周围竹木结构的傣族民居相映衬，显得格外突出，成为村寨的明显标志。缅寺一般多建于寨前，并直对道路或建于路旁，如勐海的曼贺村、景洪的曼景村等。置于村寨中心的佛寺多结合寨树（神树）布置，周围留出空地广场，作为村民活动场所。在地形有高下的村寨，缅寺多置于寨后高地上，如景洪曼阁寨曼阁佛寺、勐遮景真八角亭，最突出的是景洪宣慰街的大佛寺，该寺坐落在山岗上，四周没有围墙，树木葱郁，在岗上可俯视澜沧江及景洪坝子，视野开阔，自远处瞭望寺内高大的佛殿，十分壮观。傣族佛寺内一般包括佛殿、塔及僧舍三个部分，个别小寺也有不设塔的，寺院僧侣多的缅寺也可设两三座僧舍。佛殿是佛寺的主体建筑，一般平面为东西方向的纵长方形，主尊释迦牟尼像置于殿西，面东而设。佛殿入口设在东山墙，不管寺门设在何方，皆可用引廊将信徒引向佛殿。因为佛殿里面有中柱，所以入口多微偏，寺门多为空廊式建筑，寺门与佛殿之间多加设引廊，有的随地形高下将引廊作成叠落式。佛塔有单塔、双塔或群塔等不同形式，多为佛舍利塔。僧侣死后，以土葬方式埋在村落公共墓地的僧侣专区内，不设墓塔。僧舍是佛爷、和尚等生活居住的地方，较正规的僧舍内部可划分成佛爷宿舍、学经室及小和尚宿舍。有的佛寺尚有鼓房，内部置鼓数面，每月逢七、八、十四、十五傍晚，各寺一齐击鼓镇魔。中心佛寺或大的村寨佛寺中尚设有经堂，又称"戒堂"，作为大和尚日常诵经及和尚受戒之处，或在此召开各寺佛爷会议，研究宗教

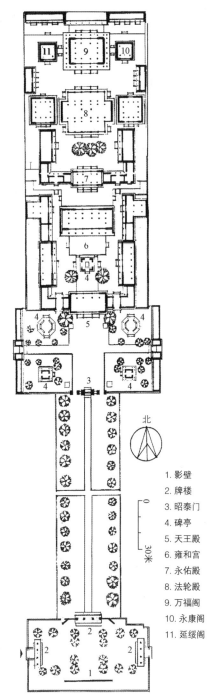

1. 影壁
2. 牌楼
3. 昭泰门
4. 碑亭
5. 天王殿
6. 雍和宫
7. 永佑殿
8. 法轮殿
9. 万福阁
10. 永康阁
11. 延绥阁

北

0
30米

雍和宫平面图

雍和宫

景洪曼阁佛寺

事务。较大佛寺中还设有藏经室，为储存经书之处。佛寺内多设浴佛亭，为泼水节时举行浴佛仪式用。

广允缅寺是缅寺中较具代表性的一座，位于云南省沧源县城内，据传始建于清道光八年（1828年），建筑风格较多地受到汉式建筑的影响，又保留了小乘佛教寺院的基本形式，是汉式建筑与傣族寺院建筑的有机结合。寺院占地2200平方米，现存的主殿建于高大的基座上，面阔14.8米，进深24.4米，主体木架结构为穿斗式，由一围廊式殿堂与四方形亭阁组合而成。亭阁作五重檐歇山顶，檐下装饰有五重斗拱，拱部雕刻有云纹。大殿为三重檐歇山式建筑，檐下侧面和后背环绕围廊。殿堂的门窗有透雕装饰，梁枋门柱饰满了"金水图案"，技艺精湛，是傣族的传统工艺。大殿内并列有六根金柱，前面的梁柱上装饰有两条倒悬的木雕巨龙，盘旋在过厅入口的左右二柱上，使得殿堂显得更加辉煌华贵。殿堂内外墙壁上都绘有壁画，保存完好的是殿内墙壁的10幅壁画，共48平方米，内容是佛教故事以及当地的社会风俗人物。画法大多是墨线勾勒轮廓，中间填色，风

广允缅寺

格和技巧与内地的明清作品相似。

4. 道观

明清道教建筑在不断吸收融合儒、佛各类建筑特色的基础上，成为极富变化且没有定型程式的宗教建筑类型，如北京白云观，其入口牌坊、山门内的泮池、儒仙殿的供奉内容等是吸取了儒家文庙的形制；而钟、鼓楼和东西配殿格局以及戒台、三清阁（即佛寺的藏经阁）结尾的方式等又是从佛寺中吸取的设计手法；后部自然式园林的云集园则保持了较多的道家特色，总体上融佛、儒、道三家建筑特点为一体。明清道教民间化以后，道观又吸取了各地民居的建筑形式，使得其崇尚的自由式布局得到更进一步的发展。选址在山林峰谷之地如武当山、崆峒山、青城山诸道观多采用自由式布局，城镇中的宫观则有许多新的变化，如成都青羊宫是采用纵向层层设置主殿，不设配殿的道观布局；太原纯阳宫采用的是砖窑式四合院，与一正两厢式布局相结合，前后围成四套规整的院落；四川都江堰市伏龙观最后一进的玉皇楼被设计成两层高的厂字形围楼，凸出于绝壁之上，形成岷江上一处绝妙的景观。一般道观通常以钟鼓二楼为左右辅翼，而武当山紫霄宫则变通为两座碑亭，成都青羊宫中又以降仙台、说法台两台代之。至于某些地方性神祇宫观，其布局更是不拘一格，如台湾台南三山国王庙为三院并列式样。由于旧时在宫观内经常举行庙会集市、酬神唱戏等群众活动，故明清宫观中还多设有戏台、乐楼等附属建筑。

明清时期，借助建筑造型与空间艺术来表现"天宫玉宇"成为道教建筑常用的手法，如四川江油云岩寺在笔直的 800 余级登山路中间，借用天然的两座石峰为天门，以示进入天庭。安徽齐云山在登山路上也是利用天然洞穴象征天门。武当山在登山路上要经过三座天门，最后才到达山顶的紫霄宫。清初建造的昆明鸣凤山太和宫金殿亦效仿古代做法，设三天门，最后登顶。甘肃中卫高庙采用的是前佛后道的总体布局，在寺观的中间石阶位置增设了一座砖牌楼作为天门的象征，湖北江陵元妙观在玉皇阁与紫皇殿之间也布置了一座三天门建筑。在道教的宫观设计中，常利用数字的隐喻象征登天之路，如用 36 与 72 象征三十六天罡星和七十二地煞星。在总体路线布置上亦常附会此数，如昆明太和宫金殿

武当山

崆峒山太和宫

青城山

在一天门及二天门用 72 级及 36 级石阶；昆明三清阁山门前亦选用 72 级石阶，灵官殿至三清阁选用 36 级台阶；北岳恒山恒宗殿前石阶为 108 级，为 36 与 72 之和。表现天宫意象还有另一种手法，即尽量利用高台基烘托主体建筑，如宁夏中卫高庙和银川玉皇阁、平罗玉皇阁等都是利用城墙或城台突出主体建筑的宏伟，河南鹿邑老君台则将正殿与配殿共建在 13 米高的高台上，昆明西山三阁更是利用在绝壁中开凿栈道及山洞的手法，予人登天之感。

道教宫观中常建楼居，以取得道家宣扬的与天相通的气象，如河南济源阳台宫三层高的玉皇阁、广西容县三层高的真武阁、山西万荣的三层飞云楼等，都是著名的楼阁建筑。与之同时，殿堂规制上亦出现了大体量的建筑，如前述的成都青羊宫三清殿的中柱高达 15 米，总面积 1000 平方米；青城山古常道观三清殿的面阔亦达 30 米；许昌天宝宫内的吕祖大殿面阔达 11 间；重庆丰都山天子殿的主体建筑是由四座建筑采用勾连搭方式连接而成，前三座构成纵长殿堂，后部又接建二仙楼和一座楼阁，可登高瞭望，空间变化极为丰富。

明清时期道观建筑样式愈发堂皇富丽，意在创造天宫楼阙的效果。如中卫高庙三层高的中楼，每层皆有十二个翼角，层层叠叠，又利用地形高

平罗玉皇阁

差，分台叠错，飞檐并列，十分壮观。四川都江堰市城隍庙在长 30 米梯道两侧对称布置了层叠的十殿，四角飞翘的山墙顶和坡屋面的翼角相呼应，如飞腾的鸟翼，表现了中国曲线屋顶及翘角的轻扬之美。翼角的装饰美也被引入到门楼的处理上，如在门楼前檐增加八字墙、披檐、叠楼等手法，形成有分有合，相互叠压的檐口及高翘的翼角，增加了建筑外观的观赏性。总之，明清两代道观建筑在艺术上取得了长足的发展，特别是小巧、自由、灵活、细腻的艺术风格形成了自身的特点。

　　在我国各种道教庙宇中，城隍庙一直是占有重要地位的，城隍作为城市守护神而被祭祀。城隍原意为城濠，古称城堑有水者为池，无水者为隍。《周礼》中蜡祭八神中的第七神水庸，据传即后世之城隍。城隍之祭由来已久，南北朝时即有城隍神庙。明初洪武二年（1369 年），朱元璋建国伊始即下令封京都及天下城隍，把城隍庙捧到很高的位置上。位于陕西三原县东大街的三原城隍庙，是该类庙宇的代表作，该庙始建于明洪武八年（1375 年），后又经多次修建，是我国现存较完整的明清古建筑群之一。

　　庙宇总平面为长方形，坐北朝南，占地 1.34 公顷，采用均衡对称式布局，庙内牌坊、戏楼、大殿、寝殿等 40 余座建筑采用琉璃屋面，雕梁画栋，富丽壮观。

　　甘肃中卫高庙是城市道观建筑的重要类型，位于甘肃中卫县城北，始建于明永乐年间（1403—1424 年），清康熙年间重修，改称"玉皇阁"。现存高

三原城隍庙平面图

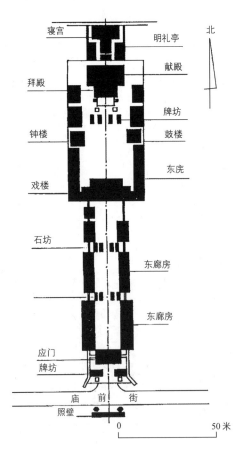

三原城隍庙

庙为清咸丰以后所修葺增建，成为一处规模较大的古建筑群，与"大漠奇观"齐名，是中卫两大景观之一。

　　高庙的主要特点是其建在接连城墙的高台上（包括高台下的保安寺），建筑群分为两部分，前低后高，层层迭起。庙前有保安寺，山门朝南，两侧建有厢房，正面为单檐歇山顶的大雄宝殿。殿后为高台，有 24 级台阶，拾级而上，经牌坊、南天门、中楼，最后到达五岳庙、玉皇阁、圣母宫。这些主要建筑，都布置在一条中轴线上，它们层层相叠，逐步增高，气势雄伟。在高庙主体建筑的两侧，还有钟楼、鼓楼、文楼、武楼、灵官殿、

中卫高庙

地藏殿等配殿。在约 4000 平方米的高台上，建造了各种类型的殿宇 260
多间。整个建筑群重楼叠阁，亭廊相连，翼角高翘，构成了迂回曲折的内
外空间。

　　高庙的独特之处不仅在于其完美的造型，还在于它集儒、道、佛三教
于一庙，是一座三教合一的寺庙，高庙内塑有各类神像 174 座，既供奉
佛、菩萨，也同时供奉着玉皇、圣母、文昌、关公，佛、道、儒三教的偶
像济济一堂。高庙的砖雕牌坊上有一副对联，即其概括和写照："儒释道
之度我度他皆从这里；天地人之自造自化尽在此间。"

　　5. 伊斯兰清真寺

　　清真寺又称礼拜寺，为穆斯林每日做祈祷功课之处。在建筑风格上，
维吾尔族与回族的清真寺有很大不同，各有各的特点。在维吾尔族地区有
清真寺、居民礼拜寺、居玛礼拜寺及行人礼拜寺等多种形式，其规模大小
不一，随教坊内教民人数多寡而异。新疆地区维吾尔族的礼拜寺及礼拜殿
多为非对称式布局，寺院没有严格的轴线，礼拜殿为横长形状，平面柱网
也不是以圣龛为中心的左右对称式，一些小型的礼拜寺与民居形式更为接

近，布局十分灵活。寺院内一般都有较大的庭院，栽植树木，有的还有水池，自然气氛浓厚。寺内建筑布置相对灵活，入口可以安排在中央，也可安排在侧面，因此，教徒进入寺院完全依靠路径和树木的引导。建筑的视觉重点在入口，一般建有穹隆顶的大门及高耸的邦克楼（又称宣礼塔、唤拜楼），建筑装饰华丽，成为城市街巷和广场上最醒目的建筑。而寺院内建筑则相对低平，环境幽静，形成一种虔诚礼拜的宗教氛围。

礼拜殿分为内殿与外殿，供冬季和夏季做礼拜之用，外殿面积较大，使用时间长，按照维吾尔族地区传统风格做成密肋平顶的敞口厅形式，空间变化少，在秋冬时期日照斜射可直达后墙；内殿面积较小，亦多为平顶，较为封闭，个别礼拜殿内受传统形式影响仍保留穹隆顶形式。礼拜殿的柱梁构架完全外露，柱网排列规整，平面布局简单，柱身较高且细，故柱列虽多，室内空间并无沉重压抑之感。殿内柱身油饰颜色一致，常用绿色或赭色、蓝色，天花顶棚全为白色，墙壁为乳黄色或灰色，风格简洁、明快、开敞。

礼拜殿的装饰集中在圣龛、藻井、花窗、柱头几个部位。圣龛周围一般用维吾尔族特有的石膏花饰装饰，四方连续的几何纹是主要的纹样，线路间填绘彩色颜料，造成纤巧华丽的效果。天花的重点部位点缀着藻井，维吾尔族建筑的藻井是平面形的，没有大的体积变化，仅在檩木下钉木板，板上嵌钉几何纹样的小木条，组成斗方、万字、套环、套八方等图案，纹路间填涂彩色油饰。礼拜殿的内外殿之间的门窗常装配有棂花格窗，亦为较细密的几何棂格，某些小型礼拜寺的墙上也装饰着透花窗。柱身装饰有时代的变化，早期寺院柱子雕饰较少，柱头亦无雕饰；晚期寺院的柱子明显分出柱头、柱身、柱裙三部分，柱头用放射状的小尖拱龛点缀，形同盛开的花朵。柱身常采用八棱形，柱裙为方木墩，上部似须弥座，并用几何纹、花叶纹装饰。维吾尔族礼拜寺装饰特点是大量运用几何纹样，采取并列、对称、交错、连续、循环等各种方式形成两方或四方连续的构图，变化无穷。这种刚直中又带纤巧的艺术风格，在中国建筑装饰图案中是独具一格的，喀什阿帕霍加麻扎、莎车加满礼拜寺等的装饰手法都是十分丰富有趣的实例。此外，维吾尔族礼拜寺建筑装饰中的型砖拼花技术成就很高，实例如吐鲁番的额敏塔。

艾提尕清真寺是新疆规模较大的一座清真寺，艾提尕在维吾尔语中意为欢聚的场所，该寺位于喀什市中心的艾提尕广场西侧。始建于 1426年，占地面积约 1.7 万平方米，由正门楼、侧门、教经堂、礼拜殿、池塘及庭院等组成。寺门塔楼巍然高耸，正门门厅平面呈八边形，砖木结构，上覆穹隆顶。门扇用镀金圆钉镶嵌，天蓝色漆成，门上牌匾高悬，寺门两侧耸立着两座 11.5 米高的圆形"宣礼塔"；楼门内穿堂穹隆从地面至拱顶通高 17.1 米，上端也有一圆形尖顶小塔楼，此塔楼与两个"宣礼塔"上各竖一弯绿色月牙；寺门顶部有一条长 8 米的平台，为欢度节日时乐队奏乐之用。进入寺门，前为穿厅，左右两边分别有甬道可入寺内庭院。庭院面积约 20 亩，北半部有两个东西并列的水池，南北两侧各有一排经堂，供阿訇讲经之用。院内池水碧绿，白杨参天，桑榆繁茂，显得格外幽静。礼拜堂平面为长方形，建在寺院西部高台上。140根高达 7 米的绿色雕花木柱支撑着白色的密肋天棚，木质的天棚上彩绘各色图案。礼拜殿分为正殿和侧殿，正殿为封闭式长方形建筑，其后墙

艾提尕清真寺

有一深龛，名为"米赫拉卜"，此即穆斯林进行礼拜时的正式"朝向"。龛旁置有一座木制雕花的宣讲台，台旁置一权杖，在节日和大礼拜时，大毛拉即站在台上宣讲《古兰经》。在殿堂内外的地面上，铺有专供穆斯林跪拜祈祷用的地毯、布单或苇席。平时做礼拜时，寺内穆斯林可达2000—3000 人，"居玛日"可达 6000—7000 人，重要节日时可多达 2万—3 万人，场面蔚为壮观。

回族清真寺是在吸收汉族传统建筑技艺的基础上发展起来的，同时又保持了自己固有的宗教建筑特色，形成了独具东方情调的伊斯兰教建筑。回族清真寺的礼拜殿多布置在中轴线的中后方，而前边布置较小的附属建筑，主从建筑体量相差甚大，通过体量与形体的对比达到突出礼拜殿的作用。即使是规模很小的清真寺也要在其前面主轴线上布置一座二门，或邦克楼、花厅之类对比性建筑物。明清时期回族清真寺为了烘托主体建筑，一般在总图布置上采用如下几种方式：一种为围廊式布置，即在礼拜殿的前左右三面有空廊围绕，廊与院的尺度均较小，衬托出礼拜殿的雄伟高大，如广州濠畔街清真寺、河北宣化清真寺。另一种为四合院式，即在礼拜殿的左右布置由讲堂、客房等内容组成的南北配房，围成院落。大型清真寺还可在中轴线上增设正厅、楼厅、邦克楼等建筑，形成多进院落。因伊斯兰教不设偶像，实用的配房一般体量都较小，使得礼拜殿的巨大体量得到充分的展现，如安徽寿县清真寺、宁夏同心韦州大寺等。再有一种方式为障景式布局，在中轴线上布置一系列的门、牌坊、邦克楼、望月楼（省心楼）等，将进入礼拜殿前的整个寺院前院划分为递进的空间，使人在行进过程中感受景观的纵深变化。明代建造的西安化觉巷清真寺，位于陕西西安鼓楼西北的化觉巷内，又称化觉巷清真大寺，历经明嘉靖、万历和清乾隆年间 3 次重建、扩建，是一座历史悠久、规模宏大的古建筑群。寺院坐西向东，进深约 250 米，占地面积 1.2 万平方米，寺院呈东西走向布局，共分四进院：第一进院内有建于 17 世纪初的木结构大牌坊，精镂细雕，十分壮观。东边影壁正面镶有三方菱形菊莲图案，檐下装饰有精美的砖雕。

经过五间楼进入第二进院，中央竖立石牌坊一座，三门四柱，中楣圕

西安化觉巷清真寺
平面图

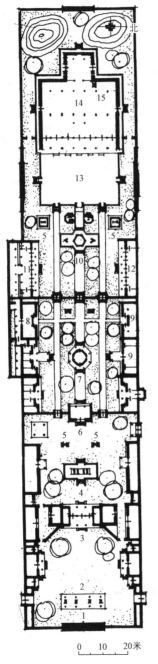

北

```
0    10   20米
```

1. 影壁　2. 木牌楼　3. 大门　4. 石牌坊　5. 碑亭
6. 二门　7. 省心楼　8. 浴室　9. 讲堂　10. 一真亭（凤凰亭）
11. 接待厅　12. 客房　13. 月台　14. 大殿　15. 宣喻台

额上镌刻"天监在兹"，两翼各为"虔诚省礼"和"钦翼昭事"。往西10米南北各有"冲天雕龙"碑一座，再往西是"敕赐礼拜寺"的"敕赐殿"，殿内有石碑七通，碑文有阿拉伯文、波斯文和汉文，有宋代大书法家米芾和明代大书法家董其昌的书法真迹。第三进院落为敕修殿，殿内立有清雍正十年（1732年）刻制的阿拉伯文《月碑》一通碑。院中央耸立一座三层八角木结构的"省心楼"；两侧有经堂、客厅，经堂珍藏有清代手抄本《古兰经》和伊斯兰教创始人穆罕默德诞生地的《麦加图》一幅。第四进院落为寺院中心，前部中央有"凤凰亭"，造型特异，亭后有海棠池，池后即为月台，台西为礼拜大殿，面积达1300平方米，可容千人做礼拜。

化觉巷清真寺的建筑形式为典型的中国传统建筑风格，然而，寺院内的布置又严格按照伊斯兰教制度，殿内的雕刻藻饰、蔓草花纹装饰都由阿拉伯文套雕组成，中国传统建筑和伊斯兰建筑艺术风格结合得十分自然巧妙，不但建筑布局合理紧凑，又富有园林之趣，被誉为中国著名的四大清真寺之一。

其他如四川成都鼓楼街清真寺、云南大理老南门清真寺等，皆在中

轴线上布置照壁、大门、牌坊、邦克楼等附属建筑，增加序列效果。山东济宁东大寺在大殿前布置了四道门，这种障景式布局与儒家礼制建筑的文庙布局十分类似，具有艺术上的共通性。

清真寺礼拜殿通常是一座面积巨大的殿堂，屋顶形式是其艺术处理的一个重点。体量较小的礼拜殿往往将后窑殿部分抬高，凸出于前殿大屋顶之上，做成十字歇山等较复杂的屋顶形式，以显示其重要性。有的因为后窑殿开间少，则与大殿结合在一起形成为丁字形屋顶。规模较大的礼拜殿则推演出各种复杂的屋顶形式，以避免出现过高且沉闷的大屋顶，有的是用"勾连搭"方式覆盖纵长的大厅，勾搭数量不等，从二进一直到五进，甚至面阔仅有3间的小殿也可以有纵深达5个相连的屋顶，如镇江剪子巷清真寺。一些著名的大礼拜殿，如北京牛街清真寺大殿、西安化觉巷清真寺大殿、宁夏同心韦州大寺、济宁西大寺、宁夏石嘴山清真寺大殿等都是三、四进乃至五进屋顶勾连在一起的。为处理好这种屋顶相连建筑的艺术造型，往往按屋面形式的等级关系从前往后排列，例如韦州大寺礼拜殿，最前为卷棚歇山顶，往后是起脊歇山顶，最后窑殿部分为重檐歇山顶。又如山东济宁西大寺的屋顶处理方式，最前面为卷棚顶，其次为单檐庑殿顶，再次为重檐歇山顶，最后亦为重檐歇山顶，层次清楚，一气呵成，屋顶组群的重点最后落在窑殿部分。还有一种处理屋顶造型的办法是在坡屋顶上再加玲珑精巧的小屋顶，进一步丰富屋顶的外观形体变化。例如济宁东大寺即在后窑殿的屋顶上加了一个六角形的望月楼。宁夏石嘴山清真寺在后窑殿的屋顶上并排加了三座重檐歇山顶小楼，远望崇楼杰阁，气势博大。天津北大寺的后窑殿部分并排加了五座重檐方亭和六角亭。这些亭阁的屋面陡峻，比例瘦长，冲天挺拔之势异常显著。由于礼拜殿坐西朝东，其造型重点在后部（西部），因此有些礼拜殿非常重视背面的造型，往往添加某些辅助建筑，组成很有表现力的建筑组群。例如济宁东大寺的后殿屋顶为重檐庑殿，上边又加设一座六角攒尖亭，为此在寺院后门建造一座重檐歇山的望月楼及一单檐牌楼门，共同组成一组层层叠叠的建筑群，既有主从关系，又富于体形变化。由于交替运用各类屋顶造型手法，使得每座礼拜殿都能显露出自己的特色，丰富了中国传统建筑的外观造型。

由于礼拜殿内部空间纵长，往往加设内部隔断以打破柱子林立的空旷感觉。一般采用可装卸的屏门或花罩、栏杆罩、圆光罩、拱券罩等，以保证室内空间的连续性。装饰手法多运用木雕或彩绘，也有的用木棂格拼为回纹罩。因礼拜殿的采光皆为侧窗（南北两面），所以每层隔断的空间感很强烈。例如北京牛街清真寺的礼拜殿，该礼拜殿由前殿、大殿、后窑殿组成，前殿面阔3间，殿门朝东，歇山式屋顶，前廊用擎檐柱，其后的大殿面阔5间，由一个歇山顶和一个庑殿顶勾连搭，再加周围披厦组成，总进深达39米。殿内西端为象征麦加的窑殿，为六边形平面，上覆攒尖顶。殿内柱子间装饰了一系列称为"欢门"的拱券罩，最后在窑殿前装饰几腿罩。为了保证室内空间的完整，在面阔方面的两侧尽间又加设纵向的拱券罩两列。经过分隔后，除后部有两根柱子以外，室内的柱子完全与隔断混为一体，从前殿望去，层层叠叠，显得大殿异常深远。该殿所用拱券为横宽的尖拱，既具有阿拉伯伊斯兰教建筑的特点，又接近中国传统的落地罩形式。罩体为木制，上面布满红地沥粉贴金的缠枝西番莲彩画，拱券边饰

牛街清真寺礼拜殿
内景

为阿拉伯文字图案，在传统的装饰风格中又显露出异国的情调。再如天津
南大寺大殿进深达 40 米，在中间添设了一道拱券墙及两道回纹花罩，增
加了室内空间的层次感。

　　宁夏银川同心清真大寺，是宁夏现存历史最久、规模最大的清真寺之
一，也是回族地区最著名的清真寺之一。该清真寺始建于元末明初，寺门
嵌有明万历、清乾隆年间的石雕横额，说明该寺至少已有 400 多年的历
史。清同治年间，原寺院被破坏，现存的寺院为清光绪年间重建。

　　寺院占地 4500 平方米，寺门朝北，门前有一座仿木建筑的砖墙照壁，
中间刻饰有大幅砖雕"月桂松柏"图，刀法细致，构图精美，为寺院的艺
术珍品。主体建筑群坐落于一个面积 3500 多平方米、高 7 米的青砖台座
上，分内外两院。外院十分宽敞，东有 3 个砖砌券门，装饰有阿拉伯文砖
雕和花卉图案。中门上书"清真寺"三个大字；左右两门上方分别有"洗
心""忍耐"门额，与对面精致的砖雕照壁前后照应。由券门通过暗道可
登上高达数米的基台，台上首先见到的是二层高的四角攒尖顶的唤拜楼，
是阿訇招呼穆斯林上寺礼拜的地方。楼亭上缀满了砖雕纹样，柱枋之间镂
刻着硬木挂落，玲珑纤巧。穿过唤拜楼侧的墙门，即进入礼拜大殿和南北

宁夏同心清真大寺

讲堂组成的大院落，礼拜大殿坐西朝东，面阔 5 间，进深 9 间，由一个卷棚顶和两个歇山顶前后勾连而成，装修精致，庄重朴素。殿内宽敞深邃，可容千余人同时礼拜。

6．其他建筑类型

明清时期，在都城省会、通商大埠等经济发达的城市还有许多公共建筑，如衙署、书院等，同时还有许多商业建筑，如酒楼、茶肆，其中以会馆尤具特色，不但规模宏丽，而且数量极大，如苏州一地即有会馆 132 处。这些会馆多是为工商业服务而建立的，虽冠名为地区会馆，但实质是行业会馆。清代时城市经济迅速发展，南北货物交易繁盛，因此各地商人广建会馆以互通信息，联手经营，如湖南会馆、江西会馆、湖北会馆、安徽会馆、山西会馆，这些会馆都有其本乡商业特色与经营范围，如山西为钱业、江西为瓷器、湖北为木业、湖南为刺绣业等。明清会馆多属工商会馆，故其建筑形制多采用祠庙形式，主殿为 5 开间神殿，殿内供奉的为地方神祇，如福建会馆供天后、南昌祭许真君、婺源供朱熹、山西供关帝等。景德镇的会馆受皖南徽派建筑影响，比较重视雕刻装饰及厅堂的气派，建筑造型

十分华丽，有些会馆还带有地方建筑风格因素。

　　会馆有两个特点：一是有戏台，便于来往商客休闲观戏；二是会馆内常建有祠庙，如湖广的禹王宫、福建的天后宫、广东的南华宫、江西的万寿宫等。河南洛阳的山陕会馆、潞泽会馆都是地方会馆，有正殿、配殿、戏楼等，如潞泽会馆的正殿为 5 间重檐绿琉璃瓦剪边屋顶，前有宽大的月台及石刻栏杆，俨然为寺院的佛殿样式。其他如天津、上海、武汉、开封、济南、烟台、自贡等地也皆有会馆建筑，其中保存较好且具有代表性的有社旗山陕会馆、聊城山陕会馆、四川自贡西秦会馆、天津广东会馆等。

　　社旗山陕会馆坐落于河南省社旗县县城的中心，是山西、陕西两省的商人集资兴建的同乡集会之所，始建于清代初年。社旗镇原名赊旗店，是一个历史悠久的古老集镇，一向有"豫南巨镇"之称，清初时这里的商业曾盛极一时，成为南北九省商贾云集的地方，全镇号称有七十二街，人口达 10 万以上，山陕会馆即是清初该地区商业经济发达的产物。

　　社旗山陕会馆占地 13 000 平方米，有前、中、后三进院落，中轴线上的建筑依次是琉璃照壁、铁旗杆、东西辕门、钟鼓二楼、悬鉴楼、东西

社旗山陕会馆
鸟瞰图

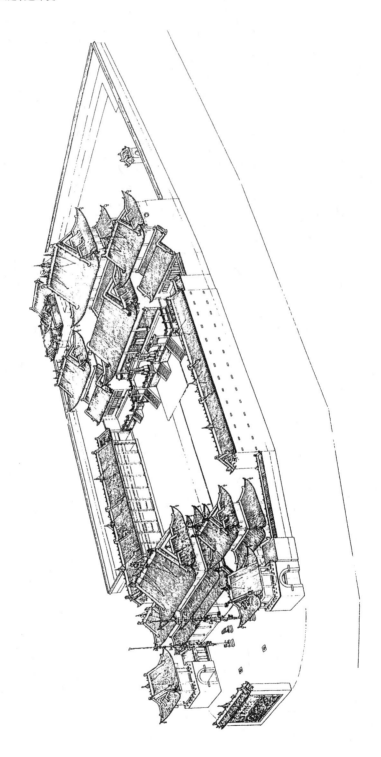

长廊、东西配殿、大拜殿等，整个会馆呈对称式布局，具有典型的清代风格。会馆中的悬鉴楼是一幢戏楼，又名"八卦楼"，始建于清嘉庆元年（1796 年）。楼高 18.48 米，为三滴水歇山式楼阁建筑，斗拱繁缛，层层叠叠，玲珑秀美，环楼上下装饰着精美的木石雕刻图案，北面是戏台，上面悬挂"悬鉴楼"金字匾额。

大拜殿是会馆的中心建筑，始建于 1869 年，高 20.64 米，面阔 18 米，进深约 40 米，重檐庑殿绿琉璃瓦顶，四周檐下有取自《西游记》《封神榜》等故事的木雕。大拜殿又分前后二殿，前殿是宴会厅，原设暖阁，内供关羽的牌位，以示忠义。殿内红柱上缠绕有金鳞耀目的赤须龙和彩羽凌空的丹顶凤，雕梁画栋，富丽堂皇，光彩照人。殿的前部有两方巨幅石画屏，高 2.5 米，东为"十八学士朝瀛洲"，西为"渔樵耕读"，画幅布局严谨，采用浅浮雕和透雕相结合的技法，主题鲜明，技法精湛。

西秦会馆坐落于四川省自贡市龙凤山下，又名"关帝庙"，始建于乾隆元年（1736 年），整个建筑群占地 3000 多平方米，是当时到自贡经营盐业的陕籍盐商集资修建的同乡会馆。

苏州山陕会馆戏楼藻井

社旗山陕会馆大
拜殿

西秦会馆

　　西秦会馆设计精巧，融合明、清两代的宫廷建筑与民间建筑风格为一体。建筑群在布局上因地制宜，整个建筑群分成了若干建筑单元，主要的殿阁厅堂均沿 86 米长的中轴线布置，如气势宏伟的大丈夫抱厅、气宇轩昂的参天阁以及装饰华美的中殿和肃穆深邃的正殿，周围配合以廊、楼、轩、庑以及一些次要的附属建筑，如武圣宫大门、献技楼、大观楼、福海楼、金镛阁、贲鼓阁等，形成了空间深邃、层次丰富的建筑群。建筑由前至后，渐次升高，层叠有序，主次分明。在造型设计上也颇具匠心，如将若干不同形制的屋顶巧妙地组合起来，构成复合型的大屋顶，增加了建筑的气魄。此外，建筑中精美的木雕、石刻、彩绘、泥塑等装饰也十分丰富，是研究清代社会生活、戏曲、歌舞、宗教、艺术等的珍贵实物资料。

第三节　园林艺术

　　造园活动在经历了元代的沉寂之后，明中叶后又出现了新的高涨。自明代始，由于社会结构的变化和商品经济的发展，士商文化与市民文化日渐发达，世风亦随之发生变化。文学艺术领域如小说、戏剧、说唱等俗文学和民间的木刻绘画等十分流行，民间的工艺美术如家具、陈设、器玩、服饰等也竞放异彩，园林艺术也随之日趋繁盛，一方面是向精致化和程式化方向发展，许多园林都成为了艺术精品；另一方面是向实用型和生活化方向发展，使园林艺术较以往更加普及。通过千百年的锻造和锤炼，中国园林艺术发展至明清时期可以说已臻于化境，不但造园思想越来越丰富，而且造园手法也越来越巧妙，创造并遗留下来许多闻名于世的园林艺术杰作。

　　明初，皇家园林只限于在京城之内，利用元代旧苑作为御苑。明英宗天顺以后，才开始有大量宫苑和私园的建造。清代初年社会经济得到迅速恢复，为大规模营造园林建立了基础，大批行宫苑囿遍及各地，至乾隆时达于极盛。当年乾隆六下江南，遍游名山胜景，并摹为画本，仿建在圆明园、颐和园、避暑山庄等御苑中。圆明园始建于清康熙四十八年（1709年），是在康熙皇帝赐给皇四子胤禛的一座明代私园的旧址上建成的，此园

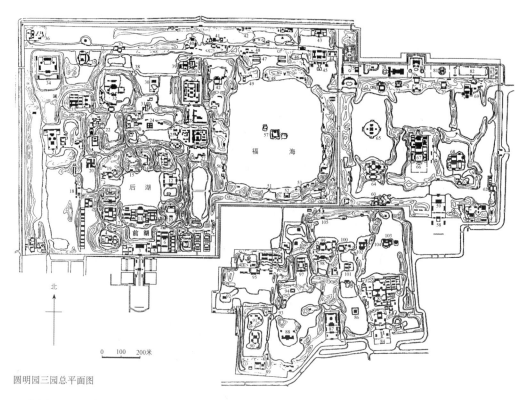

圆明园三园总平面图

1.大宫门 2.出入贤良门 3.正大光明 4.长春仙馆 5.勤政亲贤 6.保和太和 7.前垂天贶 8.洞天深处 9.镂月开云 10.九洲清晏 11.天然图画 12.碧桐书院 13.慈云普护 14.上下天光 15.坦坦荡荡 16.茹古函今 17.山高水长 18.杏花春馆 19.万方安和 20.月地云居 21.武陵春色 22.映水兰香 23.澹泊宁静 24.坐石临流 25.同乐园 26.曲院风荷 27.买卖街 28.舍卫城 29.文源阁 30.水木明瑟 31.濂溪乐处 32.日天琳宇 33.鸿慈永祜 34.汇芳书院 35.紫碧山房 36.多稼如云 37.柳浪闻莺 38.西峰秀色 39.鱼跃鸢飞 40.北远山村 41.廓然大公 42.天宇空明 43.方壶胜境 44.三潭印月 45.大船坞 46.双峰插云 47.平湖秋月 48.澡身浴德 49.夹镜鸣琴 50.广育宫 51.南屏晚钟 52.别有洞天 53.接秀山房 54.涵虚朗鉴 55.蓬岛瑶台
（以上为圆明园景点）

56.长春园宫门 57.澹怀堂 58.茜园 59.如园 60.鉴园 61.思永斋 62.海岳开襟 63.淳化轩 64.玉玲珑馆 65.狮子林 66.转香帆 67.泽兰堂 68.宝相寺 69.法慧寺 70.谐奇趣 71.养雀笼 72.万花阵 73.方外观 74.海晏堂 75.观水法 76.远瀛观 77.线法山 78.方河 79.线法墙
（以上为长春园景点）

80.绮春园宫门 81.敷春堂 82.鉴碧亭 83.正觉寺 84.澄心堂 85.河神庙 86.畅和堂 87.绿满轩 88.别有洞天 89.云绮馆 90.含晖楼 91.延寿寺 92.四宜书屋 93.生冬室 94.春泽斋 95.展诗应律 96.庄严法界 97.涵秋馆 98.凤麟洲 99.承露台 100.松风梦月
（以上为绮春园景点）

地处玉泉山和万泉庄水源的下游，地势低而平坦，地上地下水源均十分丰富，西山层峦如黛，山水辉映，自然条件非常优越。胤禛即位后，于雍正三年（1725 年）开始扩建，辟田庐，营蔬圃，疏泉浚池，增亭设榭，并建造了宫殿和朝署，使之成为皇帝长期居住的离宫。乾隆年间，圆明园的扩建工程更是未曾间断，特别是乾隆皇帝六下江南后，令人在圆明园内仿造江南名园胜景，使之既具北方皇家园林的雄丽，又有江南园林的雅致。除此之外，在园东又增建了长春园，南面又修成万春园，占地面积达 347 公顷，合称"圆明三园"。园内湖池密布，岗阜纵横，人工堆山有 250 座之多，水域近全园面积一半，建筑面积则相当于紫禁城，既有雄伟的殿堂、肃穆的庙宇，又有清幽的池馆、质朴的斋舍，或踞山巅，或傍水际，各具特色。

圆明园作为皇帝长期居住的地方，兼有"宫"和"苑"的双重功能，圆明园入口处为相对独立的宫廷区，包括帝后的寝宫、皇帝上朝的殿堂、大臣的朝房和政府各部门的值房。入宫门过石桥，进"出入贤良门"，迎面即朴素自然、不饰雕琢的正大光明殿，殿前有宽阔的广场，广场左右有勤政、亲贤殿。自此以北，峭石林立，再北为前湖，湖北岸正对全园建筑的重心"九州清晏"，水色山光，尽收眼底。

圆明园由两个主要景区，即以福海为中心的福海景区和以后湖为中心的后湖景区组成，其余的地段则分布着为数众多的小园和建筑群。前湖以南的若干建筑群属于宫廷区的范围，后湖以北则为一个庞大的小园集群区。两个主要景区各有不同的风格，福海景区以辽阔开朗取胜，水面近正方形，宽度约 600 米，海中设岛屿，园外西山群峰倒映湖中，上下辉映。福海四周河道潆洄，形成环绕福海的十个岛屿，岛上堆山叠石，布列建筑，与位于湖心的蓬岛瑶台遥相呼应，构成福海景区既开阔又变化丰富的景观。后湖则以幽静见长，湖面约 200 米见方，沿湖筑九岛，岛上建置九处形式各不相同的庭园和建筑群。后湖景区位于全园的中轴线上，居中即为九州清晏，景区的布局于均齐严谨中又具变化。

长春园同样以两个景区为主，南区为主景区，以洲、岛、桥、堤将大片水面划分为若干形式不同、有聚有散的水域，主建筑群淳化轩、蕴真斋位于中洲岛上，它与湖北岸的泽兰堂相对，构成该园的主轴线，南北沿湖和湖中小岛上点缀有数组建筑群，布局疏朗。北区以欧式建筑为主，称西洋楼景区，风格独特。万春园原称绮春园，由许多小园合并而成，许多小型水面互相连缀构成水景，相对独立的小园成为景观的主体。

圆明三园均是以水景为主题，因水而成趣，湖海池渠，遍布园中；岛屿洲渚，星罗棋布；假山岗阜，散置于园中，构成山重水复的江南水乡风光。园内建筑数量繁多，类型复杂，布局灵活，形式多样，它们与自然山水和树木花卉相结合，创造出了以建筑为中心、建筑美与自然美融为一体的一系列丰富多彩、性格各异的园林景观。这样的景观在圆明园约有100处，每处均以景题名，其中比较重要的如圆明园40景，绮春园30景，均有皇帝的诗文题韵。

景区中建筑大多呈院落式布局，融汇于山水花木之中，形成各具特

圆明园方壶胜境

色的大大小小不同景区，这些景区大多为园中之园的形式，其间以假山或植物相隔，又以曲折的河流和道路相联系，引导着游人由一个景区转入另一个景区。这些景区或仿效江南名景，或是按照前人诗画的意境创作而成，如福海沿岸仿杭州西湖的"平湖秋月""三潭印月""雷峰夕照""曲院风荷"等；"文源阁"仿宁波范氏天一阁；"坐石临流"则仿自绍兴兰亭。按前人诗画意境创作的如"杏花春馆"，取自"牧童遥指杏花村"；"武陵春色"取意于《桃花源记》；"夹镜鸣琴"取自李白"两水夹明镜"；"上下天光"取自范仲淹《岳阳楼记》中的名句。此外还有寓意四海承平的"万方安和"，炫耀帝王重视农耕的"多稼如云"；又有赞扬儒家君子品德的"濂溪乐处""廓然大公""澹泊宁静"、"坦坦荡荡"。另如"蓬岛瑶台"，用象征手法寓意神话中的东海三神山；后湖九岛环布，表现禹贡九州；还有反映佛家思想的"舍卫城"和反映道家思想的"方壶胜境"等。"西峰秀色"则是庐山秀色的写照；"慈云普护"乃是天台山风光的缩影。此外，当时的江南四大名园如南京的瞻园、海宁安澜园、杭州小有天园、苏州狮子林等名胜亦无不兼收并蓄，荟萃于圆明三园中。

　　在圆明园所有景区中，以福海景区最为壮观，广阔的水面一望无际，四周湖岸或是整齐的石砌驳岸，用以衬托长廊或林荫大路；或作碎石坡岸，有踏步斜磴而上；或是处理成渐次抬起的层层高阶。每层都安置殿阁楼台，周围花团锦簇，五彩缤纷。海中的"蓬岛瑶台"是三座相连的岛屿，岛上建筑华丽精美，每当皇帝"游幸"时，水面上龙舟凤舫往来竞嬉，尤似虚幻中的仙境。圆明园内的建筑物，一部分具有特定的使用功能，如宫殿、住宅、庙宇、戏楼、藏书楼、市肆、村舍、船坞等，但更多是供游憩宴饮的园林建筑，有利用异树、名花、奇石作造景主题的"镂月开云""天然图画""洞天深处""西峰秀色"；有突出建筑造型的形若半弦月亮的"汇芳书院"；还有冬暖夏凉的"卍"字形的"万方安和"、"Ⅰ"字形的"清夏斋"、"口"字形的"涵秋馆"、"田"字形的"澹泊宁静"、"曲尺"形的"湛翠轩"。有一些建筑具有特定功能，如以村舍农宅为题的"别有洞天"，饲养各色金鱼的"坦坦荡荡"，供奉皇祖"神御"的"鸿慈永祜"，每逢佳节迎奉太后膳寝的"长春仙馆"，

圆明园蓬岛瑶台

平时卫士较射比武、节日饮宴外藩兼燃
放烟火的"山高水长"等。

　　圆明园内建筑，除极少数殿堂庙宇
之外，一般外观都很朴素雅致，少施彩
绘，与园林自然风貌十分谐调。至于内部
装修，则十分华丽，奢侈至极。各种陈设
器具精美绝伦，装饰镶嵌物如金、银、宝
石、珍珠、珊瑚、翡翠、水晶、玛瑙、车
渠（大贝壳）、玳瑁、青金石、绿松石、
螺钿、象牙等不一而足。装饰图案则山水
楼阁、花木虫鸟、人物应有尽有。此外，
又有外国传教士设计的西洋式建筑装饰图
案和壁画，以及西式门窗隔扇、栏杆桥梁
之类，别具情趣。至于园中陈设的奇花异
石、铜兽盆景，以及冰库、画舫等游玩用
具，更是名目繁多，难以备述。

圆明园远瀛观

　　长春园北部俗称"西洋楼"的景区值得一提，它是由以画师身份供职
于内廷的意大利传教士郎世宁设计的，包括 6 座建筑物、3 组大型喷泉、若
干小喷泉以及园林小品，沿园北区一字展开，主要建筑有"远瀛观""方
外观""海晏堂""谐奇趣""养雀笼""蓄水楼"，均仿自欧洲文艺复兴后期
的"巴洛克"和"洛可可"风格，在细部和装饰上则融合了许多中国传统
手法，是近代中国成功引进西方建筑的著名实例。在远瀛观南有大型喷泉
"大水法"和观赏水嬉的御座"观水法"，三者组成南北向的轴线，颇具欧
式庭园意趣。大水法东有线法山，山上有八角亭，此区又称"转马台"，是
清朝皇帝环山跑马的地方。再往东去，隔"方河"为"湖东线法画"，又称
"线法墙"，南北两边分砌平行砖墙 5 列，可张挂油画，绘香妃故乡阿克苏
地区伊斯兰教建筑等十景，随时变换，最后以远山为天幕，意境无尽；方
河又可倒映景色，强化幻觉，增加透视感，作为整个园景的结束和尾声。

　　咸丰十年（1860 年）九月，英法联军侵入北京，圆明园惨遭焚烧，这

颐和园总平面图

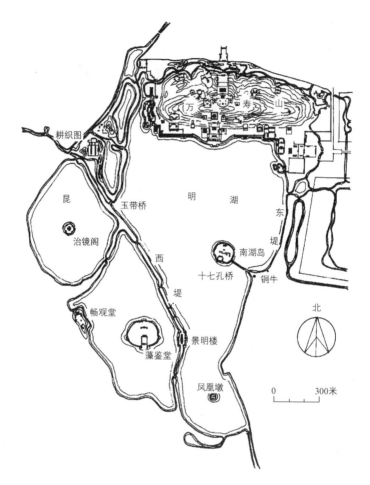

座经过 150 余年不断经营，耗费了无数财力、人力、物力的世界著名园林
被夷为废墟，幸而残存的景致有十余处，至庚子年（1900 年），八国联军
侵占时，园内陈设又被劫掠一空，只余下残壁断垣，衰草荒烟。

　　咸丰十年被英法联军烧毁的还有另一处大型皇家园林清漪园，是北京
西北郊五座大型皇家园林即所谓"三山五园"中最后建成的一座，始建于
清乾隆十五年（1750 年），光绪十年（1884 年）重建，取名颐和园。颐和
园占地面积约 2.95 平方公里，是一座以万寿山、昆明湖为主体，以佛寺为
中心的天然山水园。

　　按照使用功能和地形特点，颐和园可划分为三部分，即：东宫门与朝
廷宫室部分，前山前湖部分，后山后湖部分。

　　进东宫门即进入了宫廷区，主要建筑有召见群臣的仁寿殿、寝宫乐寿堂、戏台德和楼。宫廷区的建筑群采用对称和封闭的院落组合形式，布局严谨，装修富丽。出仁寿殿入长廊即跨入了前山前湖景区，长廊北侧是绿荫覆盖的万寿山，南面即是碧波荡漾的昆明湖。由相对封闭的宫廷区转入空间开敞的前湖区，予人豁然开朗的感觉，空间上的一收一放，一开一阖，造成了空间尺度的强烈对比，前者让人感到幽静宁和，后者则使人心旷神怡。在万寿山正中耸峙着 38 米高、八角四层的佛香阁，前有排云殿，后有智慧海，左右有宝云阁和转轮藏，华丽的殿堂楼阁和院落空间构成了一条贯穿前山上下的景观中轴线，整组建筑群由山顶铺盖至山脚，气势极为雄浑，成为全园的景观中心。在万寿山前山的东西山腰和山麓还布置有景福阁、画中游、邵窝殿、写秋轩等建筑，它们依山就势，布局疏朗自由，造型活泼而不拘一格，既反衬出中央主体建筑群的严整、对称、浓重，同时也与中央主体建筑群相互呼应，共同构成了前山雄丽伟岸的气象。沿万寿山山麓，循昆明湖岸边，有一道蜿蜒似游龙的长廊，西起石丈亭，东至邀月门，长 728 米，273 间，犹如贯穿前山的横向纽带，一方面与纵向的中轴线相配合编织出了前山建筑的经纬脉络，另一方面与沿湖岸通长的汉白玉栏杆一起，将湖山交接的部位镶嵌起来，成功地提示了山的尺度。松柏蓊郁、殿阁辉煌的万寿山在长廊与湖岸栏杆的勾勒下，若浮游于湖海之中的仙山琼岛，蓬莱宫阙。游人若循廊漫游，既可北仰高山，南

颐和园佛香阁

俯瞰颐和园昆明湖

览湖池，动观湖山长卷，又可慢慢地观赏廊内彩绘。在长廊内的梁枋上，绘有八千多幅人物、山水、花鸟等苏式彩绘。故长廊又有"画廊"之誉。

过排云门，循石阶登上佛香阁纵目远眺，昆明湖一碧万顷，波光耀金。湖面被一道长堤分为南湖和西湖两个部分，南湖湖面开阔，为前湖的主景区，湖心筑有小岛，岛上有龙王庙、月波楼，岛的北岸临水的高台上设有"涵虚堂"一组建筑，与佛香阁隔湖相望，互为对景。在岛与东岸"廓如亭"之间，造型精美的十七孔拱桥若长虹卧波，蛟龙腾水，将南湖水域南北一分为二，增加了湖面空间的纵深感和透视感。在龙王庙岛以南，湖面渐次内收，又有"凤凰墩"小岛点缀其中，使湖面更显得深远无垠。如锦似绣的湖光水色结合以环湖展开的园外田野平畴，使这幅风景画面更为气势宏大。在中国古代园林艺术中，这种利用透视原理和景物尺度对比来扩大空间的手法，常被古代园林匠师们根据地貌和景观的具体情况而广泛运用。

在昆明湖湖西，仿杭州西湖苏堤筑有西堤，自南而北呈三折蜿蜒于湖面之上，堤上设六桥，自北起名界湖桥、豳风桥、玉带桥、镜桥、练桥、柳桥，其中尤以玉带桥最为著名，此桥通体由汉白玉雕凿而成，单孔拱券呈蛋尖状，高高耸起，桥面呈双向弯曲线，桥下可通行小舟，此桥原名穹桥，因形似驼峰，又有驼背桥之称。整座拱桥造型精美，雕刻精细，点缀在波光粼粼的昆明湖上，好似青玉盘中的一颗明珠。长堤以西是西湖，对比于南湖的开阔，西湖则相对聚敛，成为南湖的陪衬，而西湖本身也分为南北两个水域，并分别以"藻鉴堂"和"治镜阁"两个岛屿为各自的构图重心。整个昆明湖水面由此被划分为 3 个部分，既有大小之分，又有聚散之别；既各自相对独立，各成景区，又相互联系，共同组成前湖丰富的景观。西湖南部水域又称养水湖，中心岛屿"藻鉴堂"是昆明湖中的最大岛屿，隔水与西堤上的"景明楼"相互呼应，形成对景，岛的北岸堆叠土石假山，上建敞厅，可坐观前山一带水景和玉泉山的山景。主要建筑物集中在岛的南部，有台名"春风啜茗台"，是乾隆游湖时品茶赏景的地方。西湖北部水域中心的"治镜阁"原是一组形制独特的圆形城堡式建筑群，城堡共有内外两重城墙，各设四门，内墙之上建二层楼阁，登临楼阁之上，可隔水四面眺望丰富的山水景观。

昆明湖的水体意匠继承了秦汉以来一池三山的布局传统，呈鼎足而立的南湖岛、治镜阁、藻鉴堂象征着传说中的东海三神山，岛上建筑的立意与形象也都体现了仙山琼阁的神韵，是我国传统园林中再现神仙境界的典型例证。南湖东岸一带的水木自亲、夕佳楼、藕香榭、知春亭、文昌阁等观景点是观赏前山前湖的最佳场所，不但树木葱郁的万寿山、烟波浩渺的昆明湖豁然目前，而且远处玉泉山的优美山姿和西山峰峦作为借景亦映入眼帘，景观层次丰富而分明，园内之景和园外借景浑然一体，嵌合得天衣无缝，胜似天然图画。

昆明湖西北，原是一片酷似江南的水网地带，清漪园时期，曾仿江南乡村民居，在水域的南岸建延赏斋、蚕神庙、织染局、水村居等建筑，包括庙宇、住宅、染织作坊、蚕房、桑园等各种性质的房屋和设施，合称"耕织图"，以示帝王"重农桑"之意。当年来自苏州、江宁、杭州的百余名技工在此耕耘织染，为皇家生产丝绸贡品。江南民居风格的建筑和河网纵横的地貌环境创造了充满江南风情的景观气象，当年乾隆经常以延赏斋为书斋，在此读书、观画、钓鱼。

后山后湖的景观特点是两山夹一水的纵长峡谷，后山的山是由湖北岸的假山和南岸的真山相结合而成，北山随南山的走势而变化，或凸凹曲折，或高低俯仰，仿佛是后湖溪水将山体一分为南北两段，由此形成了深山峡谷的幽邃气氛。这里湖面狭长而蜿蜒，有规律地收缩开放，有时像是被激流冲断的峡口，有时又像是被涧水浸刷而成的开阔水面。水形有规律的收放，展示了狭长空间的节奏和韵律，配合两岸山体的塑造，使后湖显得比实际更长，加之两岸林木葱茏茂密，环境宁静幽邃，故与前山前湖的开阔旷朗恰成鲜明的对比。

后山的建筑主要有富于宗教色彩的后大庙、富于世俗情趣的买卖街和散布于两岸的七组园林建筑，即赅春园、构虚轩、绘芳堂、嘉荫轩、看云起时、花承阁、云会轩。乘游船经半壁桥进入后湖，隔着山石峡口便可望见"绮望轩"和"看云起时"，桃花沟周围的景色及景点建筑亦或隐或现映入眼帘，这里是后山园林建筑布置得最精彩的地方，是后山后湖景区的第一个高潮。过通云观进买卖街，两岸俱是鳞次栉比的铺面店房，湖岸也一变自然掇石做法而用整齐的料石砌筑，茶幡飘飘，酒幌昭昭，宛若南国水乡市井。转过寅辉城关，喧闹的景象戛然而止，眼前又是两岸青山，一江碧水，耳边唯

颐和园买卖街

闻鸟鸣蝉噪。前行过桥，临南岸建有澹宁堂。再过桥，便至后湖东端，弃船沿曲折的园路南行，即可到掩映于山石丛翠的谐趣园。后湖的整个行程虽仅仅一公里，但却将深山幽谷、轩馆亭台、店肆市井的景象浓缩于其中，起承转合，抑扬顿挫，像一支节奏流畅、音韵优美的旋律，让人回味无穷。

在买卖街中部，横跨湖水，有一座大石桥，石桥北对北宫门，南经松堂，直至两层高台之上的须弥灵境大殿和其后的香岩宗印之阁，形成一条垂直于后湖并与前山主轴线相呼应的后山轴线。香岩宗印之阁的四周环绕以藏式大红台，红台上下环列有十二部洲，布局严谨，气势宏伟，具有浓

谐趣园平面图

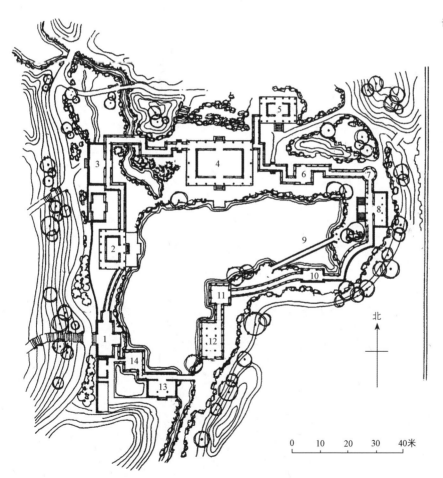

1. 园门　2. 澄爽斋　3. 瞩新楼　4. 涵远堂　5. 湛清轩　6. 兰亭　7. 小有天圆亭
8. 知春堂　9. 知鱼桥　10. 澹碧　11. 饮绿　12. 洗秋　13. 引镜　14. 知春亭

厚的宗教气氛。后湖东端著名的谐趣园又名惠山园，是仿无锡惠山山麓的寄畅园而建的园中之园，该园由南部的水园和北部霁清轩组成，由位于西南角的园门入园，南部水园的景色尽入目中，沿廊左行，经池西澄爽斋、瞩新楼至池北的主殿涵远堂。右行到洗秋、饮绿二水榭，再沿曲廊和知鱼桥到池东知春堂、小有天圆亭，后循折廊至北岸的涵远堂。此区以集中的水池为主体造水景，建筑沿水池布置并互为对景，池北因借地形堆山叠石成山景，在水园的西北，亦是水口位置，利用了后湖的水源和地势的高差，在瞩新楼和寻诗径之间，仿无锡寄畅园"八音涧"凿石峡名"玉琴峡"，峡宽仅 1—2 米，长 20 余米，然流水沿层层叠落的裸露岩石潺潺而下，清音长年不断。峡口处植有翠竹一片，意境幽深，充满江南情调。

　　谐趣园北区霁清轩是一组相对独立的庭院，坐于由巨石构成的山岗上，整块巨石如斧劈刀切而成，形势陡峻，神态峭拔，山上正北为霁清轩，两侧有清琴峡、四方亭成环绕之势，其中四方亭处又堆有人工假山，群峰迭起，气势雄壮；有清泉自清琴峡涌出，沿山麓萦回蜿蜒而流经庭院，与峰峦丘壑、亭轩廊宇相互衬托，浑然天成，野趣横生。谐趣园在颐和园中自成一体，布局紧凑，设置精练，既有宫廷官式的规制和巧丽，又兼有南方

谐趣园墨妙轩

私家园林的清雅，整个园子小而精美，不愧为最负盛名的园中之园。

圆明园营建之前，为适应政治和游乐园居的需要，朝廷在山势起伏、流水萦回、环境清凉、景色优美的热河上营（今河北承德）修建了一座大型"避暑宫城"，即著名的避暑山庄，亦称热河行宫、承德离宫。自康熙四十二年（1703 年）营建至乾隆五十五年（1790 年）扩建告竣，前后达80 余年，成为中国现存的最大一座皇家园林。由于承德离宫冬暖夏凉，气候宜人，自康熙至咸丰皇帝，几乎每年都有半年左右时间在此度过，皇帝不仅在此避暑，还处理政务，接见王公贵族和外国使节，实际上这里成为了清朝政府的第二个政治行政中心。

避暑山庄东界武烈河，北临狮子沟，西面与南面毗邻承德市，占地面积 560 多万平方米，由宫殿区、湖区、平原区和山区四部分组成，山区面积约占全园面积的 2/3：主要分布于西、北侧，面对东南成环抱之势，起伏的峰峦气势雄浑，松柏苍郁，幽深的松云峡、梨树峪、松树峪、西峪四条峡谷分布于山中，并成为山体与平原连接的通道。因水成景的湖区是避暑山庄的主景区，也是景致最集中、最精彩的一区。整个湖区被洲、岛、桥划分为若干水域，主要有如意湖、上湖、东湖、下湖，其中既有湍急的溪流、咆哮的瀑布，也有潺潺的平濑、沉静的湖沼，故而有所谓"山庄以山名而趣实在水"的说法。平原区西北背山，南临湖池，景观开阔，与青山秀水共同组成避暑山庄的雄伟气象。全园由长达 10 公里的宫墙环绕，园内景观极尽丰富，难以备述，主要景致有康熙命名的"康熙三十六景"和乾隆命名的"乾隆三十六景"。

避暑山庄宫墙西端开正门，称丽正门，门内九重院落组成了皇帝日常起居和处理政务的场所——正宫，面阔 9 间的"澹泊致诚殿"为正宫的正殿，是庆祝节日和举行大典的地方，整个大殿的木构件全部采用楠木制成，故又称楠木殿。楠木殿后有"依清旷殿"，是皇帝召见朝臣的地方。其北有十九间殿和门殿，门殿后有皇帝的寝宫"烟波致爽殿"，殿后又有"云山胜地楼"，其后以岫云门作宫殿区的结束。正宫肃穆淡雅，平和亲切，极富生活气息，各个庭院内散置山石松柏，清静宜人，颇具离宫别院的韵味。在正宫东侧是后妃居住的"松鹤斋"，再其东为东宫，现已毁。

避暑山庄总平面图

1.丽正门 2.正宫 3.松鹤斋 4.德汇门 5.东宫 6.万壑松风 7.芝径云堤 8.如意洲 9.烟雨楼 10.临芳墅 11.水流云在 12.濠濮间想 13.莺啭乔木 14.莆田丛樾 15.蘋香沜 16.香远益清 17.金山亭 18.花神庙 19.月色江声 20.清舒山馆 21.戒得堂 22.文园狮子林 23.殊源寺 24.远近泉声 25.千尺雪 26.文津阁 27.蒙古包 28.永佑寺 29.澄观斋 30.北枕双峰 31.青枫绿屿 32.南山积雪 33.云容水态 34.清溪远流 35.水月庵 36.斗老阁 37.山近轩 38.广元宫 39.敞晴斋 40.含青斋 41.碧静堂 42.玉岑精舍 43.宜照堂 44.创得斋 45.秀起堂 46.食蔗居 47.有真意轩 48.碧峰寺 49.锤峰落照 50.松鹤清越 51.梨花伴月 52.观瀑亭 53.四面云山

出岫云门便进入山庄的山湖游览区了，湖区在宫殿以北，周栽杨柳，郁郁成荫，湖中洲岛交错，亭榭葱茏，花木掩映，湖光变幻，是山庄风景的中心。湖区有 3 条主要的游览路线，既把风景串连起来，又把湖面划分为大小不同、特色各异的景区，中路由万壑松风殿下至芝径云堤，可达月色江声、如意洲、烟雨楼。"万壑松风殿"一组院落据岗临湖，环以曲廊，布局灵活。院中树木翁郁，深邃幽静，康熙皇帝常在此批阅奏章，南面有鉴始斋，是乾隆少时读书之所，"芝径云堤"乃仿杭州西湖苏堤而造，堤梢分三岔，分别通往湖中三岛，一曰"月色江声岛"，岛上绿树丛里有静寄山房、莹心堂和长廊亭台等精美建筑，颇具江南风情。沿"月色江声"北行，可达如意洲，此岛形若如意而得名，岛上峰回路转，花木通幽，有观莲所、无暑清凉、云帆月舫等亭榭轩馆十余处。洲南端濒湖便是方亭观莲所。后面四合院一区叫金莲映日。据说，当时湖面和地上遍布金莲花，日光照射，异彩耀目，夏日到此，粉荷送香，凉风阵阵，暑气全消。如意洲西北又有青莲小岛，洲岛以朱栏小桥相连，岛上有一座"烟雨楼"，是仿浙江嘉兴烟雨楼而建，红柱青瓦，周绕檐廊，夏日多雨时节，倚栏眺望，湖面泛起层层烟雾，烟雨楼在烟雨中若隐若现，恍惚迷离，如蓬莱仙阁。

避暑山庄月色江声

在烟雨楼前有一院落，左有青阳书屋，乾隆宠姬李贵妃曾在此吟诗作画，右有对山斋，曾为乾隆书房。由烟雨楼东望，湖西又有一处岛屿，岛上建筑仿镇江金山寺，参差有致，高低错落，临水有曲廊，廊后有朝西的镜水云岑殿和朝南的天宇咸畅殿，殿后叠石为山，山上高耸六角三层的上帝阁，登阁远眺，风景如画，山光水色，尽收眼底。水心榭是湖区东路的起点，由卷阿胜境北行至湖上石桥，桥上可见3座重檐的亭榭，桥下碧波涟漪，亭榭的倒影如碎玉，水曲荷香，沁人心脾。在这里无论赏荷观鱼，或倚栏小憩，无不赏心悦目。由此北行，即达水域闭合、环境幽寂的东湖，再往北至金山亭、热河泉，是为东路的结束。

沿澄湖岸边西行，蜿蜒的山谷小道隐藏在密林野花之中，但见峰峦竞秀，一派山村景色，待行至长湖之北的小园文津阁，就进入了山区。山区分布在山庄的西部，自南而北，蜿蜒起伏，如天然屏障。原散布于峰峦沟壑间的建筑如今几乎全已无存，唯有后来重修的几座新亭子，其中南山积雪亭位于北部山峰的制高点上，下临松云峡，北枕双峰亭，临亭遥望，南山诸峰常年冬雪，佳趣天成。

由湖区北行，有平原区，是清朝皇帝举行野宴、接待蒙古王公贵族、观看焰火、赛马、摔跤等活动的地方，平原区的西部有绿草如茵的"试马埭"景区，设有蒙古包，并有成群的麋鹿，一派草原风光。东部林木区称万树园，原有古榆、苍松、巨槐、老柳，挺拔劲立，翁郁苍莽，又有嘉树轩、春好轩、永佑寺、乐成阁等建筑点缀其间，富于野趣。

避暑山庄中的园林景观除多融于自然山水之中外，也有一些是自成一体独立成章，构成所谓园中之园，如碧静堂、文园狮子林等。碧静堂在松云峡与梨树峪之间，园内建筑分为两组，东面一组有碧云堂、松壑间楼、赏静室，三者之间有爬山游廊相互联系。西面一组由净练溪楼和六角形的园门组成，两者之间亦以爬山游廊相连，由于建筑的布局充分利用了地形的变化，故形成了构图生动、主次分明的园林景观环境。文园狮子林是仿苏州名园狮子林，并参考元代画家倪云林所绘狮子林卷而建造的。园子由3个院落组成，中部的小园名清淑斋，院西侧复廊有门通西院"文园"，东侧粉墙有门通东院"狮子林"。文园以建筑物环绕水庭布置为特色，两岸建筑错落有致，又有虹桥、曲桥点缀于池上，景观变化丰富。东院狮子林则以堆山叠石为主景，形成庭院环绕建筑的布局。3 个院落各具主题，形式各异，但却组成了一个相互补充、相互依存的统一整体，成为避暑山庄中最精彩的园林景观。

避暑山庄的园林艺术特色在其充分利用自然地势的变化，加以人工提炼整理，将不同特色的景区组成一个整体，其中有合有分，有主有从，互相因借，因地制宜。整个山庄，山借水色，水增山光，与园林互相渗透、融于一体的建筑更若锦上添花，画龙点睛，使得山庄的园景面面有情，处处生辉。

这一时期北京官吏私邸多邀江南造园家参与兴造，江南地区的苏浙、淮扬、皖南诸地私园之间的交流更是频繁。北方园林中水景园的发展，亭廊水榭等小品建筑的增多，叠山垒石技艺的提高，以及园林中建造园中园等都受江南园林的影响，砖雕、匾联、铺地等建筑装饰手法亦多受益于江南园林，北方的彩绘技艺对江南园林亦有一定启发。南国北土均出现了一些具有里程碑意义的优秀园林作品，如属于北方皇家园林风格的北京西苑

避暑山庄文园狮子林横碧轩

北京三海总平面图

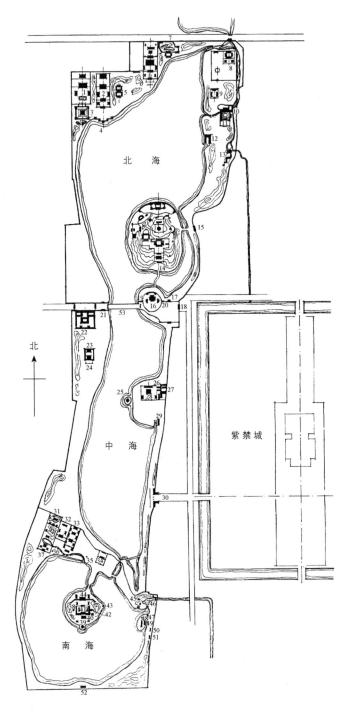

北海

紫禁城

中海

北

南海

1. 万佛楼
2. 阐福寺
3. 极乐世界
4. 五龙亭
5. 澄观堂
6. 西天梵境
7. 静清斋
8. 先蚕堂
9. 龙王庙
10. 古柯亭
11. 画舫斋
12. 船坞
13. 濠濮间
14. 琼华岛
15. 陟山门
16. 团城
17. 桑园门
18. 乾明门
19. 承光左门
20. 承光右门
21. 福华门
22. 时应宫
23. 武成殿
24. 紫光阁
25. 水云榭
26. 千圣殿
27. 内监学堂
28. 万善殿
29. 船坞
30. 西苑门
31. 春藕斋
32. 崇雅殿
33. 丰泽园
34. 勤政殿
35. 结秀亭
36. 荷风蕙露亭
37. 大园镜中
38. 长春书屋
39. 迎重亭
40. 瀛台
41. 涵元殿
42. 补桐书屋
43. 牣鱼亭
44. 翔鸾阁
45. 淑清院
46. 日知阁
47. 云绘楼
48. 清音阁
49. 船坞
50. 同豫轩
51. 鉴古堂
52. 宝月楼
53. 金鳌玉蝀桥

北京北海

三海（北海、中海、南海）、私家园林萃锦园等。

　　萃锦园位于北京内城的什刹海，又名恭王府后花园，恭王府是清代道
光皇帝第六子恭亲王奕訢的府邸，其前身为乾隆年间大学士和珅的宅邸。
萃锦园紧邻于王府的后面，始建于乾隆年间，从园中保留至今的古树及叠
石假山推测，此园应是利用明代旧园的基址改建而成。

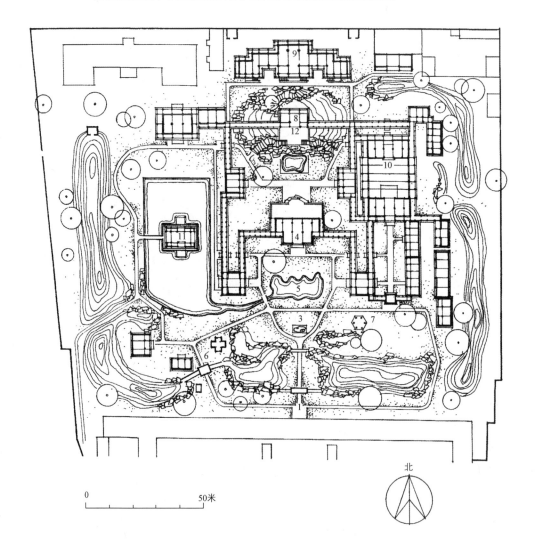

北京恭王府萃锦园
平面图

　　1.园门　2.曲径通幽　3.飞来石　4.安善堂　5.蝠河　6.榆关　7.沁秋亭
　　8.绿天小隐　9.蝠厅　10.大戏楼　11.观鱼台　12.邀月台

萃锦园占地约 2.7 公顷，分为中、东、西三路。中路布局严整、对称，南北中轴线与府邸的中轴线重合为一。中路包括园门及其后的三进院落，园门在南墙正中，为西洋拱券门的形式，装饰有西洋建筑细部，为晚清时北京常见的时尚做法，因其类似圆明园的西洋楼，民间称之为"圆明园"式。入园门，"垂青樾""翠云岭"两座青石假山分列左右，山体并不高峻，然而极有气势。两山的侧翼有土山接续，向北延展，在园林的东、西、南三面呈环抱之势。两山当中设计有蜿蜒小径，路中有"飞来石"耸立当途，此即"曲径通幽"一景。绕过飞来石北行，进入第一进院落，院中有正厅"安善堂"，坐落于青石叠砌的台基之上，面阔 5 开间，前后出抱厦，两侧有曲尺形游廊与东、西厢房连接。

院中的水池形状如蝙蝠翩翩，故名"蝠河"。院子的西南角有一条小径，通往两山之间有一处称为"榆关"的城墙关隘，象征万里长城东尽端的山海关，隐喻恭王的祖先当年就是从此处入主中原、建立清王朝基业。在院子的东南角上，堆叠着另一座小型假山，山北麓有"沁秋亭"，亭内设置流杯渠，仿古人曲水流觞。沁秋亭的东面背山向阳，疏野平旷，绿篱环绕，菜蔬盈渠，富有乡村野趣，题名为"艺蔬圃"一景。安善堂的后面是第二进院落，靠北叠筑有太湖石大假山，取名"滴翠岩"，山体姿态奇突，叠石如壁，山腹有洞穴透迤，石洞名"秘云"，内嵌康熙手书的"福"字石刻。山顶上建有敞厅"绿天小隐"，厅前为月台"邀月台"。厅的两侧有爬山廊及游廊连接东、西厢房，各有一门分别通往东路的大戏楼和西路的水池。假山后面为第三进院落，此院落的庭院比较窄狭，院北坐落着高大的后厅，后厅正中面阔 5 间，前后各出 3 间抱厦，两侧连接三间耳房，整个后厅的平面也状似蝙蝠，故名"蝠厅"，取"福"字的谐音。

东路和西路的布局较为自由灵活，其中东路以建筑为主体，建筑密度较大，大体上由 3 个不同形式的院落组成。南面靠西为狭长形的院落，入口为一比例匀称、造型精致的垂花门，垂花门的两侧衔接游廊。院内北面是正厅，两侧为东西厢房，院西为另一个狭长形的院落，入口为月洞门，门额曰"吟香醉月"。北面的院落以大戏楼为主体，戏楼包括前厅、观众厅、舞台及扮戏房，内部装饰十分华丽，可作大型演出。

西路以水池为中心，水池略近长方形，叠石驳岸，池中小岛上建敞厅"观鱼台"。水池西、南侧堆筑有土山，东侧有游廊间隔，北面点布有若干景观建筑，构成相对独立的一个水景区。

作为王府的附园，萃锦园颇具皇家园林风范，其总体格局既突出风景式园林的意韵，又不失王府严肃规整的气度。园中的建筑物具有北方建筑的浑厚之共性，且较一般的北方私园在色彩和装饰方面更为浓艳华丽。园中叠山采用青石和北太湖石，技法刚健浑厚。植物配置以北方乡土树种松树为基调，间以多种乔木，体现了北方园林典型的风格。

这一时期，南方的私家园林如苏州拙政园、网师园、留园、沧浪亭、狮子林、吴江退思园、环秀山庄、扬州的小盘古、个园、寄啸山庄（何园）、片石山房，无锡的寄畅园，上海的豫园、秋霞浦、古猗园，南京的随园、瞻园、煦园，以及华南等地的园林艺术精品，无论在总体布局，还是在选景、组景、借景等方面皆有许多创新。

拙政园位于苏州城东北隅，占地面积 5 万多平方米，为苏州名园。此园始建于明正德年间，据记载，御史王献臣因仕途不畅，罢官退隐而营建

北京恭王府萃锦园

狮子林图

此园，他以西晋隐士潘岳《闲居赋》中"庶浮云之志，筑室种树，逍遥自得……此亦拙者之为政也"[1]之语，称园为拙政，意在标榜封建士大夫归隐之心。

园分中部、东部、西部三部分，主体景观集中在中部，从腰门进园，迎面为一堵叠石翠嶂，循小径转过此小冈，才觉景色豁然开朗，脚下溪水横穿，四周古木交荫。隔溪相望，全园的主体建筑远香堂立于青石台基之上，屋面青瓦覆盖，四周廊庑环绕，体态从容，风格飘逸。远香堂西接倚玉轩，北濒荷池，水作湖泊形，荷池中三岛连属，有东海三神山

[1]　［西晋］潘岳：《闲居赋》。

狮子林游廊

苏州狮子林　　苏州狮子林

的意趣，岛上各有一亭，中亭名雪香云蔚，与远香堂遥遥相对，东亭称待霜亭，西亭称荷风四面。站在远香堂隔岸北望，池水荡荡，岛上树木葱茂森郁，一派湖山风光。在远香堂的东南，是一道曲折起伏的云墙，墙内隐约可见亭馆堂轩错落其间；西南则是一条长廊向北而去，其中曲桥修阁、高亭远树参差掩映。若自远香堂东行，迎面可见一亭高峙冈上，冈下有玲珑馆、嘉实亭、听雨轩、海棠春坞、梧竹幽居等多组各具主题的小院，它们与中部阔大的湖山风光恰成大小、开阖的对比，穿游其中，可在嘉实亭赏枇杷，听雨轩听雨打芭蕉，海棠春坞观西府海棠，梧竹幽

苏州环秀山庄

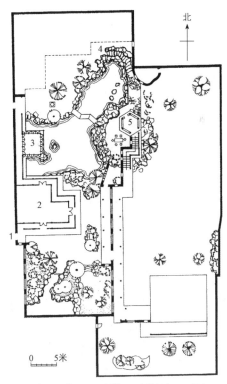

扬州小盘古平面图

北

0　5米

1.园门　2.花厅　3.水榭　4.水流云在　5.风亭

苏州吴江退思园
平面图

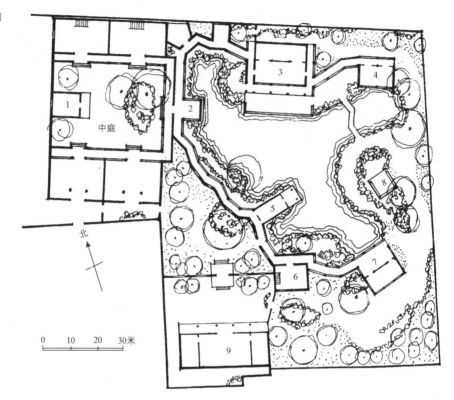

1. 旱船
2. 水香榭
3. 退思草堂
4. 琴房
5. 闹红一舸
6. 辛台
7. 菰雨生凉
8. 眠云亭
9. 桂花厅

苏州吴江退思园

苏州吴江退思园

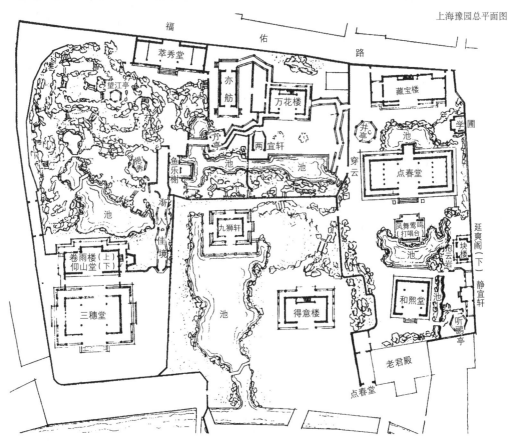

上海豫园总平面图

上海豫园湖心亭

苏州拙政园中部及
西部平面图

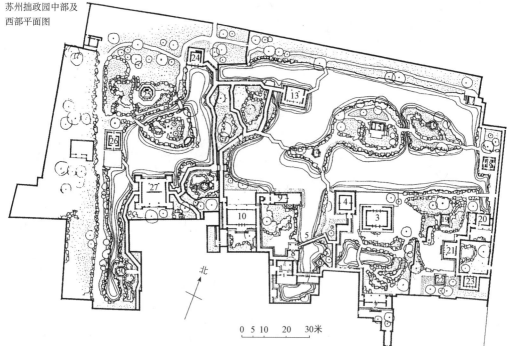

0 5 10　20　30米

1. 园门　2. 腰门　3. 远香堂　4. 倚玉轩　5. 小飞虹　6. 松风亭　7. 小沧浪　8. 得真亭　9. 香洲　10. 玉兰堂　11. 别有洞天　12. 柳荫路曲
13. 见山楼　14. 荷风四面亭　15. 雪香云蔚亭　16. 待霜亭　17. 绿漪亭　18. 梧竹幽居　19. 绣绮亭　20. 海棠春坞　21. 玲珑馆
22. 嘉宝亭　23. 听雨轩　24. 倒影楼　25. 浮翠阁　26. 留听阁　27. 三十六鸳鸯馆　28. 与谁同坐轩　29. 宜两亭　30. 塔影亭

苏州拙政园远香堂

苏州拙政园听雨轩

居看风吹竹枝桐叶，绣绮亭俯视繁花铺地，意趣各不相同。若由倚玉轩南行，你会发现自己正不知不觉中走进一个幽静曲折的水景院，溪水狭长而婉转，小飞虹和小沧浪跨溪而过，使面积不大的水面显得源远流长。跨桥而过，又有得真亭、玉兰堂和香洲。香洲的位置正与池中的荷风四面亭相峙，又遥对池北端的见山楼，香洲本身是一座造型优美的船形建筑，西为二层高的澄观楼，东是三面透空的茶亭，中间是低矮的中厅，三者连成一体，高低错落，虚实相间。从北面望来，澄观楼高而实，粉墙花窗，像是船楼部分，正厅则在两面装窗格扇，像是船舱部分，茶亭前的平台则通透开敞，像是船首的甲板。在园子的西端，玉兰堂的北面，沿墙的长廊中有一座半亭，称"别有洞天"，由此一转，穿过月洞门，便来到了拙政园的西园，在这里可于"倒影楼"看倒影激滟，"留听阁"听雨打残荷，"浮翠阁"望绿色翠屏，"塔影亭"听蝉噪鸟鸣；坐在"与谁同坐轩"可与清风对语，登"宜两亭"可与隔墙山水同观；入"三十六鸳鸯馆"，可临水赏鸳鸯游鱼，临"十八曼陀罗花馆"可观山茶和白皮松树。在拙政园的东端另有一座东园，园中极少建筑，而以树木丛密、气氛自然、景致旷远见长。

留园亦为现存苏州四大名园之一，位于苏州阊门外，始建于明嘉靖年间，全园面积约 2 万平方米，分为中、东、西三部分。中部旧称寒碧山庄，是留园的主要部分，其中又划分为东西两区，西区以山池为主，东区则以建筑庭院为主，各具特色。由寒碧山庄的侧门入园，经曲折的回廊和两重封闭的小院即来到山池景区的南界，即"古木交柯"，透过漏窗已隐隐可见园中山池亭阁的秀色，沿古木交柯西去，临水有绿荫轩、明瑟楼、涵碧山房，形成了山池景色的一条观赏线，同时也形成了水池南岸高下参差的建筑轮廓线。

位于中央的水池具有开阔而形态自然的水面，水中设有小岛蓬莱，水池的西北两侧是黄石假山，山石嶙峋，气势浑厚。北山正中有"可亭"，与南岸建筑相对；西山则有"闻木樨香轩"，掩映于林木之间。在园子的西北两侧，一道云墙在山脊处高下起伏，紧贴云墙又有一条长廊婉转曲折，使园子的边界完全消失在丰富的建筑空间构图中。从明瑟楼或涵碧山

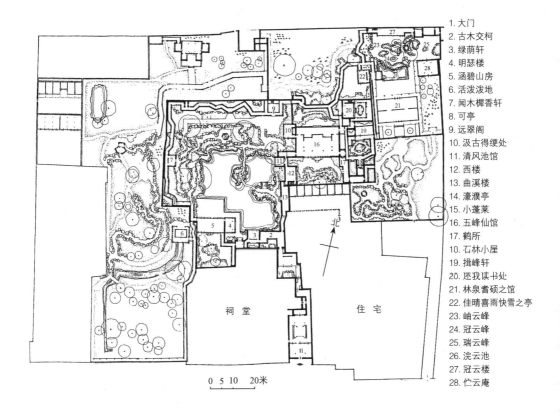

1. 大门
2. 古木交柯
3. 绿荫轩
4. 明瑟楼
5. 涵碧山房
6. 活泼泼地
7. 闻木樨香轩
8. 可亭
9. 远翠阁
10. 汲古得绠处
11. 清风池馆
12. 西楼
13. 曲溪楼
14. 濠濮亭
15. 小蓬莱
16. 五峰仙馆
17. 鹤所
10. 石林小屋
19. 揖峰轩
20. 还我读书处
21. 林泉耆硕之馆
22. 佳晴喜雨快雪之亭
23. 岫云峰
24. 冠云峰
25. 瑞云峰
26. 浣云池
27. 冠云楼
28. 伫云庵

祠堂　　　　住宅

0　5　10　　20米

苏州留园平面图

房东望，则见重楼迭出，配以古木新花，景色优美而雅淡。循廊北行，过曲溪楼、西楼，经清风池馆，便可到以建筑为主的东区，再由清风池馆东转，通过走廊到留园最大的建筑五峰仙馆，该馆因梁柱系用楠木，故又称楠木厅，厅内空间高深宏敞，装修精致雅洁，是厅堂建筑中的精品。在五峰仙馆前后均有假山庭院，坐于厅上，仿佛面对岩壑，前院假山形似十二生肖，后院假山中则砌有水池，蓄养金鱼。在五峰仙馆四周，围绕着一些尺度小巧、环境幽僻的建筑和院落，西有汲古得绠处，南有鹤所，东面则有揖峰轩和还我读书处，它们与五峰仙馆的豪华高大形成鲜明对照。揖峰轩庭院以石峰为主景，环庭院四周为回廊。廊与墙间划分为小院空间，置湖石、石笋、竹、蕉，构成一幅幅小景画面。若自揖峰轩再东去则又有一组环绕冠云峰而建的建筑群，冠云峰在苏州各园的太湖石峰中尺度最高，它姿态挺拔，气势傲岸。在冠云峰的东西两旁，又有两峰作为陪衬，东为

留园寒碧山庄图

留园曲溪楼

瑞云峰，西为岫云峰，石峰南面隔小池有林泉耆硕之馆，石峰以北有冠云楼为屏，登楼可远眺虎丘诸山风光。

留园素以建筑空间处理精妙见称于苏州诸园，游人无论从鹤所入园，

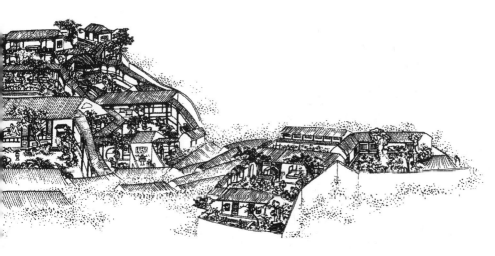

经五峰仙馆一区至清风池馆、曲溪楼到达中部山池；或是经园门曲折而入，过曲溪楼、五峰仙馆而进入东园，都可感受到空间上大小、明暗、开阔、高低的对比，空间序列极有节奏，空间造型极富变化，把中国古典园林的空间艺术发挥得淋漓尽致。

沧浪亭为苏州现存最古老的园林，最初为五代时期王公贵族的花园，后被北宋名士苏舜钦购置，取名沧浪亭。元明时期，该园荒废，清康熙年间重修后形成今日规模，现园内面积约 1.08 公顷，风格古朴，崇阜广水，杂花修竹，妙趣天成，别具一格。

沧浪亭的特点是水在园外，沿水用湖石叠成池岸，遍植杨、柳、桃花。园内外以廊墙分隔，一反高墙深院常规，将园内园外之景融为一体。入北门之前，迎面有曲桥，桥头上有沧浪胜迹坊，上刻"沧浪胜迹"，过石桥入园北门，在门屋东南两面墙壁上，嵌有沧浪僧画的沧浪亭图、苏舜钦《沧浪亭记》和宋荦的《重修沧浪亭记》。

由于园外已有自然水景，故园中以山为主景，建筑环山布置，东部山体因借原来地形，以土为主，山脚黄石护坡，山上砌铺磴道，配置以干矮叶阔的箬竹和参天古木，作成了植被丰满、乔木荫翳的深山景象。沧浪亭

留园冠云峰

隐影于浓荫之中，古亭方形，石柱上镌刻一副楹联："清风明月本无价，近水远山皆有情"，景象苍古质野。假山西部则以玲珑剔透的湖石堆叠成半山环绕池潭的景象，池潭岸高而水低，陡峻若临深渊。

沧浪亭园中周设回廊，入门由西廊南行，至西南小院，院内的枫杨树大可合抱，枝叶繁盛，院墙上嵌有多幅砖雕，刻画有历史人物故事。东侧为清香馆和五百名贤祠，祠内墙上嵌有本地历代名人线刻肖像及小传。再南有翠玲珑和看山楼，翠玲珑是一座面阔 3 间的小屋，绿窗四面，前后掩映竹、柏、芭蕉，境极清幽。看山楼结构精巧，高旷清凉，可远眺园南一带优美的田园风光。看山楼下有石屋两间，门楣上刻有清道光帝书"印心石屋"四字，屋中置石凳，夏季纳凉休息最为相宜，石屋前叠砌假山，围成小院，洞门上所刻"圆灵证盟"为林则徐手书。由翠玲珑东折，可达掩映于假山古木中的明道堂，该堂为院中最大的建筑，采用了周绕回廊、严整对称的庭院式布局，环境肃静，与明道堂南北相对有瑶华境界，二者构成了园内的主轴线。

沿入口回廊东行，可达面水轩，再东有复廊，外临清池，内依山林，廊间墙壁上开着各式花窗，两面可行，可自廊窗从外面向里看园内景色，也可透过花窗观赏园外的风光，园内园外，似隔非隔，山崖水际，欲断又连，耐人品味。外侧游廊除小厅"面水轩"外，还有小亭"观鱼处"，可坐观池中游鱼，俯览园外水景。除假山、碑石外，花墙亦是沧浪亭为人称道的一绝，其漏窗式样和图案，丰富多彩，无一雷同。

寄畅园位于江苏无锡惠山东麓，锡山西麓，南傍惠山寺，始建于明代正德年间（1506—1521 年），清末重建。园子占地约 1 万平方米，布局上

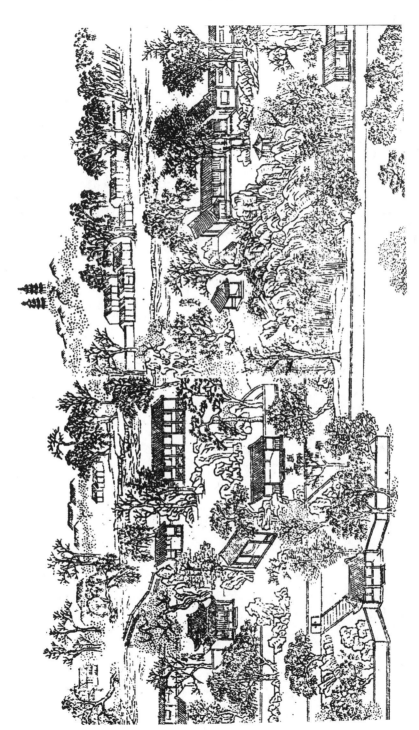

沧浪亭鸟瞰图

沧浪亭水景

沧浪亭

结合了东西狭窄、南北纵长、东高西低的地形特点，高处堆山，低处掘池，并以中部为中心，沿纵长园址布置景物，并借惠山景色，形成富于自然之趣的山水园林，为江南著名园林。

园门原设于东墙中部位置，临惠山横街。今由西南角入园，迎面为花厅，过花厅有峰石叠翠如屏，穿过假山石洞，园景豁然呈现，一泓碧水称锦汇漪，当年池中常有画舫、酒舸之嬉，倒影如锦。开阔的水面形成园中疏朗的空间，池西沿岸的水

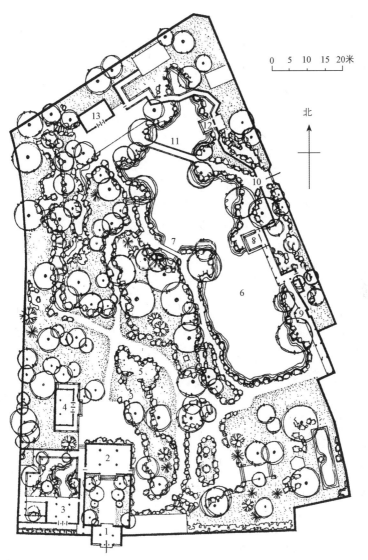

寄畅园平面图

北

0　5　10　15　20米

1.大门　2.双孝祠　3.秉礼堂　4.含贞斋　5.九狮台　6.锦汇漪　7.鹤步滩
8.知鱼槛　9.郁盘　10.清响　11.七星桥　12.涵碧亭　13.嘉树堂

寄畅园鸟瞰图

寄畅园借景惠山

湾港汊、石梁以及鹤步滩均为叠石佳品。岸西所布假山，取平岗麓坡之形，逶迤连绵，山石巍然，怪石嵯峨，林木翁郁，与园外惠山雄浑自然的气势相呼应，好似惠山余脉。雄奇的假山，一方面将园外锡山、惠山的自然景色掩映于园内，使假山与真山融为一体；一方面又与水景结合，山奇水秀，相映成趣。池东是亭榭回廊，沿廊涉步至郁盘亭，游人可于此小坐，观赏隔岸假山和园外惠山景色，前行至临水小榭"知鱼槛"，俯览池中锦鳞，富有情趣。池对岸有石矶"鹤步滩"突于水中，与知鱼槛相夹峙，既形成两岸对景，又增加了纵向池面的景深层次。园北又有七星桥横卧绿波之上，更将水面景深拉长，意味深远。西岸的假山不仅可观，亦可游，山中奇岩夹径，涧道盘曲，引惠山泉水入山中构成了曲涧、澄潭、飞瀑、流泉等诸股水系，水流宛转迭落，称八音涧。八音涧的设计是利用流经墙外的二泉伏流，伴随着涧道曲径，引入假山中，顺地势倾斜，泉水自上而下，叮咚的泉声在峡谷中缭绕回荡，若空谷回音，意境奇妙。出八音涧有九狮台，山势隆兀，石峦层叠，树木葱郁，有湖石点缀其中，形状怪异有若雄狮。

　　寄畅园虽不广大，但由于它妙于借景，近以惠山为背景，远以东南方

寄畅园八音洞

锡山龙光塔为借景，将园外之景借入园内，使景物突破了视觉的限制，使人感到园景开阔，幽深莫测，是中国园林中运用借景手法的成功范例。此外，园中景物剪裁得当，手法简洁而效果丰富。

个园坐落在扬州古城东北隅，是清嘉庆、道光年间盐商黄应泰的私家园林，占地约2.4万平方米，园中原植竹甚众，因竹叶像"个"字，故名个园。此园布局紧凑，以小景见长，并尤以四季假山的叠石著称。

入园门，修竹迎面，令人清心悦目，竹间点植石笋，衬以粉墙，寓意春日山林的意境，使人感到春意盎然。过春山至园中主要建筑宜雨轩，又称桂花厅，厅敞四面，庭中植桂花，芬芳馥郁；厅后有水池，池作湖泊形，并伸出水湾、港汊、溪涧，水体自然而多变。环池布有奇石古木，倒映水中，跨石梁可达池北沿墙而建的七间长楼"壶天自春"，登楼可鸟瞰全园景色。楼西南又有一泓池水，池北岸湖石假山，设有洞溪、曲岸、幽洞、钟乳之属，绿荫掩映，流水萦回，山内洞府深邃，清凉幽静。山外石青木翠，夏意浓浓，故称夏山。由于夏山南向，故能在夏日阳光下获得山岩与阴凉的洞壑间强烈的对比，渲染了盛夏水洞的诱人魅力。循长楼游廊东行可达园东黄石假山，石洞磴道盘旋上下，壁岸涧谷变化万千，山隙间古柏青枝与嶙峋山势浑然天成，山体坐东面西，夕阳西照，色如黄金，宛如一幅秋山图卷，故名秋山，成为宜雨轩西面令人陶醉的对景。秋山山顶有宽敞的顶坪，是游人秋日登高之处，"驻秋阁"高踞其上，为全园最高处，可俯览园中全景，亦可远眺扬州瘦西湖、平山堂和观音山诸景，是因借远景的妙笔。在秋山西南麓有一座南向的小厅，名"透风漏月"，厅前有用宣石掇叠的假山，白色石峰若残雪未消，此即冬山。在雪山的后墙上，朝着扬州常年主导的东北风方向开有四排圆洞，利用高墙狭巷间气流变化，产生北风呼啸的效果，构思十分巧妙。在西墙上

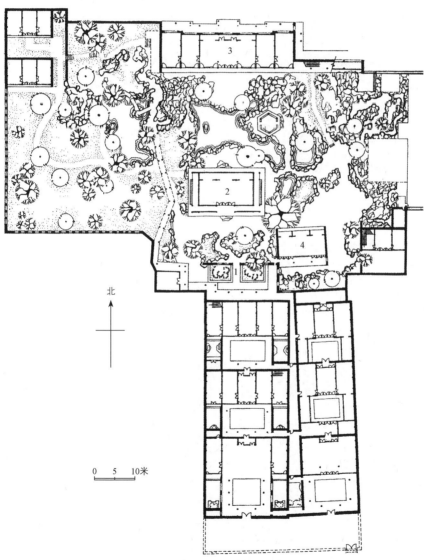

扬州个园平面图

北

0　5　10米

1.园门　2.桂花厅（宜雨轩）　3.抱山楼（壶天自春）　4.透风漏月

个园夏山

个园秋山

又开有漏窗，窗外隐约又见春山的修篁石笋，揭示出四季周而复始、春回大地的情趣。

在中国园林中，假山为一奇，而中国造园史上又有"扬州以名园胜，名园以叠石胜"的说法，个园四季假山天造地设，富有画意，可称扬州假山的代表。

余荫山房为岭南四大名园之一，位于广州市番禺区，始建于清同治年间，现保存较为完整，园门设于西南角，入门经过一个小天井，天井西侧依墙植有腊梅花一株，构成小景。右行穿过月洞门，迎面是一幅壁塑，成为对景。折而北为第二道门，门上的一副藏头对联"余地三弓红雨足，荫天一角绿云深"，点出"余荫"之意，进入门内便是园林的西半部景区。

西半部以方形水池为中心，池南有"临池别馆"，面阔一间，池北有

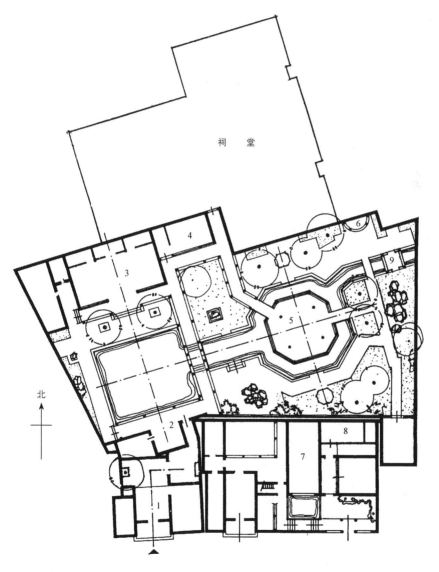

1. 园门　2. 临池别馆　3. 深柳堂　4. 榄核厅　5. 玲珑水榭
6. 来薰亭　7. 船厅　8. 书房　9. 孔雀亭（船亭）

余荫山房平面图

正厅"深柳堂",面阔 3 间,堂前的月台下植有炮仗花树两株,树身古藤缠绕,树冠花开时宛如花伞张盖。深柳堂与临池别馆隔水相望,构成西半部庭院的南北中轴线。水池的东面为游廊,当中即为拱形亭桥,拱桥与方池形成的横轴与西半部庭院的南北中轴线相交于池心,并向园林东半部延伸,与位于东半部的主体建筑"玲珑水榭"轴线重合,而构成整个园林的东西向轴线。

东半部面积稍大,中央是八边形的水池,有水渠穿过亭桥,与西半部的方形水池相通。八边形水池的正中即八边形的"玲珑水榭",八面来风,可以环眺周围的园景。园中的南墙和东墙一带堆叠着小型假山,周围种植竹丛,画意盎然。园东北角有一座方形船亭横跨水渠,取名"孔雀亭",其北面沿墙建有一座"来薰亭",此亭为圆形半壁亭,与孔雀方亭呈方圆对比。玲珑水榭的西北面有平桥通接游廊,游廊蜿蜒迁曲,与西半部的深柳堂和拱形亭桥相连。

余荫山房的园林风格体现了中西方文化的交融,如水池采用西方园林惯用的规整形状,近于圆形,并列组成水庭。园中的建筑内外敞透,雕饰丰富,尤以木雕、砖雕、灰塑最为精致。主要厅堂的露明梁架上均饰以木雕,有百兽图、百子图、百鸟朝凤等多种题材。某些园林小品,如栏杆、雕饰也运用了西洋园林建筑的装饰手法,呈现出中西合璧的样式。广州地处亚热带,故而植物繁茂,园林中经年常绿,花开似锦。

园林的南部相对独立,是园主人日常起居、读书的地方,取名"瑜园"。瑜园由一系列形状各异的小庭院组成,以中部的船厅为中心,船厅前后布置小天井,内置花木,厅南有一方水池,构成小巧精致的水景,登上船厅的二楼则可俯瞰余荫山房的全景及园外的借景。

由于造园风格的转变,明清园林在许多方面获得空前的成就,例如景观立意和内容大为扩展,不再局限于远山近水的静观欣赏,而兼容一切有趣的园林景观。生活建筑的增多,使园林内空间变化更为丰富,以厅屋、门宇、墙廊相分隔,室内室外空间相穿插,形成启闭开阖、旷奥疏密、随意自如的环境,比前代园林空间形态要自由生动许多,在空间构图方面取得了很高的艺术成就。受益于明清时期工艺美术的发展,在园林形式美方

余荫山房

面，包括门窗、屏栏、铺地、盆栽、月洞、花墙、联匾、题刻、砖木石雕、油饰彩画等园林建筑装饰已达到很高水平，增加了园林的观赏内容。

园林功能生活化是明清园林艺术发展的一个趋向，随着造园的普及，园林和生活结合得更紧密，园中的活动内容增多，建筑物的比重也有所提高。园林中大量增建殿、阁、堂、馆等建筑，以及花厅、书房、碑碣、珍石等，皇家园林中甚至包容佛寺、道观、宗庙、戏台、买卖街等内容。明末上海的豫园，有堂四座，楼阁六座，斋、室、轩、祠十余座，除了日常生活所需的房屋外，还有"纯阳阁""关侯祠""山神祠""大士庵"，以及祭祖的祠堂、接待高僧的禅堂，集住宅、佛庵、道观、祠堂、客房于一园。明末著名文学家王世贞的弇山园，建有佛阁者二，楼者五，堂者三，书室者四，轩者一，亭者十，修廊者一，桥之石者二、木者六，石梁者五，流杯者二。一园之中，有如此众多的建筑物，说明园林和日常生活的密切关系，是住宅的扩大与延伸，"居"成为园林的重要功能。随着园内活动增多，房屋比重提高，景物配置也相应增加。如王世贞的弇山园，总面积 70余亩，园中除了上述 25 座房屋、一条长廊、13 座桥梁外，还有"为山者三，为岭者一""为洞者、为滩若濑者各四""诸岩磴涧壑，不可以指计，竹木卉草香药之类，不可以勾股计（意即不可用面积计）"[1]。又如王心一的归田园居，占地 30 亩，除有堂、馆、亭、阁 20 余处外，也有黄石山、湖石山数处，峰岭高下重复，洞壑涧坳连属，峰石罗峙于水边和山上，在面积有限的园林中，既要安排众多的活动内容，又要追求丰富的自然意趣，必然产生造园要素密集化，这是明末以后私家园林的共同趋向。

在小型园林内追求丰富的意境，必须精雕细刻，才能适应近距离欣赏的需要。景物布置要"宜花""宜月""宜雪""宜雨""宜暑"，可供各种时令和气候条件下游览。空间处理需讲究小中见大、曲折幽深和多层次的画面。假山遂垒成各种洞壑、涧谷、峰峙、崖壁，追求奇峭多变。园林建筑也已从住宅建筑式样中分化出来，自成一格，具有活泼、玲珑、淡雅的特点，尤其在亭阁、漏窗、装修、铺地等方面的特色更为突出。

苏州的网师园即以小巧精妙而著名，该园初建于乾隆年间，嘉庆、道光时又重修，面积仅约 5 亩。园内布局可划分为三区，南面以小山丛桂轩、蹈和馆、琴室为一区，构成居住宴聚的小庭院；北面以五峰书屋、集虚斋、看松读画轩、殿春簃等组成以书房为主的庭院一区；中部的一区则以水池为中心，配以花木、山石、建筑，形成主景区。

由园门"网师小筑"入园，经过一段狭促的曲廊到达山石丛错的小山丛桂轩，此轩为四面厅形式，轩北临湖以黄石叠山，名云冈，由于叠山的障景作用，使体量较大的轩馆退于湖面主景环境之外，从而保证了水面空间的开阔效果，此处植物则以桂树为主，突出了"小山丛桂"意象。由此轩再经一段低小的曲廊即来到中部水池，水面呈湖泊特征，突出了"网师""渔隐"的主题，池水荡漾，景色开朗，水池面积虽仅半亩余，但因水面聚而不分，而依然感到很开阔，特别是水池在东南和西北两处又各伸出水湾，并于沿岸叠石中布置了石矶、钓台、拱桥、石板牵桥，一则刻画出了湖泊的特征，再则亦使池面产生水广波延与源头不尽之感。池中不植莲蕖，以便使天光山色、廊屋树影尽映于池中，起到丰富园中景致的作用。池南临水有濯缨水阁，造型玲珑轻巧。西有曲廊卧波，廊间有亭曰

---

[1]　[明]王世贞：《弇山园记》。

网师园平面图

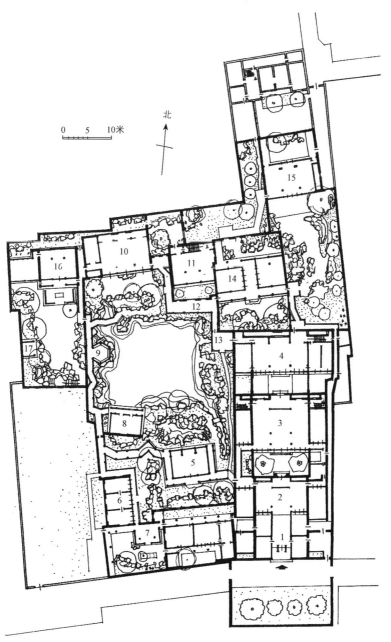

北

0　5　10米

1. 宅门　2. 轿厅　3. 大厅　4. 撷秀楼　5. 小山丛桂轩　6. 蹈和馆　7. 琴室　8. 濯缨水阁
9. 月到风来亭　10. 看松读画轩　11. 集虚斋　12. 竹外一枝轩　13. 射鸭廊　14. 五峰书屋
15. 梯云室　16. 殿春簃　17. 冷泉亭

网师园鸟瞰图

"月到风来"，于此处可待月迎风，俯观云水之变幻。在池东，与此亭隔池相望，是一片粉墙，墙前衬以空廊，配以叠石藤蔓，好似一幅水墨丹青。东北隅是竹外一枝轩，空间通透开敞，前后竹影婆娑。池北则是位置稍稍退后的"看松读画轩"，轩前叠有黄石假山，石间老树盘结，有黑松、罗汉松、白皮松、柏之类，姿态古拙，为一园之胜。看松读画轩隔水与濯缨水阁相望，然一大一小，一隐一显，互相衬托，产生出丰富的对比效果。园子西北隅是一区庭院，名殿春簃，园子虽小，但山水俱全，庭中峰石崭列，树木疏朗，冷泉清冽。泉旁建有冷泉亭，亭中有灵璧石，相传为明代

网师园水景

大画家唐伯虎宅的遗物。建于美国纽约大都会博物馆的中国式庭园——"明轩"，即是以此院为范本设计的，此庭院也因此名扬海外。

　　17 世纪下半叶，中国园林艺术随中国的青铜器、漆器、绘画、刺绣、家具等造型艺术和工艺美术一起传入欧洲，并引起极大的反响，其中尤使欧洲人感到惊奇的就是中国的园林艺术。与欧洲规整的人工园林不同，中国那种朴素、雅淡且丰富多变的自然景色引起了他们的极大赞赏，于是从英国开始，而后是法国、意大利、德国、瑞典等国家，掀起了模仿和建造中国式园林的浪潮。欧式园林中不仅出现了中国式的塔、桥、亭、阁等点缀性的小型建筑物，而且园内还布置假山、叠筑山洞，河流逶迤宛转，道路自然曲折，树木则疏密有致。虽说这股模仿浪潮开阔了欧洲人的眼界，丰富了欧洲园林的艺术内容，但由于中西方文化的差异，具有深刻文化内涵的中国园林艺术是很难为欧洲人所把握的。一位18世纪的英国建筑师钱伯斯曾感慨道：布置中国式花园的艺术是极其困难的，对于智能平平的人来说，几乎完全办不到的……在中国，造园是一种专门的职业，需要广博的才能，只有很少的人能达到化境。[1] 由此也可以看出，中国古典园林艺术确是一门有深厚博大文化根基的高妙神奇的艺术。

在理论探索方面，这一时期涌现出了一大批造园著述，如《园冶》《一家言》《长物志》，也有许多著述以较大篇幅涉及造园理论，如《岩栖幽事》《太平清话》《素园石谱》《山斋清闲供笺》《考槃余事》《花镜》，以及李斗的《扬州画舫录》、钱泳的《履园丛话》等文献。造园名家也是人才辈出，如计成、李渔、文震亨、张南垣、戈裕良、张然、张连、仇好石等。中国园林通过这一时期的总结与提炼，在艺术上达到了炉火纯青的境界，并形成了自己独特、完整的艺术体系。

第四节　居住建筑

中国现存民居建筑大多为明清时期的遗存，丰富而多样，为中国建筑文化提供了极有意义的滋养。各地区各民族由于生活习惯、思想文化、建筑材料、构造方式、地理气候条件等诸多因素的差异，形成居住建筑的千变万化。诸如北京四合院，藏族的雕房，蒙古族的蒙古包，维吾尔族木架土拱平顶房，陕西与河南的窑洞，瑶族、壮族和苗族的吊脚楼，傣族干栏式竹楼，彝族的土掌房，纳西族的井干房，黎族的船屋，云南的一颗印住宅等，都在演化过程中形成各种独特的平面布置，以适应不同环境的要求，最终形成一个地区或一个民族的特色和传统。即便是同一地区和民族，由于各阶层地位和生活

---

[1]　[英]威廉·钱伯斯著：《东方造园论》，邱博舜译，台北联经出版事业股份有限公司2012年版。

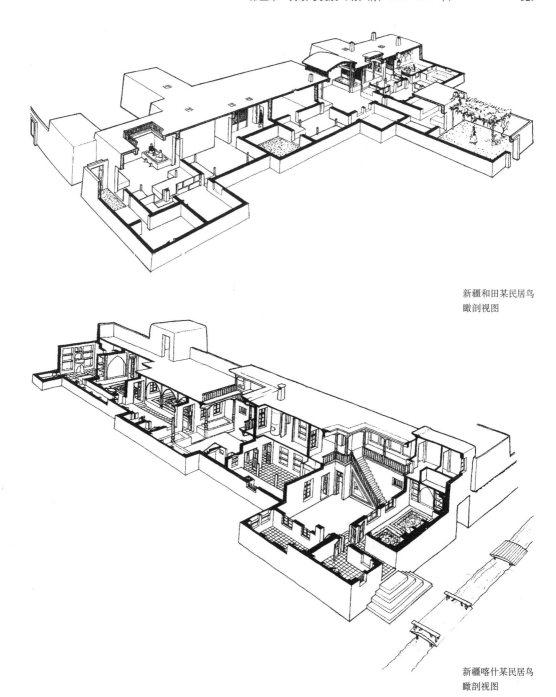

新疆和田某民居鸟
瞰剖视图

新疆喀什某民居鸟
瞰剖视图

广西龙胜县金竹寨
民居

方式的不同，也使住宅建筑千差万别，如北京四合院可以有一正两厢、三合院、四合院、两进院、多进四合院、带侧院及花厅的四合院，以及开设侧轴线的大型四合院，尚有由北入口的倒座式四合院，东西厢入口的四合院等多种样式。

　　湖南湘潭地区的民居基本平面可分为一字形、曲尺形、门字形、H形，凡较大型的住宅都是在这四种平面基础上相互叠加、复合组成的。广东潮汕地区的民居基本单元是门形和口形的"爬

云南昆明一颗印
民居

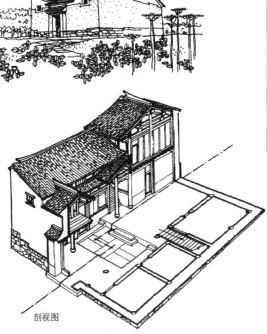

剖视图

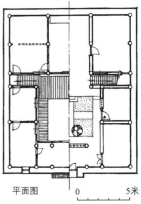

平面图　　　　0　　　5米

狮"与"四点金"，以此为基础反复组合，增加"厝包""从厝""后包"的办法，可以演化出各种平面组合，如"三壁连""三落二从厝""三落四从厝""驷马拖车""八厅相向"等平面形式。此外如浙江的"几间几厢房"式，闽粤的"三堂加横屋"式，皆可演化出一系列从简到繁的标准住宅形式。这种系列化、程式化的设计方式可简化工作程序，保证平面与立面的比例、尺度关系及组合群体的协调性，而且施工简便，构件统一，面积灵活，适应各种不同的使用要求。

　　坐落于浙江省东阳县东郊的东阳卢宅建筑群，是古代婺州地区传统住宅的典型代表，主体的部分由多组轴线组成，并被流经的雅溪所环绕。有一条鹅卵石铺成的大街贯穿东西，街北的"肃雍堂"一组轴线是主要的建筑，堂的东侧与之平行的有"世德堂"轴线和"大夫第"轴线，西侧与之平行的是"世进七第"轴线，靠北与肃雍堂平行的有"五台堂"轴线，南面临街有"柱史第""五云堂""冰玉堂"等轴线，其中有不少为明代的遗构。在雅溪以西的还有卢氏相堂、善庆堂、嘉会堂、宪臣堂、树德堂、惇叙堂等，各组轴线中的主体厅堂均用硕大的木料作为梁架，装饰华丽，富丽堂皇。肃雍堂是卢氏宗族的公共厅堂，是整个卢宅建筑群的主轴线，建筑规模庞大，在整个建筑群中的地位显得十分的突出。大堂面阔 3 间、进

闽南民居

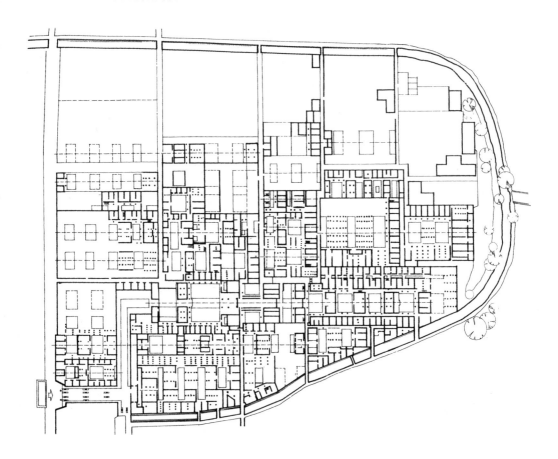

东阳卢宅总平面图

深 10 檩，有左右挟屋。大堂屋顶由两个人字形的坡顶组成，梁柱用材讲究，雕刻细腻精致。梁柱之间不用瓜柱，而是采用坐斗及重拱，梁头伸出柱外，雕刻成各种图案。不论是斗、拱，还是梁、枋、檩，只要是可以雕刻的地方，都刻有花纹、线脚等纹样，能彩绘的地方都施彩绘，十分富丽华贵，体现了江浙一带民居的品质与风格。

　　民居建筑常常在空间与地形的结合、空间的层次感、内外空间的交融等方面具有灵活的布置和巧妙的处理，如四川丘陵地区民居广泛应用台、挑、吊、拖、坡、梭等手法在复杂的地形上盖房子。浙江山区亦多利用分层筑台，来争取建房用地，尤其是出挑与吊脚更是滨水地区及西南山区常用的方式。如湘西吊脚楼、重庆吊脚楼，以及黔东南苗族的半边楼，都取得了扩大空间的实效。中国的黔、滇和湘西是苗族的主要居住地，其居住

东阳卢宅木雕

点称苗寨，一般由几家或几十家组成单元寨，再由一个个单元寨形成群寨。每个寨子的选址都十分讲究，既要保证基址稳固安全，又要有防御性；既不能占粮田，又需要满足近田傍水之利。因此，苗寨均疏密有序地分布在山坡、平坝和交通较为方便的地方，从而形成了高坡寨、山腰寨和山脚寨三种主要类型。由于寨内的屋舍均是顺应自然地势灵活布置，寨子的整体轮廓高下错落，起伏多变，很有天然图画的韵味。苗家的单体住宅一般以开间为单元横向展开，既有仅一开间的小室，也有多至 5 开间的大屋，视每户的人口和资财而定，但以 3 开间最为普遍，典型的是二层加阁楼的吊脚楼。楼底层不住人，用于堆放杂物和关养家畜，构造上为半敞开或全敞开，既经济又实用，顶部的阁楼主要做储藏室。居住与起居活动被安排在二层，中部设置为堂屋，前部有火塘，供全家聚坐取暖，屋前以吊脚或悬挑的方式悬吊出前廊，作为家务、晒衣、休息、"行歌坐月"等活动的多功能空间。此外，屋舍尽端或山墙一端加设晒台。由于苗寨所处地区木材较为丰富，故苗家建筑以木结构为主，结构形式非常巧妙，由于全部木结构均祖露在填充墙之外，因而屋舍整体表现出朴素的结构美和构造美。特别是宽达 1.5 米的挑廊用穿插枋和吊柱悬吊在前檐下，使整个建筑

贵州西江千户苗寨 的立体造型显得轻巧和空透，具有十分浓郁的乡土特色和民族特色。

中国民居对室外空间的使用非常重视，将其视为生活空间不可缺少的要素。庭院与天井均为民居的重要组成部分，对其形状、开闭，以及花木、墙体、小品、铺地等皆精心选配，形成独特的艺术风格。北京的四合院是最为典型的中国古代庭院式住宅，一般有前、中、后三院，或内、外两院，大门设于外院或前院的东南角；进入大门迎面为影壁，尘嚣为之一扫，入门西折即为前院。前院与内院隔以中门和院墙，前院外人可到，内院非请勿入，前院通常进深较浅，院中布置门房、客厅、客房，并在隅角设杂物小院。中门常为垂花门，位于中轴线上，界分内外，内院由正房、厢房以及正房两侧的耳房组成，正房为长辈的起居处，厢房为晚辈的住房，正房以北可另辟狭长院落为后院，布置厨、厕、贮藏、仆役住室等。较大的四合院增加数进院落，或加设跨院，此外，也可扩地经营宅园，布

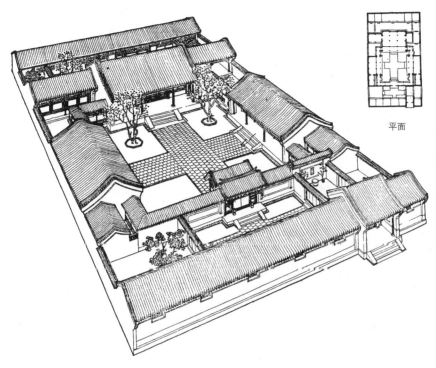

北京四合院鸟瞰图

平面

置山池花木。

　　北京的四合院采用中轴线对称布局，主次分明，反映了中国传统儒家"中正无邪，礼之使也"思想。在儒家看来，生活于社会中的人，在个体与个体、个体与群体、群体与群体之间存在着政治、经济、社会、伦理等种种复杂关系，这些关系不是杂乱无章的，而是井然有序的，即君臣、父子、夫妇、长幼、尊卑等，由此构成一整套人伦之网。儒家希望通过有"正君臣""笃父子""睦兄弟""齐上下""别夫妇"等多重功能的建筑安排，来实现"助人君""明教化""经国家""定社稷""序人民"的目的。依照儒家所言，礼为根本，若礼能被遵守，"仁乐忠孝悌恕贞信"也在其中了，这正是古代建筑特殊的文化功能。人们生活在这种环境中，潜移默化地受到熏染和影响，他们的世界观、人生观、社会行为以至于言谈举止自然会留下这些约束的痕迹，而这也正是四合院建筑的重要文化功能之一。

　　封闭性是北京四合院的一个显著特点，反映了古代中国人的内向心态。

北京四合院的
垂花门

北京四合院以院墙和房屋围合成内向的院落，对内开敞，对外隔绝，邻里间虽一墙之隔，但却俨然两个天地。这种模式只强调家庭内聚向心，而不求家庭单元之间的横向联系，这无疑反映了中国传统文化所特有的社会组织方式和社会人际关系。然而这种内向封闭式的院落也形成了独有的环境优势和魅力，它把功能不同、体量造型亦不尽相同的各种房屋组织在一起，同时又制造了宜人的院落空间，院内栽花植树，陈设鱼缸、盆景、鸟笼，上纳天光，下接地气，隔绝中又获得了无限的开放。随着四季更替，人们于院内春天观花，夏日纳凉，秋来赏果，冬至踏雪，皆成妙趣。加之四合院有防风沙、防噪音、防干扰的优点，因而至今仍为人们所乐于居住。

安徽省歙县等地的徽州民居也是较为典型的合院式民居类型，其特点是宅第、祠堂等都有高墙围绕，房屋的外墙只开少数几个小窗，通常用磨砖或墨色的青石雕砌成各种形状的漏窗，点缀在粉墙之上；山墙多为阶梯形式，高出屋面，有些墙头也采用卷草如意一类的图案作装饰；大门的框架大多用青石砌筑，上有磨砖砌成的门罩或门楼，上面有各种各样的雕刻作为装饰。一般民居多为三合院或四合院，院内辟有小型的方形庭园，房屋多为两层。进门的前庭多为天井，两旁建有厢房，楼下的明间作为堂屋，左右间作为居室。楼上称"跑马楼"，四角围以雕刻精细的木栏杆、牛腿、隔扇、梁头等处都有各种各样的纹饰。黄山市潜口的"司谏第"是徽派民居典型代表，建于明弘治八年（1495 年），是明初的进士汪善后代的宅第，因为汪善在朝中担任谏官，故名"司谏第"。现存前厅面阔 3 间，7.8 米，进深 6.6 米，木构架中保留着梭柱、月梁等古拙做法，叉手、单步梁和斗拱上都有精美的雕刻。

徽州呈坎民居

徽州宏村民居

徽州黟县民居

　　由于气候和民俗等因素的影响，各地民居的室内外空间组合各有不同，北京四合院的舒展，苏州庭院的雅致，昆明一颗印的小巧，丽江民居的活泼，回族庄窠式民居的朴实，吉林民居的宏阔，潮州民居的华丽，山东荣成渔村民居的厚重等，庭院的各自格调和特有的地方做法都为地方民居增加了特有的美感，展示了各自独特的魅力。相对而言，北方民居内外空间区分明确，空间性格旷朗；南方民居内外空间渗透，性格含蓄。气候温热的喀什、大理民居把室外空间处理成廊厦，多雨湿冷的桂北地区民居则将室外家务活动安排在室内。

　　明清时期的庭院式民居非常注意空间层次序列安排，为增强延续感，除依靠空间的开合交替、体量变化之外，以建筑手法进行空间分隔也起了很大的作用，如照壁、影壁、垂花门、砖门楼、屏门、游廊、过洞、花墙等，使院落中每一空间都有完整的景观。

　　位于山西省襄汾县城南的丁村民宅计有明、清民居院落 20 多座，分为北院（明末）、中院（清初）、南院（清末）三个建筑群，有正厅、厢房、观景楼、门楼、绣楼、倒座、牌楼、牌坊等各种建筑，共计 282 间。丁村民居至今基本保留着明清时期的布局特色，所有的院落都坐北朝南，整体结构严谨规整，平面构图匀称美观。其中明代的院门位置大多在东南

角，清代的院门则较为灵活多变，位置不同，造型也各异，建筑构件上常
有丰富的装饰雕刻，装饰题材丰富多样，有人物、花卉、飞禽走兽、古典
戏曲、历史故事等题材，如"岳母刺字""龙凤呈祥""喜鹊闹梅""八仙
图""和合二仙"等图案，刻工精致流畅，人物栩栩如生，是中国明、清
民居中雕刻艺术的上佳之作。

　　位于陕西省韩城市东北的党家村古民居建筑群，始建于元代，明清两代继续扩建，现村内有建于 600 多年前的 100 多套四合院和保存完整的城堡、暗道、风水塔、贞节牌坊、家祠、哨楼等建筑以及族谱、村史等，是传统民居的活化石。村落由巷道组成，街道呈"井""十""T"字形格局，青石铺路，东西向的主巷穿村而过，次巷、端巷与主巷连接，并符合地形排水方向。巷道地面一律墁石铺装，断面呈凹形，交通与排水共用之。现存民居院落有门楼、照壁、侧壁等，门楼上都有木雕、砖雕、石雕装缀的匾额，门前有抱鼓石、上马石和拴马铁环，门窗、柱础石多有精美的雕刻装饰。

　　内方、封闭、防御性是中国传统合院式住宅的一个共同特征。福建客家土楼是中国最具防御性的一种聚居建筑形式。客家是指因战乱而逐

党家村古民居
平面图

北

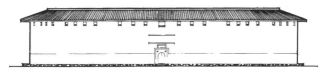

福建华安县二宜楼

立面图

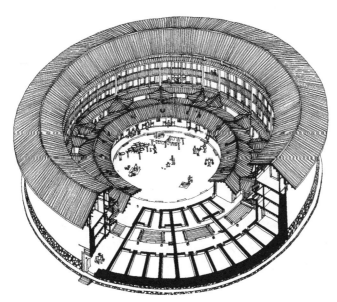

鸟瞰图

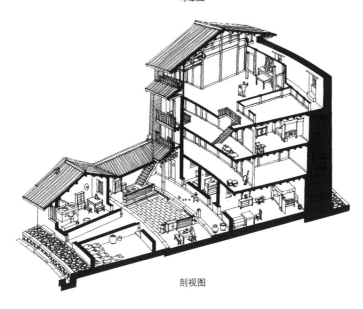

剖视图

步南迁的中原汉族人，至今在闽、粤、赣三省交界处居住的客家人都还保持着聚族而居的居住方式，而民居形式却又多种多样。客家民居的原始形态是"三堂两横制"，这种形制也是通行于三省交界处的基本民居形制，保留至今。由于客家人聚族而居，建筑面积较一般住宅扩大许多。居住在福建龙岩、永定的客家人将"三堂两横"民居的后堂改为四层，两侧横屋改为三层或两层，形成前低后高、左右辅翼、中轴对称的"五凤楼"形制，随着防御的需要和人口的增加，客家人将全宅四围全部改为三至四层高楼，形成方形大土楼的形制，福建永定县高坡乡的遗经楼是这类土楼的代表，占地1万多平方米，建筑面积4000余平方米，由五层高的一字形后楼与四层高的凹字形前楼围合而成，前楼正中开正门，两侧开侧门。前楼为内通廊式布局，底层为厨房，二层是谷仓，三、四两层是卧室，后楼为单元式样的住房。院子的中心布置了一组以祖堂为核心的天井式建筑，是举行祭祀活动和婚丧喜庆的场所，这种院中院的布局被称为"楼包厝，厝包楼"式。在方楼大门前面还布置有一组由两层楼房围合的方形前院，紧靠前楼大门的两侧又对称布置了一个小型的二合院，使前院的平面呈倒"T"字形。前院小巧紧凑，是族人学文习武的场所，也构成了进入方楼前的过渡空间，同时烘托出了方楼的宏伟高大。整个方楼外墙面用白灰粉刷，墙上开有大大小小的窗洞，巨大的歇山式屋顶高低错落地覆盖在厚实的土墙之上，白色平实的墙面与黑色的瓦顶及木制构件形成强烈的对比，俨然一座防御森严、气势轩昂的古堡。

由于早期方形土楼存在着设计上的缺点，如出现死角房间，全楼整体刚度差，构件复杂，较费木材等，因此、福建永定县南部及南靖县一带的客家人借鉴了漳州一带圆形城堡的建造经验，创制了圆形大土楼。漳州地处滨海，海盗匪患严重，很早这里的居民即已借鉴圆形碉堡的形式建造出适合自身居住的民居，又称圆寨。福建华安县仙都乡的二宜楼为圆形土楼的代表作品，楼的直径71.2米，整个建筑由内外两个环形土楼组成，内环仅一层高，外环高四层，外墙厚约2.5米，仅第四层开小窗，具有极强的封闭性，全楼设有一个主入口，两个次入口。外环共52个开间，除正门、祖堂及两个边门占据4个开间外，其余48个开间分隔为12个独立的居住

福建永定遗经楼

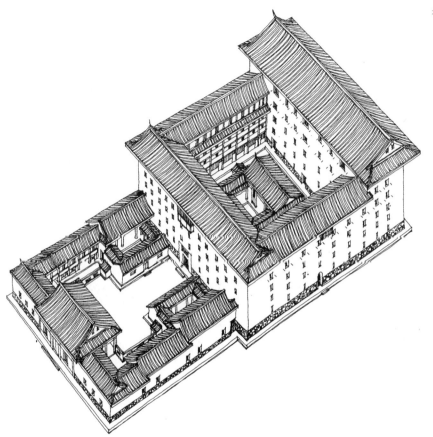

单元，内环被布置为各户的前庭，内外环用联廊相接，其间形成各单元独立的户内天井。居民先由大门进入中心内院，再由内院进入各户内环的门厅进到庭院，门厅两侧是厨房和库房，外环的一、二、三层为卧房，四层为神堂，供奉祖宗牌位。各单元内侧有走廊相连，平时以门相隔，遇有特殊情况可开启形成通道，在第四层厅堂靠外墙一侧留有 1 米宽的内部环形甬道，甬道与各户厅堂有门相通，遇有敌情，全族迅速登临甬道，由四层的窗洞观测情况，进行防御。圆楼中心的庭院除作为交通集散之用外，还是聚会、晾晒农作物的场所。

　　传统民居往往因地制宜，就地取材，发展出各地区特有的做法，如墙体就可以有编竹墙、竹篾墙、竹栅、竹排、编竹夹泥墙等多种构造形式；

福建南靖土楼

福建土楼内景

永定振成楼

稻麦草也可做屋面、草辫墙等。个别地区尚有特殊的地方材料做法，如内蒙古地区牧民以牛粪掺泥抹在木板外壁做保温材料，黑龙江地区以黑土胶泥卷成土毡，置于屋面上做防水材料，冀东地区广泛使用青灰做屋面防水材料。地方材料的应用为各地民居建筑增添了形式美和地方特色，如云南傣族竹楼的编竹墙由于竹篾光泽的变化而形成活泼的几何图案。厦门一带使用的胭脂红砖，艳丽非常，与块石混砌，十分新颖别致。

　　在利用地区特有的地质、气候以及自然地貌条件、地方材料等方面，中国西北地区的窑洞住宅积累了成功的经验。中国西北地区气候干燥少雨，居住在陕西、甘肃、山西及河南一部分黄土高原地区的居民采用了窑洞的居住形式，同时也创造了特有的生态居住文化。这些窑洞因山就势，修筑简便，冬暖夏凉，造价低廉，具有广泛的适用性。由于地貌和习俗的不同，窑洞也有靠崖式、下沉式、独立式等多种形式。靠崖式是在黄土高坡的断崖一侧挖掘拱形的洞穴，在窑口边缘用土坯或砖砌出拱券窑脸，装置门窗。这种窑居可根据生活需要和地形条件挖成单孔、双孔或多孔形式，还可在窑前加建地面建筑，围砌院墙，形成别具一格的院落，如陕西米脂县姜耀祖庄园，由上、中、下三排窑洞院落组成，外围筑有 10 米高的寨墙，东北角设有角楼，墙垣上设有碉堡，南侧为拱形

陕西米脂窑洞

山西平陆地窨窑洞

的堡门和曲折的隧道。整个窑洞庄园因借地形变化，起伏跌宕，与自然
环境融为一体，十分壮观。下沉式窑洞的特点是在黄土塬地平以下挖掘
出下沉式的方井院落，四边或三边掏掘窑洞，形成别致的地下四合院格
局，如甘肃宁县早胜镇北街村的地坑院民居和河南省三门峡市西张村的

下沉式窑洞院落。独立式窑洞是在山前或山坡较缓的平地上，靠山一侧用黄土夯筑或用砖石砌筑窑墙，其上砌筑土坯拱或砖石拱，拱上覆土，起到保温、防水的作用。有的地方利用下层窑洞的屋顶作为上层窑洞的前院，形成层层叠累的景象，一口口曲线形的窑洞民居与层层叠崖形成了刚柔和虚实的对比，以广袤的黄土高原为背景，显得既质朴无华，又雄浑厚重。

传统民居大多采用木构架体系，在北方基本上以抬梁式为主，是重屋盖构架，可获得较大的室内空间，但用材较多；而南方以穿斗架为主，是轻屋盖构架，但柱柱落地，影响空间使用。但不论哪种构架都具有灵活的优点，首先民居基本采用硬山式或悬山式的两坡顶，统一步距，统一开间，简化了构件种类；其次屋顶各檩位是随意确定的，可高可低，可设计成直坡，也可设计成曲坡；可以是对称的前后坡，也可前坡长后坡短，还可加设披檐，也可做成叠落檐，总之每榀构架可随使用需要变化。再者，在长期发展中，抬梁穿斗两种体系也产生了交混的现象，穿斗架中融合进抬梁因素，在减柱的穿斗架中部分穿枋也具有承重性质，更增加了民居构架的灵活性，如广西壮族、侗族和云南傣族的干栏式住宅。此外，穿斗架还可用增加步架、改用长短柱、出挑楼、出披檐、加吊脚等办法来改变构架形式，既创造出变化丰富的立面形象，又为地方民居增加了特有的美感。

中国云南、广西、贵州等亚热带地区，气候炎热、潮湿、多雨，当地少数民族常采用下部架空的干栏式的住宅形式，以利于采光、通风、防水、防盗、防虫兽，其中以傣族的干栏式住宅最具代表性。分布在云南西双版纳和瑞丽的傣族村寨，其住宅建筑较多地保留着本民族的特点，村寨中的每一户住家都有自己独立的竹篱院落，院中种植果木瓜蔬，环境怡爽。入柴门至屋舍披檐下的木楼梯，登楼即达二层楼的前廊。因为当地气候炎热，人们喜欢在户外活动，二楼的前廊就成了家人从事家务劳动及接待宾客的地方，也是整个建筑最有生活情趣的空间场所。在前廊的一端，常延伸为晾架，人们在这里晾晒农作物、衣服及柴草。室内平面一般为矩形，常作内外室之分，外室有火塘，阴雨天此处即为全家人的起居室，同时也是客人的夜宿之处。内室则为全家人的卧室，多套在外室内，用隔墙相隔。

　　早先傣族的干栏式住宅常为全竹或半竹（楼层、隔墙用竹子），屋面则有草葺和瓦葺两种，屋顶的造型一般为方整的歇山式，屋面坡度陡峻，出檐很大，一方面有利于排水和降低室温，另一方面也使得整个宅舍的造型轻巧、空灵、飘逸。近代多采用红瓦屋顶，使一栋栋房舍像一朵朵彩蝶飞舞在绿荫中，给村寨带来了神奇的魅力和绚丽的风情。

傣族干栏式民居

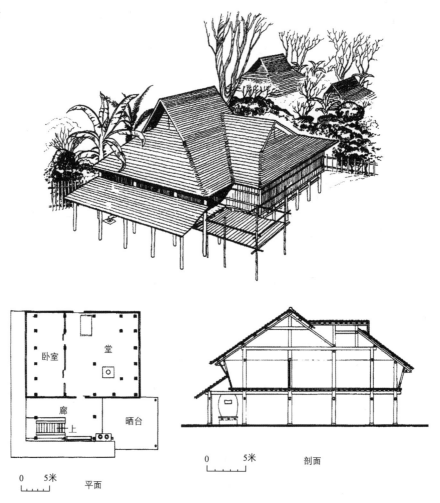

第五节　建筑造型与技术的演变

　　明清两代建筑是唐宋建筑的继承和发展，其风格虽不及唐宋建筑舒展开朗，但较唐宋建筑更为严谨整饬。明清的单体建筑在宋、元基础上向新的定型化方向演化，建筑格调较以朱柱、白墙、青瓦为基调的唐宋时期已迥然有别，绚丽的琉璃瓦屋顶、素洁的汉白玉台基、绛红的宫墙、青绿叠晕的彩画组成华丽的格调，显示了明清建筑趋于华美的发展方向。

同时，单体形象的定型化和总体组合的灵活性相结合，取得了几乎完美的艺术效果。

1. 大木作

明清两代的官式单体木构建筑向强化整体性、构件装饰性和施工便利性三个方面发展。明代的建筑虽然沿用唐宋以来实行的侧脚和生起的做法，但生起量和侧脚值都大为减小，至清代则原则上舍弃不用，使各柱等高，额枋平直，檐口的线形也随之变得平直，只有屋角才起翘，屋檐和屋脊也由曲线变为直线。由于出檐减小和屋角起翘短促，使整个建筑外形失去了唐宋时期的舒展而富有弹性的神采，显得较为拘谨和僵硬，但也因此增添了凝练和稳重。明代木构架已普遍采用穿插枋，改进了宋代木构架因檐柱与内柱间缺乏联络而不稳定的缺陷。楼阁建筑则废弃了宋以前流行的层叠式构架，代之以柱子从地面直通到屋面的通柱式构架，从而加强了建筑物的整体性。柱头科上的梁头（挑尖梁头）向外延伸，直接承托挑檐檩，取代了宋元时期下昂所起的作用，使檐部与柱子的结构组合更趋合理。屋架与屋架之间的纵向联系简化为檩、垫、枋三件。梁的断面加宽，取消琴面、月梁和梭柱的细部处理，使曲线减少，直线增多，在室内营造出了一种简洁明快的效果。

斗拱原本在官式建筑中起着重要的结构与装饰作用，到明代，由于挑尖梁头直接承托檐部，斗拱的结构作用下降，加之砖墙的普及而使出檐减小，遂使斗拱的尺度也因之变小，出跳减少，高度降低，如清代斗拱的高度只占柱高的 1/5 至 1/6，而宋代要占到柱高的 1/2 到 1/3；清代建筑的斗拱出挑只占全部出檐长的 36% 左右，而宋代要占到 45% 左右。加之清代建筑的出檐长度本身就减少了许多，如明清时期出檐长度只为柱高的 1/3，而唐宋时期几近柱高一半。这些变化说明，由于结构作用的退化，斗拱过去那种硕大的用料已无必要，减小尺寸是必然趋势。斗拱用料减小和排列繁密，彻底改变了它在建筑外观上所起的作用，即由粗犷有力的结构造型转向了纤细复杂的构造装饰。唐宋时期柱间斗拱一般仅布置 1—3 朵，至清代最多则可达 9—11 朵，加之彩绘艳丽，装饰效果十分强烈。

斗拱的演变

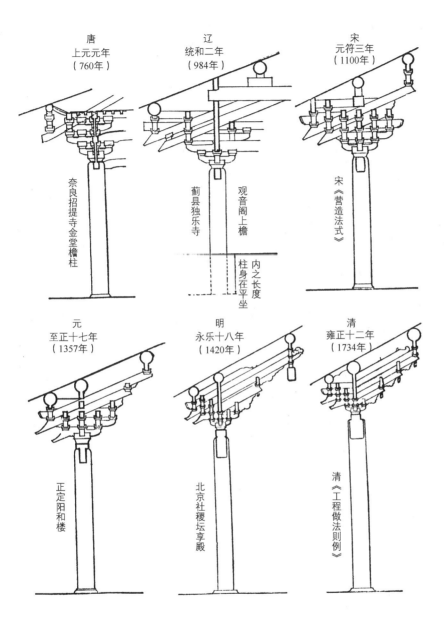

唐
上元元年
（760年）

奈良招提寺金堂檐柱

辽
统和二年
（984年）

蓟县独乐寺 观音阁上檐

内之长度 柱身在平坐

宋
元符三年
（1100年）

宋《营造法式》

元
至正十七年
（1357年）

正定阳和楼

明
永乐十八年
（1420年）

北京社稷坛享殿

清
雍正十二年
（1734年）

清《工程做法则例》

　　明清时期改变了宋代制定屋顶坡度的举折制度，采用新的称为举架的计算方法，使屋顶的造型发生了较大的变化。其具体做法是从下至上依照下缓上峻的原则，以两檩之间的垂直距离与水平距离之比为量度，制定出五举、六举、六五举、七举……直至九五举各种坡度级次，以此适应不同体量、不同跨度和不同等级的建筑需要。在屋顶的造型处理方面，明清时期还运用了一些十分细腻的手法，如对歇山式屋顶实行称为收山的做法，即屋顶的正脊从山面檐柱一线向内收进一檩径，使得山面一侧的坡屋面和山花及翼角的比例更加匀称，同时对山花相应进行封檐处理，由此形成了明清时期歇山屋顶特有的明快风格。唐宋时期在庑殿顶上出现的"推山"做法，到明清时期已成为定式被广泛使用，这种做法是将屋顶的正脊向山面推出，使得屋顶的45度斜脊的水平投影不是45度的斜向直线，而是内凹的曲线，在空间上这条斜脊实际上是双曲线，人们从任何方向看过去，都是一条曲线，使得庑殿屋顶的造型趋于完美。

　　由于大木作技术的进步，明清时期出现了不少巨大体量的殿阁，如北京清漪园38米高的佛香阁，为清代第二大木构建筑；常州天宁禅寺大雄宝殿高达"九丈九尺"，殿内柱高九丈；又如张掖弘仁寺的大佛殿，为了

清代举架

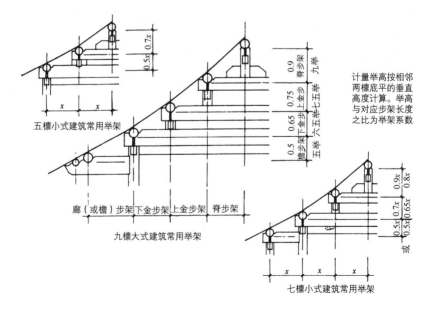

安放泥塑大卧佛，而将此殿建为面阔 9 间、进深 7 间、面积达 1200 平方米的两层佛殿。建于清雍正十一年（1733 年）的北京觉生寺的大钟楼，内部的永乐大钟重 46.5 吨，荷载完全悬吊在钟楼的屋架上，表现了工匠在设计与施工中高超的技术。清乾隆二十年（1755 年）乾隆帝平定准噶尔部达瓦齐叛乱，为了庆功，于乾隆二十年十月在承德避暑山庄宴飨参加平叛的厄鲁特四部，分别封以职衔，并依西藏三摩耶庙之式建了"普宁"庙，庙内建主体建筑"大乘之阁"，高 39 米，高度在中国现有的木构建筑中居第三位，是这一时期大型楼阁建筑的代表。

大乘阁平面为凸字形，面阔 7 间，进深 6 间，柱网分布为内外两圈，底层的正面有突出的抱厦 5 间。阁的外观呈现为五层，出檐为六层，阁的中央由内圈柱围合成宽 5 间、深 3 间的空井，直通四层天花板下，高达 24 米，空井中供奉着一尊金漆木雕千手千眼菩萨像，高 21.85 米，立于石雕须弥莲花宝座上，神态威严，是中国著名的大型木雕佛像之一。在空井周围设有跑马廊，用以观瞻佛像。

大乘阁的外轮廓自下而上逐渐内收，层高也逐层降低，使得体形稳定而高耸，由于每层均挑出屋檐，加之槏花门窗细致精美，使得阁体在伟岸中又不失轻巧之感。为了与环境相互协调，大乘阁的立面采用了不同的处理手法，在南立面为了突出建筑的入口和显示楼阁的高耸，将第二层处理为重檐，形成六层屋檐的外观。为突出主入口，在第一层建筑的正面增建 5 间歇山顶的抱厦，抱厦及两侧的屋顶做成卷棚式，同时第二层重檐的下檐也做成卷棚式与之形成呼应。阁的东西侧立面下部两层做成带有藏式梯形窗的实墙，三层位置开镂空的槏花窗，两者形成虚实对比，丰富了墙面的表现力。为了侧面的实墙不显得过于封闭，在实墙的下半部做成了 3 间抱厦式空廊，可通楼梯间。在阁的两侧有红墙围绕，侧面山墙抱厦的屋檐和隐约露出的墙头，与南面建筑入口的抱厦取得了呼应。阁的北面紧靠山体，室外地平与室内二层相平，外观只有四层，每层均用一道屋檐，意在简洁，并和山体融为一体。阁的精彩部分在其屋顶，共由 5 个攒尖式屋顶组成，象征着须弥山，中央的屋顶建于第五层之上，下面 4 个小顶坐于第四层上，象征着金刚宝座塔。丰富的组合屋顶打破了单一屋顶的呆板，使

承德普宁寺平面图

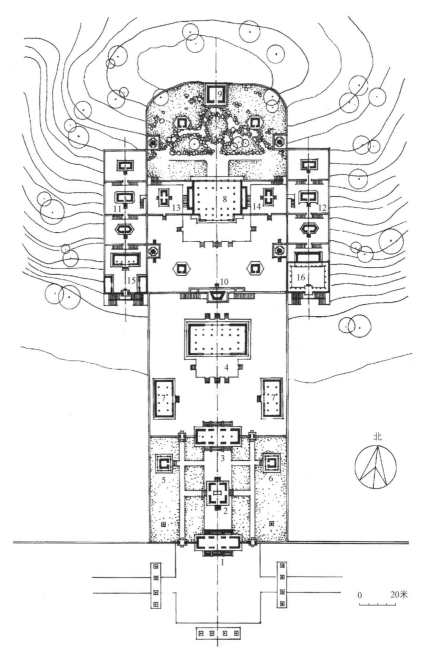

1.山门 2.碑亭 3.天王殿 4.大雄宝殿 5.鼓楼 6.钟楼 7.配殿 8.大乘之阁 9.北俱卢洲
10.南赡部洲 11.西牛货洲 12.东胜身洲 13.月光殿 14.日光殿 15.讲经堂 16.妙严室

普宁寺大乘阁千手
千眼观世音菩萨

普宁寺大乘阁

整个建筑造型显得活泼、新颖。5 个屋顶上置有鎏金宝顶，在蓝天的映衬下格外耀眼，也与四周深绿色的古松及错落布置的红、白台等附属建筑构成强烈的色彩对比。

广西壮族自治区容县城东的经略台真武阁是这一时期具有特色的地方楼阁建筑，根据文献记载，经略台始建于唐大历三年（768 年），为操练军士和欣赏风景之用。明洪武十年（1377 年），建玄武宫于台上，奉祀真武大帝以镇火神。明万历元年（1573 年）又大兴土木加以扩建，建成坐北朝南的三层楼阁，阁楼周围还有廊舍、垣墙、钟磬、鼎炉等附属建筑和设施，经过数百年的风雨，几度兴废，仅真武阁仍巍然屹立，保存至今。

真武阁通高 13.2 米，面阔 13.8 米，进深 11.2 米，用近 3000 件大小不等、坚如石质的铁力木构件组合而成，楼阁的底层开敞，矗立着 20 根笔直挺立的巨柱，8 根直通顶楼，是三层楼阁全部荷载的支柱。柱之间用梁枋相互连接，柱上各施插拱，上面承托梭木，有力地把楼阁托住。二层楼有 4 根内柱，用以承负上层的楼板、梁架、配柱和屋瓦等。该楼

真武阁

阁结构中最为奇特、最为精巧的部分是悬空柱，由于上下两层有 18 根梁枋穿过檐柱，组成两组严密的"杠杆式"结构，拱头承托外面宽大厚重的瓦檐，拱尾在"杠杆结构"的平衡作用下托起室内的四根悬空柱，使之离地 3 厘米，全阁虽历经 400 多年的风雨袭击和地震摇撼，仍稳固如初。

还有一些建筑与山水结合，造型独特，构思巧绝，如鬼斧神工，显示了中国古代建筑的特有神韵。附萃于重庆忠县长江北岸玉印山的石宝寨是附崖建筑的代表，玉印山为一孤峰，四周峭壁如削，山顶上有一座天子殿，登临此处，可俯瞰长江滚滚巨流，山光帆影尽入眼帘。登顶的唯一通路即

石宝寨

是这座九层高的附崖楼阁，高 50 余米，层层递升，直通山顶，最上又覆以重檐方亭，累计有十一层檐，犹如一座玲珑宝塔，成为独特的江上奇观。山西浑源悬空寺也是一座附崖建筑的杰作，它不仅依山建造，而且悬挑在山崖峭壁的半山腰，以悬梁或支柱承托楼阁。楼阁间以栈道相通，登楼俯视，如临幻境，云飘雾漫，渊深流急，在谷底仰望悬空寺，有如仙山琼阁。

广西壮族自治区三江林溪河上的程阳永济桥则堪称古代桥梁艺术的绝响，该桥又名"程阳风雨桥"，建于 1916 年，桥长 76 米，宽 3.7 米，木石结构。桥上建有遮雨的长廊，长廊两旁设有长凳，供行人避雨和休息。在 5 个桥墩上又建有 5 座极具侗族风格的楼亭，亭的屋面均为四层塔式重檐顶，上施青瓦白檐，脊端作弯月起翘状，好似金凤展翅翱翔。中亭六角形攒尖顶，如同宝塔，凝重浑厚。侧亭四角攒尖，形如宫殿，端庄富丽。楼亭顶上都安置有葫芦宝顶，最西边的采用了歇山式屋面，变化十分丰富。

悬空寺

程阳风雨桥

楼阁廊檐上绘有许多精美的侗族图案，整个桥面的廊楼建筑造型美观，风韵别致，富有浓郁的民族风格。该桥在结构上也颇具匠心，整座桥梁全部用木材凿榫相互接合，斜穿直套，纵横交错，结构复杂但严谨有序，且雄伟壮观，是侗族高超的建筑艺术水平的体现。此外，坐落于闽东和浙西山区的木拱廊桥也是中国乃至世界木构桥梁的绝唱。

2．内外檐装修

建筑装修与装饰发展到明清时期进入定型阶段，类型多样，纹饰丰富，且工艺水平极高，形成了一整套十分规矩的构图套路和精细严格的操作规程。明清的装修可分为外檐装修和内檐装修两大类，外檐装修指用以分隔室内外的门窗、栏杆、楣子、挂檐板等及室外装饰，内檐装修指划分内部空间的各类罩、隔扇、天花、护墙板等及用于室内的装饰。

门有版门和隔扇门之分，前者用于建筑群的外门如城门、院门等，风格厚重严实，按照使用功能和使用位置的不同，其中又有实榻门、撒带门、屏门之分。在宫殿、王府建筑的外门上，常装饰有门钉、铺首等鎏金构件，显得十分庄严宏丽。隔扇门相对空透轻便，多用于殿堂和一般房屋的外门，在格扇扇心位置安置疏密有序的棂条。

明清时期的窗子有槛窗、支摘窗和什锦窗等不同样式。槛窗又称格扇窗，用于宫殿或寺庙等等级较高的建筑，窗心安置木作菱花，富有装饰意味。支摘窗多用于一般居住建筑中，特点是分为上下两段，上段可以支起以利通风，下段可以摘掉方便采光。什锦窗主要用于园林的廊墙上，有五方、六方、八方、方胜、扇面、石榴、寿桃等样式，既连通廊墙两侧的景致，又起到装饰建筑的作用。

内檐装修在用料、纹饰、做工等方面较之外檐装修更为讲究。罩是用于分隔室内空间的一种装饰，有一种似隔非隔的效果，因其做法和样式不同而分为飞罩、落地罩、栏杆罩、几腿罩、床罩等，一般都施以繁复华丽的雕饰或纹样，如隔扇式落地罩，上施楣子，中部用雕饰华美的飞罩，两侧各用隔扇一面。有的落地罩在中部留出圆形、六方、八方等形状的洞口，称为圆光罩、六方罩、八方罩等，洞口之外的罩体全部施镂空雕和透雕。如需将室内两个空间完全分开，则使用称为碧纱橱的隔扇门，多由八扇或十扇组成一槽，正中两扇可以开启以通内外。此外博古架也起到分隔室内空间的作用，通透性介于罩与碧纱橱之间，一般做成橱柜式样，以大小形状不一的木格组成形式活泼的构图，既可分隔空间，又可摆放古董陈设。

等级较高的建筑，其室内的天花多采用井口天花做法，即将天花设计

北京皇家建筑室内落地罩

为方格，格内置天花板，板上绘制彩画。有些重要的殿宇，在室内中央部位用斗拱、木雕等装饰成藻井，有斗四、斗八、圆形等多种形式。现存著名的藻井作品有故宫太和殿、乾清宫，天坛祈年殿、皇穹宇，承德普乐寺旭光阁，北京戒台寺戒台殿、智化寺万佛阁等。

　　无论是官式建筑，还是地方建筑，用木雕对建筑构件进行装饰成为明清时期一种流行的做法，并由于用料、技法、风格等因素而形成了黄杨木雕、潮州木雕、龙眼木雕、朱金木雕和东阳木雕等不同流派。木雕行业在清《工程做法则例》中被列为雕銮作，建筑木雕的装饰部位和雕饰手法都趋于定型，其手法主要有线刻、阳活、揿阳、锼窟窿、大挖、圆身等。在建筑上施用部位主要为垂花门、雀替、花牙子、匾

苏州建筑室内装修落地圆罩

徽州民居木雕 1　　徽州民居木雕 2

额、挂檐板、门簪等，在建筑大木构件上使用的木雕装饰，一般只是略加雕琢，突出其构造的自然美，如花梁头、挑尖梁头、霸王拳额枋出头、荷叶角背，斗拱的曲线昂头、麻叶头撑头木尾、秤杆下的菊花头、三富云头等。室内则主要用于隔扇裙板、飞罩、花罩、藻井等处。

3. 彩画

明清时期是中国建筑彩画发展的繁盛阶段，尤以清代为最高峰。施用彩画的部位除建筑的梁、枋外，还有柱头、斗拱、檩身、垫板、天花、椽头等处。一般而言，柱身通常为红色，在柱头与额枋平齐的地方用和玺彩画的箍头或旋子彩画的藻头。柱头科和角科的斗和升用蓝色，昂和翘用绿色，平身科的构件与之用色相反。拱眼和垫拱板用红色，以突出斗拱。天花以绿色为主调，支条用深绿，井口用中绿，中间的方光用浅绿或浅蓝，圆光用蓝色，内绘龙、凤、鹤或吉祥文字。椽身为绿色，望板用红色，对比十分强烈。圆形椽头多画宝珠，并呈退晕效果，排列时蓝绿相间；方椽头多用金色的"卍"字，衬以绿底。总的来讲，不但施色鲜艳，而且图案丰富，极富装饰意味，但同时也趋于程式化和制度化。按照建筑等级和风格的不同，明清时期的建筑彩画主要分为和玺彩画、旋子彩画、苏式彩画三种风格和做法。

　　和玺彩画为彩画中的最高等级，用于宫殿、坛庙等重要建筑上，细分又有金龙和玺、龙凤和玺、龙草和玺等不同画法，其主要特点是在梁枋两端的箍头处绘有座龙的盒子，盒子内侧绘制齿状的藻头，内饰降龙图案，在枋心位置绘制行龙图案。主要的线条及龙、宝珠等用沥粉贴金，较少用晕。色彩上主要是以蓝绿底色相间布置形成对比，并衬托金色图案，如明间上蓝下绿，次间则上绿下蓝，同一梁枋上也是采取蓝绿相错的手法。

　　旋子彩画较和玺彩画低一个等级，但应用范围极广，宫殿、坛庙的次要建筑及一般的庙宇、官衙等都使用旋子彩画。其主要特点是两端的箍头内不绘龙，而是绘制西番莲、牡丹和几何式图案，在两侧的藻头内使用带卷涡纹的花瓣，即旋子。藻头中的图案呈现为一整二破的构图，在梁枋较长的情况下，可以在旋子间增加一行或两行花瓣，称为加一路或加二路。梁枋较短时用旋子相套叠，谓之勾丝绕，如恰好形成一整二破的，称为喜相逢。枋心的图案以锦纹和花卉为主，根据彩绘中用金多少、图案内容和颜色的层次，旋子彩绘又分为金琢墨石碾玉、烟琢墨石碾玉、金线大点金、墨线大点金、金线小点金、墨线小点金、雅乌墨、雄黄玉旋子、混金旋子九种不同的形式，针对建筑等级、位置、风格等不同而相应采用不同的做法。

　　苏式彩画多用于园林、住宅中，按构图的不同可以分为枋心式、包袱式、掐箍头搭包袱、掐箍头和海墁苏画等种种。苏式彩画在梁枋两端的箍头处多用联珠、卍字、回纹等，藻头画有由如意头演变而来的卡子，但苏式彩画的最大特点是在被称为包袱枋心上的彩绘，内中常绘有人物故事、山水风景、博古器物等，丰富活泼。若按彩画的工艺做法划分，苏式彩画也有金琢墨、金线、墨线、黄线和混金做法诸种，其中以金琢墨最为华丽和精细。

4．砖石与琉璃

　　制砖技术发展到明清时期有了极大进步，由于砖窑容量增加和用煤烧砖开始普及，砖的产量猛增，为房屋使用砖墙提供了有利条件，各地的城墙也得以更新为砖墙。元代以前，房屋墙体还是以土坯砖或夯土为主，即

和玺彩画

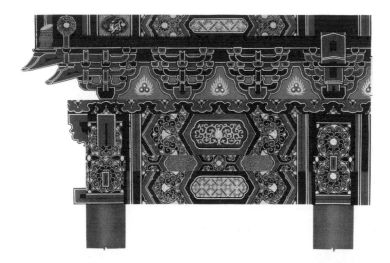

旋子彩画

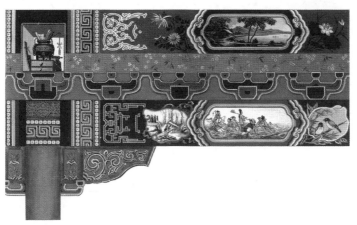

苏式彩画

便是高档建筑的殿堂，也只用砖垒砌墙体下部作为墙基，上部仍用土筑。及至明代，砖墙才遍于全国各地。砖墙作为围护结构，虽然不起承重作用，但其防雨、防水性能使以硬山为代表的砖墙围护体系受到广泛欢迎，迅速在各地盛行。制砖技术的进步，又使砖的装修、装饰作用得以发挥，江南一带，出现了做工精细的砖贴面和砖线脚，赋予建筑淡雅、细腻、挺括的效果。砖雕装饰构件在明清两代的住宅、祠堂、塔等建筑上也被广泛应用，甚至出现了全部用砖拱砌成的建筑"无梁殿"，实例有北京皇史宬、山西太原永祚寺无梁殿等。这一时期城墙普遍包砌城砖，并用砖修筑长城，现存砖筑的长城主要为明代所修，其中八达岭长城是明代长城中保存最完整和最有代表性的一段，当年明代在距北京70余公里的八达岭至南口一线的峡谷设置了四重防线，即岔道城、居庸外镇、居庸关城和南口，居庸外镇即八达岭长城，是居庸关最重要的一道防线。八达岭长城东西建有二门，西

长城

门曰"北门锁钥"，东门称"居庸外镇"。这段长城的墙身高大坚固，土心砖表，下部加砌条石，断面呈梯形，上部宽约 5.8 米，底部宽 6.5 米，可供五马并驰，10 人并行，平均高度约 7.8 米，有些地方高达 14 米。墙顶用方砖铺砌，地势陡峭处则砌成梯道。墙顶外侧砌筑高 2 米的城堞，上为瞭望口，下为射击口，内侧筑高 1 米的女儿墙，作挡墙用，在墙体内每隔不远处有登城的券门道，在每隔半华里或一华里处，依墙筑有外凸并高出墙体的方形城台，城台有单层墙台、两层高的敌台和三层高的战台之分，墙台台面与墙顶齐，外砌垛口，内筑女墙，上有简屋。敌台下层有砖砌小室，可容 10 余人住。宏伟的八达岭长城沿山脊线延伸，蜿蜒起伏，清晰地勾勒出了山势的轮廓，城上坚实雄壮的敌台与矗立于崇山峻岭上的烽火台遥相呼应，既打破了城墙的单调感，又使高低起伏的山形更显得雄奇险峻，山因城奇，城固山壮，气势磅礴，产生了震撼人心的艺术感染力。

　　明清时期官式建筑中等级较高的建筑及民间较重要的建筑，在石作与砖作中常要进行雕刻装饰，以突出建筑的高贵与华丽，同时昭示建筑的等级与使用者的身份。石雕装饰主要出现在须弥座、石栏杆、券脸、门鼓石、滚墩石、柱顶石、夹杆石和御路、踏跺等部位。就占建筑单体造型重要比重的须弥座而论，明清时期取消了壶门雕刻，缩短了束腰高度，轮廓较唐宋时期更为简明。在须弥座上装有石栏杆和向外挑出的泄水龙头，直立挺拔的望柱和水平伸出的龙头形成了呼应和平衡关系。天坛祈年殿有三层须弥座，每层的龙头都不尽相同，第一层以朦胧的龙形象征龙生之初的混沌状态；第二层为龙种鱼形，暗喻鱼化为龙的过程；第三层则完全显现

须弥座

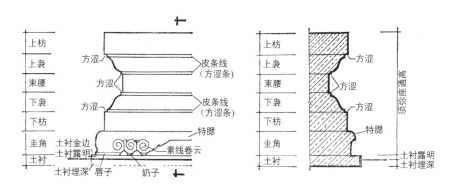

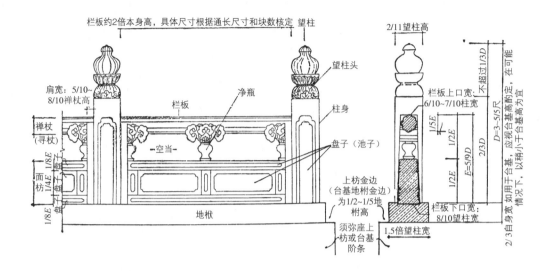

石栏杆

了龙的形象，其构思与寓意给祈年殿须弥座平添了神奇的色彩。

　　明清时期石雕装饰的部位、图案样式已趋于制度化和程式化，雕刻技法也相应细分为平活、凿活、透活和圆身四种。平活即平雕，含阴线、阳线两种做法，但阳线本身没有凸凹的变化；凿活指浮雕，包括浅浮雕和深浮雕，细分则有"揪阳""浅活""深活"等手法；透活指透雕；圆身即圆雕。在实际操作中，这些手法也可根据雕饰的对象或雕饰的部位搭配使用或一起使用，创造出符合建筑结构与构造逻辑且变化丰富的艺术作品。这一时期出现了一种完全以石材雕凿而成的建筑，同时也是塔的一种新类型，即金刚宝座塔，现在世界上有六座金刚宝座塔，其中五座在中国，即北京真觉寺金刚宝座塔、碧云寺金刚宝座塔、西黄寺清静化域塔、云南省昆明市妙湛寺妙应兰若塔，内蒙古自治区呼和浩特市金刚舍利塔，国外一座为印度的佛陀伽耶精舍。

　　真觉寺金刚宝座塔为中国同类塔中年代最早、雕刻最精美的一座，俗称"五塔寺塔"。明成祖永乐年间（1403—1424年），印度高僧班迪达向明成祖朱棣皇上进贡5尊金刚界金佛，成祖即敕建真觉寺，并诏令为金佛建塔，成化九年（1473年）竣工。20世纪初寺毁，但塔尚保存完好，成为现存最早的金刚宝塔实物。塔由汉白玉石和砖砌筑而成，通高17米，分宝座和五塔两部分。宝座正方形，高 7.7 米，前后辟有门，内有阶梯，盘旋可达宝座顶部。顶部有 5 座石塔和琉璃罩亭，相传 5 尊金刚界金佛分别埋在 5 座石塔之下，塔的造型仿照印度佛陀伽耶精舍而建，具有浓厚的印度风格。金刚宝座塔的雕刻是该塔艺术的重要组成部分，雕刻题材极其丰富，手法细腻生动，塔座和 5 塔上雕刻绚丽多姿的佛像、花草、鸟兽等图案，如同佛国的天堂，其中有一对佛的足迹，象征“佛迹天下”之意，被视为佛的象征。而金刚宝座的台座则象征须弥山，五座小塔则象征须弥山上的五峰。

砖雕在明清特别是清乾隆朝以后得到极大发展，由于易于加工，在市井中得到普及，常被使用在墀头、砖檐、影壁心、须弥座、屋脊及宝顶、透风、宅院门、槛墙、廊心墙和匾圈处，以及什锦窗、墙帽和店铺挂檐板等部位。雕刻的手法分为烧活、搕活、凿活和堆活，其核心技法是凿活，细分又有阴线、平活、浅活、深活、透窟窿、透活和圆身等做法。由于各地区、各民族传统题材和雕作技法的不同，如北方砖雕的简洁大方，南方砖雕的纤巧雅致等，表现出鲜明的地域风格和民族风格。

琉璃构件的制作在明清时期色彩更加丰富，图案精美，质地细密。色彩有浅黄、中黄、深黄、草绿、翠绿、深绿、天蓝、紫、红、褐、黑、白多种。除宫阙、寺观等重要建筑普遍使用琉璃瓦屋顶外，一些以琉璃为造型手段建造的琉璃塔、琉璃门、琉璃照壁也大量出现。其中琉璃塔的杰出代表有南京大报恩寺塔，山西洪洞广胜寺飞虹塔、阳城海会寺塔，万历间所建山西五台山狮子窝万佛塔、阳城寿圣寺塔等也是上乘的作品。琉璃照壁以山西大同代王府九龙壁、北京北海九龙壁等尤为宏大精美。万历三十五年（1607 年）所建北京东岳庙牌坊则是已知中国最早的一座琉璃牌坊，另如河北承德避暑山庄北的须弥福寿之庙琉璃牌坊、颐和园智慧海等也是著名的琉璃建筑。这些琉璃建筑物的构件类型复杂繁多，设计、烧制、安装的技术要求很高，充分反映了明清时期琉璃技术的进步。此外，人们还常用琉璃做成器物，如狮子、异兽、香炉、花坛、树坛、绣墩等，用以装点庭院。

5．工部工程做法

明清两代，建筑技术已达完备，清雍正十二年（1734 年），经过在明

北京西黄寺清静化
域塔

北京真觉寺金刚宝
座塔（五塔寺塔）

广东民居砖雕

苏州网师园砖雕　　　　　　　　　　　　福建闽南居民装饰雕刻

代定型化基础上的不断改进与完善，特颁行了工部《工程做法则例》一书，书中列举了 27 种单体建筑的大木做法，相当于 27 个标准设计，并对斗拱、装修、石作、瓦作、铜作、铁作、画作、雕銮作等做法和用工用料都作出了规定，将清朝官式建筑的形式、结构、构造、做法、用工等用官方规范的形式固定下来，形成了规制。在《工程做法则例》中用"斗口"作为木构建筑的基本模数单位，取代了唐宋时期的"材分"制。"斗口"是平身科斗拱坐斗斗口的宽度，按尺寸大小不同被划分为 11 个等级。斗口的功能并不局限于用来衡量斗拱中每个构件的尺寸以及柱、梁等结构构件的断面，而且可确定房屋的进深、间数，进而可以用来确定建筑的总体尺寸。在《工程做法则例》中根据建筑的等级和结构做法，还将建筑划分为大式和小式两种，大式建筑的平面可以有多种丰富的变化，可以带周围廊、抱厦等，可以使用斗拱，也可以使用各种复杂的屋顶样式，并可以做

山西洪洞琉璃塔

须弥福寿之庙琉璃
牌坊

颐和园智慧海

成重檐的形式。这些规定反映了封建等级观念在建筑上的影响，使得建筑在一定程度上成为人们地位、身份的标志。在建筑设计领域，清代的宫廷建筑设计、施工和预算已由专业化的"样房"和"算房"承担，其中样房由雷姓家族世袭，称为"样式雷"，表明建筑设计已经走向了专业化、制度化。

斗口等级

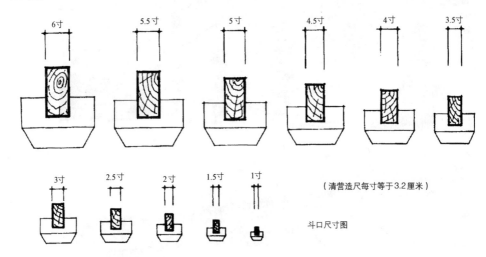

（清营造尺每寸等于3.2厘米）

斗口尺寸图

标准材规格表

标准材等级	斗口口分	足材宽、高尺寸	单材宽、高尺寸
一等材	6寸	6寸×12寸	6寸×8.4寸
二等材	5.5寸	5.5寸×11寸	5.5寸×7.7寸
三等材	5寸	5寸×10寸	5寸×7寸
四等材	4.5寸	4.5寸×9寸	4.5寸×6.3寸
五等材	4寸	4寸×8寸	4寸×5.6寸
六等材	3.5寸	3.5寸×7寸	3.5寸×4.9寸
七等材	3寸	3寸×6寸	3寸×4.2寸
八等材	2.5寸	2.5寸×5寸	2.5寸×3.5寸
九等材	2寸	2寸×4寸	2寸×2.8寸
十等材	1.5寸	1.5寸×3寸	1.5寸×2.1寸
十一等材	1寸	1寸×2寸	1寸×1.4寸

《工程做法则例》的斗口和标准材的等第

　　与北方官式建筑单体构造的严谨相对，江南一带的梁架结构与构造则趋向灵活和变化，并形成了朴素、清丽、雅致的风格。如梭柱仍可见于皖、赣等地，梁的形式也较古拙，除正规月梁外，圆梁常做斜项处理，将梁头支于大斗上。梁的断面有长方形、多棱形、圆形、剜底等多种，单斗只替演化出单斗花拱和单斗素枋。小木作做工更见精细，式样繁多。彩画则在宋代解绿装和丹粉刷饰两种低档品种的基础上发展成淡雅型彩画，常见的有松纹绘饰（土黄刷地后绘棕色木纹）、包袱锦纹彩画以及由如意云发展成的彩画等，敷色以暖色、浅色为主，少量用金，绘饰位置多在室内梁、桁上。砖细、砖雕已较普遍，多见于门头、照壁。家具以简洁、精美见称，总体上和建筑风格和谐统一，形成明清时期南方建筑特有的风貌。

第六章　转型时期

（清末至民国，19 世纪中叶—1948 年）

从 19 世纪中叶至 20 世纪中叶，中华文明受到西方资本主义的冲击而开始向现代民族、现代国家和现代文明转型。这一历史时期，中国一方面面临着内部社会矛盾的激化，另一方面又面对着前所未有的西方资本主义列强的殖民扩张。中华民族在空前危机与共同奋斗中形成了新的凝聚力，在新崛起的工业文明和市场经济的基础上，开始向现代社会转型。国家形态也终于结束了已持续了 2000 多年的封建君主专制制度，开始向现代国家体制转变。由于新型工业文明的诞生与成长，传统的中华文明、中华文化出现了数千年未有之巨变，中国的建筑文化由于城市功能、生活观念和方式、建筑材料和施工方法等诸方面的改变，也出现了根本性的转型，审美观念和价值评判标准也随之发生了重大转变。但是，所有这些转变都仍在进行当中，无论在时间范围内还是在空间范围内，距离转变的完成还很遥远。

第一节　建筑观的演变

1840 年前后，一方面是中国古典的传统文化趋于衰落和解体，另一方面则是西方文化强势来袭，由此形成了中国近代建筑文化变革的格局。19 世纪后半叶，中国资本主义生产方式的存在和发展使得中国传统木结构建筑体系被迫隐退，北京清漪园的重修、河北清陵的营建成为传统建筑的最后回响。随着封建社会结构的迅速解体和西方近代文明的输入，传统建筑体系，包括它的形制、形式、结构，以及构造和材料都未能、也不可能再适应和满足新功能、新观念、新趣味的要求。事实上，人们还未来得及充分地思考，西洋建筑随着西方坚船利炮打开国门，似乎一夜间布满了中国都市商埠的街衢上，向人们不断地传递和灌输着一种新的文明理念，那些标志或体现着西方近代文明生活的银行、工厂、仓库、教堂、饭店、俱乐部、会堂、医院、商场、独立住宅等已经出现在中国的建筑舞台上，并在程度不同地扮演着文化传播者的角色。

如上所述，中国古典建筑在历史上曾有过极为辉煌的成就，在世界建筑史中有着重要的地位。但随着时代的变迁，这种直接植根于旧功能、旧技术基础的建筑体系再难维持下去了，与之相应，旧形式在 18 世纪晚期也渐趋穷境，更多地沿袭而更少地开创，装饰本身亦趋向繁琐和堆砌，艺术水平总体上大大下降。自 18 世纪中叶（清乾隆时期）以后，中国传统建筑的数量并不少，但再无一处堪与前朝媲美，中国建筑处于体系变迁的时代浪潮中，这无疑为西方建筑的引入提供了契机。

西方建筑形式的出现可以追溯到 16 世纪，明嘉靖十四年（1535 年），葡萄牙占濠镜（澳门）为商港，筑城造房，形成了中国领土上最早的西方建筑。清康熙五十九年（1720 年），在当时唯一的对外通商口岸广州建造了租赁给外商居住的十三夷馆，此为外商在中国境内最早建造的商业建筑。清乾隆十年（1745 年），西洋传教士王致诚（J. Attiret）、郎世宁（G. Castiglione）、蒋友仁（M. Benoist）等人在圆明园长春园北部为乾隆建造的一组意大利巴洛克风格的建筑，是为中国庭园兴建西洋建筑的先声，并导引了后期万牲园（现北京动物园）大门和颐和园石舫等巴洛克和洛可可风格的建筑作品出现，形成了所谓"圆明园式"的特有风格。自明万历九年（1581 年）意大利传教士利玛窦（M. Ricci）入广东传教起，欧洲传教士接踵而来，最初的天主教还多是沿用旧有民房，后则由一些传教士自己设计，自行建造教堂。由于受当时欧洲建筑文化的影响，教堂多为哥特式或巴洛克风格，它们大多体量庞大，具有强烈的视觉冲击力，被作为异域文化的象征。

　　1840 年以后，是西方建筑大量输入的时期，至 1895 年，中国境内作为外国列强基地的商埠已达 36 处之多，沿海有广州、福州、厦门、宁波、上海、淡水、琼州、天津、烟台等，内陆有南京、杭州、苏州、汉口、沙市、宜昌、重庆、芜湖、沈阳、济南等地。香港成为割让地，广州的沙面、厦门的鼓浪屿等处则成为外国列强共同侵占的租界地。外国列强在这些地区建立军事据点，驻扎兵营，同时招商购地，设立洋行、仓库，修建码头、海关，以控制金融，垄断海运。与此同时又建造起各种管理、居住及生活娱乐用房——领事馆、工部局、花园住宅、饭店、俱乐部、跑马场等。此外，殖民主义者还兴建了医院、学校、育婴堂、图书馆。在中国的主要大城市中，西方建筑扑面而来，首先是西方建筑形式受到中国官方的认可和推崇，政府特邀外国建筑师为自己设计了一大批重要的建筑物，如北京陆军部、海军部、大理院、资政院大厦及一些地方咨议局等，这些建筑与当时西方流行的古典复兴和折中主义风格的建筑思潮相吻合，多为西方古典形式。

　　20 世纪 30 年代前后，民族意识日渐觉醒，西方建筑作为中西文化

上海外滩

冲突的醒目标志日益引人思考。传统的中国文化虽然一时断裂，但毕竟根深蒂固，源远流长，无时不欲旧梦重温。在传统赖以植根的一般民众中，西方建筑多被视作辱慢的象征，在历次教案中百姓烧毁教堂的行为不能不包含有这种隐匿着的民族情绪。鉴于此，一些外国建筑师早就暗中在学校、医院一类建筑中采用中国固有的建筑形式，如 20 年代的金陵大学、燕京大学、辅仁大学、圣约翰大学、武汉大学、北京协和医院等，已经俨然成为教会建筑的一种特定风格，自此兴起了一股传统复兴的浪潮。但这一浪潮所以能波澜壮阔，还得益于当时的国民政府的倡导和支持。1929 年的《首都计划》中明确提出："政治区之建筑物，宜尽量采用中国固有之形式，凡占代宫殿之优点，务当　　施用。"商业之建筑"其外部仍须具有中国之点缀……外墙之周围皆应加以中国亭阁屋檐之装饰，而嵌线花棚架等式，亦当采用"。至于住宅，则"中国花园之布置，亦复适宜，自当采用"。此外，亦"使置身中国城市者，不致与置身外国城市无殊也"[1]。在官方指定下，一大批国家级的建筑以中国固有形式出现了，如上海市政府办公楼（1931 年，董大酉设计）、南京国民党党史陈列馆（1936 年，基泰工程司事务所设计）、中山陵藏经楼（1936 年，卢树森设计）、南京中央博物馆（1936 年，徐敬直、李惠伯设计，梁思成任顾问）。作为对官方倡导的回应，以《中国建筑》和《建筑月刊》为舆论阵地的中国近代建筑师群莫不以发扬中国固有文化、复兴中国建筑为历史使命，一面提倡"融合东西建筑学之特长，以发扬吾国建筑固有之色彩"[2]，"应采西方建筑之长，保存我东方之固有的建筑色彩，以创造新的建筑形式"[3]。一面更提出："改造中国皇宫式建筑，使之经济合用，而不失东方建筑色彩，为中国建筑师之当前急务"，并认为"欲成一著名大师，亦非取新法使中国式建筑因时制宜，永不落伍，则建筑师之名与此建筑永垂不朽矣"[4]。

---

[1]　《首都计划》，1929 年 12 月 31 日国民政府正式公布。

[2]　《中国建筑》创刊号，1932 年 11 月。

[3]　《建筑月刊》创刊号，1932 年 11 月。

[4]　《中国建筑》1934 年 1 月号。

中华民国上海市政
府立面图

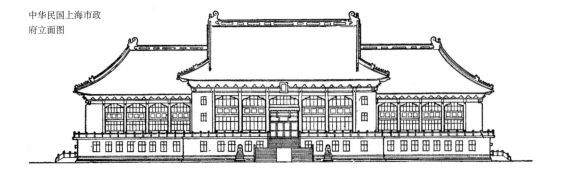

　　中西建筑文化的冲突导致了"民族形式"这一中国近代建筑创作特有
的命题。古代中国人从未对自己的建筑形式提出过疑问，从未有过民族形
式和非民族形式的问题。正是由于近代西方建筑的大量植入，才产生了旧
形式与新功能、传统形式与西洋形式的矛盾；原来和谐的城市和乡村环境
中生硬地插入了异国情调的教堂、学校、办公楼；以表现单体造型为主的
欧美建筑与中国传统的空间构图方式格格不入；而单体建筑的造型手法与
传统建筑相距甚远，以木结构为先决条件的曲线屋顶与绚丽的色彩和新结
构、新材料一时也很难结合，但同时牢固的民族审美观念又无时不在顽强
地表现自己。于是传统的形式先是在工匠建造的近代建筑中有所表现，后
来就变成了建筑师的自觉追求和业主的营造要求，民族形式遂成为近代建
筑创作的新命题。然而，这一命题毕竟只是近代文化冲突下的一时应对之
策，而非中国建筑发展演变中本质规律的表现和产物，最终难以取得突破
和发展，反而愈加暴露了新条件下传统建筑和民族形式思潮本身的弱点，
"不能满足时代需要……对营造之经济适用则不计焉"[1]，"中国宫殿式因为
经济上的损失和时间上的耗费，犹如古典派之不适用于近代，用于政府
建筑亦成过渡"[2]。人们对这种不加深虑而到处搬用的做法由一味盲从转向
怀疑和否定，"中国旧时房屋之不合时用，又不经济为憾事，且今日建筑
界中之提倡中国建筑者徒从事于皮毛。将宫殿庙宇之式样移诸公司厂店公

[1]　《建筑月刊》1934 年 6 月号。
[2]　《中国建筑简史（第二册）中国近代建筑简史》，中国工业出版社 1962 年版，第 180 页。

寓，将古有庙宇变为住宅，将佛塔改为贮水塔，而是否合宜未加深虑，使社会人士对建筑之观念更迷惑不清"[1]。总之，"因为最近建筑工程的进步，在最清醒的建筑立场上看来，宫殿式的结构已不合于近代科学及艺术的理想。宫殿式的产生是由于欣赏中国建筑的外貌"，而"表现中国精神，需要另辟途径"[2]。

20 世纪 30 年代后期，随着社会进程的急速演替，同时也由于西方现代建筑理论和国际主义风格的影响，建筑上的中西之争渐渐为新旧之争所取代，古典建筑形式的严谨、繁琐、单调逐渐被现代建筑形式的灵活、简洁、明快所替换，西方现代建筑渐渐占据了中国近代末期的建筑舞台，建筑师也开始全面接受西方现代建筑运动中功能主义和国际主义的思想。已有人在宣称："不承认'美'的存在，摒弃国家观念，侧重如何适合一切实际的需要"，宣扬"在现代交通发达、文化传播、国际同一式样建筑产生的必然性"的理论[3]，更有人称赞"摩登式之建筑犹白语体之文也，能普及而又切用"。是"顺时代需要之趋势而成功者"[4]，这实际上无疑是中国国际主义风格的初期宣言。

第二节　传统建筑的延续与转折

19 世纪 40 年代到 19 世纪末，随着封建经济的逐步解体与封建王朝的日益衰落，同封建社会生产方式相联系的传统建筑活动总体上走向了衰竭。但由于中国社会发展的不平衡性，使中国的广大地区，特别是中小城

---

[1]　《建筑月刊》1933 年 6 月号："新中国建筑之商榷"。

[2]　梁思成：《为什么研究中国建筑》，见《梁思成全集》第 3 卷，中国建筑工业出版社 2001 年版，第 377 页。

[3]　转引自《中国建筑简史（第二册）中国近代建筑简史》，中国工业出版社 1962 年版，第 180 页。

[4]　《中国建筑》1935 年 9 月号。

市和乡村，封建的小农经济和手工业生产仍然是主要的生产方式，而建立在此基础上的封建意识又极为牢固，所以传统建筑在数量上还是主要的，在西方建筑的传入和发展的同时，传统建筑的气脉仍在搏动。

在此阶段，传统建筑的延续主要由三部分构成，一是 1851—1864 年太平天国时期出现的王府建筑，这类建筑大多规模宏大，装修讲究。《太平天国史》中提到洪秀全王府建筑时记述道："门内左右有鼓吹亭，高出墙外，盖以琉璃瓦，四柱盘五色龙，昂首曳尾，有攫拿之势。"进大门"荣光门"，再经"圣天门"，始至宫内大殿，殿"尤高广，梁栋俱涂赤金，文以龙、凤，光耀射目。四壁画龙虎狮象，禽鸟花草，设色极工……"宫内又有后花园，"有台，有亭，有桥，有池。过桥为石山，山有洞，中结小屋……"[1] 由于这一时期的王府建筑或是"取旧总督府而扩充之"，或是"择民居之高大者加以彩画"，因而不可能不是传统建筑的延续，除在彩画、壁画方面有所创造和发展外，余者均系承袭旧制。而彩画与壁画之所以有所发展，是因为它们在增加旧有建筑的气派，使之突出于一般居住建筑之上方面，具有表现力强、制作简易而又不需要很多财力作基础的优越性，故使高质量的建筑壁画与彩画创作成为这一时期王府的一个显著特点。如南京堂子街王府的《防江望楼图》，在题材的现实性和手法的独创性方面都是难能可贵的。金华侍王府的《四季捕鱼图》《望楼兵营图》等作品也都是上乘之作。苏州忠王府的壁画则较为秀丽细致，反映了苏州画师的风格特点。

二是近代封建地主阶级中出现了地方大军阀、大官僚等新的封建势力，特别以湘、淮系军阀和蒙古王公为甚。他们在湖南、安徽、江苏、浙江、山东及东北、内蒙古等地掀起了一个竞相建造豪华住宅、祠堂的浪潮，如湖南双峰县曾国荃的府邸，占地 4 万平方米，建筑面积约 1 万平方米。平面布局是以中轴一组建筑为主体，两侧房屋横列。纵横交错，主次分明，是湘中大住宅的典型做法。房屋本身虽多为单层，但均异常高大，如中央游廊部分宽达 7—8 米，气势宏大。这种兴造豪府之风后来扩展到

---

[1]　罗尔纲：《太平天国史》卷 38，中华书局 1991 年版。

一般大地主、大商人的宅第，并一直延续到辛亥革命以后。总的看来，这些大住宅、大祠堂以及与之相结合的私家园林，其院落组织、空间分布、形体构图、庭院绿化，以及宅院结合等构思和手法基本上是传统建筑的复写，只是更注重形式美而已，反映了当时官僚地主阶级奢侈的生活方式和追求炫耀、排场的心态。这种浪潮后来还影响到近代早期的商业建筑和会馆建筑，产生了一种装饰繁琐的商业风格。

除这些较大型的建筑活动外，在广大地区，特别是农村也还一直存在着大量的包括寺庙、祠堂、一般住宅及园林在内的传统建筑的营造活动。但其规模较小，制度简陋，较前者更处于急剧衰败中，一种与传统建筑不同质亦不同型的建筑文化已开始渐渐渗透到中国城市和乡镇的各个角落，并最终充当了中国传统建筑的替代者。

第三节　民族形式的探索与追求

在20世纪30年代前后，中国的建筑创作出现了源自中国自身的古典复兴和民族形式的热流。当时国民政府继辛亥革命前后的国粹主义、改良主义和复古主义的余脉，热衷于所谓的新生活运动，提倡尊孔读经、忠孝仁义，鼓吹"中国固有文化的发扬光大"。在1929年的南京《首都计划》和上海《市中心区域规划》中，这一复古思想演化为明确的指令性的建筑方针，如南京《首都计划》中明确提出："要以采用中国固有之形式为最宜，而公署及公共建筑物尤当尽量采用。"[1]上海《市中心区域规划》也明确指出："为提倡国粹起见市府新屋应用中国式建筑。"[2]这股复古思潮由于处于民族意识普遍觉醒、反帝情绪日益高涨的时节，因而

---

[1]《首都计划》，1929年12月31日国民政府正式公布。
[2]《市中心区域规划》，1929年7月到1930年12月上海市中心区域建设委员会拟订。

得到了建筑师和中国社会的普遍响应和自觉追从。应该指出，这一建筑运动虽带来探索性，但终因不是中国建筑发展中本质规律所导致的自身演变的结果，既缺少足够的物质基础，又缺少足以指导和深化这场运动的建筑思想和学术理论，因而不可避免地成为西方古典复兴和折中主义思想在中国的翻版，建筑形式也不外乎中国品位的复古式、古典式、折中式三种趋向。由于前两种主要是以中国古代宫殿建筑的比例和装饰为蓝本，故又称宫殿式；后一种形式因以现代建筑为主干，局部或重点施加古建筑装饰，又称混合式。

1. 复古式系指建筑的造型及细部装饰纯粹仿中国古代宫殿庙宇的一种建筑形式，其代表作主要有当时的南京中央博物院（1937 年）、国民党党史陈列馆（1934 年）、北京燕京大学（1922—1930 年）、南京灵谷寺国民革命军阵亡将士纪念馆（1935 年）等。中央博物院实际上是一座传统宫殿式建筑，结构虽为钢筋混凝土和钢屋架，但形式纯系辽代木构大殿样式，"大殿"面阔 9 间，单檐庑殿顶，造型和比例均极严谨，柱子有"侧脚"和"生起"，瓦当和鸱吻等构件更是经过严格考证才浇铸而成的，因而从整体到局部都是地道的古建筑形式，是中国传统建筑形式的一缕回光。但是这种形式的建筑无疑已经难以适用，造价亦昂贵，故无论从实用功能上还是从技术和材料上都造成严重的不合理现象。艺术上则除表现出建筑师对古代建筑知识的娴熟外，未能展现艺术创造力，它们大多不过是古代建筑的某种复制，如南京中山陵藏经楼系仿照北京雍和宫法轮殿；灵谷寺塔为宋代八角楼阁式塔的再版；南京谭延闿墓所置牌坊、石碑、华表及祭堂等建筑则莫不以北京清代建筑为蓝本。

2. 古典式的特点是基本保持传统建筑的比例和细部，特别是在保持大屋顶造型的前提下，力求功能与形式尽可能结合，形式本身也尽量加以融会变通，并试图发展和革新。代表作品有：南京中山陵（1926—1929 年）、广州中山纪念堂（1931 年）、上海市政府（1933 年）、广州市政府（1934 年）、南京国民党党史史料馆、北京协和医院、南京金陵大学、北京辅仁大学教学楼、武汉大学（1929—1935 年）、北京图书馆（1935 年）等。

中山陵位于江苏省南京市东郊钟山第二峰紫金山南麓。陵墓由著名建筑师吕彦直设计，从1926年3月开始兴建，1929年年初竣工，同年6月1日孙中山先生遗体由北京迁移到此安葬。整个陵园面积有3000多公顷，主要建筑占地约8万平方米。1961年对外开放。

中山陵是近代中国建筑师第一次规划设计大型建筑组群的主要作品，也是探讨民族形式中的一件较为成功的作品。当年为建造中山陵曾进行了专门的设计竞赛，悬奖征求方案的条例中有明确指定："祭堂图案须采用中国式，而含有特殊与纪念之性质者，或根据中国建筑精神特创新格亦可。"参赛的40多名中外建筑师，头三名均为中国建筑师所获，后选用了年轻建筑师吕彦直的头奖方案进行深入设计和建造。按照设计要求，中山陵的建筑形象应表现一种庄严的气氛和永垂不朽的精神。在创造这一形象的具体手法上，建筑师初步吸收了中国古代陵寝总体布局的特点，并在单体建筑中运用了稳重的构图、淳朴的色调和简洁的装饰细部等设计手法，基本上达到了上述要求。陵园的总平面分墓道和陵墓主体两大部分，墓道的布置运用了石牌坊、陵门、碑亭等传统的组成要素和形制，用以创造序列感和庄严感，并为陵墓主体进行了合宜的铺垫。陵墓主体平面采用了象征性的钟字形，既寓意先行者鸣钟唤醒国人，又象征近代中国

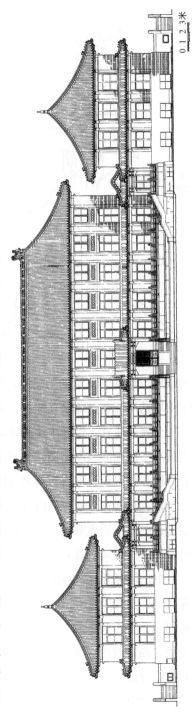

北京协和医院立面图

中山陵总平面图

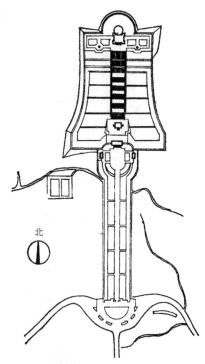

北

人民的觉悟。在抵达祭堂前，人们须先攀登设计者所着意布置的大石阶和平台，宽大的石阶自墓道尽端的石亭至祭堂，由缓而陡，次第升起，造成了崇高而肃穆的气氛，对瞻仰者的精神起到了纯化和提升的作用。在视觉效果上，这层层宽大的踏步把尺度有限的祭堂和其他附属建筑连接为一体，成功地塑造了陵园建筑庄严恢宏的整体气势。

祭堂是陵园的主体建筑，它的平面近于方形，四隅各凸出一个角室，正面辟3间前廊，背面接圆形墓，布局十分简洁。在造型设计上，角室用白石砌筑，构成凸于墙外的四个坚实的墩座，增加了祭堂的力量感；屋顶采用传统的歇山式，前廊覆以披檐，屋面均选用深蓝色琉璃瓦铺挂，对比于石墙的素缟，衬以蓝天和翠柏，显得十分雅洁庄重。设计中建筑师似已考虑到了透视变形及仰视效果，故特别拔高了屋顶的竖向比例，使实际感觉恰到好处。祭堂内部是以黑色花岗石立柱和釉黑色大理石护墙来衬托中部孙中山的白石坐像，坐像上方覆以穹顶，以马赛克镶嵌青天白日图案，地面用红色马赛克，寓意"满地红"。后壁正中以甬道通墓室，室中心凹下，围以白石栏杆，下置中山先生白石卧像，棺椁封藏于地下，卧像上方亦为穹顶。

中山陵采用了中国传统的依山俯瞰的陵墓建造方法，前临平原，背靠山岭，整个建筑依山势层层上升，布局严整，气势雄伟，令人感到崇高仰止。整个陵园在与环境的相互结合及依存关系上也颇具匠心，因山就势，高下呼应，既渲染了地形的天然屏障的特点，又突出了陵园色彩的性格特征。

继中山陵之后，吕彦直1926年又在广州中山纪念堂的设计竞赛中金

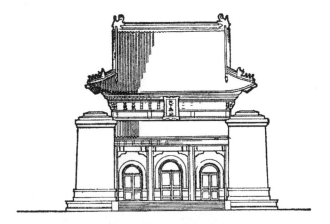

中山陵纪念堂立
面图

中山陵纪念堂

榜夺冠，该纪念堂是一座体量巨大的建筑，在体形上采用了集中式构图，中部主体采用了八角形，上部覆以单檐亭式屋顶，主体四周各出抱厦，其上分别覆以单檐和重檐歇山顶，整体造型较为统一，比例亦较合宜。缺点是主体与附体变换尚欠有机处理，同时由于整个建筑是清式古建筑按比例的放大，尺度上不免有失真之嫌。

　　在当时流行的古典风格中曾有一种不良的倾向，即盲目地拼凑和套用古典建筑形式，不是着意于独到的艺术构思，而只是一味追求手法的丰富

中山陵全景

和形式的多变，这一类建筑特别以外国建筑师设计的作品为最，不谙中国传统建筑文化的精髓而只攫其皮毛是其产生的主要原因。

3. 折中式是在西方近代建筑思潮影响下，对中国古典式进一步简化、变通的产物，其特征是基本上取消了大屋顶和油漆彩画，也不因循古典的构图比例，只是在立面上增加一些经过简化的古建筑构件装饰，用以作为民族风格的符号和标志。南京国民党外交部办公大楼（1933 年）即是具有所谓"经济、实用，又具中国固有形式"的一座典型的折中式建筑。该建筑为平顶式混合结构，中部五层，两翼四层，平面呈丁字形，两翼微前凸，为一般办公楼布置方式。其外观设计的特点是抛弃了中国古典构图，代之以西方早期现代建筑形式，正面分划为勒脚、墙身和檐部三部分，取消了庞大的坡屋顶。墙身贴褐色面砖，底层采用粉刷以区别出勒脚部分，中国的"民族形式"只表现在压顶檐部的浮雕及简化的斗拱、室内天花藻井、柱头装饰等处理上。入口处加建有宽大厚重的门廊，虽亦有古典出榫等装饰，但基本手法还是早期现代风格。与该建筑属于同一风格的还有北京交通银行（1935 年）、南京国民大会堂（1935 年）；高层建筑中有上海中国银行（1935 年）、上海八仙桥基督教青年会（1931 年）。北京仁立地毯公司立面（1932 年）是古典手法运用得比较地道和灵活的折中式个例，其特点是把古代构件装饰和门面构图经过重新组合后施用于近代小型商业铺面及内部装修上，如橱窗的八角形、人字形和一斗三升斗拱，二楼外面的钩片栏杆、墙顶端的清式琉璃脊吻，室内磨砖和门上的宋式斗拱彩画等，繁简适度，裁剪得当，雅致清新，别具一格。

1934 年建造的上海江湾体育场组群是当时折中式建筑中较为成熟的一组建筑，其中体育场、游泳池和体育馆 3 座主要建筑都是当时比较新的建筑类型，满足功能和结构造型要求乃是设计中的主要任务，建筑师只有立足于此才能有所成就，由于建筑的主体全部采用了红砖砌体，为力求简洁，只在入口部分加以重点装饰，如江湾体育馆，就只是在入口处的檐口、勒脚、券门及挑台处加以传统纹样处理，以表现民族风格。由于这些装饰部位合宜，比例恰当，古典建筑符号又运用得比较纯熟，故民族形式的特征也就显得十分鲜明。从中国近代复古式、古典式和折中式建筑的发

上海中国银行

THE JENLI COMPANY

展演变中不难看出，近代中国建筑师对中国民族形式的探索基本上没有摆脱西方古典主义和集仿主义思潮的影响，只是手法上具体而微，所谓貌离而神合。随着西方建筑思潮中现代建筑运动的崛起和西方古典主义、折中主义的式微，中国建筑师对民族形式的探索与追求也见冷淡，建筑的发展毕竟有其自身的规律，但探索本身还是有益的，探索中的一些手法、经验和教训至今也还有借鉴意义。

第四节　中国近代建筑师的崛起

在古代中国，由于封建社会长期积蓄而成的重仕轻工，视技术为贱末的传统偏见，虽也不乏身怀绝技的匠师，也有过以工头身份擢任工部尚书的事例，但终未形成与今天相近的建筑师概念，营建之事历来为士大夫们所不屑，从事这门职业的人只被认为是匠人而已，他们主要是靠父子或师徒间的"薪火相传",即借助于操作示范和心口相传获得技术和知识,自身也有很大的局限性。历史进入到了近代,由于社会变革和西方文化的进入,这种情况有了根本性的变化,与古代工匠不可同日而语的、具有自我意识、新的知识结构和掌握新的技术方式的中国近代建筑师出现了。与此同时,以西方近代科学思想和教育体制为蓝本的中国近代建筑教育也初具雏形,并蓬勃地发展起来。这些实际上意味着中国近代建筑开始具备了产生和发展的可能性和最活跃的因素。

中国近代早期的建筑设计,基本上被外国洋行打样间所包揽,它们一方面承担本国在华的各种建筑工程,一方面还通过种种特权争夺中国业主的设计项目。大约从 1910 年起,陆续有一些在国外学习建筑专业的留学生回国,并开始承接国内建筑设计业务,形成了我国近代第一批建筑师。20 世纪 20—30 年代,留学回国的建筑师逐渐增多,同时中国自己培养的少量建筑师也开始在各地建筑工程中发挥作用。随着中国建筑师数量开始大幅度增长,上海、南京、天津等城市中相继出现了一批著名的建筑师事务所。建筑师这门职业也逐渐成为当时知识阶层认可的从业目标之一。早期的年轻建筑师对自己职业的择定主要受以下几方面影响:首先是社会变革后,城市的迅速发展和随之而来的种种规划设计任务的骤增,无论对建筑师的数量还是质量,都提出了新的要求。其次是欧洲人带来的异域建筑及设计方法,为中国人展现了一幅神奇的景象,尤为年轻建筑师所追从。最后,当人们初步了解到建筑在当今和未来生活中的意义,了解到西方建筑文化扑朔迷离的故事和建筑师在西方社会中的地位后,他们对建筑和建筑师有了新的概念,一批青年人奔赴欧美专攻建筑学,憧憬着将来能为自己的祖国绘制美丽的蓝图。在他们看来,高大、坚固、美观的建筑无疑就是一个国家富强和文明的象征。

中国早期的一代建筑师中很大一部分都是赴美攻读建筑学科的,当时美国建筑系的主导思想是把建筑看作艺术,把建筑设计看作艺术创作,把建筑表现技巧和建筑构图训练作为建筑设计的基本功。设计课程开始多半是做一些纯造型的训练,如纪念碑设计等,在建筑创作的理论和方法上带有浓厚的古典主义和折中主义色彩,学术上属于学院派体系。在这一体系中受教育的中国留学生所掌握的基本上是西方正统的专业功底，加上有机会周游欧洲各国，故对西方建筑文化有较真切的了解。20—30年代，这批青年人相继回国，合作或单独开办建筑师事务所，构成了中国近代建筑创作的主体。中国近代建筑师的出现和成长是中国近代建筑史上的一件大事，它不仅突破了封建社会中建筑工匠家传口授的学艺方式，还改变了几千年来知识分子对建筑的传统观念。由于中国早期的近代建筑师多是从国外留学归来，因而他们的成长过程也就是学习和引进国外先进的建筑规划设计和建筑科学技术的过程，不少青年建筑师在建筑设计中已表现出高度的成熟和出色的专业才能，并在建筑设计活动中表现出了深厚的专业造诣，同时也对近代建筑的民族风格进行了热情的探索，为中国近代建筑的发展倾注了他们的心血。

第五节　中国建筑史学的诞生

　　中国古代虽说不乏语及建筑的文章或专论，但因未能以建筑及建筑史为系统的客体对象，形式上又均为考证、笔记、语录及工程做法之类，而终未能在建筑历史与理论领域取得显著成就。建筑史家梁思成在论及此般遗憾时曾概括道："我国古代建筑，征之文献，所见颇多，《周礼·考工》《阿房宫赋》《两都》《两京》以至《洛阳伽蓝记》等，固记载详尽，然吾侪所得，则隐约之印象，及美丽之辞藻，调谐之音节耳。明清学者，虽有较专门之著述，如萧氏《元故宫遗录》，及类书中宫室建置之辑录，然亦不过无数殿宇名称，修广尺寸，及'东西南北'等字，以标示其位置，盖皆'闻'之属也。读者虽读破万卷，于建筑物之真正印象，绝不能有所得"。[1]

---

[1]　梁思成：《蓟县独乐寺观音阁山门考》，见《梁思成全集》第1卷，中国建筑工业出版社2001年版，第161页。

这种状况一直持续到近代早期，如乐嘉藻所著《中国建筑史》，其内容仍是以旧时文人的考据观点写成，很少触及建筑艺术及技术问题。

20 世纪 20 年代末至 30 年代初，由于中国近代建筑的空前发展，中国建筑史学开始萌芽，并出现了崛起的契机。在这之前，一些外国学者对中国建筑的竞相研究为中国建筑史学的诞生起了催化作用。如英国人钱伯斯、叶慈，法国人沙畹，德国人艾克、鲍希曼，瑞典人喜龙仁，日本人关野贞、伊东忠太、田边泰、塚本清和村田治郎等纷纷搜集资料，著书立说。其中较有影响的有鲍希曼的《中国建筑史》、伊东忠太的《清宫殿写真帖》和《中国建筑史》、关野贞的《中国建筑》和《中国古代的建筑和艺术》、喜龙仁的《北京城墙及城楼》、钱伯斯的《中国房屋、家具、衣服、机械和用具设计》等。

中国近代建筑史学的诞生是以 1929 年中国营造学社的成立为标志的，学社发起人朱启钤在当时"整理国故"思潮的影响下，发现了宋《营造法式》的抄本，两次刊行后产生了研究中国建筑的兴趣，遂自筹资金发起了中国有史以来第一个从事中国建筑史研究的学术团体——中国营造学社。由于学社初邀入社的成员大部分是朱氏过去的幕僚，这些人多是一些国学家，对建筑并不了解，故其所谓研究终究不过是钩稽章句，移录掌故，难有所成。鉴于此，朱启钤 1930 年特邀梁思成、刘敦桢二人入社，分掌法式、文献二部。自此学社的研究工作才真正走上科学的治学道路，并划时代地开创了中国建筑史学的新局面。

营造学社的主要成就可以归纳为以下几个方面：一是将营造学由古代文人的章句考据上升为科学，扭转了人们的传统偏见，自古以来，特别是两汉以降，道器分离，主流社会视工学为淫巧，世代哲匠永不得跻身士林，传之于载籍者与施之于事物者截然不相谋，使古代营造成为绝学。营造学社以建筑为对象，兼及各类工学，其为史学乃一大突破，也是建筑史观的一大变革；二是调查、测绘并研究了大量的古代建筑实例。当时学社同仁足踏 16 省，200 余县，涉猎古建筑遗构 2000 余处，并发表了大量的调查报告和实测图样，为中国的古典建筑史研究积累了一批翔实可靠的实证资料，至今仍被建筑史学界所参考和引用；三是较为细致地研究了宋《营造法式》和清工部《工程做法则例》这两部中国古代建筑典籍，为后人的研究开辟了道路，同时梳理了大量古代文献和匠人抄本，为史学研究建立了一定的史料基础；四是 1945 年梁思成根据学社历年调查的成果，写成《中国建筑史》和《中国建筑史图录》，初创中国古代建筑史这一学科；五是学社接受了有关部门的委托，承担了古建筑的修缮、复原计划工作，曾制订了北平 13 座城楼、箭楼的修缮保护计划、曲阜孔庙修缮计划、杭州六和塔复原修缮计划等，为保存、保护文物建筑作出了贡献；六是初步建立了一套中国古典建筑的知识体系，使中国传统建筑文化在一定程度上得以弘扬，为一般大众所了解，并在普及工作上作出了一定贡献。

营造学社的出现是历史演进至近代的产物，因而它的治史特点不可避免地受到当时社会背景及学术背景的影响，在史学观念或治史思想上未能摆脱传统史学的窠臼，基本上是把史学等同于史料学。这种史学观念除传统思想影响外，无疑还受到当时史学界所流行的史料学思潮的左右。近代史学家傅斯年在其《史学方法导论》中曾明文提出："史学便是史料学。"[1] 蔡元培在其《明清史料序》中也曾提出了相应的主张："史学本是史料学。"[2] 由于这种主张即以传统史学为祖武，又以近代西方史学理论为大纛，因而其旗下汇集了一批有影响的史学家，并在史料的整理方面有重要贡献。受其影响，学社始终是把史料的搜集、考证、积累，特别是对实物的调查作为研究工作的重点，由于当时客观上缺少起码的史料储备，而这则意味着所谓研究也只能是侈谈。另一方面，伴随着西方文化的涌入，豪富商贾及中产阶级莫不倒戈于新异，西方建筑遂充斥于通商大埠，而原有传统建筑则多被视为陈腐，或拆改逾半，或破坏无遗，在尚无建筑文物价值观念的当时，中国传统建筑正经历着空前的摧残。这无疑使建筑史学工作者备感焦虑与痛心。于是当务之急乃是"以客观的学术调查与研究唤醒社会，助长保存趋势，即使破坏不能完全制止，亦可逐渐减杀。这工作

---

[1] 傅斯年：《史学方法导论·史料论略》，见《傅斯年全集》第 2 册，台北联经出版事业股份有限公司 1980 年版，第 5 页。

[2] 蔡元培：《明清史料序》，见《明清史料·甲编（上）》，（民国）中央研究院历史语言研究所编，北京图书馆出版社 2008 年版，第 3 页。

即使为逆时代的力量,它却与在大火之中抢救宝器名画同样有急不容缓的性质"[1]。故而,调查和进而保护工作被学社认为是"珍护我国可贵文物的一种神圣义务"。正是由于"古物的命运在危险中,调查同破坏力量正好像在竞赛",同时由于研究工作缺少起码的实物资料,所以学社的初衷与工作重点也就自然成了"多多采访实例"。虽说在积累与整理中,学社的研究工作也注意到了史料之间的联系,并对例证进行了比较分析,甚至开始注意从社会制度、经济、文化等方面探索历史沿革的因果关系,但终缺少总体性的规律研究,未能反映出中国建筑历史演进之大势,未能探寻出潜伏在这种演进下面的内在原因,进而未能对历史上的各种建筑现象予以全面的解释和深刻的阐述。

以史料学代替史学研究的另一个缺陷是容易使研究与现实脱节。事实上,在当时建筑思潮并起,建筑创作相对贫乏的情况下,学社的研究未能给其以理论上的指导,回避了当时正面临着的中国建筑向何处去的历史性问题。然而在建筑史学还是一片空白的当时,学社偏重于史料研究应该说是不得已而为之的,就初创阶段的中国建筑史学而言,文献考证无疑是治史的一种重要方法,因为中国文化绵延 3000 余年,各个时代留下来的丰富的典籍和笔记等文献,成为了后人的宝贵财富,但因流传久远,存在着大量的古义古音不明、记载抵牾、文字衍夺错讹、版本歧异,甚至典籍窜乱散佚、真伪混淆等诸多问题。此外,有关古代建筑的记载和论述又多是散见于各种文献中,零乱杂淆而不系统。所有这些都要求有人从事梳理和考证的工作,只有这样宝贵的史籍才有可能被读懂、被利用。这种考证方法的特点是实事求是,无证不信,广参博征,追根寻源,加之在求证中运用了一定程度的归纳、演绎、推理的逻辑方法,而带有近代科学因素。这种方法的弱点是过于繁琐诡谲,考证者往往容易陷入史料与枝节问题中而难以自拔,终不能高瞻远瞩地鸟瞰历史的发展,其结果是难有贯通性的史学著作问世。

---

[1]　梁思成:《为什么研究中国建筑》,见《梁思成全集》第 3 卷,中国建筑工业出版社 2001 年版,第377 页。

这种考证的实证方法还得自当时两方面影响，一方面是当时的中国学术界普遍受到西方近代哲学经验论和归纳法的影响，倡导所谓"实测内籀之法"。"实测"即指一切科学认识需从经验出发，"其为学术也，一一皆本于即物实测"[1]，而"内籀者，观化察变，见其会通，立为公例者也"[2]。主张"一理之明，一法之立，必验之物物事事而皆然，而后定之为不易"[3]，并从而产生"无证而不信"的科学"公例"。这无疑较当时被指责为"记诵词章既已误，训诂注疏又甚拘"的中学之法更为进步。另一方面受到西方近代考古，特别是美术考古的影响，使营造学社的治史工作尤重对建筑实物的调查、测绘、考证和分析，"搜集实物，考证过往，已是现代的治学精神"[4]。梁思成在其《蓟县独乐寺观音阁山门考》中对此予以了特别的强调："近代学者治学之道，首重证据，以实物为理论之后盾。俗谚所谓'百闻不如一见'，适合科学方法。艺术之鉴赏，就造形美术而言，尤须重'见'。读跋千篇不如得见原画一瞥，义固至显。秉斯旨以研究建筑，始庶几得其门径"，"造形美术之研究，尤重斯旨，故研究古建筑，非作遗物之实地调查测绘不可"[5]。这种以对实物的调查、测绘为特点的实证方法在当时无疑是进步的、科学的，不足之处是强调了感性经验的重要，而轻视了理论思辨的重要性，但这种不足并未遮掩学社开创中国建筑史学的功绩，在当时的历史条件和社会条件下，要建立起系统的、完整的建筑史学是十分困难的，甚至是不可能的。事实上，这项历史使命只能在一个长期的建构中才能逐步完成。

[1]　严复：《原强》，见王德毅主编《丛书集成三编·二一》，台北新文丰出版公司 1997 年版，第 519 页。

[2]　严复：《救亡决论》，见王德毅主编《丛书集成三编·二一》，台北新文丰出版公司 1997 年版，第535 页。

[3]　严复：《救亡决论》，见王德毅主编《丛书集成三编·二一》，台北新文丰出版公司 1997 年版，第535 页。

[4]　梁思成：《为什么研究中国建筑》，见《梁思成全集》第 3 卷，中国建筑工业出版社 2001 年版，第377 页。

[5]　梁思成：《蓟县独乐寺观音阁山门考》，见《梁思成全集》第 1 卷，中国建筑工业出版社 2001 年版，第 161 页。

后　记

　　关于中国传统建筑历史的书籍已经出版过多种了，包括多卷本的通史和专注于建筑技术或艺术方面的专门史，而就中国建筑艺术或文化的鉴赏类的读物就更多了。如何写就一本新的《中国建筑艺术史》，在已有的著作中又不失其应有的价值，这本身成为了一个新问题。或者是因为有了大量新的考古和文献资料的发现，或者是因为有了新的研究方法，或者社会和读者有了新的阅读或审美需求，或者是写作者有了独到的思想和观点……这些都可以成为重书建筑史的缘由，如此使得史学著作常写常新，历史的研究永无穷尽，于是具有相同或相近研究对象的史学著作不断地问世也就不足为奇了。这本《中国建筑艺术史》实际上也是一本中国建筑史简史，是从艺术的视角对传统建筑的再审视，也包含着我研究中国建筑艺术发展演变的一些认识、体悟和思考。除却上述重书建筑史的缘由启发作者外，这本书写就的另一出发点还是想在前人及现有的众多读本基础上，根据读者变化了的求知需要和阅读需要，重新编写一部体系较为清晰、结构较为完整、内容较为生动、叙事较为流畅的读本，而新的资料、观点、方法倒在其次，即便有也隐含其中了。这该是本书编写的初衷，至于是否能如愿，则交由读者评判了。

　　本书既是一本专业性的著作，同时也是一本普及性的读物，即它的读者主要是面向文化艺术界和对传统建筑艺术感兴趣的朋友，因此需要将中国建筑艺术发展的主要历程在一定的篇幅内尽可能清晰地展示出来，力求揭示其演变规律和脉络，避免冗长和繁杂。同时也要考虑到中国建筑艺术所呈现的丰富性、多样性和特殊性，与纵向记述建筑体系的传承与流变相交叉，兼顾对建筑类型、风格、思想等相关艺术要素的阐述，以期展示给读者一个较为立体的、空间的、动态的图卷。此外还要结合实例和案例进行记述，力求以史出论，深入浅出，平易流畅。这些虽然都是我写作初始时的追求，但若达成全部目标显然超过了自身能力，而能实现其一也算一种欣慰。

　　此书的出版首先要感谢该丛书主编文化部王文章副部长，从一开始就给以鼓励和指导，使我有信心承接该书的写作；感谢中国艺术研究院研究生院张晓陵院长就本书的结构和观点提出了很好的修改意见，感谢研究生马全宝、赵迪、李晶晶和刘芹同学在图片和注解的整理方面做了大量细致的工作；感谢本书的责任编辑在本书的编辑过程中认真负责的精神和辛苦扎实的工作。本书的墨线图插图引用和参考了众多以往出版的专业书籍，在此一并表示感谢。

2009 年 5 月 10 日于中国艺术研究院

主要参考书目

[宋] 李诫（编修），梁思成（注释）：《营造法式注释》（卷上），中国建筑工业出版社，1983 年

刘敦桢：《中国古代建筑史》，中国建筑工业出版社，1980 年

中国科学院自然科学史研究所编：《中国古代建筑技术史》，科学出版社，1985 年

杨鸿勋：《建筑考古学论文集》，文物出版社，1987 年

傅熹年：《傅熹年建筑史论文集》，文物出版社，1998 年

王世仁：《王世仁建筑历史理论文集》，中国建筑工业出版社，2001 年

陈明达：《中国古代木结构建筑及技术》，文物出版社，1990 年

刘致平：《中国建筑类型及结构》（第三版），中国建筑工业出版社，2000 年

张道一（注译）：《考工记注译》，陕西人民美术出版社，2004 年

梁思成：《清式营造则例》，清华大学出版社，2006 年

杜仙洲：《中国古建筑修缮技术》，中国建筑工业出版社，1996 年

马炳坚：《中国古建筑木作营造技术》（第二版），科学出版社，2003 年

刘大可：《中国古建筑瓦石营法》，中国建筑工业出版社，1993 年

萧默：《中国建筑艺术史》，文物出版社，1999 年

潘谷西、刘序杰等：《中国古代建筑史》，中国建筑工业出版社，2003 年

刘托：《园林艺术》，山西教育出版社，2008 年

刘托：《建筑艺术》，山西教育出版社，2008 年

周维权：《中国古典园林史》，清华大学出版社，1999 年

张家骥：《中国造园史》，黑龙江人民出版社，2003 年

张家骥：《中国建筑论》，山西人民出版社，2003 年

侯幼彬：《中国建筑美学》，黑龙江科技出版社，1997 年

王鲁民：《中国古代建筑思想史纲》，湖北教育出版社，2002 年

王振复：《中国建筑的文化历程》，上海人民出版社，2000 年